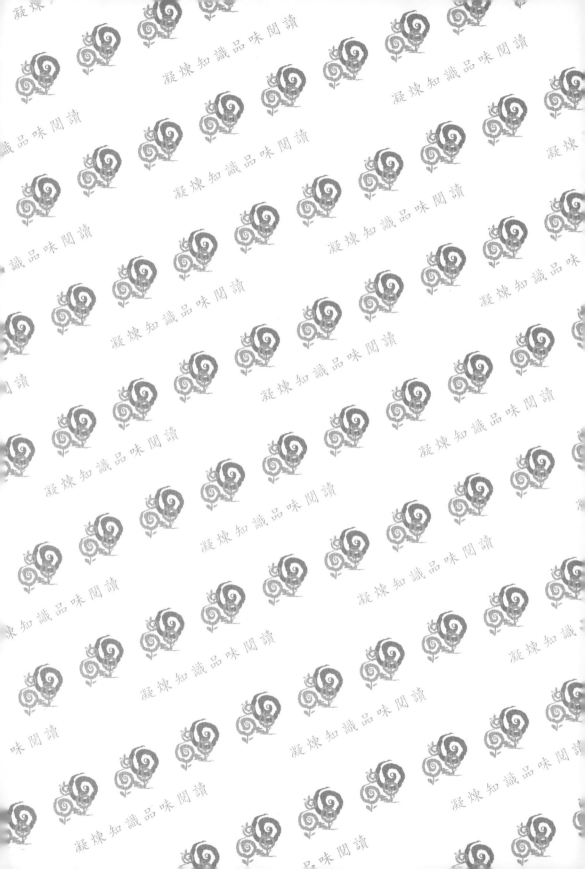

圖解

五南圖書出版公司 印行

基礎物理

牛頓力學、電磁學、狹義相對論

李中傑 / 著

閱讀文字

理解內容

觀看圖表

圖解讓
基礎物理
更簡單

圖解系列

前言　《圖解基礎物理》的起點

　　很榮幸能有書寫這本《圖解基礎物理》的機會，但也惶恐在市面上已有那麼多本引介「物理」的書籍時，為何還要再多上一本類似的物理書？或許在本書的前言中談談此問題，與我對書寫此書所設定的走向，能對讀者是否該閱讀此書，與閱讀此書的目的為何？又該如何閱讀此書？能有所幫助。

本書的讀者

　　首先，本書所設定的讀者會是高中生與大學新鮮人中願意對「物理」再多看一眼的同學。當然更歡迎一般的大眾讀者，願意每天花半小時的時間依序閱讀此書的每個單元，並去想想我們這個宇宙世界運行背後的「硬」道理，能對此單純獲知自然運行道理有「滿足」與「快樂」之感的人，也將是本書的最好讀者。

本書的題材選擇

　　「物理學」的確是一門基礎的科學！即便傳統上不太被認定是物理學範疇的「生命科學」，近年來也有越來越多的物理學影子出現其中。甚至 2020 年後，影響世界各國正常運作的新冠病毒疫情，也有不少學者專家借助物理學中的擴散模型去推估疫情之發展趨勢。更別提工程學科上的各領域，物理學會是很多科學學門的背後基礎。但也正是如此，就以大學「普通物理」課程為例，它往往會伴隨著一本「厚重」且教不完的大課本，物理課程似乎變成一門頗為厚重的科目！同樣地，在高中端的物理課綱擬定上，也是出現一樣的難題。該在有限的課程時數上選擇哪些題材？似乎大家都有意見。這樣的困境是可被理解，畢竟已被視為基礎科學的物理學，就是有它寬廣與多樣的後續學科發展應用。不同的學科發展，也逐漸對他們各自所該有的基礎物理範疇出現分歧。或許這分歧的出現，反讓物理教育者有一個反思的契機，好好想想物理教育上的策略改變。針對不同學科取向的物理教育是一個很好的策略，也符合當今多元跨領域的學習思維[註1]。但若不想太過激烈的變革，或仍想要有更扎實的基礎學習，那物理基礎中的傳統架構就不該省略。就如本書的設定。然而，減少讀者閱讀上的壓力，避免「厚重」的讀本是必須的。再說，市面已有不少「厚重」的優良物理課本存

[註1]　舉例說明，筆者近年來有機會教授「建築系」的普通物理課程。很自然地就可察覺到一個課程傳統架構下的不恰當，牛頓力學中很大的篇幅在處理物體運動的問題。但對建築系來說，「不動」或許才是對建築物本身的更重要要求，即便建築物是會遇見讓它「動」的難題待解決。因此在傳統教材中僅占小小部分的「靜力平衡」就可能被過度地簡化，而使建築系的學生對物理課程產生一個距離感。

在，即使對理工科系的同學，擁有一本「厚重」的優良物理課本是必須且有用的。因此，為避免「厚重」的讀本，就得精簡地選擇題材，並試圖帶領讀者在閱讀每一個單元後，能激起讀者有進一步延伸探究的興趣動機。

至於題材的選擇，本書就將範圍侷限在「古典物理」的牛頓力學、電磁學與狹義相對論上。大半物理學中的基礎概念會在牛頓力學中出現。此外，由牛頓的重力理論到我們如何看待太陽系中的運行；由火箭的發射，到人造衛星，甚至於星際旅行都是牛頓力學中有趣又有現代發展的議題；當然也不會忘記，地球的自轉在牛頓力學之應用上該有的修正，這是一般普物教材中較常被忽略，卻又是日常生活中會遇見的物理現象；此外，在牛頓力學中，「波」的現象佔有一個獨特的地位，我們將從核心的「波動方程式」去解釋「波」到底是什麼？在接下來的電磁學部分，我們將依循電磁學的發展軌跡。此外，務實的應用也對電磁學的進展提供不少的推進力，提出「電磁感應」的法拉第在此面向上是一位值得被提出的代表人物。但在電磁學的架構基礎上，馬克斯威的貢獻更是值得被深入介紹。然而為引入他那著名的「馬克斯威方程式」，我們就得慢慢地逐步介紹「向量微分」的數學語言，也唯有如此，才能讓我們真正看見「馬克斯威方程式」的優美所在。當然，不只是「美」的感受，更重要的是從中所導引而出的「電磁波」理論。有了「電磁波」之後，無論是在物理舊有理論的整合上，或是日常生活的應用，「電磁波」都常讓我們以「現代化」這詞來區別過往的「舊世界」。最後，我們來到愛因斯坦改變我們物理觀點的「狹義相對論」，除引進我們看待「時空」的新概念外，我們也強調「狹義相對論」與「電磁學」上的緊密關係，無論是歷史上或內涵上的關聯。此外，我們也提及「狹義相對論」於近代物理中的應用。如此，在接下來近 150 個單元中，我們就逐一地述說這些構成「古典物理」的基礎。也希望讀者能有耐心，一天一單元地閱讀下去。一天一單元，不要太快地閱讀，也代表閱讀後地想一想。150 天後，希望讀者對物理會有繼續想探究下去的好奇心！

本書的書寫風格

與一般物理教材不同的是，除題材選擇上的精簡外，題材的陳述篇幅也力求簡短，好讓讀者能清楚地看見主題核心。

物理 vs. 數學

除題材陳述上的力求精簡外，也期待讀者能藉此書有個好的物理基礎學習，那去習慣當今物理學的表述語言就成了讀者必須培養的能力。誠然，若不能以口語的方式說出某個物理定理，一個很大的原因，就是我們並不是真的懂那個物理定理。但自從伽利略之後，「數學」已儼然成為「物理學」中的自然語言。因此，本書的書寫態度就不會像書寫「科普」書籍般地避開數學式子。但物理的學習又不該受到太多數學上的牽絆，特別是對物理的初學者來說更是如此，千萬別因為數學而阻礙了物理上的學習。所以，在學習的過程中能夠去分辨是「物理」或「數學」上的困難有其必要。除在「3-14 物理 vs. 數學」單元外，讀者也可在書中的不少單元中，看見我對此初學者常遇見之困難的一些建議。不要害怕看見數學式！相反地，「數學式」反該是「物理定律」對你坦然告知的一種方式。

Isaac Newton　　　　　James C. Maxwell　　　　　Albert Einstein
1642-1727　　　　　　　1831-1879　　　　　　　　1879-1955

圖 00-1　　物理學史上的三位巨人：牛頓、馬克斯威與愛因斯坦。也是他
　　　　　們三位的理論構成本書的三個題材面向。

第 2 章　波的現象

第 3 章　　電磁學

第 4 章　狹義相對論

第1章
物體運動的基本概念

1-1 伽利略的斜面運動

　　1634 年，伽利略完成了他人生的最後一本著作《關於兩門新科學的對話》。雖然由於教會審查機構的禁令，致使這本著作遲至 1638 年才得以出版。但這本書對物體運動的討論，無論是在實質的內容上或是研究的方法上，都開啓了物理學研究的新方向。這也是爲什麼讓後人對伽利略冠上「現代科學之父」的原因。我們不妨就先讀一段書中化身伽利略的薩耳維亞蒂對朋友的一段話作爲本書的開始。

　　薩耳維亞蒂：「現在似乎還不是考慮自由運動之加速原因的適當時刻；關於哪種原因，不同的哲學家曾經表示了各式各樣的意思，有些人用指向中心的吸引力來解釋它，另一些人則用物體中各個最小部分之間的排斥力來解釋它，還有一些人把它歸之於周遭媒質中的一種應力，這種媒質在下落物體的後面合攏起來把它從一個位置趕到另一個位置。現在，所有這些猜想，以及另外的一些猜想，都應該加以檢查，然而那卻不一定值得。在目前，我們這位作者的目的僅僅是考察並證明加速運動的某些性質，而不去論及這種加速的原因是什麼；所謂加速運動是指那樣一種運動，即它的速度在離開靜止狀態以後就不斷地和時間成正比而增大……而且，如果我們發現以後在加速運動上即將演證的那種性質，同樣是在自由下落的加速物體上實現，我們就可以得出結論說，所假設定義的這種加速運動（包括下落物體），它們的速率是隨著時間和運動的持續而不斷增加的。」

　　一段寓意深遠的談話，相信讀者在閱讀本書後半章節中，愛因斯坦對相對論的發展過程中，也會不禁想起這段話，科學發展似乎存有著一點的相似性。而在讀者即將研讀的這本基礎物理教材中，我們也就以伽利略書中所提及的實驗開始－物體於光滑斜面上的運動。

　　雖然這只是一個單純且不太難理解的實驗，但藉此實驗我們可逐步建立起現今物理學的概念架構與基本語彙。話說，伽利略對自由落體的研究，除了藉實驗上的定性討論外，對實驗的量化陳述亦是一大創舉。事實上，不少物理史學者認爲伽利略對當今物理學所立下的一大典範，就在於他對物體運動的量化描述。可是在自由落體的量化工作上，由於物體所將出現的速度過快，且物體於任何時刻的位置也不易標示。因此，伽利略構想出這個運動本質與自由落體相同的斜面實驗，想藉由斜面的存在來降低物體的運動速度。

　　當然，若要正確地獲得實驗上的數據，即便是一個簡單的實驗還是得花上實驗者不少的巧思。從實驗上的構思開始，到訂立實驗步驟、細心量測、正確的分析並給出結論爲止。物體於斜面上的運動實驗也不例外，實驗中該如何去降低運動軌道上的摩擦力？又該如何精準量測物體於運動瞬間的位置？再再都得考驗實驗者的實驗功力，細節我們就暫且不多描述，而把我們的重點放在實驗數據上的量化分析。

　　首先我們將距離量尺的原點置於物體開始運動的位置（即 $t = 0\text{sec}$ 時 $x = 0\text{m}$），如

果此量尺是擺放在斜面上的軌道旁，我們便可簡單地將物體的位置讀數視爲物體於運動中的移動距離。假設實驗的測量數據如下圖（圖 1-1-1）所示。

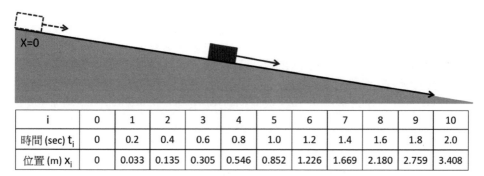

i	0	1	2	3	4	5	6	7	8	9	10
時間 (sec) t_i	0	0.2	0.4	0.6	0.8	1.0	1.2	1.4	1.6	1.8	2.0
位置 (m) x_i	0	0.033	0.135	0.305	0.546	0.852	1.226	1.669	2.180	2.759	3.408

圖 1-1-1　物體於斜面上的運動。

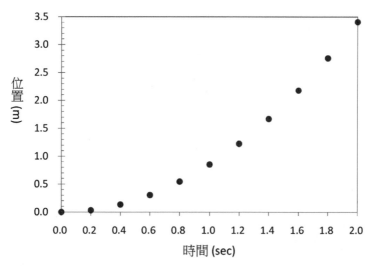

圖 1-1-2　位置 vs. 時間之關係圖。

　　爲去對物體移動之距離與所花費時間的關係有一個較明晰的理解，我們會以位置與時間的散布圖（圖 1-1-2）來呈現彼此間的關係。

　　由（圖 1-1-2）我們可清楚看見物體的位置（移動距離）與時間存有一個冪次方的關係，即 $x(t) \sim t^n$。我們也知道此乃因爲物體的移動速度會越來越快所致。至於速度與時間的關係，我們可由物體運動「平均速度」[註1] 的定義 — 單位時間內所移動的距

[註1]　現階段我們暫不去強調「速度」與「速率」間的差別。

離－求得：

$$v(t_i) = \frac{x_i - x_{i-1}}{t_i - t_{i-1}} \equiv \frac{\Delta x_i}{\Delta t_i} \quad ; \quad i \geq 1 \tag{1-1-1}$$

　　如此我們可得到從 $t_1 = 0.2\text{sec}$ 後，每時間間隔為 $\Delta t = 0.2\text{sec}$ 時刻的平均速度。此外，在我們的實驗中物體是由靜止開始，即起始速度為零。

　　同樣地，對此一系列不同時間下的速度值，我們還是可藉由繪製速度與時間的散布圖來獲得更深入的理解。如（圖 1-1-3）所示，我們看見速度與時間有一個正比的關係，即 $v(t) = k \cdot t$，此處 k 為一常數。這正比的關係也可由物體運動的「平均加速度」來理解：

$$a(t_i) = \frac{v_i - v_{i-1}}{t_i - t_{i-1}} \equiv \frac{\Delta v_i}{\Delta t_i} \quad ; \quad i \geq 1 \tag{1-1-2}$$

單位時間內的速度變化率。由此可知速度與時間的正比關係實為等加速度運動的一大特徵。我們也不妨再依此加速度的定義去對（圖 1-1-3）中的數據分析，並繪製一個加速度與時間的散佈圖來驗證我們的推論。

　　實驗上難免會有一些誤差！誠如之前所說的，即便是這個看似簡單的斜面運動實驗亦是如此。為求有較準確的測量數據，當今的實驗室中會用了不少的近代設備儀器來做輔助。相對地，我們也可設想在伽利略的時代，他要如何地精確量取實驗中所該得到的數據值，實是伽利略天才過人之處。

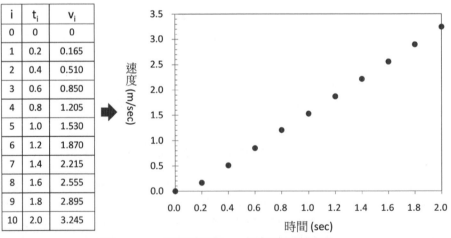

i	t_i	v_i
0	0	0
1	0.2	0.165
2	0.4	0.510
3	0.6	0.850
4	0.8	1.205
5	1.0	1.530
6	1.2	1.870
7	1.4	2.215
8	1.6	2.555
9	1.8	2.895
10	2.0	3.245

圖 1-1-3　平均速度 vs. 時間之關係圖。

在（圖 1-1-4）中，我們也的確看見物體於斜面上的運動，其加速度有一固定值，約等於 1.7 m/sec²。但在（圖 1-1-4）中出現一個待釐清問題：在 $t = 0.2$sec 處的加速度明顯不等於定值 1.7 m/sec²，而是其值約略的一半。想想看，為什麼會這樣？這也是我們之前所說的，在實驗數據的解釋上，我們要有一個正確的分析與理解。事實上，我們所面對的斜面運動，物體始終都受到相等的重力作用，也因此始終都有相等的加速度。

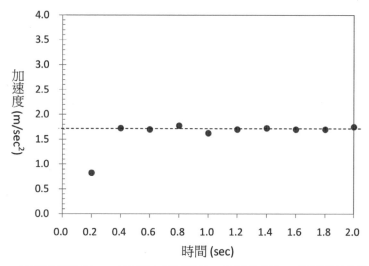

圖 1-1-4　平均加速度 vs. 時間之關係圖。很明顯地，對應於時間 0.2sec 的點為錯誤的點，不應該包含於此圖中。嚴格說來，在平均速度 vs. 時間之關係圖中，我們也不應該包含時間為 0sec 的點（但由於此點所在的位置合理，而讓我們不經意地會忽略此點存在的錯誤。）至於錯誤何在？提醒讀者想想，當我們作圖時，每一點的出現會用到哪些數據？而這些數據理該是真實由實驗得來的，所以實驗沒有的數據，我們就不該假設存在。

1-2 等加速度運動

　　延續上單元的斜面運動－即物體沿斜面滑行而下的等加速度運動。由於我們僅需要一個直線的空間座標 (x) 即可描述此運動，所以我們也將此運動的型態稱為「一維」的等加速度運動。本單元中，我們將根據位移、速度、與加速度^{【註2】}的定義，配合速度與時間的關係圖，來推導此三個描述物體運動之物理量間的關聯性。

　　首先就從我們最為熟悉的「等速度」的運動開始：當物體在 Δt 的時間內以固定 v 的等速度前進，則此物體的前進距離將會是 $\Delta x = v \cdot \Delta t$，即 $x = x_0 + v \cdot t$，式子中的 x_0 代表物體一開始的位置，方便上我們也常設定此開始時間為 $t_0 = 0$。現在我們若以其速度與時間之關係圖來看此式子（圖 1-2-1），不難發現它就是圖中函數 $v(t)$ 與時間軸所構成之長方形面積。由圖中各軸所對應之物理量的單位來考量，此面積的單位：速度 (m/sec) × 時間 (sec)= 距離 (m)，亦符合我們之要求。藉此認識，我們亦可進一步地將同樣的概念延伸到等加速度運動。

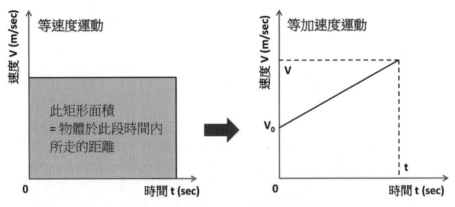

圖 1-2-1　速度 － 時間關係圖下的面積即物體所走的距離。

　　又在等加速度運動（a = 定值）中的速度－時間關係圖，速度函數 $v(t)$ 與時間軸所構成之梯形，其面積公式為梯形上底（即圖中的初速度 v_0）加下底（即圖中時刻 t 的速度 v）之和，乘上梯形之高（時間 t），再除以 2。即

$$\Delta x = \frac{1}{2} \cdot (v_0 + v) \cdot t \tag{1-2-1}$$

---

^{【註2】}　精確地說，位移、速度、與加速度均為包含大小與方向的物理量，所以我們該用「向量」的形式來表示這些物理量。但在一維運動中，運動的物體僅有向前走與向後走這兩種可能性。因此，我們可簡單地以數值之正負來清楚表示其方向，而省略較精確的向量表示式。

式中時刻 t 的速度 v 可進一步以加速度的定義得知

$$a \equiv \frac{\Delta v}{\Delta t} = \frac{v - v_0}{t} \quad \Rightarrow \quad v = v_0 + a \cdot t \tag{1-2-2}$$

再代入 (1-2-1) 式，即

$$\Delta x = \frac{1}{2} \cdot (v_0 + v) \cdot t = v_0 \cdot t + \frac{1}{2} a \cdot t^2 \tag{1-2-3}$$

此式告訴我們：當我們給定物體一組起始條件（v_0 及 a）後，則我們可求物體於任何時刻的移動距離。

最後，我們亦可藉由消去時間參數 t 來合併 (1-2-2) 式與 (1-2-3) 式，

$$\Delta x = v_0 \cdot \left(\frac{v - v_0}{a} \right) + \frac{1}{2} a \cdot \left(\frac{v - v_0}{a} \right)^2 \quad \Rightarrow \quad v^2 = v_0^2 + 2a \cdot \Delta x \tag{1-2-4}$$

如此，(1-2-2)、(1-2-3)、與 (1-2-4) 式便構成大家所熟知的等加速度下的三個運動公式。

在物理史上值得大家注意的一點是，本單元中的所有推導均不涉及微積分的使用。這並不意外，因為微積分在伽利略的時代是一個尚未被發展出來的數學語言。而這位被尊稱為「現代科學之父」的伽利略，除了他對實驗精神的堅持，與他對物體自然運動的洞見──認為物體的自然運動就僅「**等速度運動**」與「**等加速度運動**」兩種運動形式。伽利略另一個影響深遠卻較少被人提及的是他對描素自然的語言使用，伽利略試圖去對自然現象進行獨立於任何人為解釋的定量描述，而這也正是日後「運動學」(kinematics) 範疇下的中心工作。

「哲學寫在這本偉大的書上－我所指的是自然宇宙－且永遠呈現在我們的眼前。但如果不了解它的語言與字彙，就無法知道其中的內容。它是以數學的語言寫成，它的文字是三角、圓、與其它的幾何圖形。如果沒有這些工具，對這本偉大的書便連一個字也看不懂，人置身其中就像是在黑暗的迷宮裡，毫無頭緒地摸索。」

──伽利略《試金石》(1623)

伽利略 (Galileo Galolei)
1561-1642

1-3 二維座標系統

　　在前面的單元中，我們將物體的運動侷限於一維的直線上。因此，我們可以簡單地將一把直尺擺放在物體的運動軌跡旁來測量物體的位置。但在更一般的例子中，物體的運動可擴展到二維的平面上，或是三維的空間中。因此，為完備伽利略對自然的描述要求－尋找一個對自然現象可獨立於任何人為解釋的定量描述，即客觀的定量描述－我們便得對物體的所在位置有一個更精確的描述方法。為此，我們將在本單元中介紹幾種常用的座標系統。我們也都知道每一種座標系統都有它獨自的座標原點，此原點位置可依所要處理的問題擺設在任意的位置上。同樣地，座標軸所指的方向也是可以任意設定。僅需記住，座標系統的一切設定均是以方便我們對問題的處理為原則。一旦選出適當的座標系統，我們也就有辦法以更直接或簡單的方式來描述物體各種形式的運動。

● 二維平面上常用的座標系統

◇ （二維）笛卡兒座標 (2-dim Cartesian Coordinate)

　　笛卡兒座標系應該是大家最為熟悉的座標系統。於平面上選定原點位置後，任意畫出一條經過原點的直線，此直線便可做為此座標系統的 x- 軸。習慣上，我們將原點右方的軸上座標值設定為正值，左方為負值。有了 x- 軸，則平面上通過原點且垂直 x- 軸的直線即為此座標系統的 y- 軸。習慣上，y- 軸朝上的方向為正，朝下的方向為負。

　　一旦設定好我們將要使用的笛卡兒座標系，平面上任意點的所在位置，便可依所要描述的點於此座標系中所對應的座標值給定。例如：（圖 1-3-1）中的 A 點。畫一通過 A 點且平行於 y- 軸的直線，則此直線與 x- 軸相交處的座標值 $(x, 0)$，此即 A 點的 x 座標值。同理，劃一通過 A 點且平行於 x- 軸的直線，此直線與 y- 軸相交處的座標值 $(0, y)$，即 A 點的 y 座標值。結合此兩座標值，我們就說 A 點位於此座標系統的 (x, y) 位置。

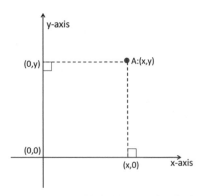

圖 1-3-1　平面上的二維笛卡兒座標系

◇ 極座標 (Polar Coordinate)

　　為描述平面上運動的物體，另一個常用的座標系統為極座標系統。於後面的單元中，我們將可看見舉凡物體之運動有圓形的軌道，極座標將會是一個比較方便使用的座標系統。在極座標中（圖 1-3-2），描述 A 點位置的兩個座標參數為 r 與 θ，即 A 點於 (r, θ) 的位置，其中 r 為原點到 A 點的直線距離，θ 則為通過原點與 A 點之直線

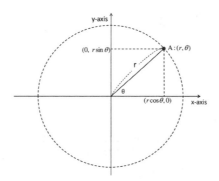

圖 1-3-2 　平面上的極座標系統

與 x- 軸的夾角。由此可知，在極座標中我們還是得設一個量測 θ 角度的基準軸，即（圖 1-3-2）中的 x- 軸。

　　由於 A 點的存在是獨立於座標系統的選擇，也因此不同的座標系統間會有一個對應的轉換關係。在（二維）笛卡兒座標與極座標間的轉換，由（圖 1-3-2）應可清楚看出爲：

$$x = r\cos\theta$$
$$y = r\sin\theta$$

(1-3-1)

1-4 三維座標系統

延續上一單元，我們將座標系統擴展到更一般的狀況，看如何去描述三維空間內的空間位置。

● 三維空間中常用的座標系統

◇ （三維）笛卡兒座標 (3-dim Cartesian Coordinate)

三維笛卡兒座標可視為二維笛卡兒座標的延伸，所多出的另一維度 z- 軸，其設定為通過原點且垂直於 x-y 平面之直線。習慣上，我們會以右手定則來定義此三維笛卡兒座標系中 xyz- 三個座標軸的正值方向。如（圖 1-4-1），伸直右掌，使其大拇指垂直於其餘的四指。固定手掌使四指方向朝 x- 軸方向，同時四指亦可朝 y- 軸方向彎曲，如此拇指方向即為 z- 軸方向。

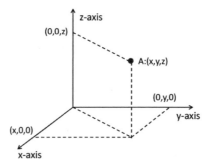

圖 1-4-1 三維空間中的笛卡兒座標系統

◇ 圓柱座標 (Cylindrical Coordinate)

如（圖 1-4-2）所示，圓柱座標即 x-y 平面上的極座標，再外加一個垂直於 x-y 平面的 z-軸。但習慣上我們常將原先極座標的 (r, θ) 改為 (ρ, ϕ)，這書寫上的改變有一個好處是可提醒大家，此處的 ρ 並不是原點到 A 點的距離長度，而是 A 點至 z- 軸的距離（亦為連接原點與 A 點的直線於 x-y 平面上所投影出的距離）。如此，A 點位置於此圓柱座標系中可被標示為 (ρ, ϕ, z)，而與三維笛卡兒座標系間的轉換為：

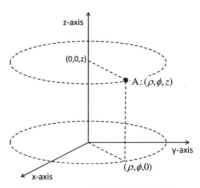

圖 1-4-2 圓柱座標系統

$$x = \rho \cos \phi$$
$$y = \rho \sin \phi \qquad (1\text{-}4\text{-}1)$$
$$z = z$$

◇ 球面座標 (Spherical Coordinate)

　由於物理世界中常出現具有球面對稱的狀況，因此三維空間中的球面座標系統也是常被拿來使用的座標系統。原點就處於球面的球心位置，如（圖 1-4-3）所示，A 點位置是以 (r, θ, ϕ) 來表示，其中 r 為原點到 A 點的距離長度，θ 為連接原點與 A 點直線 $(\overline{OA})$ 與 z- 軸的夾角，而 ϕ 為 $\overline{OA}$ 投影在 x-y 平面上之直線與 x- 軸的夾角。投影之概念可參看後面單元「1-6 向量的基本運算」中的說明。此三個座標值 (r, θ, ϕ) 與笛卡兒座標系間的關係亦可由（圖 1-4-3）推知：

$$x = r \sin\theta \cos\phi$$
$$y = r \sin\theta \sin\phi \qquad\qquad (1\text{-}4\text{-}2)$$
$$z = r \cos\theta$$

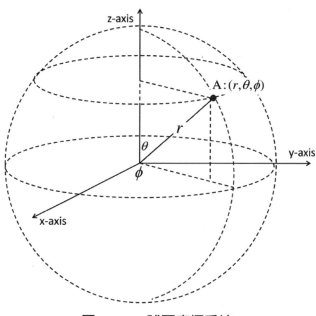

圖 1-4-3　球面座標系統

1-5　運動學中的三個基本物理量

　　運動學中的三個基本物理量 – 位置向量、速度、與加速度。雖然在前面的單元中均已出現，但由於它們本身於物理學上的重要性，以及為引入描述物理現象所常用的數學語言 – 微積分，本單元將對位置向量、速度、與加速度這三個物理量給出更精確的定義。

● 位置向量 (Position Vector)

　　我們就以（圖 1-5-1）棒球場中一個簡單的防守移位講起。如圖所示，我們以本壘板的位置做為座標系統的原點，如此由原點至游擊手位置所構成的向量[註3]，即為游擊手於時刻 t 所站位置的位置向量，以 $\vec{r}(t)$ 表示。由於棒球場上的游擊手會隨時依球場狀況移動他該有的位置，位置向量會是時間的函數。此外，在我們的例子中除選定座標原點外，並無指定以何種座標系統來定義我們所要介紹的物理量。這也告訴我們這些物理量本身及其彼此間的關係，是與座標系動的選擇無關。

● 平均速度與瞬時速度 (Average Velocity and Instant Velocity)

　　假設為因應戰術上的需要，此游擊手必須移防至二壘的壘包位置。若此移位花掉他 Δt 的時間，那此游擊手於時刻 $t + \Delta t$ 的位置向量便為 $\vec{r}(t + \Delta t)$。在這 Δt 的時間間隔中，此游擊手的位移向量 (displacement velocity) 便該是 $\Delta \vec{r}(t) = \vec{r}(t + \Delta t) - \vec{r}(t)$。又根據速度的定義，單位時間間隔內之位移量，即：

$$\vec{v} \equiv \frac{\Delta \vec{r}}{\Delta t} \tag{1-5-1}$$

　　但由（圖 1-5-1B）的游擊手運動軌跡可發現，上面 (1-5-1) 式對速度的定義並不能完全描述出此游擊手移位的真實速度，因為此游擊手並不是以最短路徑跑至二壘，而是先跑進內野的區域再往二壘後移。如此 (05-1) 的定義應解釋為游擊手於 Δt 的時間間隔內的平均速度，

$$\langle \vec{v} \rangle \equiv \frac{\Delta \vec{r}}{\Delta t} \tag{1-5-2}$$

而任意時刻 t_1 之瞬時速度則可藉如下的方式獲得

$$\vec{v}(t_1) = \lim_{\Delta t \to 0} \frac{\vec{r}(t_1 + \Delta t) - \vec{r}(t_1)}{\Delta t} \equiv \left. \frac{d\vec{r}}{dt} \right|_{t=t_1} \tag{1-5-3}$$

上式亦為微分之定義，即**瞬時速度為位置向量對時間的一次微分**。在物理學中我們

[註3]　數學上一個同時包含數值大小與方向的量，稱為「向量」(vector)。本單元所介紹的三個物理量：位置向量、速度、與加速度均為向量。向量的基本運算可參閱下一單元。

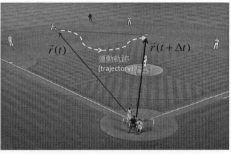

圖 1-5-1　A（左圖）游擊手於時刻 t 所站的位置。若以本壘作為原點（即
參考點），則由本壘到游擊手位置所構成的向量便是游擊手於
時刻 t 的位置向量。圖 1-5-2B（右圖）接受往二壘壘包移防指令
的游擊手，或許是基於欺敵的目的，他並不是直接以最短的直
線路徑跑向二壘，而是如圖所繪的運動軌跡，先往本壘方向前
進一些才轉往二壘跑去。若整個移防動作在 Δt 的時間完成，由
於此游擊手實際所跑的距離不等於原先所站位置到二壘壘包的
距離，因此這游擊手於他的運動軌跡上每一時刻的瞬間速度，
必然不等於整個過程的平均速度。

大半所討論的速度均為此「瞬時速度」，方便上也就省略「瞬時」二字，而僅稱「速
度」。

● （瞬時）加速度 (Acceleration)

　　運動學的三個基本物理量中最後登場，卻是牛頓力學中佔有最關鍵地位的便是「加
速度」這個物理量，它是衡量物體速度於微小時刻內的變化程度。同樣地，我們所關
切的多半是「瞬時加速度」，方便上也常常僅簡稱「加速度」。其定義可寫成：

$$\vec{a} \equiv \frac{d\vec{v}}{dt} = \lim_{\Delta t \to 0} \frac{\vec{v}(t+\Delta t) - \vec{v}(t)}{\Delta t} \qquad (1\text{-}5\text{-}4)$$

即加速度為速度對時間的一次微分，又速度本身為位置向量對時間的一次微分，因此
結合此兩個定義，我們可得加速度為位置向量對時間的二次微分[註4]，

$$\vec{a} = \frac{d\vec{v}}{dt} = \frac{d}{dt}\left(\frac{d\vec{r}}{dt}\right) = \frac{d^2\vec{r}}{dt^2} \qquad (1\text{-}5\text{-}5)$$

[註4]　提醒：如果你是不熟悉微積分的讀者，不用著急，本書所會使用到的微積分並沒有你想像中的
　　　難。但務必看清楚數學語言中如何地陳述一個概念，例如：(1-5-3) 式與 (1-5-4) 式中，微分的
　　　寫法與其所代表的概念；又如 (1-5-5) 式中的最右邊，對時間二次微分的表示法。

1-6 向量的基本運算

物理世界中有許多的物理量是必須以「向量」的形式來表示，這些物理量不僅有「數量」上的大小，更特別的是還有「方向」上的區別。像在前面單元中為描述物體運動而引進的位移、速度、與加速度便是這樣的物理量。因此在物理的學習過程中，我們有必要知道一些向量的基本運算。本單元也僅先就向量的加法、減法、內積、與外積做一說明。

如果讀者還記得，之前我們所一直強調的，選擇好的座標系統可以大大簡化問題的處理難度。這也暗示了這些用來描述物理量的向量，其向量本身與我們所要使用的座標系統無關。座標系統只是方便我們對向量的描述，所以向量間的運算也就與座標系統無關。但為使初學者能確實掌握向量基本運算的要點，本單元之實作範例將僅侷限在笛卡兒座標系的處理上。

● 向量的加法與減法

如（圖 1-6-1）所示，兩個向量 $\vec{A}$ 與 $\vec{B}$ 間的加法，可固定一向量 $\vec{A}$，再將另一向量 $\vec{B}$以平移的方式，平移至 $\vec{A}$ 的位置，使兩向量的起點重合。再以此兩向量為邊長做一平行四邊形，則以兩向量重合之起點到此平行四邊形對角端之向量，即為此兩向量的合向量$(\vec{A}+\vec{B})$。

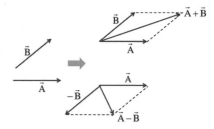

至於兩向量的減法，以 $\vec{A}-\vec{B}$ 為例。可想像另一個向量 $\vec{C}$，其與向量 $\vec{B}$ 的唯一差別在於其方向與 $\vec{B}$ 相反，即 $\vec{C}=(-1)\times\vec{B}=-\vec{B}$。如此

圖 1-6-1　兩向量的加法（右上）與減法（下）。

$\vec{A}-\vec{B}=\vec{A}+(-\vec{B})=\vec{A}+\vec{C}$，接下來就如同向量的加法。

此外，我們若選定以笛卡兒座標系來處理兩向量間的加減。若向量 $\vec{A}$ 與 $\vec{B}$ 在此座標系下分別可表為：$\vec{A}=A_x\hat{x}+A_y\hat{y}+A_z\hat{z}$ 與 $\vec{B}=B_x\hat{x}+B_y\hat{y}+B_z\hat{z}$，則此兩向量間之加減所得到的新向量，其新向量於同一笛卡兒座標系統中各軸上的分量即為原兩向量於座標軸上各分量間的相加減。即

$$\vec{A}\pm\vec{B}=(A_x\pm B_x)\hat{x}+(A_y\pm B_y)\hat{y}+(A_z\pm B_z)\hat{z} \tag{1-6-1}$$

● 向量的內積 (inner product)

兩向量間的內積，又稱為純量積 (scalar product)。顧名思義，兩向量 $\vec{A}$ 與 $\vec{B}$ 在內積運算後的結果將會成為一個不具方向的純量，其定義為：

$$\vec{A}\cdot\vec{B}=\left|\vec{A}\right|\left|\vec{B}\right|\cos\theta=AB\cos\theta \tag{1-6-2}$$

（注意：書寫上 $\vec{A}$ 與 $\vec{B}$ 中間的「一點」即代表內積的運算）$|\vec{A}| = A$ 代表向量的長度大小，θ 則為兩向量 $\vec{A}$ 與 $\vec{B}$ 間的夾角。

●在笛卡兒座標下，向量 $\vec{A}$ 與 $\vec{B}$ 之內積可表為：

$$\vec{A} \cdot \vec{B} = A_x B_x + A_y B_y + A_z B_z \tag{1-6-3}$$

明顯地，兩向量間的內積運算有其交換性，即 $\vec{A} \cdot \vec{B} = \vec{B} \cdot \vec{A}$。

此外，在物理學中，我們也必須注意到向量內積於幾何上的意義。由於在向量 $\vec{B}$ 方向上的單位向量，即長度為 1 的向量可表為

$$\hat{B} \equiv \frac{\vec{B}}{|\vec{B}|} \tag{1-6-4}$$

如此我們不妨將上面內積的定義做一點小小的改寫

$$\vec{A} \cdot \frac{\vec{B}}{B} \equiv \vec{A} \cdot \hat{B} = A \cos\theta \tag{1-6-5}$$

此式告訴我們：向量 $\vec{A}$ 與單位向量 $\hat{B}$ 的內積會等於向量 $\vec{A}$ 的長度在方向 $\hat{B}$ 上的投影量。

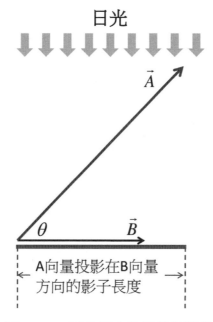

日光

A向量投影在B向量
方向的影子長度

圖 1-6-2　兩向量內積的幾何意義

● 向量的外積 (outer product)

兩向量間的外積，又稱爲向量積 (vector product)。其定義爲

$$\vec{A} \times \vec{B} = AB \sin \theta\, \hat{e} \tag{1-6-6}$$

如（圖 1-6-3）所示，兩向量的外積結果仍是一個向量。其方向 ($\hat{e}$) 可由右手定則決定：$\hat{e} \perp \vec{A}$ 且 $\hat{e} \perp \vec{B}$，即兩向量外積後的方向 $\hat{e}$ 會垂直於向量 $\vec{A}$ 與 $\vec{B}$ 所構成的平面。又由右手定則，我們不難發現，兩向量的外積不再如內積一般擁有運算上的交換性，$\vec{A} \times \vec{B} = -\vec{B} \times \vec{A}$。

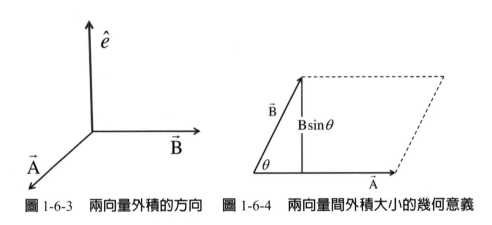

圖 1-6-3　**兩向量外積的方向**　圖 1-6-4　**兩向量間外積大小的幾何意義**

又兩向量外積的大小亦可由（圖 1-6-4）得知，在向量 $\vec{A}$ 與 $\vec{B}$ 所構成之平行四邊形中，$B \sin\theta$ 可視爲以 A 爲底邊所對應的高，因此 $AB \sin\theta$ 的大小就爲圖中平行四邊形之面積。

綜合上面的解釋，我們可如此解釋兩向量 $\vec{A}$ 與 $\vec{B}$ 外積的意義：向量 $\vec{A}$ 與 $\vec{B}$ 所構成之平行四邊形的面積，且此面積的方向（即垂直於面的方向）可由右手定則來定義。

最後，在笛卡兒座標下向量 $\vec{A}$ 與 $\vec{B}$ 外積的計算可如下表示：

$$\vec{A} \times \vec{B} = \begin{vmatrix} \hat{x} & \hat{y} & \hat{z} \\ A_x & A_y & A_z \\ B_x & B_y & B_z \end{vmatrix} \tag{1-6-7}$$

$$= (A_y B_z - A_z B_y)\hat{x} + (A_z B_x - A_x B_z)\hat{y} + (A_x B_y - A_y B_x)\hat{z}$$

【練習題 /-/】

兩向量 $\vec{A} = 1\hat{x} + 3\hat{y} + 2\hat{z}$ 與 $\vec{B} = 2\hat{x} + 4\hat{y} + 5\hat{z}$

求 (a.) $\vec{A} + \vec{B}$

　　(b.) $2\vec{A} - \vec{B}$

　　(c.) $\vec{A} \times \vec{B}$

　　(d.) $\vec{A} \times \vec{B}$

　　(e.) 向量 $\vec{A}$ 與向量 $\vec{B}$ 間的夾角 θ 是多少？

　　(f.) 向量 $\vec{A}$ 在向量 $\vec{B}$ 方向上的投影量是多少？

　　(g.) 向量 $\vec{A}$ 與向量 $\vec{B}$ 所構成的平行四邊形面積是多少？如何指定此平行四邊形面積之方向？

【練習題 /-2】

證明在笛卡兒坐標系下，兩向量間的內積可表示成 (1-6-3) 式。

【練習題 /-3】

證明在笛卡兒坐標系下，兩向量間的外積大小可表示成 (1-6-7) 式，且外積的方向垂直於組成外積向量的兩個向量。

1-7 笛卡兒座標下的平面運動

物理學給人的感覺就是要去運用一些很基本，但適用範圍又很大的原理。原理中的限制也是越少越好。基於這限制越少越好的認知，讀者或許就會覺得物體於平面上的運動似乎少了一點什麼。簡單講，它就是不如物體於三維空間中的運動那樣地一般性。但實際上，二維運動的廣泛應用可從我們日常於地表上的平面運動，到太陽系中各行星的繞日運動，比比皆是二維運動的例子，其重要性由此可見。本單元與下一個單元我們將分別以二維平面上常用的兩個座標系統——笛卡兒座標系統與極座標系統——來描述物體的運動。當然，我們必須再次地強調，物體的運動是獨立於我們所選用的座標系統。但我們若能選擇出一個好的座標系統，則可大大簡化我們對描述物體運動的困難度。

● （二維）笛卡兒座標下的物體運動

當物體於時刻 t 在 A 點的位置，其位置向量若以笛卡兒座標展開，

$$\vec{r}(t) = x(t)\hat{x} + y(t)\hat{y} \qquad (1\text{-}7\text{-}1)$$

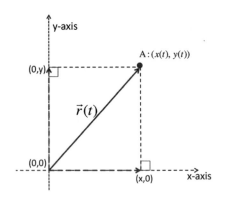

雖然在「1-3 二維座標系統」單元中，我們已對不同的座標系統做過基本的介紹。但為能夠描述物體運動之目的，我們須藉 (1-7-1) 式去對座標系統做更進一步的說明：

每一個座標系統都有它獨特的一組「單位向量」(unit vector)【註5】做為此座標系統的**基底向量** (base vector)，以指明座標軸的方向，所以在二維的座標系統中會有兩個基底向量，三維的座標系統中則會有三個。而在二維笛卡兒座標中的基底向量即 (1-7-1) 式中的 $\hat{x}$ 與 $\hat{y}$，由於我們此組基底向量 ($\hat{x}$, $\hat{y}$) 彼此之間相互垂直，因此我們又稱這樣的座標系統為「正交座標系統」(orthogonal coordinate system)【註6】。事實上，在前面單元中我們所介紹的所有座標系統均屬於此類的「正交座標系統」。但笛卡兒座標系統的基底向量還是有一個獨特的性質，此獨特之性質是其它座標系統所沒有的，即無論在平面或空間中的哪一個位置點上，笛卡兒座標系內的基底向量之方向均是不變。也因此無論物體怎樣地運動，任何位置，任何時刻，笛卡兒座標中的基底向量是不變的。以笛卡兒座標中的 $\hat{x}$ 為例，此基底向量有 $d\hat{x}/dt = 0$ 的性質。

【註5】 向量長度為 1 個單位長度的向量稱為「單位向量」(unit vector)，此處所指的單度長度乃座標系統中所使用的長度單位。在符號上也常做如下的更改 $\vec{A} \rightarrow \hat{A}$ 來表示 $\hat{A}$ 為單位向量。

【註6】 相互垂直的兩個向量，在數學上又稱此兩向量彼此正交。

又 (1-7-1) 式中之 $x(t)$ 與 $y(t)$ 則分別為物體之位置向量於 $\hat{x}$ 與 $\hat{y}$ 方向上的投影量，即在其對應方向上的分量。以 $x(t)$ 為例，

$$\vec{r} \cdot \hat{x} = |\vec{r}||\hat{x}|\cos\theta = |\vec{r}|\cos\theta = x \tag{1-7-2}$$

有了物體位置向量在笛卡兒座標下的表示式，(1-7-1) 式，物體運動速度便可由對時間的微分獲得

$$
\begin{aligned}
\vec{v} = \frac{d\vec{r}}{dt} &= \frac{d}{dt}\big(x(t)\hat{x} + y(t)\hat{y}\big) \\
&= \left(\frac{dx}{dt}\hat{x} + x\frac{d\hat{x}}{dt}\right) + \left(\frac{dy}{dt}\hat{y} + y\frac{d\hat{y}}{dt}\right) \\
&= \frac{dx}{dt}\hat{x} + \frac{dy}{dt}\hat{y} \\
&\equiv v_x\hat{x} + v_y\hat{y}
\end{aligned}
\tag{1-7-3}
$$

上式的推導中，我們有用到笛可兒座標中基底向量不隨時間改變 $(d\hat{x}/dt = 0)$，這一個很獨特的特性。同理，將 (1-7-3) 式再對時間微分一次即可得到物體的加速度

$$\vec{a} = \frac{d\vec{v}}{dt} = \frac{d^2\vec{r}}{dt^2} = \frac{d^2x}{dt^2}\hat{x} + \frac{d^2y}{dt^2}\hat{y} \equiv a_x\hat{x} + a_y\hat{y} \tag{1-7-4}$$

註：在書寫的方便上，我們也常將微分寫成

$$\dot{x} \equiv \frac{dx}{dt} \quad ; \quad \ddot{x} \equiv \frac{d^2x}{dt^2} \tag{1-7-5}$$

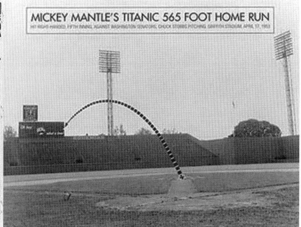

看似在三維空間中飛行的棒球，如果不考慮棒球飛行時本身的自旋所產生之效應，我們便可將棒球的飛行問題視為是在二維平面上的拋射問題。此二維平面為包含棒球飛行軌跡並垂直地面之鉛直平面。

1-8 極座標下的平面運動

延續前一單元的主題,本單元中我們還是要去描述物體於平面上的運動。但不同於之前所使用的笛卡兒座標,本單元將以極座標系統來描述同樣的平面運動。

● 極座標下的物體運動

在極座標的描述下,物體所在的位置向量((圖 1-8-1)中由原點到 A 點的向量)雖然可很簡單地表示為:

$$\vec{r}(t) = r(t)\hat{r} \qquad (1\text{-}8\text{-}1)$$

式中 $\hat{r}$ 為極座標中的基底向量。我們也知道,在二維的座標系統中該有兩個基底向量。除 $\hat{r}$ 外,我們還可如(圖 1-8-1)定義另一個垂直於 $\hat{r}$ 的基底向量 $\hat{\theta}$。但不像笛卡兒座標系統中方向永遠固定不變的基底向量,極座標中的基底向量會隨位置的不同而改變

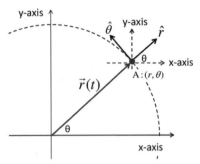

圖 1-8-1 極座標下的位置向量

方向。因此,當極座標的基底向量遇見對時間的微分時,其值將不等於零,即

$$\frac{d\hat{r}}{dt} \neq 0$$

為解決此微分問題,我們可藉投影之概念先將極座標中的基底向量以笛卡兒座標來表示,

$$\hat{r} = \cos\theta\,\hat{x} + \sin\theta\,\hat{y}$$
$$\hat{\theta} = -\sin\theta\,\hat{x} + \cos\theta\,\hat{y} \qquad (1\text{-}8\text{-}2)$$

明顯地,$\hat{r} = \hat{r}(\theta)$ 及 $\hat{\theta} = \hat{\theta}(\theta)$,若要處理其對時間的微分,可依微分中的連鎖律 (chain rule) 先對 θ 微分,在乘上 θ 對時間的微分:

$$\frac{d\hat{r}}{dt} = \frac{d\hat{r}}{d\theta}\frac{d\theta}{dt} = (-\sin\theta\,\hat{x} + \cos\theta\,\hat{y})\dot{\theta} = \dot{\theta}\,\hat{\theta} \qquad (1\text{-}8\text{-}3)$$

此處我們有用到 $\hat{x}$ 與 $\hat{y}$ 之方向永遠固定不變的特性。同理可處理

$$\frac{d\hat{\theta}}{dt} = \frac{d\hat{\theta}}{d\theta}\frac{d\theta}{dt} = (-\cos\theta\,\hat{x} - \sin\theta\,\hat{y})\dot{\theta} = -\dot{\theta}\,\hat{r} \qquad (1\text{-}8\text{-}4)$$

有了 (1-8-3) 與 (1-8-4) 式的關係,我們就可進一步去處理極座標下的速度,

$$\vec{v} = \frac{d\vec{r}}{dt} = \frac{dr}{dt}\hat{r} + r\frac{d\hat{r}}{dt} = \dot{r}\,\hat{r} + r\dot{\theta}\,\hat{\theta} \qquad (1\text{-}8\text{-}5)$$

與加速度，

$$\vec{a} = \frac{d\vec{v}}{dt} = \left(\ddot{r}\hat{r} + \dot{r}\dot{\theta}\hat{\theta}\right) + \left(\dot{r}\dot{\theta}\hat{\theta} + r\ddot{\theta}\hat{\theta} - r\dot{\theta}^2\hat{r}\right) = \left(\ddot{r} - r\dot{\theta}^2\right)\hat{r} + \left(2\dot{r}\dot{\theta} + r\ddot{\theta}\right)\hat{\theta} \qquad (1\text{-}8\text{-}6)$$

比起以笛卡兒座標對物體運動的描述，極座標下的描述看起來真是複雜一點。但這多一點點的複雜，卻可方便我們描述較爲一般性的平面運動。我們就以兩個最簡單且常遇見的例子，來幫助讀者對這表示式更爲理解。

－ 直線運動

在直線運動中，θ 始終保持不變，因此 $\dot{\theta} = \ddot{\theta} = 0$。於是

$$\vec{r} = r\hat{r} \qquad \vec{v} = \dot{r}\hat{r} \qquad \vec{a} = \ddot{r}\hat{r} \qquad (1\text{-}8\text{-}7)$$

毫無疑問地，(1-8-7) 式就如一維運動中對速度與加速度的定義一般。

－ 等速率的圓周運動

在此例中，等速率是指角速度 (angular velocity) $\dot{\theta} \equiv \omega$ 爲一固定值。一般我們也常以右手定則來指定角速度的方向與大小，在（圖 1-8-2）中 $\vec{\omega} = \omega\hat{z}$。所以對 ω 再次微分 $\dot{\omega} = \ddot{\theta} = 0$。我們若更進一步地設定此圓周運動的半徑 r 也是固定不變的，即 $\dot{r} = \ddot{r} = 0$。如此

$$\vec{r} = r\hat{r}$$
$$\vec{v} = r\omega\hat{\theta} = \vec{\omega} \times \vec{r} \qquad (1\text{-}8\text{-}8)$$
$$\vec{a} = -r\omega^2\hat{r} = -\frac{v^2}{r}\hat{r} = \vec{\omega} \times \vec{v}$$

由 (1-8-8) 式與（圖 1-8-2）所示，在等速率的圓周運動中，物體運動的速度方向爲其運動軌跡的切線方向；加速度方向則與位置向量之方向相反，即指向圓周運動軌跡之圓心處，也因此我們常把這加速度稱爲「向心加速度」(centripetal acceleration)。

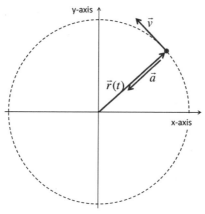

圖 1-8-2　圓周運動之示意圖。

1-9 牛頓的第一與第二運動定律

對物體運動的理解，伽利略已由亞里斯多德學派的邏輯思辯轉化爲對實際物理量的量測，並尋找出不同物理量間的數學關係式。這工作可是徹底改變我們對自然現象的研究方法，也因此讓伽利略有「現代科學之父」的尊稱。然而，對物體運動之研究方法提出一個整體架構的人則是落在牛頓的身上，現今若想要探究巨觀世界下的物體運動，已不可避免得依循牛頓的三個運動定律。本單元將先就牛頓的第一與第二運動定律作一說明。

由於在前面的單元中，我們已知道如何明確地去定義與測量物體運動之加速度。因此我們可藉由物體運動是否擁有加速度，來理解牛頓運動定律中對力(force)的意涵。

第一運動定律（慣性定律）：

當物體運動的速度不變時，即速度的大小與方向均不改變。則此時物體所受到的「淨合力」爲零，亦可說是物體沒有受到力的作用。反過來說，若物體不受力的作用，則此物體會保持原有的運動狀態（即物體之運動速度不變），亦即物體保有原先之運動慣性 (inertial)，因此牛頓的第一定律也常稱爲「慣性定律」。

之所以強調「淨合力」是因爲我們並不在乎物體是否有受到各別的力作用，我們只在乎作用在物體上所有力的總和。

第二運動定律：

若物體運動的速度改變，即加速度不爲零（$\vec{a} \neq 0$），則此物體必然受到一個不爲零的淨合力作用。此淨合力可定義爲$\vec{F}_{\text{tot}} = m\vec{a}$，此處 m 爲物體之質量。

會有這樣的定義當然也是來自於我們生活上的經驗。當我們拉一物體使之出現加速運動時，不難發現越重的物體，我們得花費更大的力量去達成任務。因此我們就把力與加速度間的比例常數定義爲物體的質量。也由於我們所施的力是要去克服物體的慣性，如此定義出的質量也被稱爲「慣性質量」(inertial mass)。

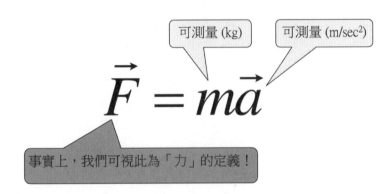

任何物理量都有它該有的單位。就以「力」爲例：根據「力」的定義，它是由物體質量與加速度的乘積所構成，所以它的單位當然也就是物體質量與加速度的單位組合。在 M.K.S. 制中爲 $kg \cdot m/sec^2$，但由於「力」會在物理的探討中時常地出現，方便上我們就將此單位組合稱爲「牛頓」(nt)，也表示對牛頓在此工作上的敬意。

● 動量 (momentum)

物體之動量可定義爲其質量與速度的乘積，即 $\vec{p} = m\vec{v}$。由於加速度爲速度對時間的微分，且在物體的運動中其質量不會隨時間改變。因此，牛頓的第二運動定律也可表示爲：

$$\vec{F}_{\text{tot}} = m\vec{a} = m\frac{d\vec{v}}{dt} = \frac{d(m\vec{v})}{dt} = \frac{d\vec{p}}{dt} \tag{1-9-1}$$

由此表示式，我們可理解定義「動量」的用處：當物體所受的浸合力爲零時，物體之動量於整個運動過程中不會改變，即物體之動量會是一個「守恆量」。在後面的單元中，我們也將會看見「守恆量」在物理探索中會是一個重要概念。

● 牛頓的第二運動定律與圓周運動

在圓周運動的描述中，我們已知道物體必有一個向心加速度，參見 (1-8-8) 式。同時，牛頓的第二運動定律也告訴我們，物體的運動一但出現加速度，必然是受到力的作用。因此，我們可論證物體於圓周運動中必然有受到一個指向圓心的力作用，此力就稱爲「向心力」(centripetal force)。其大小爲

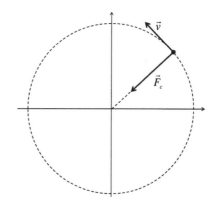

$$F_c = \frac{mv^2}{r} \tag{1-9-2}$$

式中的 r 爲圓周運動之半徑。因此，物體於此圓周運動中完整繞一圈所需的時間，即「週期」(period)，$T = 2\pi r/v$。依此式，我們可將 (1-9-2) 式中的速度大小 v 以週期 T 替換，如此向心力的大小也可寫成

$$F_c = 4\pi^2 \frac{mr}{T^2} \tag{1-9-3}$$

之所以寫成 (1-9-3) 式，乃是因爲實作上周期 T 的測量是要比速度大小 v 的測量來得容易。

1-10　地表上的拋體運動

　　牛頓的第二定律告訴我們：物體在任意時刻下所受到的總合力，會等於物體質量乘上物體本身運動之加速度，即 $\vec{F}_{tot} = m\vec{a}$。如此在分析物體的運動時，關鍵的第一步便是要找出物體受到的所有力。此步驟聽起來容易，但在分析力的過程中往往又會與我們的直覺想法有些出入，而讓物理初學者感到萬分困擾。舉例來說，當我們朝著天空拋出一顆棒球後，在空中的棒球會受到什麼力？

　　依據我多年的教學經驗，當我在問學生此問題時，特別是學生被引導去關注棒球拋出後的上升階段有哪些力的作用？就是會有不少的學生脫口而出「往上的拉力」。其實不然！這是物理教育現場中一個觀念迷思的經典案例。根本沒有什麼往上的拉力，棒球往上飛是因為我們給它一個往上飛行的初速度，但它終究會受到地球向下的引力（重力）影響，而不能持續地攀升飛行，在達到最高點後便開始往下加速掉落。當然，除了重力之外，飛行中的棒球還受到空氣阻力的作用。此外，若再假設棒球本身有自旋的現象，那棒球還得加上一個叫馬格納斯力 (Magnus force) 的作用。總之，我們得盡可能地把棒球所受到的力一一找出，加總後才能計算出棒球的飛行軌跡。

　　然而，很快地我們就會發現處於一個兩難的處境。一方面希望所要處理的物理模型盡可能地貼近真實，另一方面卻是面對越是真實的模型，我們就越難處理模型當中的複雜度與數學問題。兩方面的相互妥協，什麼可省略，什麼不該省略，結果又必須貼近真實。有人說這表現出物理學家的審美哲學，更是好壞物理學家間的功力差別。而在我們這單元所要處理的拋體運動上，雖然於力的解析上並不是太過複雜難懂[註7]，但我們還是有必要將我們的模型限定在最簡單的狀態下 – 棒球僅受到地球重力作用的理想狀態。即便是明顯存在的空氣阻力也不考慮，以便初學者能夠對解決物理問題的方式有一個較明確的感覺與掌握。在這樣的理想狀況下，棒球拋出後的運動方程式為

$$\vec{F} = m\vec{a} = m\vec{g} \qquad (1\text{-}10\text{-}1)$$

此處的 $m\vec{g}$ 為地球對棒球的吸引力（即重力），亦是能讓我們安穩站立在地球表面上的原因。也由於此重力大小正比於被吸引之物體質

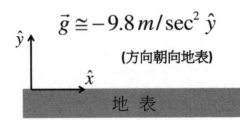

地球表面之重力加速度

$$\vec{g} \cong -9.8 \, m/\sec^2 \, \hat{y}$$

$\hat{y}$

(方向朝向地表)

$\hat{x}$

地　表

圖 1-10-1　**根據牛頓定律可知地表上的自由落體，無論其質量大小，均會以一樣的加速度下落。此乃伽利略對此問題的重要結論。**

量，所以消去 (1-10-1) 式等號兩邊的質量大小 (m)，可發現不管被吸引的物體質量是多少，其加速度均等於一個稱爲「地表之重力加速度」的常數 $\vec{g}$。此亦爲伽利略對自由落體運動所提出的重要結論。

　　此外，伽利略對地表上物體運動的分析，除了把實驗精神與數學演繹帶入物理學外。還有一個重要的方法就是將問題「抽象」化地解決。就以我們即將要處理的拋體運動來說，他不再要求人們盯住拋體的運動軌跡去觀察，而是將一個大家確實看見的飛行軌跡，拆成兩個彼此垂直的方向去分別處理。也多虧伽利略對這問題的「抽象」化，讓學習過物理學的人都會承認拋體運動是一個容易可解的問體。至少，在理想狀況下是如此。

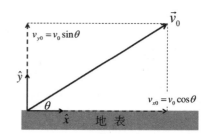

圖 1-10-2　於原點處以起始速度為 $\vec{v}_0$ 拋射出去的物體。

　　首先，我們先將物體之運動方程式依二維笛卡兒座標系分解成兩個垂直的方向，如（圖 1-10-2）所示：

$$m\vec{a} = m\vec{g} \Rightarrow \begin{cases} a_x = 0 \\ a_y = -g \end{cases} \qquad (1\text{-}10\text{-}2)$$

接下來，我們便將問題於這兩個方向分別處理：

● 垂直方向 (y- 方向）：

$$a_y = \frac{dv_y}{dt} = -g$$
$$\Rightarrow \int_{v_{y0}}^{v_y} dv_y = -\int_{t_0=0}^{t} g\,dt \Rightarrow v_y - v_{y0} = -gt \qquad (1\text{-}10\text{-}3)$$

此處的起始速度爲 $v_{y0} = v_0 \sin\theta$。我們可進一步地去積分 (1-10-3) 式的結果

$$v_y = \frac{dy}{dt} = v_{y0} - gt$$
$$\Rightarrow \int_{y_0=0}^{y} dy = \int_{t_0=0}^{t}(v_{y0} - gt)dt \Rightarrow y = v_{y0}\cdot t - \frac{1}{2}g\cdot t^2 \qquad (1\text{-}10\text{-}4)$$

　　值得注意的是從(1-10-4)的結果可知，當 $t = 0$ 與 $t = 2v_{y0}/g$ 時物體會在地面 $y = 0$ 處。前者是物體正要被拋出的當下，後者則是物體拋出後的落地時刻，亦即爲物體於空中的飛行時間。

● 水平方向 (x- 方向)：

此方向物體沒有受到力的作用（加速度為零），因此物體在水平方向就依其原始的初速度 v_{x0} 等速前進，

$$v_x(t) = v_{x0} = v_0 \cos \theta \tag{1-10-5}$$

因此，任意時刻下物體飛行前進的距離為 $x(t) = v_{x0} \cdot t$。

最遠射程

一旦得知此兩方向的運動形式後，我們也就不難推知當物體依（圖 1-10-2）的起始條件拋射後，此物體可飛行的距離為

$$R(\theta) = x(t = 2v_{y0} / g) = \frac{2v_{x0}v_{y0}}{g} = \frac{v_0^2}{g} \sin(2\theta) \tag{1-10-6}$$

飛行距離會與起始速度的仰角 θ 有關。又當 (1-10-6) 式中的 $\theta = \pi/4$ 時，正弦函數有最大值 1。也就是說，在理想狀況下，物體以 45° 之仰角拋射將會有最遠的射程。

拋體的飛行軌跡是一條拋物線

如果我們將 (1-10-4) 式中的時間 t 以 $t = x/v_{x0}$ 代換，經過一番的處理可得方程式

$$\left(x - \frac{v_{xo} \cdot v_{y0}}{g}\right)^2 = -2\frac{v_{x0}^2}{g}\left(y - \frac{v_{y0}^2}{2g}\right)^2 \tag{1-10-7}$$

對照於拋物線的標準方程式 $(x^2 = -2c \cdot y^2)$，我們可確認，此拋體的飛行軌跡是一條拋物線。

【練習題 *1-4*】

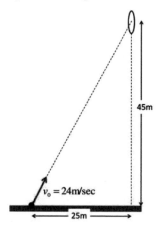

45m

$v_0 = 24\text{m/sec}$

25m

如圖，若有一神射手在地面瞄準懸掛於距地 45m 高空的蘋果，並以 v_0 = 24m/sec 的速度大小射出弓箭。但在此神射手射出弓箭的同時，懸掛此蘋果的繩索斷裂，如此蘋果成自由落體落下。試問：

(a.) 此神射手所射出的弓箭可穿越此自由落下的蘋果嗎？

(b.) 若此神射手可射中蘋果，那弓箭射中蘋果當下的高度距地面多高？

【練習題 *1-5*】

現今大聯盟中的 30 個球場均設置了鷹眼系統，以取得球場上的一些物體運動上的數據，舉凡球的飛行到球員的跑壘都有，即球迷所常看見的 statcast 數據。假設有一位打擊者以時速爲 100 英里 (100mph) 的初速度擊出一飛球，若擊出的仰角爲 30°。（ps. 由於美國社會在度量衡上仍普遍以英制爲單位，大聯盟也不例外，因此在取數據時請務必注意單位上的轉換。）試問：

(a.)此球在空中停留的時間多久？假設此球的擊球點位置在本壘上方一公尺處，判斷一下此本壘上方一公尺的高度對我們的問題重要嗎？

(b.)此飛球的飛行距離約爲？

(c.)若此球的擊出仰角改爲 45° 時，此飛球的飛行距離約爲？

1-11 空氣阻力下的自由落體

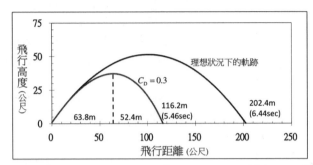

圖 1-11-1 **以初速度 v_0 = 44.4m/sec(約 100mph)，仰角 45° 擊出的棒球。在無空阻力的理想狀態下將可飛行 200 公尺左右，但一旦加入空氣阻力的作用，這球大約僅能飛行 116 公尺左右。**

　　伽利略無論是在分析自由落體，或是物體於空中的拋體運動，之所以能夠成功的一個關鍵在於他規避了空氣阻力的影響，而去抓住問題的核心，單純地探討地球引力對運動的影響。但在真實的生活中，空氣阻力的影響真的是那麼地細微而可被忽略嗎？在絕大部分的普通物理教材中的拋體運動，也因為總總的原因而把教材中的範例侷限於忽略空氣阻力的理想狀況下。這無疑加深人們輕易地去拋棄考慮空氣阻力的影響，但看看（圖 1-11-1）的例子，打擊者在理想狀態下原本可擊出的一支超級大號全壘打，若回到真實的棒球場上，同樣的擊球起始條件，不僅不會是支大號全壘打，還很可能是全壘打牆前被接殺的一支高飛球。如此，對（圖 1-11-1）的結論也該不僅是空氣阻力對球的飛行有影響，而該是有大大的影響。也因此在評估真實世界中的拋體運動時，加入空氣阻力的考慮是有其必要性。

　　首先，空氣阻力的方向會與物體的飛行方向相反，因此我們不難理解空氣阻力的形式會是 $\vec{F}_D = -kv^{n-1}\vec{v}$，此空氣阻力的大小與物體的運動速度的 n 次方有關。至於 n 是多少，則得視我們所要考量的問題而定（這其實是一個頗為複雜的問題）。但很明顯的，為使等號兩邊的單位一致，式中常數 k 的單位也會與 n 是多少有關。因此，在考量單位一致性上，我們常將空氣阻力的形式表為

$$\vec{F}_D = -\frac{1}{2}C_D \cdot \rho \cdot A \cdot v^2 \left(\frac{\vec{v}}{v}\right) \tag{1-11-1}$$

ρ 與 A 分別為空氣的密度與物體飛行時迎風面的截面積，如此讀者可驗證 (1-11-1) 中的 C_D 為一個無單位因次的常數，而它的大小則得視物體於問題中的「雷諾數」而定，也與物體的飛行速度有關。但在棒球飛行的例子中，我們會認為此常數 C_D 與速度無關。若不考慮棒球的自旋效應下，那棒球於空中飛行的運動方程式便包含重力與空氣阻力兩部分

$$\vec{F}_{\text{tot}} = m\vec{g} - \frac{1}{2}C_D \cdot \rho \cdot A \cdot v^2 \left(\frac{\vec{v}}{v}\right) \tag{1-11-2}$$

　　雖然這運動方程式看起來頗為簡單，也不難看出它為一個二維的運動問題。但若不借重數值分析的方法，我們還真無辦法以解析的途徑去對此運動方程式求解，與進一步去理解棒球的飛行軌跡。

　　即便如此，我們還是可由 (1-11-2) 式將問題再簡化一下，來看看空氣阻力下的自由落體運動。此時我們要處理的問題即變成一維的運動方程式：

$$m\frac{dv_z}{dt} = -mg + \frac{1}{2}C_D \cdot \rho \cdot A \cdot v_z^2 \qquad (1\text{-}11\text{-}3)$$

此處的座標軸設定：$\hat{z}$ 為垂直地面且向上的方向。讀者無妨直接看其解所蘊含之意義

$$v_z(t) = -\sqrt{\frac{mg}{b}}\tanh\left(\sqrt{\frac{gb}{m}}\cdot t\right) = -\sqrt{\frac{2mg}{C_D\cdot\rho\cdot A}}\tanh\left(\sqrt{\frac{g\cdot C_D\cdot\rho\cdot A}{2m}}\cdot t\right) \qquad (1\text{-}11\text{-}4)$$

　　根據我們所設定的座標系統，此解的值永遠為負，這是因為整個過程中棒球均是朝下運動。由 (1-11-4) 式得知，在空氣阻力的作用下，物體下落的速度與物體的質量及截面積有關。因此在同一地點將兩物體置於等高的位置，再讓此兩物體同時自由落下，則此兩物體的運動已不再像於真空中的實驗一般地同步落下。此外，當時間趨向無限大時，其解 (1-11-4) 式中的 tanh 函數會趨近於 1。這告訴我們雖然物體下落的速度會遞增，但不會隨時間的進展而無限制的增加。也就是說此自由落體的速度會逐漸加快，但其速度最終會趨近於一個稱為「終端速度」(terminal velocity) 的定值，即

$$\lim_{t\to\infty}v_z(t) \to v_z = -\sqrt{\frac{2mg}{C_D\cdot\rho\cdot A}} \qquad (1\text{-}11\text{-}5)$$

　　由於「終端速度」的出現是因為物體落下時，其所受到的空氣阻力會隨物體下落速度的增快而加大，如此當空氣阻力增至與物體所受的重力一樣大時，此物體的受力和為零，此後物體的速度便不再增快，我們便稱此時物體的速度為「終端速度」。也因此 (1-11-5) 式的結果可簡單地令 (1-11-3) 式為零即可獲得。此外，由 (1-11-5) 式的結果，若能測得棒球自由落下的終端速度，我們就能反推阻力係數 C_D 的大小（實驗結果顯示 $C_D \approx 0.309$）。

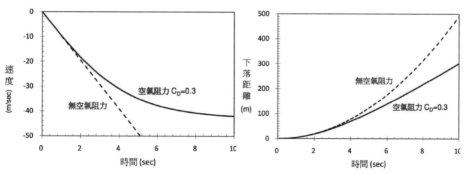

圖 1-11-2　以棒球的自由落體為例，考慮空氣阻力與理想狀況下的比較。

1-12 牛頓的第三運動定律

在介紹完定義「力」的牛頓第一與第二運動定律後，我們將緊接介紹一個無所不在的普適性定律 – 牛頓的第三運動定律。

第三定律（作用力與反作用力定律）：

當兩物體 A 與 B 相互作用，若物體 A 受到物體 B 所施予的一個作用力（無論此作用力是靠兩物體間的接觸碰撞，或是兩物體間非直接接觸的重力吸引或電磁力等等形式之力作用），則此物體 B 也同時會受到物體 A 所施予的一個大小相同，方向相反的作用力。由於此成對的兩個作用力是分別作用在物體 A 與 B 兩個不同的物體上，因此並不會相互抵銷掉。

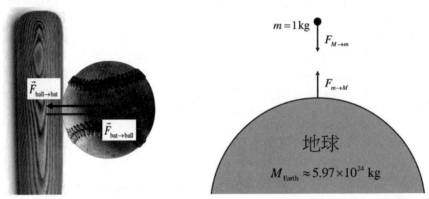

圖 1-12-1 （左）球棒與棒球間的撞擊。（右）地球表面上的懸空物體。

在（圖 1-12-1 左）的例中，球棒與棒球間的作用力來源明顯是靠彼此間的接觸碰撞而來。球棒施予棒球的力大小，會等於棒球施予球棒的力大小。而此兩力的方向雖然是相反：

$$\vec{F}_{bat \to ball} = -\vec{F}_{ball \to bat} \tag{1-12-1}$$

但受力的對象一個是在棒球上，一個則是在球棒上，這兩個互為「作用力」與「反作用力」的力並不是作用在同一個物體上，因此不能相互抵銷掉。而（圖 1-12-1 右）的例子為物體 m 於地表上的自由落體。由於物體掉落的過程中與地球並沒有直接的接觸，物體所受到的地球引力是無需藉由彼此間的直接接觸來傳達的。而牛頓的第三運動定律告訴我們，在物體自由落下的同時，的球也同樣受到物體的吸引而往物體的方向加速前進。因為有受力就有加速度，$F = ma$，然其加速度的相對大小比較則有天壤之別

$$F_{m \to M} = F_{M \to m}$$

$$\Rightarrow a_{\text{Earth}} = \frac{m}{M_{\text{Earth}}} a = \frac{1\,\text{Kg}}{5.97 \times 10^{24}\,\text{Kg}} \cdot g \approx 1.68 \times 10^{-25} \cdot g \qquad (1\text{-}12\text{-}2)$$

式中 $g = 9.8\text{m/sec}^2$ 為地表之重力加速度，由 (1-12-2) 式可知，在此過程中地球也有呈現加速運動，但其加速度真是小之又小，而無實測之可能性。

圖 1-12-2　　靜置於桌面上的咖啡杯。

　　可別小看這不甚難理解的第三運動定律，日常生活中的大半行為活動，舉凡是我們的站立或是走路還都得靠這個定律才有辦法達成。此外，在物理學的分析中，能否正確地理解這第三定律也是一個重要的關鍵。我們就以（圖 1-12-2）中靜置的咖啡杯為例。

　　試問此咖啡杯為何可平穩地擺放在桌面上？首先我們知道，咖啡杯是靜止不動的，所以它所受到的淨合力必定為零。再來，我們就來探究一下有哪些力是作用在此咖啡杯上？向下的重力！只要是在地球的表面，物體必定會有受到地球的引力。如此，咖啡杯要能平衡，咖啡杯上必定還受到另一個大小與重力一樣，但方向相反的作用力，我們就稱它為「正向力」(normal force)，以 $\vec{n}$ 表示。此「正向力」的方向永遠垂直於接觸面，並朝外。（圖 1-12-2）中的「正向力」來源則是咖啡杯之重量（即所受重力的大小）對桌面的接觸擠壓，同時間桌面對咖啡杯所呈現的「反作用力」！這也正是牛頓第三運動定律的表現。又如（圖 1-12-2 右）所示，若要以物體受力的「自由力圖」(free force diagram) 來表示物體的受力狀態，有此「正向力」的存在，加上大家較熟悉的「重力」，則可清楚說明此靜置於桌面上的咖啡杯其淨合力為零。

1-13　摩擦力【註8】

　　在我們日常生活中有一種「力」是無所不在，卻又時常困擾著物理的初學者。其困惑的程度，甚至阻礙了早年嘗試以「力」之概念來解釋物體運動的研究者許久。這難以捉摸的「力」便是「摩擦力」(friction)。我們就以（圖 1-13-1）一個再平凡不過的例子來說明此日常生活中無所不在的摩擦力。

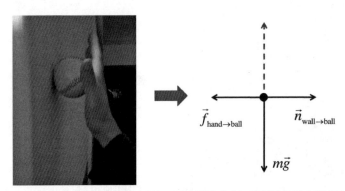

圖 1-13-1　藉由手掌對球的擠壓，讓球靜止於手掌與垂直牆面之間。

　　（圖 1-13-1）中，我們藉由手掌對球的擠壓，來讓球靜止於手掌與垂直牆面之間。由於球是靜止不動的，此球所受到的淨合力必定為零。我們就以此球的「自由力圖」（圖 1-13-1 右）來分析此球所受到的各種力。其中手掌壓球的力 $\vec{f}_{h \to b}$ 與牆壁對球的正向力 $\vec{n}_{w \to b}$，雖然手掌與牆壁並無直接地接觸擠壓，但透過球，由牛頓的第三運動定律（作用力與反作用力定律）可確知：此兩力的大小一樣，方向相反，且同時作用在球上，因此可彼此抵消。此外，球還受到一個向下的重力，如此要達到球的靜止平衡，就非得要有一個向上的力存在，且大小與此球所受到的重力大小必須一樣。此向上的力便是「摩擦力」，其來源在本例子中不難理解是來自於球與牆壁及手掌間的接觸擠壓。也由於此例中的球是靜止不動，此「摩擦力」就稱為「靜摩擦力」(static friction)。

　　同樣在此例子中，建議大家實際去試試，不難發現，只要我們的手掌對球的擠壓力量超過一個程度，不管我們施再大的力去擠壓球，球還是靜止停留在原處，這代表此球所受到的靜摩擦力大小就是等於球所受到的重力大小，不會改變。當然，球越重（球所受到的重力越大），要讓球靜止於我們的手掌與牆壁間，我們的手掌所要施的最小力道也得隨之變大。這經驗所暗示的是，此平衡重力的摩擦力大小會正比於我們

【註8】　於本單元中，我們僅提供一個測量摩擦係數的方法。對摩擦力的理解也是單純由巨觀上的實驗歸納去探討，而不涉及為何會有摩擦力產生的問題。事實上，為理解摩擦力的緣由，我們必得在微觀的尺度上去探討兩物體接觸面間的原子交互作用。而這也是當代表面物理領域中的熱門議題。

所施壓的力道大小，其中的比例常數就定義為彼此接觸面間的「摩擦係數」。若我們持續增加球的質量，直到球的質量大到已無法讓我們單靠手掌的擠壓來阻止該球的掉落，亦即此球所受到的重力大小，已必定大過於此球所受到的最大靜摩擦力。

　　接下來讓我們再看一個類似的實驗，如（圖1-13-2）所示，當物體置於一平板上，若此平板的傾斜角度不大，則此物體可靜止不動。由前例可知，這是因為物體所受之重力在沿斜面方向的分量 ($mg \sin \theta$)，已被物體與斜面間的摩擦力給抵消掉，如此物體在斜面方向的合力為零，物體也就可靜止於斜面上不動。但當我們增加平板的傾斜角度至一個臨界角度 θ_c，可使物體開始以等加速度的運動方式向下滑行。這簡單的實驗告訴我們一個物體滑行運動的普遍原則：物體要能夠滑行，所施給物體的力必須克服它與滑行平面間的「最大靜摩擦力」；然而一旦物體開始滑行，其動摩擦力將會比先前所需克服之最大靜摩擦力小一些，也唯有如此才能呈現出滑動後的等加速度運動。

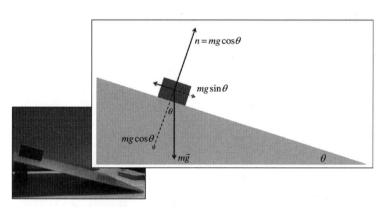

圖1-13-2　置於斜面上的物體。此物體會因斜面之傾斜角度增加而開始滑行。

　　綜合前面的說明，並根據實驗所歸納出的經驗公式，物體於平面上滑行所受到的摩擦力大小為

$$f = \mu \cdot n \tag{1-13-1}$$

式中的 n 為滑行平面施給物體的正向力，在（圖1-13-2）的例子中，此正向力為 $n = mg \cos$，比例常數 μ 稱為「摩擦係數」。而此摩擦係數又可分為「最大靜摩擦係數」(coefficient of static friction，μ_s) 與「動摩擦係數」(coefficient of kinetic friction，μ_k) 兩種。其中最大靜摩擦係數可決定於（圖1-13-2）中的物體開始滑行之臨界角度 θ_c

$$mg \sin \theta_c - \mu_s \cdot mg \cos \theta_c = 0 \Rightarrow \mu_s = \tan \theta_c \tag{1-13-2}$$

動摩擦係數則可藉由測量滑行後的加速度反推得知 ($\theta \geq \theta_c$)，

$$F = ma = mg \sin \theta - \mu_k \cdot mg \cos \theta \Rightarrow \mu_k = \tan \theta - \frac{1}{\cos \theta}\left(\frac{a}{g}\right) \tag{1-13-3}$$

　　一般來說，此 μ_k 與物體運動的速度無關，且小於 μ_s。

1-14 日常生活中的摩擦力

延續上一單元對摩擦力的介紹，本單元我們將再深入探索隱藏於日常生活中的摩擦力，看它如何扮演其關鍵卻容易被忽略掉的角色，也藉此讓讀者能更熟悉牛頓運動定律的應用。談到摩擦力，我們總是認為摩擦力是妨礙物體運動的力，這說法不見得是錯，但也不全然是對，我們就用下面的幾個例子來更持平地看待摩擦力。

例一：貨車上所擺放之貨物（圖 1-14-1）。當此貨車靜止停放在路旁時，貨物可安然擺放在貨車上，這當然是因為貨物所受到的兩個力（重力與正向力）恰可平衡抵銷。其道理與（圖 1-12-2）中置於桌面上的杯子一模一樣。但當此貨車開始加速啟動的過程中，對路面上的觀察者而言，擺放於貨車上的物品之所以仍可靜止擺放在貨車上，乃是因為在貨車加速的過程中貨物始終與貨車有完全相同的加速度，也唯有如此才能確保車與物品間沒有相對的運動存在。但牛頓的第二運動定律告訴我們，物體必要受到力的作用才能擁有加速度！那在我們的例子中誰能供這擺放於貨車上的貨物呢？別無它種力的可能來源，就是貨物於車內接觸面間的摩擦力。此靜摩擦力的方向是與車子的加速度方向一致。也由於靜摩擦力有其最大的限制，不會大過最大靜摩擦力 $(\mu_s \cdot n = \mu_s \cdot mg)$，因此當車子的加速度大過 $a > \mu_s \cdot g$ 時，貨物所能出現的最大加速度 $(\mu_s \cdot g)$ 仍舊是跟不上車子的加速。此時路面上的觀察者所看見的現象，便會是貨物相對於車子被拋移到後方。

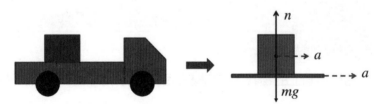

圖 1-14-1　擺放於貨車上的物品

例二：車子於平面道路上的轉彎（圖 1-14-2）。

圖 1-14-2　平面車道上的轉彎

當車子於平面道路上以 v 的速度大小轉彎，若此彎道的圓弧半徑為 r。不難理解，此轉彎所需要的向心力必須藉由車子輪胎與地面間的摩擦力來提供。如此在不打滑的要求下，此轉彎所必需有的向心力大小也就同樣受限於輪胎所能給出的最大靜摩擦力 ($\mu_s \cdot n$)。如此我們不難可得到下面之結果：

$$\frac{mv^2}{r} \le \mu_s \cdot n \quad \underset{n=mg}{\Rightarrow} \quad \frac{v^2}{r} \le \mu_s \cdot g \qquad (1\text{-}14\text{-}1)$$

在彎道不變的情況 (r = const.)，我們是可藉增加輪胎與道路間的最大摩擦係數來提高車子可安全轉彎的速度大小。當然，這摩擦係數可不是開車的駕駛想提高就可隨時提高的材料特性。但隨時注意自己的車子輪胎胎紋是否磨損過度，以確保行車時的安全則是必須的！這簡單的例子也可解釋為何跑車的車輪需要有比一般車輪更高的摩擦係數。又由下表所列舉的摩擦係數可知，一般車輪的橡膠材質在乾混泥土上會較濕混泥土上的摩擦係數大上許多，這也解釋了雨中開車本身所潛藏的較高危險性。

除此之外，在彎道上的限速也是一個可確保安全轉彎的方法，且是一個更直接的方法。同樣是由 (1-14-1) 式，我們可推論，在相同之最大靜摩擦力所能提供的向心力下，當車子超速時，自然定律會要求車子以加大轉彎半徑（即 r 變大）的方式來配合向心力的大小。因此，車子也就不能夠再保持於原有的行駛軌道，而是往外車道偏移！若例子是改成火車，那出軌的意外恐是難免。

介面	最大靜摩擦係數，μ_s	動摩擦係數，μ_k
冰 – 冰	0.10	0.03
橡膠 –（乾）混泥土	1.0	0.8
橡膠 –（濕）混泥土	0.4 ± 0.2	0.3 ± 0.1
木頭 – 木頭	0.4 ± 0.1	0.2

　　例三：車子於傾斜彎道上的轉彎。由上面的例子可知，能讓車子給出適當的向心力是安全轉彎的必要條件。其方法除了靠車輪與路面的摩擦力外，我們也可以藉路面的適當設計來達成。像高速公路的轉彎引道或是賽車場上的傾斜轉彎道，便是靠車道的設計來讓車身傾斜，以便靠車子本身所受的正向力來承擔全部或部分轉彎時所需的向心力。我們就以（圖 1-14-3）來說明此例，為彰顯傾斜彎道之特性與簡化問題，我們就省略車輪摩擦力的影響。如此，若車子以 v 的速度大小順此傾斜彎道轉彎，車子將僅受到重力 ($m\vec{g}$) 與路面所施的正向力 ($\vec{n}$) 作用。根據圖之分析，車子所受的正向力，部分與重力平衡，

$$n\cos\theta = mg \tag{1-14-2}$$

以讓車子始終能緊貼於彎道路面上行駛外，正向力的另一個重要性就是可提供轉彎所需的向心力

$$|\vec{n} + m\vec{g}| = n\sin\theta = \frac{mv^2}{r} \tag{1-14-3}$$

合併 (1-14-2) 與 (1-14-3) 的式子。可得

$$g \cdot \tan\theta = \frac{v^2}{r} \tag{1-14-4}$$

　　在不減速的要求下，我們的確是可增加彎道之傾斜角度 θ 來達到安全轉彎的效果。

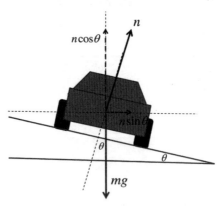

圖 1-14-3　傾斜彎道上的轉彎

【練習題 1-6】

我們在（例二）中討論了平面車道上的轉彎。假設公路上有一圓弧半徑為 25 公尺的彎道，請問此彎道處的限速該是多少，車子才不會因轉彎而打滑？

(a.) 若輪胎與路面的最大靜摩擦係數為 $\mu_s = 1.2$。

(6.) 若下雨天時輪胎與路面的最大靜摩擦係數變為 $\mu_s = 0.5$。

【練習題 1-7】

我們在（例三）中看見幫助車輛轉彎的傾斜彎道設計。若公路上同樣有一個圓弧半徑為 25 公尺的彎道，但此彎道路面有如（圖 1-14-3）中的 10° 傾斜角度，試問：

(a.)此駕駛在多少的時速下，可完全不以摩擦力來提供轉彎所需的向心力？我們也將此速度大小稱為此傾斜彎道的預設速度 (designed speed, v_d)。

(b.)不難離解，一旦車子不是在傾斜彎道的預設速度下轉彎，則駕駛還是得靠輪胎與路面的摩擦力以保持車子的穩定行駛。那同上一練習題中的假設，若輪胎與路面的最大靜摩擦係數為 $\mu_s = 1.2$。則此時的彎道限速該是多少，車子才不會因轉彎而打滑？

1-15 「功–能原理」──「能量」概念的引入

在牛頓力學的架構中，我們是可以完全藉由對「力」的解析來理解物體的運動。但真要找出物體所受到的所有力，並將力的形式一一寫出，談何容易。逐漸地，物理學家也開始發展出一些有用，且更好處理的物理量來描述大自然的現象，「能量」(energy) 的引入便是其中的一項。至於「能量」的概念是如何在物理學中生成，並獲得大家普遍的一致認同，這物理史上的問題可能真的不是用三言兩語可以釐清。但若以當今一般物理學教科書對內容安排的邏輯來看，引入「能量」的概念很明確地來自於「功–能原理」(work-energy theorem)。

這原理首先必須對「功」(work) 這個物理量給出一個明確的定義：

$$dW \equiv \vec{F} \cdot d\vec{r} \Rightarrow W = \int \vec{F} \cdot d\vec{r} \tag{1-15-1}$$

當物體受到$\vec{F}$的力作用，並因此有 $d\vec{r}$ 的微小位移量。則在此 $d\vec{r}$ 的位移過程中此力 $\vec{F}$ 對物體所作之功 (work)，定義為此力於物體位移方向上的分量與其位移量之乘積。(1-15-1) 式中的積分要求必須沿著物體位移的路徑去積分，這也代表此力對物體整體位移過程中所作功的總和。根據這樣的定義，力對物體所作功的大小貢獻僅來自於此力投影於物體位移方向上的分量，因此數學上我們可以用「力」與「位移」這兩個向量的內積來表示，其結果會是一個沒有方向的純量。單位則是「力」與「位移」這兩個物理量的單位組合，在 M.K.S 制下：

$$nt \cdot m = kg \cdot m^2/sec^2 = joul \tag{1-15-2}$$

習慣上，我們也把這樣的組合稱為「焦耳」(joul)。此單位「焦耳」即為能量的基本單位。

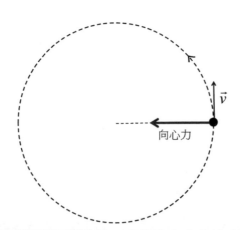

圖 1-15-1 當物體作圓周運動時，由於向心力的方向始終與物體位移的切線方向垂直，因此在圓周運動中，向心力對物體不作功。

有了「功」的定義，我們就以受力物體於一維直線軌道上的等加速度運動來闡明「功－能原理」：假設一固定大小的力 F 持續作用於質量為 m 的物體上，此物體因受力而加速。若物體在 x_1 位置的速度為 v_1，x_2 位置的速度增加為 v_2。則根據功的定義與 (1-2-4) 式的結果，如（圖 1-15-2）所示，當物體由 x_1 位置運動至 x_2 位置當中（位移 $\Delta x = x_1 - x_2$），此力 F 對物體所作的功為：

$$W = \int_{x_1}^{x_2} Fdx = F\Delta x = ma\Delta x = m \cdot \frac{1}{2}\left(v_2^2 - v_1^2\right) = \frac{1}{2}mv_2^2 - \frac{1}{2}mv_1^2 \qquad (1\text{-}15\text{-}3)$$

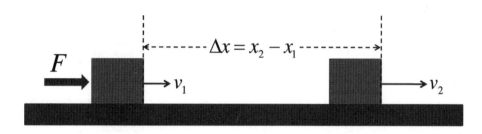

圖 1-15-2　持續作用於物體上的力，此力的大小與方向（即物體的運動方向）均保持固定。

注意此結果的最後形式，兩個相減的物理量組合 ($mv^2/2$) 僅與起始與結束位置的運動狀態（質量與速度大小）有關，而與運動過程中的狀態無關。因此這樣的物理量組合可被用來描述任何時間點下物體的狀態函數（僅與物體當下的狀態有關，而與之前如何達到此狀態，或之後又會變成什麼樣的狀態無關）－質量為物體本身固有之特性，在運動過程中不會隨時間改變；速度大小則可隨時間變化－它們彼此間的組合 $mv^2/2$，我們就稱之為「動能」(kinetic energy)，常以大寫的 K（或 T）來表示。其單位在 M.K.S. 制下

$$\text{kg} \cdot (\text{m/sec})^2 = \text{kg} \cdot \text{m}^2/\text{sec}^2 = \text{joul} \qquad (1\text{-}15\text{-}4)$$

這裡我們看見，雖然「動能」與「功」有不同的定義（彼此有不同的公式），但它們只是「能量」這個重要物理量的不同表現，是屬同一物理量，也就理所當然地會有相同的單位。或更基本地說，它們有相同的量綱 (dimension)－質量·長度^2·時間$^{-2}$ ($ML^2 T^{-2}$)。

有此「動能」之定義，「功－能原理」便可如下明確陳述：

功－能原理 (Work–Energy Theorem)
力對物體所作的「功」將轉換成此物體的「動能」。也就是說，物體所接受的「功」將等於其「動能」的變化量。

1-16 保守力場與位能

在「功」的定義中，力對物體所作的功為沿一條指定路徑，計算物體於兩位置間力與物體位移內積的積分值。由於這積分必須在指定路徑的限制下計算，其結果也不難理解會受到路徑的不同而不同，即便是同樣的力在不同的路徑下可能會有不同的作功大小。

例如：我們施力去移動一個重物，使之等速地從 A 點移至 B 點。此物體受力之力圖如（圖 1-16-1）所示。由於此重物是等速前進，我們所施的力大小 (F) 必然會等於此重物與地面間的動摩擦力大小 ($F = \mu_k \cdot mg$)，為一定值。因此在移動的過程中，我們所施的力對物體所作的功

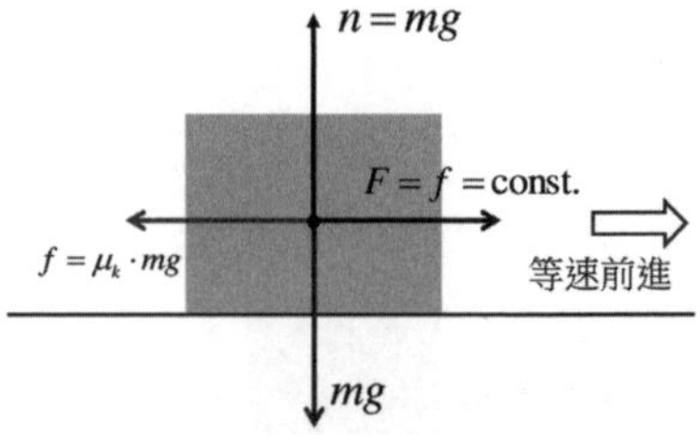

$$W = \int_A^B \vec{F} \cdot d\vec{r} = F \int_A^B dr \qquad (1\text{-}16\text{-}1)$$

圖 1-16-1 粗糙表面上等速移動的物體

此值會與我們物體所走的路徑長短有關。自然地，即便有相同的起點 A 與終點 B，當所走的路徑長短不同時，其所作的功就是會不一樣。

力對物體作功的特性亦可以（圖 1-16-2）更清楚的表示

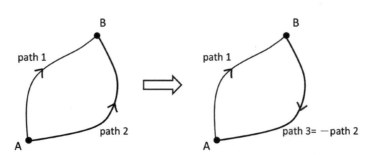

圖 1-16-2 同樣的起點與終點，但不同的運動路徑。

$$\int_{A\,path\,1}^B \vec{F} \cdot d\vec{r} \neq \int_{A\,path\,2}^B \vec{F} \cdot d\vec{r} \quad \Rightarrow \quad \int_{A\,path\,1}^B \vec{F} \cdot d\vec{r} + \int_{B\,path\,3}^A \vec{F} \cdot d\vec{r} \equiv \oint \vec{F} \cdot d\vec{r} \neq 0 \qquad (1\text{-}16\text{-}2)$$

此積分路徑 $A \xrightarrow{path\,1} B \xrightarrow{path\,3} A$，由於路徑的起點與終點均是在同一位置 A 上，我們便說此路徑積分是一個封閉路徑的環積分 (closed-loop integral)。習慣上，我們會將此路徑積分的積分符號上畫一個圓圈以表示之。對一般的力來說，由於作功值會與路徑有關，所以此環積分的值不等於零。

● 保守力 (Conservative Force)

但在自然界中就是存有一些重要的力，例如：重力、與彈簧中的恢復力（虎克力）等等，其對物體的作功大小與物體所走的路徑無關，僅與起始與最終位置有關。所以在封閉路徑下的作功值為零，

$$\oint \vec{F} \cdot d\vec{r} = 0 \qquad (1\text{-}16\text{-}3)$$

我們就稱有此特性之力為「保守力」(conservative force)。

● 位能

保守力的重要性在於我們可對保守力定義一個「位能」(potential energy) 函數。其定義如下：

$$\Delta U = U_B - U_A \equiv -\int_A^B \vec{F} \cdot d\vec{r} \qquad (1\text{-}16\text{-}4)$$

由於積分是由 A 點位置積至 B 點位置，對此「位能」之定義實為此兩位置間的位能差異（因保守力的作功值與路徑無關）。回想一下前一單元所介紹的「功－能原理」，力於兩位置間所作的功等於此兩位置間的物體動能變化量

$$W = \int_A^B \vec{F} \cdot d\vec{r} = K_B - K_A \quad ; \quad K \equiv \frac{1}{2}mv^2 \qquad (1\text{-}16\text{-}5)$$

如此將 (1-16-4) 與 (1-16-5) 結合一起，我們便可看出保守力的一個重要的特性

$$K_B - K_A = -(U_B - U_A) \implies K_A + U_A = K_B + U_B \qquad (1\text{-}16\text{-}6)$$

這給出一個重要的定律：在保守力的作用下，物體的機械能（動能＋位能）為一個守恆量。在一般不涉及熱能交換的力學系統中，我們也常將物體的機械能簡稱為物體的總能量。因此，我們常說物體在保守力的作用下，其總能量守恆。

1-17 機械能守恆 —— 彈簧系統

在前面單元中我們提及，在保守力的作用下，物體之總能量（動能＋位能）為一個守恆量。本單元中，我們將在眾多型態的保守力中，針對一個簡單的彈簧系統來介紹物理模型中頗為重要的「簡諧運動」(Simple Harmonic Oscillation)。

在摩擦力可忽略不計的狀態下，物體受一彈簧的牽引。若在時間 $t = 0$ 的時刻，將物體拉離平衡點位置（即彈簧的原本長度，一般會令此處為 $x = 0$），並在距平衡點位置為 x_0 處放手，我們想知道之後的物體是如何的運動？以及此彈簧系統有何特別之處？

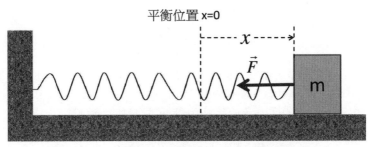

平衡位置 x=0

圖 1-17-1 摩擦力可忽略不計的彈簧系統。

如（圖 1-17-1）所示的彈簧系統，在摩擦力可忽略不計的情況下，物體所受到的淨合力就僅有彈簧所施予的恢復力（又稱「虎克力」），$F = -k \cdot x$，k 為此彈簧之彈性係數。此力的大小正比於彈簧離開其平衡點的距離（即伸長或壓縮的長度），方向則是指向平衡點。如此，我們可看見此力的特性是它永遠可以把離開平衡位置的物體拉回平衡點之傾向，也因此我們將此力稱為「恢復力」。所以，物體於彈簧系統中的運動方程式為

$$m\frac{d^2x}{dt^2} = -k \cdot x \tag{1-17-1}$$

方便上，我們常將此運動方程式改寫成

$$\frac{d^2x}{dt^2} = -\frac{k}{m} \cdot x \equiv -\omega_0^2 \cdot x \tag{1-17-2}$$

讀者可自行驗算 $\sin(\omega_0 t)$ 與 $\cos(\omega_0 t)$ 均為 (1-17-2) 式的解，因此這兩個解的線性組合亦為此微分方程式之解，所以我們可將 (1-17-2) 式的一般解表為

$$\begin{aligned}x(t) &= A\sin(\omega_0 t) + B\cos(\omega_0 t) \\ &= C\sin(\omega_0 t + \theta_0)\end{aligned} \tag{1-17-3}$$

出現於一般解中的兩個常數，（A 與 B）或（C 與 θ_0），均可由我們所設定的起始條件 (initial condition) 來決定。例如：在我們前面所提的問題中，其起始條件該是 $x(t = 0) = x_0$ 且 $v(t = 0) = 0$。所以

$$x(t = 0) = A\sin(0) + B\cos(0) = x_0$$

$$v(t = 0) = \frac{dx}{dt}\bigg|_{t=0} = A\omega_0\cos(0) - B\omega_0\sin(0) = 0 \quad \Rightarrow \quad \begin{cases} A = 0 \\ B = x_0 \end{cases}$$

同樣地，當 $C = x_0$ 與 $\theta_0 = \pi/2$ 時我們會有同樣之結果。所以在我們的範例中，物體於時間 t 時的位移與速度爲

$$x(t) = x_0\cos(\omega_0 t)$$

$$v(t) = -\omega_0 x_0\sin(\omega_0 t) \tag{1-17-4}$$

由此解可知在此彈簧系統中，物體會來回不斷地在 $[-x_0, x_0]$ 間擺盪，呈週期性的「簡諧運動」。來回擺盪一次的時間稱爲此彈簧系統的「週期」(period)T，須滿足 $\omega_0 T = 2\pi$ 的條件 $(x(t + T) = x(t))$。同時，$\omega_0 \equiv \sqrt{k/m} = 2\pi/T$ 稱爲此簡諧運動之「角頻率」(angular frequency)，x_0 則爲此振盪之「振幅」(amplitude)。此外，我們也知道在此簡諧運動中的振盪週期與頻率大小，取決於彈簧之彈性係數 (k) 與物體之質量 (m)，而與振盪之振幅 (x_0) 無關。

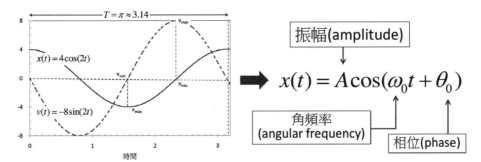

圖 1-17-2　於彈簧系統中（以參數 $x_0 = 4; \omega_0 = 2$ 爲例），物體於一個週期時間中的位置與速度的對照圖。圖中可見物體於平衡位置時有最快的運動速度大小。反之，物體在最大位移時的速度會等於零（短暫的停止）。

此外，我們也可計算此物體於任何時刻之動能

$$K(t) = \frac{1}{2}mv^2 = \frac{1}{2}m\omega_0^2 x_0^2\sin^2(\omega_0 t) \tag{1-17-5}$$

位能則可根據 (1-16-4) 式之定義

$$\Delta U = -\int_0^x \vec{F} \cdot d\vec{x} = k \int_0^x x dx = \frac{1}{2} kx^2 - 0 \qquad (1\text{-}17\text{-}6)$$

上式中我們將位能之參考點設定在平衡位置，所以 $U(x = 0) = 0$。如此，物體於任何時刻之位能亦可計算為

$$U(t) = \frac{1}{2} kx^2 = \frac{1}{2} kx_0^2 \cos^2(\omega_0 t) \qquad (1\text{-}17\text{-}7)$$

再由 (1-17-2) 式中對 $\omega_0^2 = k/m$ 之定義，我們輕易可得到此彈簧系統中的一個重要結果－物體於此系統中的總能量為一個守恆量。

$$E(t) = K(t) + U(t) = \frac{1}{2} m \omega_0^2 x_0^2 = \text{constant.} \qquad (1\text{-}17\text{-}8)$$

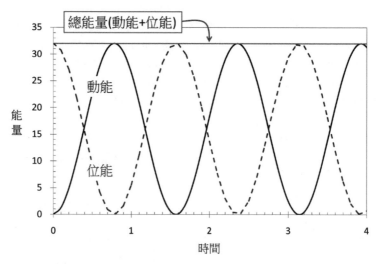

圖 1-17-3　同 (圖 1-17-2) 中的參數設定，物體 ($m = 1$) 之動能、位能、與總能量 vs. 時間之關係圖。

【練習題 /-8】

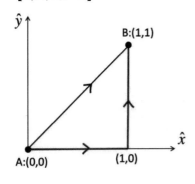

我們可簡單地判斷什麼樣的力為保守力嗎？其實不難，任何僅與位置有關的力均為保守力。雖然我們在此沒有要給出它的證明，但就對下圖中的兩條路徑，隨便給一個僅與位置有關的力（例如：$\vec{F} = 1\hat{x} + 2\hat{y}$），分別沿著所指定的兩條不同路徑由 A 點到 B 點（如圖），你會發現此力所作之功與路徑無關。讀者也可再隨便給一個僅與位置有關的力，就針對圖中的兩條路徑分別積分，看看其值是否相等。事實上，凡是僅與位置有關的力（即力僅為位置的函數），我們均可證明它為保守力。而此保守力所能作用到的空間範圍就稱為此力所涵蓋的「保守力場」。

【練習題 /-9】

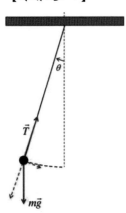

若單擺的重量幾乎完全集中在擺長的最外端，如圖所示，這樣的單擺我們就稱為「簡單單擺」(simple pendulum)。

(a.) 證明在小振幅的條件下 $(\sin\theta \approx \theta)$，此「簡單單擺」的週期與但擺的質量無關。

(b.) 同樣在小振幅的條件下，若要此單擺有 1 秒鐘的週期，則單擺的擺長需調整為多長？

1-18　彈簧系統為何重要？

眞實世界中的自然現象隱藏太多的複雜性，而多數大物理學家所要追求的終極目標，卻是想抽絲剝繭地去找出萬物背後的基本道理。因此，如何避開事物表面之雜亂而直入問題的核心？物理學家必須要有「簡化」研究對象之能力，所以我們常會發現物理學家所談的往往會跳脫現象的本身，而是以「系統」或「模型」代之。

「彈簧系統」是一個很明確的問題！每一個人都可看見眞實之「彈簧」與其被牽引運動的「物體」。物理學家以「力」的概念來解析「物體」的運動軌跡，這對物理學的初學者是一個明確易懂的問題。然後物理學家又一步一步引進「動能」、「位能」等較爲「抽象」的概念，除了想去對「彈簧系統」的背後有更深一層的理解外，也看對此「系統」能否尋求到更廣泛的運用，進而成爲看似不同自然現象背後的共同「模型」。

爲讓讀者對此有較清楚的認識，我們不妨來談談彈簧系統所引出的「簡諧運動」爲何如此的重要？我們就從保守力與其位能之定義說起：

$$\Delta U = -\int F \cdot dx \iff F = -\frac{dU}{dx} \tag{1-18-1}$$

由於保守力「僅可」爲位置的函數，其所處之位能也「僅可」是位置的函數，$U(x)$。如此，我們若將此位能函數於其最小值處 (x_0) 作一個泰勒展開式 (Taylor's expansion)

$$U(x) = U(x_0) + \left(\frac{dU}{dx}\right)_{x=x_0}(x-x_0) + \frac{1}{2}\left(\frac{d^2U}{dx^2}\right)_{x=x_0}(x-x_0)^2 + \cdots \tag{1-18-2}$$

由於 x_0 處爲 $U(x)$ 函數的「局部」最小值 (local minima)，$U(x_0)$。因此微分的幾何意義告訴我們：於函數的極值處

$$\left(\frac{dU}{dx}\right)_{x=x_0} = 0 \implies F = -\left(\frac{dU}{dx}\right)_{x=x_0} = 0 \tag{1-18-3}$$

即物體於此處 (x_0) 的受力爲零，亦是系統的平衡點的位置所在。又因此極值爲極小值，所以

$$k \equiv \left(\frac{d^2U}{dx^2}\right)_{x=x_0} > 0 \implies U(x) = U(x_0) + \frac{1}{2}k(x-x_0)^2 + \cdots \tag{1-18-4}$$

將此 (1-18-4) 式代回 (1-18-1) 式，

$$F = -\frac{dU}{dx} = -k(x-x_0) + \mathrm{O}((x-x_0)^2) + \cdots \tag{1-18-5}$$

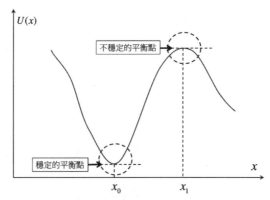

圖 1-18-1　描述物體受力情形的位能函數。

我們可發現，當 $|x - x_0| << 1$ 時，我們可省略式中 $(x - x_0)^2$ 後的項次，則物體所受之力就是「虎克力」的形式。也就是說，當物體離開此平衡位置，此物體將會受到一個指向平衡點的力使之再度回到平衡點位置，也因此我們將此平衡點 (x_0) 稱為「穩定的平衡點」(stable equilibrium)，如（圖 1-18-1）所示。

圖中我們也同時標出另一個平衡點 (x_1)，於此處物體受力亦為零。但不同的是，位能函數於此位置所代表的是「局部」的最大值 (local maxima)，因此函數於此點的二次微分值小於零，即 $k < 0$。所以物體於此平衡點附近所受到的力，其形式雖然與 (1-18-5) 式一樣，但力的方向是將物體推離平衡點，使之更加遠離平衡點。也因此，我們稱此樣的平衡點為「不穩定的平衡點」(unstable equilibrium)。

回到本單元所要談的問題，「彈簧系統」為何重要？此問題一個很直接的回答是，在本單元的討論中我們並沒有真的拿「彈簧」出來討論。我們的出發點是對任何一個屬保守力場下的位能函數，自然界中大半的系統會於最低的能量狀態穩定下來，但各式各樣的擾動又會讓系統不是真的處於能量的最低點。如此我們需要知道系統於能量最低的平衡態周遭的行為，這可由位能函數於平衡點的展開式著手。又函數的泰勒展開式乃數學上的問題，並不侷限於某個特別的物理系統中，也因此我們可不斷地由不同的物理系統中看見「彈簧系統」的影子，而無需真實彈簧的存在！

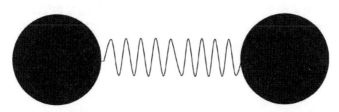

圖 1-18-2　我們就時常以彈簧模型來描述原子間的鍵結。

1-19 阻尼下的彈簧系統

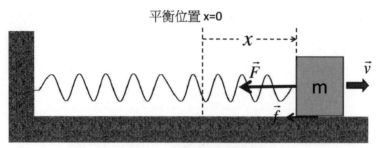

平衡位置 x=0

圖 1-19-1　阻尼下的彈簧系統。

　　讓我們再回到真實的彈簧系統上。既然是真實的系統，那物體與桌面之間多多少少就有摩擦力的存在。此摩擦力對物體的運動是一阻力，因此方向始終會與物體的運動方向相反；大小在一般的實驗歸納下則被認爲是正比於物體的運動速度大小，所以摩擦力可表爲 $\vec{f}_{damping} = -b\vec{v}$，此處 b 爲界定阻力大小的係數 $(b > 0)$[註9]。如此，這物體的運動方程可寫成

$$m\frac{d^2x}{dt^2} = -kx - b\frac{dx}{dt} \qquad (1\text{-}19\text{-}1)$$

　　配合一般常係數線性微分方程式 (linear differential equation with constant coefficients) 的標準寫法，此運動方程式更常被寫成下面的形式

$$\frac{d^2x}{dt^2} + 2\beta\frac{dx}{dt} + \omega_0^2 x = 0 \ ; \ \beta \equiv \frac{b}{2m} \ , \ \omega_0^2 = \frac{k}{m} \qquad (1\text{-}19\text{-}2)$$

　　有了此運動方程式，物理問體似乎又轉向成爲數學上的問題。的確如此，對此微分方程式求解，再配合系統所給定的起始條件或邊界條件，我們就可知道系統或物體的運動行爲。所以在學習物理的過程中總是穿插起不少數學上的難題，如此兩個不相上下的困難領域眞是糾結在一起，讓初學者困惱萬分。但我還是希望讀者能夠將學習過程中的難題有所區分，物理上的理解，除了概念上的掌握外，看懂數學式及其方程式之解所要代表的含意也是一個關鍵。至於如何去求解，這數學上的問題，我則傾向於另外的學習，無需相互牽絆。就如同在我們所要討論的問題中，讀者無妨直接去理解 (1-19-2) 式的解：

[註9]　在（圖 1-19-1）的彈簧系統中，我們很習慣地將圖中的摩擦力稱為「阻力」。但在振盪系統中我們常以「阻尼振盪」來稱呼振盪過程中能量會不斷消散的系統。

● 當阻力很小時 ($\beta < \omega_0$)，(1-19-2) 式的解爲

$$x(t) = Ae^{-\beta \cdot t} \cos(\omega_1 t + \theta_0) \; ; \; \omega_1 = \sqrt{\omega_0^2 - \beta^2} \tag{1-19-3}$$

讀者若比較 (1-17-3) 式，無阻力下的彈簧系統之解。應可看出解中的 A 與 θ_0 分別代表此彈簧系統的振幅與相位，其大小可由起始條件決定。但且慢！與 (1-17-3) 式相比，(1-19-3) 式中最大的不同在 $e^{-\beta \cdot t}$ 這個無單位因次 (dimensionless) 的因子上，因此我們合理地去將 $Ae^{-\beta \cdot t}$ 整體視爲此彈簧於時間 t 時的振幅大小。如此我們看見阻力的主要影響，是讓彈簧隨時間不斷地縮小其振幅大小，且是隨時間指數遞減。當然，我們知道這是因爲阻力把原本彈簧系統所擁有的能量逐漸消耗掉，因此這不再是一個守恆的系統。但由於阻力不大，所以彈簧還能維持振盪的運動形態一段時間。至於，此彈簧的振盪頻率 (ω_1) 會因阻力的出現，比無阻力時同樣的彈簧的「自然頻率」(natural frequency，ω_0) 稍小一些，$\omega_1 < \omega_0$。也就是說，兩依序出現之振盪最大振幅的時間（週期 $T = 2\pi/\omega$），亦會因阻力的出現而變慢一些。

● 當阻力變大 ($\beta \geq \omega_0$)，不再是很小時，(1-19-2) 式的解則會依 β 的大小分成：$\beta = \omega_0$ 的臨界阻尼 (critical damping) 與 $\beta > \omega_0$ 的過阻尼 (overdamping) 兩種。（圖 1-19-3）分別表示彈簧在相同的起始條件，但不同阻尼大小下的行爲。至於日常生活中的阻尼器，則必須看我們的使用目的來決定阻尼係數的大小。雖然圖中的彈簧會以不同的時間回到平衡點，並終止在平衡點上。但如果阻尼過大，我們當然也不保證彈簧最終會回到彈簧的平衡點上。

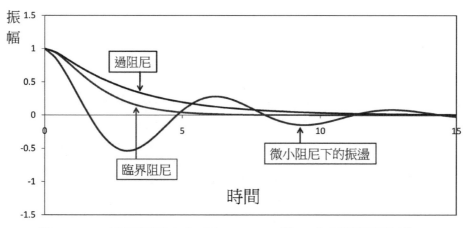

圖 1-19-2　**不同阻尼大小（$\beta = 0.2$, 1.0 與 1.6）下的振盪行為。**

1-20 阻尼與外力作用下的彈簧系統

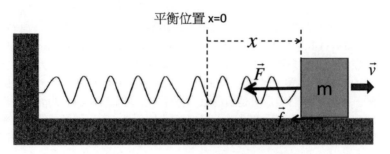

平衡位置 x=0

圖 1-20-1 阻力下的彈簧系統。

比起阻尼下的彈簧系統，更有趣且值得進一步探討的是將彈簧系統再加上一個週期性的外力作用，$F(t) = f_0 \cos(\omega \cdot t)$。如此，我們對運動方程式 (1-19-2) 式得再加上一項來代表外力

$$\frac{d^2x}{dt^2} + 2\beta\frac{dx}{dt} + \omega_0^2 x = \bar{f}_0\cos(\omega \cdot t) \ ; \ \bar{f}_0 \equiv \frac{f_0}{m} \tag{1-20-1}$$

此方程式的解，除了包含 (1-19-3) 式的解外，還多了一項因外力出現才有的特別解 (particular solution)

$$x_p(t) = A_p\cos(\omega \cdot t - \delta) \ ; \ A_p = \frac{f_0/m}{\sqrt{(\omega_0^2 - \omega^2)^2 + 4\beta^2\omega^2}}$$

$$\delta = \tan^{-1}\left(\frac{2\beta\omega}{\omega_0^2 - \omega^2}\right) \tag{1-20-2}$$

也由於原本 (1-19-3) 式的解會隨時間的進展而遞減，因此在此週期性外力的作用下，隨著時間的遞增，(1-19-3) 式的解也就變得不重要，但 (1-20-2) 式的解卻成了主要的要角。事實上，彈簧會處於一個穩定不遞減的振盪行為，且其振盪頻率會與外力本身的頻率 ω 相同，伴隨一個可能出現的相位差 δ（此相位差是相對於外力的相位差異）。

此外，更值得大家注意的是，在此週期性外力的作用下，彈簧所回應的振幅大小 (A_p) 與外力之頻率 (ω) 也會有很大的關係。當外力頻率近似於彈簧原本的「自然頻率」(ω_0) 時，整個彈簧振盪之振幅便會急遽地增大，此現象即是著名的「共振」現象 (resonance)，如（圖 1-20-3）所示。

至於確切的共振頻率 (ω_R) 是多少則可由振幅 $A_p(\omega)$ 對頻率 ω 的微分，看何時的外力頻率會使此微分為零，其答案為

$$\omega_R = \sqrt{\omega_0^2 - 2\beta^2} \tag{1-20-3}$$

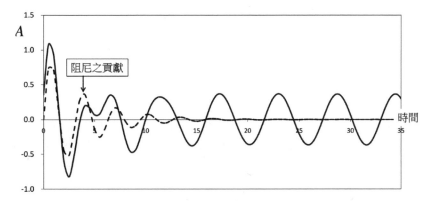

圖 1-20-2　週期性外力作用下的阻尼振盪。阻尼的貢獻（即 (1-19-3) 式的
　　　　　解）會隨時間的進行而趨於不重要，接替出現的穩定振盪則幾
　　　　　乎全來自於外力的貢獻，即 $A \approx A_P$。圖中之參數設定為 $\omega_0 = 2$,
　　　　　$\beta = 0.25$, $\omega = 1.1$, $f_0/m = 1$.

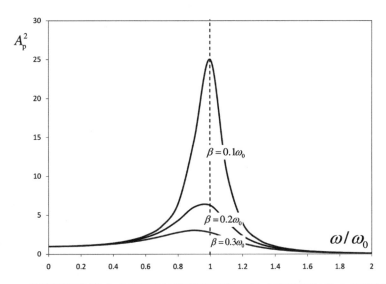

圖 1-20-3　在週期性外力作用下的振盪系統，外力的頻率會大幅影響振盪
　　　　　系統的振幅大小。當外力頻率很接近振盪系統之自然頻率時，
　　　　　會有共振的現象出現，即系統反應出的振幅會大幅地變大。圖
　　　　　中亦可看出，當系統的阻尼係數越小，其可發生共振的頻率範
　　　　　圍也跟著變小，但伴隨的共振振幅卻是急遽增大。

亦即當外力頻率為 $\omega = \omega_R$ 時，振盪系統的振幅 A_P 會出現極（大）值，此「共振」現象不僅可用來解釋眾多的自然現象，也廣泛被應用在現代的科技產物中。

說到「共振」的應用，我們往往會遇見的是阻尼不大的振盪系統，即 $\beta < \omega_0$ 的條件成立下的振盪系統。在此條件下，共振頻率就會很接近振盪系統本身的自然頻率 $\omega_R \approx \omega_0$，且系統的振盪也幾乎與外力的週期性同步，即沒有相位差的出現 $(\delta \approx 0)$。也由於振幅平方 (A^2) 所對應的是系統所擁有的能量，因此我們常定義系統之「共振頻寬」為外力頻率足以讓振幅平方在最大值一半的頻率寬度。如此在 $\beta < \omega_0$ 的條件下，讀者不難證明此定義下的共振頻率之上下限為 $\omega_0 \pm \beta$，因此共振頻寬會是 2β。

至於此共振的品質為何？則可進一步定義系統之「品質因子」(quality factor，Q-factor)

$$Q \equiv \frac{\omega_0}{2\beta} \tag{1-20-4}$$

我們該如何理解此「品質因子」之定義呢？讀者得記住系統之所以會浪費掉能量，乃是有阻尼的緣故。而在 (1-19-3) 式的解中我們可知阻尼對能量消耗的時間尺度為 $1/\beta$，又當阻尼不大時的共振頻率約等於系統的自然頻率 $\omega_R \approx \omega_0$，因此系統在外力下的的振盪週期約略會是 $T \approx 2\pi/\omega_0$。所以「品質因子」的定義可如下的理解

$$Q \equiv \frac{\omega_0}{2\beta} = \pi \cdot \frac{1/\beta}{2\pi/\omega_0} = \pi \cdot \frac{能量消耗的時間尺度}{週期時間} \tag{1-20-5}$$

明顯地，能量消耗的時間尺度大代表能量的遺失較慢。因此若我們想要有很顯著的共振現象，阻尼所造成個能量消耗的尺度就必須遠大於施加外力的週期性，即系統之 Q 值得高！

【練習題/-/0】

我們常以摩爾斯位能 (Morse potential) 來模擬雙原子分子中兩原子間的振盪行為，其位能形式如下

$$U(r) = D_e(1 - e^{-a(r-r_0)^2})$$

其中 D_e、a 與 r_0 均為大於零的常數，r 為分子中兩原子間的距離。則

(a.)試證兩原子間的距離 $r = r_0$ 時，此雙原子分子擁有最穩定的狀態，即位能處於最低點。

(b.)但由於原子不會真的靜止不動，則當兩原子間的距離為 $r = r_0 + x$ 時，其中 $x \ll r_0$。試問此時的兩個原子會有怎樣的運動形式？振盪頻率為何？

【練習題/-//】

考慮週期性外力下的彈簧系統，如 (1-20-1) 式所描述。彈簧本身的「自然頻率」為 ω_0，而外力的頻率為 ω。當外力大小固定下，定義「共振頻寬」為外力頻率足以讓彈簧振幅平方在其最大值一半的頻率寬度。試證在阻尼不大的條件下 ($\beta < \omega_0$)，此彈簧系統的「共振頻寬」為 2β。

1-21　力矩與角動量

在解析物體的運動時，隨著物體所處之系統逐漸複雜，除了引進能量的概念外，我們往往還可根據物體運動的特殊模式去定義一些新的物理量，以幫助我們對問題的解析能力。例如在本單元中，我們將以一個物體的簡單轉動系統為例，去定義兩個非常有用的物理量「力矩」(torque) 與「角動量」(angular momentum)。

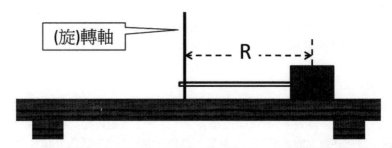

圖 1-21-1　**本系統裝置中與重物黏繫一起的棒子，其質量需遠小於重物的質量。如此我們可忽略此棒子的質量，而將之視為質量為零的筆直棒子。在下文中，當提及物體時，實際上是指物體與此黏繫一起的棒子，一併視為所要討論的整個系統。**

如（圖 1-21-1）所示，考慮一根很輕但不會彎曲的筆直長棒子，水平置放在一桌面上。棒子的一端緊繫一個質量為 m 的重物，另一端則固定於直立於桌面上的一根桿子上，可轉動，即以此固定桿子作為（棒子＋重物）的旋轉軸。提醒讀者的是：由於物體受到筆直棒子的限制，其運動必然是限制在一個圓上。但本單元中我們不是要去討論此圓周運動本身，而是要看看我們如何去對物體施力，好讓此物體繞軸轉動？

為讓物體 m 轉動，我們可施力在棒子上，或直接施力在物體上，如（圖 1-21-2）

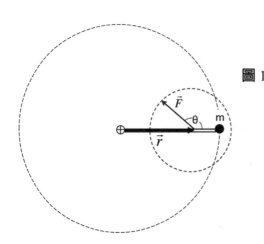

圖 1-21-2　**由正上方俯視下的示意圖。力可施在棒子上的任何位置（包含物體上），轉軸至施力點位置的長度向量則可定義為此施力之「力臂向量」($\vec{r}$)。圖中力之箭頭所畫出的虛線圓，代表施力的方向亦可任意指定。**

所示。施力越大，理所當然地會讓物體有較快的加速運動（角加速度），但我們也不難發現，此讓物體轉動的效果與施力的位置及方向都有密切的關係。在下面的討論中，為清楚各變數對轉動物體之影響，我們將針對同樣的施力大小來討論（即固定 F 的大小）。首先，當方向也保持不變時（即施力方向與棒子間的夾角 θ 不變），施力點位置與轉軸的距離（力臂長度 r）越遠越容易轉動。在 r 等於棒子長度 R 時，即將力直接施在物體上，其轉動物體的效果最佳。接下來，我們就將力直接施在物體上來看施力方向對轉動物體的影響。相信讀者可歸納出下面的幾點結果：當我們對物體以拉的方式施力（$\theta = 0$）或擠壓的方式（$\theta = \pi$），無論所施的力是多大，物體都靜止不動，無法旋轉。當 $0 < \theta < \pi$ 時，在（圖 1-21-2）上的物體會以逆時鐘的方向轉動，且當 $\theta = \pi/2$ 時物體最容易被轉動。而當 $\pi < \theta < 2\pi$ 時，在（圖 1-21-2）上的物體則會以順時鐘的方向轉動，且當 $\theta = 3\pi/2$ 時物體最容易被轉動。

　　綜觀上面的討論，我們可以定義一個界定旋轉物體能力的物理量，此物理量就稱為「力矩」(torque)，其定義如下：

$$\vec{\tau} \equiv \vec{r} \times \vec{F} \tag{1-21-1}$$

式中「×」代表的是 $\vec{r}$ 與 $\vec{F}$ 兩向量間的外積。如此力矩的方向便將垂直於物體旋轉所在的平面，且可以右手定則去判斷力矩($\vec{\tau}$)、力臂向量($\vec{r}$)與力($\vec{F}$)間的方向關係。

●角動量 (angular momentum)：

　　在直線的運動中，我們定義了「動量」這個物理量：$\vec{p} = m\vec{v}$，如此 $\vec{F} = d\vec{p}/dt$。同樣地，當物體作旋轉（或更廣泛的「非直線」）的運動中，我們也可定義一個對應的物理量 –「角動量」（常以 $\vec{L}$ 表示）：

$$\vec{L} = \vec{r} \times \vec{p} \quad \Rightarrow \quad \vec{\tau} = \frac{d\vec{L}}{dt} \tag{1-21-2}$$

　　角動量對時間的微分會等於此物體所受到的力矩。證明如下：

$$\frac{d\vec{L}}{dt} = \frac{d}{dt}(\vec{r} \times \vec{p}) = \frac{d\vec{r}}{dt} \times \vec{p} + \vec{r} \times \frac{d\vec{p}}{dt} = \vec{v} \times (m\vec{v}) + \vec{r} \times \vec{F} = \vec{r} \times \vec{F} = \vec{\tau} \tag{1-21-3}$$

單位 (M.K.S)：
力矩 (nt · m = kg · m^2 · sec^{-2})，轉動慣量 (kg · m^2)。

1-22 質量中心

不知讀者是否有注意到，在前面單元的討論中我們所關心的都是單一物體的運動。此外，我們也不在意所討論之物體的大小與形狀，而通通把它們視為一個質點。這個質點有明確的位置所在，也具有質量。例如在（圖 1-12-2）的力圖分析上，對於靜置在桌面上之咖啡杯，我們以一個質點來代表整個咖啡杯。我們不禁想問，此點是否可任意指定，或是它有特別的意涵？若是有，那該如何去決定這一個特別的點？這便是本單元所要探討的主題，也由此我們將逐步擴展問題到非單一物體的系統，即多質點系統的問題。

但在進入本單元的主題前，我們不妨先來看一個簡單的物理問題，藉此來區別系統所受之外力 (external force) 與內力 (internal force)：假設有三個質量分別為 3kg、2kg、與 1kg 的積木依序併排靠在一起，且置放在一個光滑的水平桌面上，如（圖 1-22-1）所示。現在有一個 $F = 12$nt 的外力由左側水平施在 3kg 的積木上。我們想知道在此力的作用下，此三積木系統的加速度會是多少？又三個積木間彼此的作用力又是多少？

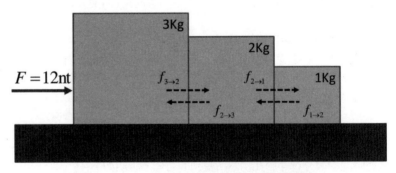

圖 1-22-1　受一外力作用的三積木系統

由於此三個依序靠在一起的積木會有一致的運動，當受到外力的作用時也必然會有一定大小的加速度。於是我們可將此三個積木視為一個總質量為 M = (3 + 2 + 1)kg 的單一系統，如此系統的加速度大小可由牛頓的第二運動定律得知

$$F = Ma \quad \Rightarrow \quad a = \frac{F}{M} = \frac{12\text{nt}}{6\text{Kg}} = 2 \text{ m/sec}^2$$

至於這三個積木彼此間的作用力可如此推知：先由 $m_1 = 1$kg 的積木看起，因為此積木實際上僅受到 $m_2 = 2$kg 所施的力 $f_{2\to1}$ 而已。也由於此力不屬於系統外所施加的「外力」，因此稱之為系統中的「內力」。於是 $f_{2\to1}$ 可單純由

$$f_{2\to1} = m_1 a = (1\text{kg}) \times (2\text{m/sec}^2) = 2\text{nt}$$

得知。又牛頓的第三運動定律指出 $f_{1 \to 2} = f_{2 \to 1} = 2\text{nt}$，但方向相反。由（圖 1-22-1）亦可看出作用在 m_2 的合力為 $f_{3 \to 2} - f_{1 \to 2}$，此大小會是 $m_2 a = (2\text{kg}) \times (2\text{m/sec}^2) = 4\text{nt}$，方向指向右邊。所以 m_3 作用在 m_2 上的內力大小應為 $f_{3 \to 2} = f_{1 \to 2} + m_2 a = 6\text{nt}$。同理，讀者應不難推知 $f_{2 \to 3} = 6\text{nt}$ 向左。在這簡單的問題中還有一點值得讀者注意的是此系統中的內力總和為零

$$\vec{f}_{\text{total}} = (\vec{f}_{1 \to 2} + \vec{f}_{2 \to 1}) + (\vec{f}_{2 \to 3} + \vec{f}_{3 \to 2}) = 0$$

對此結果我們一點也不感意外[註10]。畢竟這就是牛頓第三定律的表現，所有的「內力」都成對出現，大小一樣，但方向相反。雖然，之前我們有強調此成對出現的作用力與反作用力不能彼此抵消，因它們是分別作用在不同的物體上。但此處，我們所要探討的是系統內的「內力」總和，而不是問這些「內力」是否存在。

如果我們把上面這個看似無關的簡單例子再做進一步地推廣：若系統包含了 n 個任意分布的質點，由於每一個質點所受到的力可區分為「外力」與「內力」兩種。同樣是牛頓第三定律的必然結果，系統所有質點的「內力」會彼此抵消，而獨留下各別質點之「外力」總和，即系統所受到的「淨外力」（$\vec{F}_{\text{tot}}$），即

$$\vec{F}_{\text{tot}} = \sum_{i=1}^{n} \vec{F}_i^{(e)} = \sum_{i=1}^{n} m_i \frac{d^2 \vec{r}_i}{dt^2} = \frac{d^2}{dt^2} \left(\sum_{i=1}^{n} m_i \vec{r}_i \right) = M \cdot \frac{d^2}{dt^2} \left(\frac{1}{M} \sum_{i=1}^{n} m_i \vec{r}_i \right) \qquad (1\text{-}22\text{-}1)$$

上式中，我們利用到一個力學特性，運動中的物體質量是一個不變的守恆量。M 為系統的總質量（$M = \sum_i m_i$）。如此我們可定義一個稱為「質量中心」(Center of Mass，C.M.) 的位置向量，其與「淨外力」之關係如下

$$\vec{R}_{\text{C.M.}} = \frac{1}{M} \sum_{i=1}^{n} m_i \vec{r}_i \Rightarrow \vec{F}_{\text{tot}} = M \frac{d^2 \vec{R}_{\text{C.M.}}}{dt^2} \qquad (1\text{-}22\text{-}2)$$

此式就如同一個位於 $\vec{R}_{\text{C.M.}}$ 位置，質量為 M 的質點，單獨受到 $\vec{F}_{\text{tot}}$ 的力作用。亦即，我們把多質點系統的問題轉變成單一質點的運動問體。這可大大簡化問題的複雜性！

[註10]　數學上，我們可將上式以更精簡的方式表示：$\sum_{i=1}^{3} \sum_{\substack{j=1 \\ j \neq i}}^{3} \vec{f}_{j \to i}$，其中 $\vec{f}_{1 \to 3} = -\vec{f}_{3 \to 1} = 0$ 因為物體 1 與 3 間沒有接觸。

1-23　剛體的質量中心

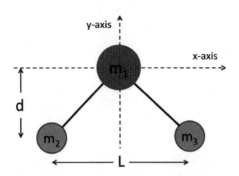

圖 1-23-1　**此三質點系統模型可應用在像是 H_2O 的分子上。依圖中所示的座標系統，其質心位置在 $(0, -\dfrac{2m_2}{m_1 + 2m_2}d)$。**

　　根據上單元對「質量中心」的定義，(1-22-2) 式，我們不難對多個質點所構成的系統找出其質心位置。例如（圖 1-23-1）三個質點所組成的系統，其中 $m_2 = m_3$。在尋找質心位置時，我們不妨可先看看系統是否有什麼樣的對稱性。因三點構成一個平面，此系統的質心位置也必在同一平面上，如此以二維笛卡兒座標可將 (1-22-2) 式展開成

$$\vec{R}_{C.M.} = \frac{1}{M}\sum_{i=1}^{n} m_i \vec{r}_i \;\Rightarrow\; \begin{array}{l} x_{C.M} = \dfrac{1}{M}\sum_{i=1}^{n} m_i x_i \\[2mm] y_{C.M} = \dfrac{1}{M}\sum_{i=1}^{n} m_i y_i \end{array} \tag{1-23-1}$$

且由於 $m_2 = m_3$，若我們將座標軸的設定如（圖 1-23-1）一般，不難理解，質心位置會在 y- 軸上，即 $x_{c.M} = 0$。又 m_1 的座標 $(0, 0)$，m_2 與 m_3 的座標分別為 $(-L/2, -d)$ 與 $(L/2, -d)$，所以

$$y_{c.M} = \frac{1}{M}\sum_{i=1}^{3} m_i y_i \Rightarrow y_{C.M} = \frac{1}{m_1 + 2m_2}\big(m_1 \times 0 + m_2 \times (-d) + m_2 \times (-d)\big) = -\frac{2m_2}{m_1 + 2m_2}d$$

　　然而在我們一般日常所見的物體並不像是分立質點所成的系統，而較像是無數個微小質點所組成的連續剛體[註11]（圖 1-23-2）。因此如何將 (1-23-1) 式轉換成積分形式以適用於一般的物體，是定義陳述上的必要推廣（其方法在後面單元中也會時常出現）。

[註11]　剛體 (rigid-body) 泛指受到外力的擠壓碰撞之當下，物體外形仍不會有任何形變的物體。

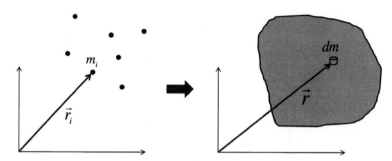

圖 1-23-2　質心之概念亦可由多質點系統推廣至日常生活中更一般性的性統 – 連續之物體。

由於 (1-23-1) 式中的加總運算是針對個別質點之質量去做加總，因此當我們要將此算式推廣至可應用於連續物體時，每一質點 m_i 可為一微小空間單位上的質量 dm。加總的運算也隨之須改為對質量積分的形式。即

$$\vec{R}_{\text{C.M.}} = \frac{1}{M} \sum_{i=1}^{n} m_i \vec{r}_i \to \frac{1}{M} \int \vec{r} \, dm \tag{1-23-2}$$

當然，此積分的確切形式（一維的線積分、二維的面積分或是三維的體積分），還得視所要處理之連續物體的幾何形體而定。

例題：如（圖 1-23-3），質量分布均勻之等腰三角形物體，若其質量密度為 ρ。求其質量中心的位置？

根據物體幾何形狀上的對稱性，與我們對座標系統的設定，其質心位置會在 y- 軸上 $(x_{C.M} = 0)$。如此我們僅需計算

$$y_{C.M} = \frac{1}{M} \int y \, dm \tag{1-23-3}$$

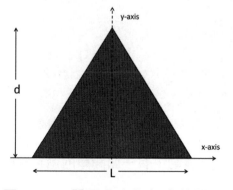

圖 1-23-3　質量分布均勻之等腰三角形物體。

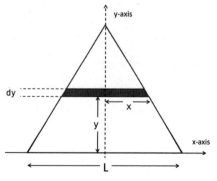

(1-23-3) 式中的積分

式中物體的總質量為質量密度乘上物體之面積，$M = \rho \cdot (L \cdot d/2)$。如圖所示，當 $dy \to 0$ 時，$dm = \rho \cdot (2x) \cdot dy$。且由相似三角形的特性，可推得在任意 y 值下的 x 值：

$$\frac{2x}{L} = \frac{d-y}{d} \Rightarrow x = \frac{L}{2}\left(1 - \frac{y}{d}\right) \tag{1-23-4}$$

所以 (1-23-3) 式的積分

$$y_{C.M} = \frac{1}{M}\int_0^d y \cdot \rho \cdot (2x) \cdot dy = \frac{\rho \cdot L}{M}\int_0^d y \cdot \left(1 - \frac{y}{d}\right) \cdot dy = \frac{d}{3} \tag{1-23-5}$$

因此根據我們所指定的座標系統，此質量分布均勻之等腰三角形物體之質心位置在 $(0, d/3)$ 處。

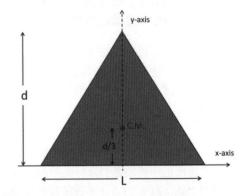

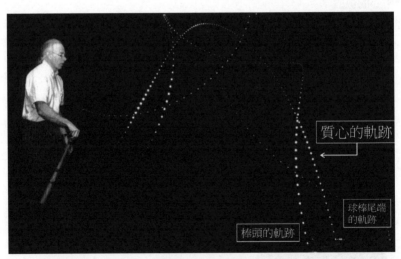

圖 1-23-4　將球棒往上拋扔。雖然我們可看見球棒複雜的旋轉運動，但球棒的質心就像單一質點的斜拋運動，有一個簡單的拋物線軌跡。

【練習題 1-12】

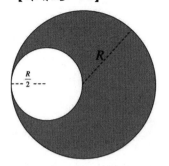

若在原本半徑爲 R 的圓盤上挖出一個半徑爲 $R/2$ 圓洞，如圖所示。若此圓盤的質量是均勻分布，那在挖洞後的質量中心在何處？

【練習題 1-13】

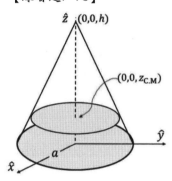

如圖一個底面半徑爲 a，高爲 h 的實體均勻圓錐，試求此圓錐的質量中心位置？

1-24 質心動量的守恆原理

　　既然我們可將一整個系統（包含前單元所介紹的剛體）以一個位於質心位置的等質量單一質點來替代，那我們實應該再進一步地去定義一些更好應用的物理量，以方便我們去描述系統的運動。像我們之前對速度的定義就可直接用在系統的質心位置向量上，去定義系統的「質心速度」(Center-of-mass velocity)

$$\vec{R}_{\text{C.M.}} = \frac{1}{M} \sum_i m_i \vec{r}_i \Rightarrow \vec{V}_{\text{C.M.}} = \frac{d\vec{R}_{\text{C.M.}}}{dt} = \frac{1}{M} \sum_i m_i \frac{d\vec{r}_i}{dt} = \frac{1}{M} \sum_i m_i \vec{v}_i \qquad (1\text{-}24\text{-}1)$$

此處的 $M = \sum_i m_i$。再將此「質心速度」乘上系統的總質量 M，也就同時定義了此系統的「質心動量」(Center-of-mass momentum)

$$\vec{P}_{\text{C.M.}} = M \cdot \vec{V}_{\text{C.M.}} = \sum_i m_i \vec{v}_i \qquad (1\text{-}24\text{-}2)$$

由 (1-24-2) 式可知系統的「質心動量」即為系統中各質點的動量總和。若再配合 (1-22-2) 式的結果，我們便可推論出一個非常有用的守恆原理：

$$\vec{F}_{\text{tot}} = M \frac{d^2 \vec{R}_{\text{C.M.}}}{dt^2} = \frac{d}{dt} \left(M \frac{d\vec{R}_{\text{C.M.}}}{dt} \right) = \frac{d\vec{P}_{\text{C.M.}}}{dt} \qquad (1\text{-}24\text{-}3)$$

當整個系統或物體在運動的過程中沒有受到外力的作用（$\vec{F}_{\text{tot}} = 0$），此系統或物體的質心動量會是一個守恆量；亦即此質心動量在運動過程中不會隨時間的演進而改變。在許多的物理問題中，此守恆原理將可大大幫助我們對問題的理解。

$$\vec{F}_{\text{tot}} = 0 \Rightarrow \vec{P}_{\text{C.M.}} = \text{constant} \qquad (1\text{-}24\text{-}4)$$

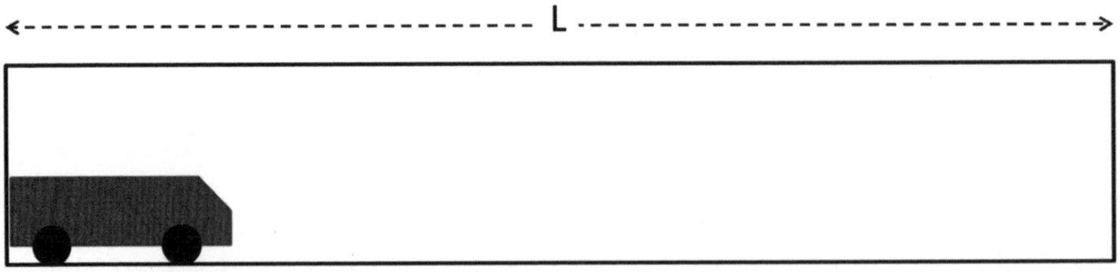

圖 1-24-1　空艙中的車子（含駕駛），我們可將此空艙與其所包含的車子視為一個獨立系統。

　　考慮這樣的問題：如（圖 1-24-1）所示的巨大空艙，其內有一台車（含車內的駕駛）。假設此巨大空艙是停置在無摩擦力的冰上，或是停留在太空中亦可。若一開始車子是貼靠在空艙的左邊艙壁靜止不動。暫不管在無摩擦力上的車子是如何地開動，現在若命令此車子向前開到對面的艙壁停止。試問：對我們在外面的觀察者來說，此

空艙的位置是否會移動？（若車子（含駕駛）的總質量為 m，質心位置恰在車身長 (d) 的中間處；而此質量均勻分布的巨大空艙，質量為 M，長度為 L。）

此問題的關鍵在於此巨大空艙與車子所組成的獨立系統，至始至終都沒有受到外力的施予，因此系統的質心速度不會改變。又車子的起始與最終狀態都是靜止不動的，也就是說整個過程的質心速度為零。

$$\vec{P}_{C.M.} = (M+m)\frac{d\vec{R}_{C.M.}}{dt} = 0 \Rightarrow \vec{R}_{C.M.} = \text{constant} \qquad (1\text{-}24\text{-}5)$$

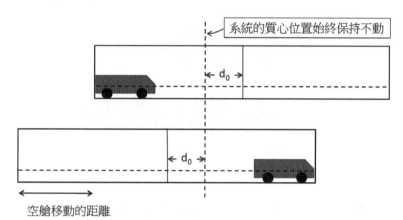

圖 1-24-2 空艙與車子的起始與最終狀態。紅色實線所標示的是空艙的中間位置，系統質心則始終在垂直的黑色虛線上。

進一步可由（圖 1-24-2）推論：對我們外部的觀察者來說，由於整個過程中的系統質心位置不會移動，一直保持在圖中兩正交的黑色虛線處。但若相對於固定在系統的參考點，系統的質心位置是會隨車子的前進而改變位置。也因此對我們外部的觀察者來說，整個系統是會如（圖 1-24-2）所示一般，向左移動 X 的距離。此距離 X 的計算如下：

可先計算一開始時系統的質心位置，令其位置距空艙中間位置（圖中紅色實線）d_0

$$d_0 = \frac{1}{M+m}\left(m \times \left(\frac{L}{2} - \frac{d}{2}\right) + M \times 0\right) = \frac{1}{2}\frac{m}{M+m}(L-d) \qquad (1\text{-}24\text{-}6)$$

最後由圖可知

$$X = 2d_0 = \frac{m}{M+m}(L-d) \qquad (1\text{-}24\text{-}7)$$

在接下來的幾個單元中，我們也將看見此「質心動量守恆原理」的更多應用 – 火箭的推動與碰撞問題。

1-25　火箭的推進

　　相信看過火箭升空的人都有注意到火箭後端所噴發出的長長火焰，這是火箭引擎與一般汽車引擎最大的不同處。傳統火箭的推進是靠引擎向後方所噴發的推進物 (propellant)，藉由牛頓的第三運動定律（作用力與反作用力）讓火箭加速前進。至於火箭可加速到多快？我們則可由下面的粗估來推算。

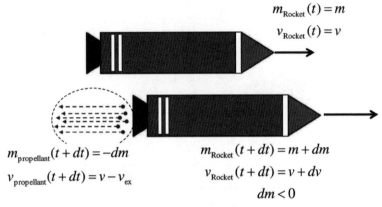

$$m_{\text{Rocket}}(t) = m$$
$$v_{\text{Rocket}}(t) = v$$

$$m_{\text{propellant}}(t+dt) = -dm$$
$$v_{\text{propellant}}(t+dt) = v - v_{ex}$$

$$m_{\text{Rocket}}(t+dt) = m+dm$$
$$v_{\text{Rocket}}(t+dt) = v+dv$$
$$dm < 0$$

圖 1-25-1　火箭推進的簡化模型

　　為簡化問題使之能省略重力之影響，我們就先假設火箭一開始是靜止於外太空中，然後開動引擎加速向前。由於此火箭是在外太空中運動，若將火箭與它所噴發出的推進物視為是一個獨立的系統，如此在沒有外力的作用下，此系統的質心動量（火箭與推進物兩者之動量和）在整個飛行過程中將保持不變。

　　若火箭在時間 t 的質量與速度分別為 m 與 v，則此時刻的系統動量大小為

$$P(t) = mv \tag{1-25-1}$$

當時間過了 dt 後，若火箭引擎噴發出質量為 $-dm$ 的推進物[註12]，此推進物相對於火箭的推進速度 (exhaust speed) 為 v_{ex}（假設此速度的大小始終保持一定，但方向與火箭的前進方向相反），則此推進物的動量大小為 $-dm \cdot (v - v_{ex})$；同時火箭的質量減少了 $-dm$，速度增加 dv，因此火箭之動量大小為 $(m+dm) \cdot (v+dv)$。如此在時刻 $t+dt$ 時的系統動量大小為

$$P(t+dt) = (m+dm) \cdot (v+dv) - dm \cdot (v-v_{ex}) \tag{1-25-2}$$

[註12] 由於引擎所噴發出的推進物亦來自於火箭本身，因此火箭的質量會不斷遞減小，所以此處的 $dm < 0$。

在系統動量不變的要求下，$P(t + dt) = P(t)$ 給出

$$dv = -v_{ex} \cdot \frac{dm}{m}$$ (1-25-3)

若火箭的起始條件為：$m(t = 0) = m_0$ 與 $v(t = 0) = 0$，則積分 (1-25-3) 式可得火箭於任意時刻之速度大小

$$v(t) = -v_{ex} \ln\left(\frac{m}{m_0}\right) = v_{ex} \ln\left(\frac{m_0}{m}\right)$$ (1-25-4)

一般說來，火箭所承載的燃料質量佔了火箭發射前的大半質量，就以 95% 來計算。當燃料用盡時 (1-25-4) 式中的 $m_0/m = 20$，如此 $\ln(20) \cong 3$。因此火箭大致可加速到火箭引擎所噴發推進物的三倍推進速度。以當今化學燃料的推進速度可約達 $v_{ex} \approx$ 5km/sec，則在我們問題中的火箭就可約達 15km/sec(5.4×10^4km/hr) 的速度。當然為讓火箭達到更高的速度，除改良推進引擎使之有更快的推進速度外，火箭對噴發推進物的方式，如多節式 (multistage) 的噴發推進物都是可增加火箭速度的方式。

● 火箭的發射升空

同樣可由 (1-25-1) 式與 (1-25-2) 式得到

$$\begin{aligned} dP &= P(t + dt) - P(t) \\ &= mdv + v_{ex}dm \end{aligned}$$ (1-25-5)

不同的是當火箭於地表上發射時會受到重力的作用，因此動量的變化率不再為零，而是等於重力（假設不考慮空氣阻力的影響）。所以

$$\frac{dp}{dt} = m\frac{dv}{dt} + v_{ex}\frac{dm}{dt} = -mg$$ (1-25-6)

我們亦可驗證式中 $-v_{ex}(dm/dt)$ 的量綱為「力」之量綱。因此，習慣上我們就將此項稱為火箭的推力 (thrust)。若

$$\frac{dm}{dt} = -k \implies m = m_0 - k \cdot t$$ (1-25-7)

其中 $0 \le t \le t_{max}$，t_{max} 為燃料用盡的時間。如此將 (1-25-7) 式的結果代入 (1-25-6) 式。則 (1-25-6) 式可寫成

$$m\frac{dv}{dt} - k \cdot v_{ex} = -mg \implies dv = \left(\frac{k \cdot v_{ex}}{m_0 - kt} - g\right)dt$$ (1-25-8)

再分別對兩邊積分，便可得速度隨時間的變化

$$v(t) = v_{ex} \ln\left(\frac{m_0}{m_0 - k \cdot t}\right) - gt \tag{1-25-9}$$

在燃料用盡之前，比較 (1-25-9) 式與 (1-25-4) 式，可知火箭於地表升空的速度會小於在太空中的速度，其差異則來自於 (1-25-9) 式中的最後一項，$-gt$，即重力的影響。此外，火箭升空高度與時間的關係也可由 (1-25-9) 式對時間的再積分獲得。假若在火箭升空過程中的重力加速度的變化不大，此積分不難處理，其結果為

$$y(t) = v_{ex} \cdot t - \frac{1}{2} g \cdot t^2 - \frac{m \cdot v_{ex}}{k} \ln\left(\frac{m_0}{m}\right) \tag{1-25-10}$$

至於此重力加速度變化不大的假設是否恰當，則得依實際的數據來判斷，可參考（圖1-35-1）。

【練習題*1-14*】

若有一可產生 53.2×10^6 nt 推力的火箭推進引擎，已知此火箭相對於推進物的速度大小可達 4.78 km/sec。則

(a.)此火箭引擎噴發出的推進物速率 dm/dt 是多少？

(b.)在忽略重力的作用下，質量爲 2.12×10^6 kg 的火箭由靜止出發，直到最終推進物用盡後的質量爲 7.04×10^4 kg。試問推進物用盡後的火箭速度大小爲何？

(c.)在火箭引擎噴發推進物的整個過程中，火箭的平均加速度大小爲何？又過程中火箭的加速度的大小變化情形爲何？

【練習題*1-15*】

有一艘如我們於本文中所討論的火箭，以固定的速率 $dm/dt = -k$ 噴發推進物來加速火箭。假若由靜止發射開始，此火箭便受到一個與速度大小成正比的阻力（$\vec{f} = -b\vec{v}$）。則火箭的速度可表示成

$$v = \frac{k}{b} v_{ex} \left[1 - \left(\frac{m}{m_0} \right)^{b/k} \right]$$

其中 m_0 爲火箭的原始質量，v_{ex} 爲推進物相對於火箭的推進速度。

1-26 碰撞問題

雖然我們想談的是「剛體」間的碰撞，顧名思義，剛體是不會形變的物體，但在劇烈的撞擊過程中，真的有理想的剛體存在嗎？我們就以棒球與球棒的撞擊為例：即便硬如棒球的物體，我們還是可以透過攝影快門的捕捉看見棒球的劇烈形變。據研究，在棒球與球棒的接觸過程中，棒球的直徑可壓縮到原先長度的 2/3 左右。但重要的是，也是我們對棒球的基本要求，棒球打擊出去後仍得保持原先的圓球狀不變形。如此在處理碰撞問題時，我們索性把球棒與棒球兩個相撞的物體視為一個獨立系統，忽略掉撞擊過程中的複雜狀態（一方面也是整個碰撞的過程僅延續一個很短暫的片刻，已遠超越我們日常的簡單觀察），而僅針對於碰撞前與碰撞後的運動狀態來探討。

圖 1-26-1　棒球與球棒間的劇烈碰撞

圖 1-26-2　兩物體於一維碰撞問題中碰撞前後的運動狀態。

一維運動下的碰撞問題

就以最簡單的一維碰撞來說明處理碰撞問題時所該注意的要點。因我們僅關切兩物體碰撞前後的運動狀態，而忽略掉碰撞過程中的複雜狀態。因此我們若也同時省略掉兩物體運動時與任何形式的外界阻力，則這兩個碰撞物體所組成的系統於整個過程中就沒有受到任何的外力作用，兩物體彼此間的作用力與反作用力均可歸為系統間的內力作用，因此我們會有碰撞前後系統動量守恆的原理必需遵守：

$$m_1 v_{1i} + m_2 v_{2i} = m_1 v_{1f} + m_2 v_{2f} \tag{1-26-1}$$

此外，我們還可藉對碰撞前後各物體的速度量測去定義－「反彈係數」(Coefficient of Restitution，COR)：

$$e \equiv \frac{v_{2f} - v_{1f}}{v_{1i} - v_{2i}} \tag{1-26-2}$$

此「反彈係數」即為碰撞後兩物體間相互遠離之相對速度與碰撞前相互接近之相對速度的比例。依此「反彈係數」，若碰撞前兩物體的速度為已知，則碰撞後的速度可推得：

$$v_{1f} = \frac{1 - (m_2 / m_1)e}{1 + m_2 / m_1} \cdot v_{1i} + \frac{(m_2 / m_1)(1 + e)}{1 + m_2 / m_1} \cdot v_{2i}$$

$$v_{2f} = \frac{1 + e}{1 + m_2 / m_1} \cdot v_{1i} + \frac{(m_2 / m_1) - e}{1 + m_2 / m_1} \cdot v_{2i} \tag{1-26-3}$$

讀者不妨由此結果去推導一下碰撞後的系統動能為何？其結果如下：

$$\frac{1}{2} m_1 v_{1f}^2 + \frac{1}{2} m_2 v_{2f}^2$$

$$= \frac{1}{2} m_1 \left(1 - \frac{(m_2 / m_1)(1 - e^2)}{1 + m_2 / m_1} \right) v_{1i}^2 + \frac{m_1 m_2}{m_1 + m_2} (1 - e^2) v_{1i} v_{2i} + \frac{1}{2} m_2 \left(1 - \frac{1 - e^2}{1 + m_2 / m_1} \right) v_{2i}^2 \tag{1-26-4}$$

當反彈係數 $e = 1$ 時，由 (1-26-4) 式很容易可看出

$$\frac{1}{2} m_1 v_{1i}^2 + \frac{1}{2} m_2 v_{2i}^2 = \frac{1}{2} m_1 v_{1f}^2 + \frac{1}{2} m_2 v_{2f}^2 \tag{1-26-5}$$

系統於碰撞前後除了動量守恆外，動能（能量）也是一個守恆量。習慣上，我們就稱 $e = 1$ 的碰撞型態為「完全彈性碰撞」。但與動量守恆不同的是，此能量的守恆在碰撞問題中並不是一個普遍適用的原理。同樣由 (1-26-4) 式推導，碰撞前後的動能差異為

$$\Delta K = \left(\frac{1}{2} m_1 v_{1f}^2 + \frac{1}{2} m_2 v_{2f}^2 \right) - \left(\frac{1}{2} m_1 v_{1i}^2 + \frac{1}{2} m_2 v_{2i}^2 \right)$$

$$= -\frac{1}{2} m_1 v_{1i}^2 \frac{m_2}{m_1 + m_2} (1 - e^2) \left(1 - \frac{v_{2i}}{v_{1i}} \right)^2 \tag{1-26-6}$$

由此結果可知：

當碰撞前的狀態給定後，碰撞前後的能量差異 $\Delta K = -C \cdot (1 - e^2) \leq 0$，此處 C 為大於零的常數。系統於碰撞過程中能量頂多是不消散掉，不可能因碰撞而增加[註13]。因此反彈係數的最大值為 $e = 1$，即我們前面所討論的「完全彈性碰撞」。而能量損失最多的狀況為 $e = 0$，根據反彈係數的定義（(1-26-2) 式），此碰撞後的兩物體有同樣的速度 $(v_{1f} = v_{2f})$，即兩物體於碰撞後便黏在一起運動，我們稱之為「完全非彈性碰撞」。而介於這兩極端狀態間的碰撞 $(0 < e < 1)$ 就稱為「非彈性碰撞」。

[註13] 在此我們僅考慮質量守恆的碰撞過程，此限制可用於牛頓力學中所討論的任何形式之碰撞問題。

1-27　撞球檯上的碰撞問題

圖 1-27-1　撞球檯上充滿了許多可探討的物理問題，本單元就針對幾個基本的碰撞問題來討論。

　　當今校園的周遭總是有不少賣手機與其相關配備的店家，一機在手看似搞定了大半學生的休閒娛樂，連電動玩具店都不見得有。學生的消費行為當然會影響學校周遭的店家生態。哇……我的大學日子居然已是三十多年前的往事，但總是記得班上迷撞球的那一學期，校園周遭不下十家的撞球店，營業可是通宵的呢！然班上迷撞球還是有一點它的正當性，碰撞問題在「古典力學」的課程中有它的地位。事實上，我們的任課老師就鼓勵我們在撞球檯上，藉著實作去發現好玩的物理來討論，也頗符合當下科學教育中所強調的「探究與實作」之新課綱精神。本單元就來介紹撞球檯上的幾個基本碰撞問題。

　　首先我們都知道撞球是由數顆等質量的堅硬圓球，置放於一個水平台面上的碰撞活動，因此我們的問題會是二維的碰撞問題[註14]，且撞擊前後瞬間所需考慮的能量就僅包含撞球運動時的動能。由於撞球本身的堅硬與不形變，讓撞球與撞球間的碰撞可歸屬於完全彈性碰撞 ($e = 1$) 的形式[註15]。而選手僅能以球桿敲打母球（白色）來賦予此母球一個初始速度 (v_{1i})，其餘等待被撞擊的球則靜止在檯面上 ($v_{2i} = 0$)。如此母球與另一顆色球碰撞所該遵守的動量與能量守恆可寫成

$$m_1 \vec{v}_{1i} = m_1 \vec{v}_{1f} + m_2 \vec{v}_{2f} \tag{1-27-1}$$

[註14]　在特殊情況下，厲害的撞球選手還是會打出「跳球」來處理某些檯桌上的難題。但這畢竟是很少數的場面，因此我們就不在此討論。

[註15]　雖然如前單元所討論，「完全彈性碰撞」並不能單以物體碰撞後是否有形變來判斷，但形變與否的確是可做為判斷上的第一個指標。而我們也普遍認定撞球可以用「完全彈性碰撞」來討論。

$$\frac{1}{2}m_1v_{1i}^2 = \frac{1}{2}m_1v_{1f}^2 + \frac{1}{2}m_2v_{2f}^2 \qquad (1\text{-}27\text{-}2)$$

因為每顆球的質量都相等 $(m_1 = m_2)$，所以 (1-27-1) 式

$$\vec{v}_{1i} = \vec{v}_{1f} + \vec{v}_{2f} \Rightarrow \vec{v}_{1i} \cdot \vec{v}_{1i} = (\vec{v}_{1f} + \vec{v}_{2f}) \cdot (\vec{v}_{1f} + \vec{v}_{2f})$$
$$\Rightarrow v_{1i}^2 = v_{1f}^2 + v_{2f}^2 + 2\vec{v}_{1f} \cdot \vec{v}_{2f} \qquad (1\text{-}27\text{-}3)$$

又 (1-27-2) 式的能量守恆告訴我們 $v_{1i}^2 = v_{1f}^2 + v_{2f}^2$，所以 (1-27-3) 式指出

$$\vec{v}_{1f} \cdot \vec{v}_{2f} = v_{1f}v_{2f}\cos\theta = 0 \qquad (1\text{-}27\text{-}4)$$

θ 為 $\vec{v}_{1f}$ 與 $\vec{v}_{2f}$ 間的夾角。由於被撞的色球 $v_{2f} \neq 0$，這讓 (1-27-4) 式出現下面要討論的兩種情況：

1. $v_{1f} = 0$。
2. $\theta = 90°(\vec{v}_{1f} \perp \vec{v}_{2f})$。

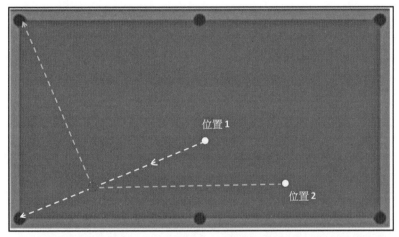

位置1

位置2

圖 1-27-2 白色母球在位置 1 或位置 2，而我們想將紅色色球打左下方的底袋。

　狀況一：母球在（圖 1-27-2）中位置 1 的地方，母球－紅球－底袋就同在一直線上。(1-27-4) 式等於零成立的條件為 $v_{1f} = 0$，此母球撞到色球後將會停留在色球的位置不動，即所謂的「定桿」。此結果在前單元的一維碰撞中也會是 $(e = 1$ 與 $m_1 = m_2)$ 條件下的必然結果。但由於撞球檯面與球之間是有摩擦力的存在，因此打「定桿」還是有一些技巧，好讓所打出的球可更接近於我們所討論的理想狀態下的碰撞問題。像要減少摩擦阻力的影響程度，打母球時需要一點力道，不能打太輕。瞄準紅球的正後方中心位置，且球桿必須打在母球的中心位置，好讓母球可以不旋轉，而是以純滑行的方式前進（這也是不能打太輕的原因之一，讀者可觀察當球的滾動速度變慢快停之前，球會開始有滾動的前進方式出現。）

　　狀況二：母球在（圖 1-27-2）中位置 2 的地方，我們都曉得母球需打在紅色球後方中心偏右的位置。但必須提影的是：(1-27-4) 式的結果告訴我們，撞擊後的母球與紅球會有垂直的運動路徑，因此若僅單純地瞄準打出讓紅球進袋，但母球不幸地也會同時進左上方的底袋。這母球進袋可是撞球規則中所不允許的結果。有破解的方法嗎？當然是有，就如前面要打「定桿」球，我們需要一些技巧來使撞擊的當下更符合理論上的設定條件。此時，我們就得反過來思考，如何去改變撞擊當下的起始條件，使之與理論所設定的條件不同。

　　當然，撞球選手還是得依其它球的位置而決定該打出什麼樣的球，此時球桿敲擊母球的位置與力道就會有不同的考量。但無論是什麼樣的打法技巧都有其背後的物理原理。

【練習題/-/6】

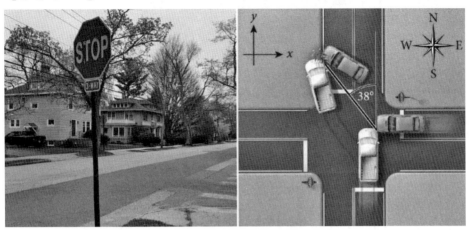

在美國的巷弄十字路口前幾乎都看得見「停車號誌」(Stop Sign)，剛到美國開車的人也常被告誡，看見它就得真的把車子完全停下來，即便你看不見來車與行人。就讓我們來判斷一下發生於街口上的一場交通事故。一輛往北（$\hat{y}$ 方向）的白色小貨車（重2,200kg）與一輛往西（$-\hat{x}$ 方向）的紅色轎車 (重 1,500kg) 發生了撞車意外，撞後兩車相互擠壓滑行至斜對面的路口，依煞車痕可清楚判斷此兩車擠壓滑行的方向與白色小貨車原先的行車方向夾了 38°（如圖所示）。由於在此十字路口上白色小貨車所走的為主要幹道，因此紅車轎車理應會先看見一個「停車號誌」，所以駕駛得先停車在啓動車子。然而，紅色轎車的駕駛聲稱白色小貨車的車速過快，至少時速有 80 公里，遠遠超過該有的限速 40km/hr。再說，此駕駛也表示他有停車再起動，所以他的車被撞時還不到時速 40 公里。如果你是處理此交通事故的鑑定人員，你該相信這位紅色轎車駕駛的證詞嗎？理由何在？在法庭的裁決上，即便白色小貨車是行駛在主幹道上，理應有優先過此路口的權力。但如果一旦是超速行駛，在這場交通事故中他還是會被判爲過失的一方。

1-28 克卜勒與火星的繞日軌跡

自哥白尼提出日心說而逐漸引起之騷動起，到牛頓《自然哲學的數學原理》一書的出版，歷經百餘年的科學革命，在牛頓的時代中雖然也不是每位科學家都全盤接受牛頓的觀點，但科學的未來走向與研究方法卻可說是大致底定。以我們今日對物理發展的理解來看，牛頓的重力理論在這場科學革命中無疑是站在一個主峰的位置，而登上主峰之前的攀登路徑則是克卜勒對行星運行的三個定律。但礙於歐陸啟蒙時期所要標榜的理智精神，在科學的推廣陳述上有意地大幅提高伽利略與牛頓的獨特地位，卻相對地貶低克卜勒之貢獻，甚至讓人感覺克卜勒定律僅是牛頓重力理論下的必然結果，的確是必然的結果，但科學的進展歷程並不是如此！也因此在下個單元介紹牛頓的重力理論之前，特別先跟大家介紹這位與伽利略同時期的偉大數學家及天文學家－克卜勒 (1571-1630)[註16]。

話說自始堅信哥白尼學說的克卜勒，對這個以太陽為中心的行星體系還是有許多形而上的想像。例如在他二十出頭歲時，就想到能否用幾何學中僅有的五個正立方體，去解釋當時所知道的六個行星間彼此的關係。看似有初步的成功，但數據上的細節總可再更仔細的確認。因緣際會地，克卜勒在 1600 年遇見當時擁有最佳天文觀測數據的第谷 (Tycho Brahe，1546-1601)，並成為他手下的助手。即便這兩人在行星運行的觀點上存有相當大的歧見，但在天文史上的重大轉折是克卜勒擁有了當時最詳盡的火星觀測資料，接下來就看克卜勒如何去應用這批資料。幾何學的應用，三角測量法不是問題。問題在於第谷所有的觀測數據都是站在地表上的觀察，這對以哥白尼學說為理念出發的克卜勒真是

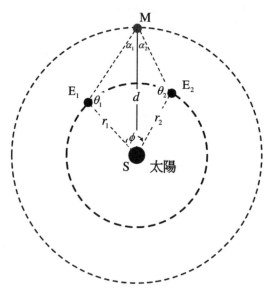

圖 1-28-1 克卜勒計算火星運行軌道的示意圖。圖中的三個角度 θ_1、θ_2、ϕ 與地球離太陽的距離 r_1 與 r_2 在地谷的觀測數據中可得。而克卜勒的工作是要決定此時刻火星與太陽的距離。

[註16] 對這段哥白尼革命發展史有興趣的讀者，可參閱諾貝爾物理獎得主史蒂文・溫伯格 (Steven Weinberg) 所著的《大發現》，時報出版 (2017)。

一個難解的問題。地球本身也繞著太陽運轉，那如何在三角測量法中取得太陽除外，空間中的另一個固定點？克卜勒創意十足地利用火星繞日的封閉軌道此一特徵，火星每隔 687.1 天就會回到空中的同一點上，即 687.1 天的火星年。如（圖 1-28-1）所示，選定一個時間 t_1，太陽 – 火星 – 地球有圖中三角形 ΔSME_1 的相對位置關係。如此一個火星年後 $t_2 = t_1 + 687.1$ 天，太陽 – 火星 – 地球的相對位置關係圖為 ΔSME_2，關鍵是火星的位置在這兩組數據中的位置是固定不變的。事實上，凡是間隔時間為火星年（$t_n = t_1 + n \times 687.1$ 天）的觀測數據均可拿來分析使用。

　　就讓我們以三角形 ΔSME_1 與 ΔSME_2 這兩組觀測數據來說明：正弦定理在這兩個三角形中分別有下面的關係

$$\frac{d}{\sin \theta_1} = \frac{r_1}{\sin \alpha_1} \quad ; \quad \frac{d}{\sin \theta_2} = \frac{r_2}{\sin \alpha_2} \tag{1-28-1}$$

此關係式等同於

$$d = \frac{\sin \theta_1}{\sin \alpha_1} \cdot r_1 = \frac{\sin \theta_2}{\sin \alpha_2} \cdot r_2 \Rightarrow \frac{\sin \alpha_1}{\sin \alpha_2} = \frac{\sin \theta_1}{\sin \theta_2} \cdot \frac{r_1}{r_2} \equiv K \tag{1-28-2}$$

式中最後的已知值 K 乃是因為 θ_1、θ_2、r_1、與 θ_2 均可來自第谷的觀測值。又 α_1 與 α_2 的關係可由四角形的內角和為 360° 取得，$\alpha_1 + \alpha_2 = 360° - \theta_1 - \theta_2 - \phi = \beta$。所以，(1-28-2) 式給出

$$\sin \alpha_1 = K \cdot \sin \alpha_2 = K \cdot \sin(\beta - \alpha_1) \tag{1-28-3}$$

　　經過化簡可決定 α_1 的大小。有了 α_1 的大小，回到 (1-28-2) 式，我們便決定了此時刻火星與太陽的距離 d。同樣的方法，套在不同時刻，亦可推出不同時刻下火星與太陽的距離。如此，火星的繞日軌跡也就在克卜勒的艱鉅計算下給顯露出來。意外的是結果，不僅對克卜勒，也撼動整個天文界的既有成見：火星的繞日軌跡為一個橢圓，而不是正圓。

1-29　牛頓的重力理論

　　爲清楚陳述牛頓的重力理論，我們就先以兩個分別帶有質量的質點作爲討論對象。也因爲所討論的是質點，所以我們可明確地表明其所在的位置，不用去煩惱質量中心的問題，與彼此間的相隔距離。如此，牛頓的重力理論可如下表述：

> **牛頓的重力理論**
> 任何具有質量的兩個質點，彼此間必受到相互吸引的重力，即方向指向對方的吸引力。此重力之大小與此兩質點各別質量之乘積成正比，並與此兩質點間的相隔距離成平方反比的關係。其中的比例常數，通常以 G 表示，在 M.K.S. 制下的大小爲 $6.67 \times 10^{-11} \mathrm{nt} \cdot \mathrm{m}^2/\mathrm{kg}^2$。

　　相信大家對牛頓的重力理論（萬有引力）不會感到陌生，但如何以數學式精準地寫下，不僅要有重力的大小，還得表明其該有的方向，可能就不是每一個人都熟悉的事。但我們不妨試試看如何寫下，這對後面處理即將遇見的實際問題會有莫大的幫助。畢竟，物理的推論有時是必須藉由數學的演繹來證明，而不是隨便說說即可。

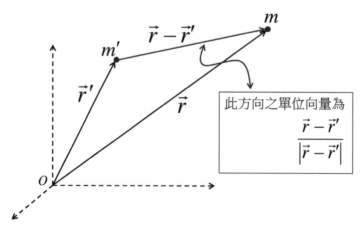

圖 1-29-1　在一般教科書中，常將座標系統的原點 O 置於重力來源的 m' 處（即 $\vec{r}' = 0$）。如此雖可讓 (1-29-1) 式看起來精簡許多，但當我們要將「疊加原理」應用於牛頓的重力理論時，此精簡的標示式就出現了實作上的難題。

　　爲描述兩質量分別爲 m' 與 m 的質點位置，我們可任意指定恰當的座標系統來使用，如（圖 1-29-1）所示，質點 m 受到 m' 吸引的重力可寫成：

$$\vec{F}_{m'\to m} = -G\frac{m\cdot m'}{|\vec{r}-\vec{r}'|^2}\left(\frac{\vec{r}-\vec{r}'}{|\vec{r}-\vec{r}'|}\right) \tag{1-29-1}$$

式中括弧內的向量爲由 m' 到 m 的單位向量，負號則是強調質點 m 所受 m' 的重力是一個吸引力。

牛頓的重力理論還有一個很重要的特性，就是它符合「疊加原理」(principle of superposition) 的要求。也就是說，當空間不再僅是單一的重力源質點 m'，而是有 n 個重力源質點，其質量與位置向量分別爲 m_i 與 $\vec{r}_i$ ($i = 1, 2, \cdots, n$)。則這 n 個質點共同對質點 m 所施的重力效果，便爲各別質點對 m 所施之重力的（線性）總和，即

$$\vec{F}_m = -\sum_{i=1}^{n} G\frac{m\cdot m_i}{|\vec{r}-\vec{r}_i|^2}\left(\frac{\vec{r}-\vec{r}_i}{|\vec{r}-\vec{r}_i|}\right) \tag{1-29-2}$$

值得注意的是，質點 m 所受到的力爲質點 m 所在位置的函數，$\vec{F}_m = \vec{F}_m(\vec{r}) \equiv m\vec{G}(\vec{r})$。我們就稱 $\vec{G}(\vec{r})$ 爲存在此空間的重力場[註17]，只要質點 m 不要太重，重到足以影響 m_i 的所在位置，則重力場 $\vec{G}(\vec{r})$ 與質點 m 的存在與否便無關連。我們亦可將質點 m 視爲對重力場 $\vec{G}(\vec{r})$ 的一個測試質點，而質點 $m_i(i = 1, 2, \cdots, n)$ 則爲此重力場的來源（重力源）[註18]。

$$\vec{G}(\vec{r}) = \lim_{m\to 0}\frac{1}{m}\vec{F}_m(\vec{r}) \tag{1-29-3}$$

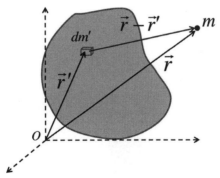

圖 1-29-2　**一般的連續物體對質點 m 的重力。物體內部位於$\vec{r}'$處的微小質點 dm'，若此微小質點所具有的體積爲 $d\tau'$，則 dm' 與 $d\tau'$ 間的關係爲$dm' = \rho(\vec{r}')d\tau'$，$\rho(\vec{r}')$ 爲物體於此點的密度。**

[註17]　注意！不要將此處的重力場 $\vec{G}(\vec{r})$ 與重力常數 G 搞混，它們是不同的物理量。

[註18]　物理用語上，我們常將變數爲空間位置的函數稱爲「場」(field)。函數可爲純量 (scalar)、向量 (vector)、或更高階的張量 (tensor)；所對應的「場」也就爲純量場 (scalar field)、向量場 (vector field)、或更高階的張量場 (tensor field)。

當然，我們也可更進一步地將 (1-29-2) 式中的各別質點推廣到連續分布的一般物體，如（圖 1-29-2）所示：

$$\vec{F}_m = -\int G \frac{m \cdot dm'}{|\vec{r} - \vec{r}'|^2} \left(\frac{\vec{r} - \vec{r}'}{|\vec{r} - \vec{r}'|} \right) \tag{1-29-4}$$

積分內所代表的是物體內部位於 $\vec{r}'$ 處的微小質點 dm' 對 m 所施之重力，積分則必須對整個物體所涵蓋的空間範圍積分。此作為重力源的物體其總質量為

$$M = \int dm' \tag{1-29-5}$$

● 牛頓的靈感—「距離平方反比定律」

如果月球繞地的軌跡可估略視為一個正圓，我們不妨來探究一下牛頓為何視月亮是一顆永不落地的蘋果。我們可估算單位時間內月球向地心掉落的距離，就該如同地表上自由落體的道理一般，只是月球所處的高度不同，其所感受到的重力加速度大小也就不同。如（圖 1-29-3）所示，月球於單位時間內掉落的距離應為

$$\Delta y = \frac{1}{2} g'(\Delta t)^2 \tag{1-29-6}$$

在月球正圓軌道的近似下，我們不難在代入適當的數字後發現，月球高度的重力加速度大小 g' 約為地表重力加速大小 $g = 9.8 \text{m/sec}^2$ 的 1/3600。又月球軌道半徑約是 60 倍的地球半徑，如此 $1/3006 = (1/60)^2$，重力大小與兩星球間的距離平方成反比的關係應是可被理解的。

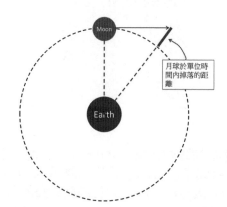

圖 1-29-3　月球受地球的重力吸引就如同地球表面的拋體運動一般。

● 克卜勒的輓歌

2004 年作家 James A. Conner 寫了一本克卜勒的傳記《克卜勒的巫婆》(Kepler's Witch：An Astronomer's Discovery of Cosmic Order amid Religious Wars, Political Intrigue, and the Heresy Trial of His Mother.) 書末作者寫了一段他探訪雷根斯堡中那座克卜勒紀念像的經過⋯⋯克卜勒的半身像安置在由八根柱子撐起的圓亭內，亭外環繞著榆樹與松樹。他的眼睛被人抹黑，看上去頗像位巫師。石像周遭亂丟了些啤酒罐與香菸頭，宛如最近又有亂軍在此紮營。柱子上歪七扭八地寫著：「佛萊堡反政府人民黨」，以及「永遠不忘反抗軍的白玫瑰！」

這場景也許某程度捕捉到克卜勒的歷史形象，一位準備通過對天體的認識來彰顯上帝智慧的學者，卻在宗教戰爭的洪流裡難以掌握自己的命運，最後甚至被自己堅定擁護的路德教會掃地出門。他的科學成就貫徹了哥白尼的日心說，並且為牛頓萬有引力定律的發現鋪好道路。然而令人訝異的是，在美國華盛頓的國家航空博物館中，卻幾乎沒有關於克卜勒功績的展示。【註19】

圖 1-29-4　　1630 年的十一月克卜勒來到雷根斯堡 (Regensburg)，準備兌現地方政府所積欠他的薪資債券。身體本就不算硬朗的克卜勒卻不幸在這趟旅途中於此城市躺下辭世，隨後就安葬於此地的聖彼得墓園。但兩年後在一場新、舊教徒間的戰鬥中，整座墓園被搗毀。時至今日，墓園所在地已改建成一座公園，但也沒有人確知克卜勒的真實安葬地點，即便公園內豎立起一座克卜勒的紀念像。

【註19】 本單元的最後兩段文字摘自李國偉（中研院數學研究所研究員）對克卜勒所寫的一篇序文。此序文收錄於《星空的思索：一幅有待完成的宇宙拼圖》，大塊文化 (2006)。

1-30　太陽與地球

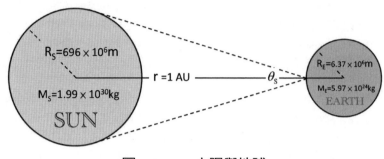

圖 1-30-1　太陽與地球

$$\frac{M_S}{M_E} \cong 3.33 \times 10^8 \qquad\qquad \frac{R_S}{R_E} \cong 109.2$$

　　太陽距離我們有近一億五千公里之遠 ($r = 149.6 \times 10^9$m)，習慣上我們稱此距離爲一個天文單位 (Astronomical Unit，AU)。與此距離的大小相比，地球眞是一個小圓點。地球半徑約略爲太陽半徑長的百分之一，意味著地球的體積大略是太陽體積的百萬分之一。即便遙遠的距離，但站在地球上觀看太陽，太陽並非像夜空中的點狀星星，太陽還是有個可辨識的直徑大小，若忽略地球大氣層對光線的影響，我們亦可估算它的視角約略是 $\theta_S \cong 0.8°$。湊巧地，此視角與我們看月亮的視角差不多，這不但讓我們可看見差不多大小的太陽與月亮，也讓月亮能以不同的面貌顯露在我們的眼前，及更爲迷人的日月蝕等天文景觀。但存在此可辨識的視角，也讓我們在計算太陽對地球的重力時，自然地會碰見前面單元所出現的問題：連續物體（太陽）對質點（地球）的重力計算。雖然此問題的答案現在看來非常的直覺與簡單，但在發展重力理論的當下也確實困擾牛頓許久。即便計算上頗費時繁瑣，包含對整個球體的積分，但在學習物理的過程中，這積分眞的是值得學習者親自演練一遍。

　　假設地球在（圖 1-30-2）的 z- 軸上，其座標爲 (0, 0, z)，所以根據圖中的座標軸系統（座標原點設在太陽的中心點），地球的位置向量爲 $\vec{r} = z\hat{z}$。如此太陽內部位置 $\vec{r}'$ 處對地球重力之貢獻爲：

$$dF = -G \frac{M_E dm'}{|\vec{r} - \vec{r}'|^2} \left(\frac{\vec{r} - \vec{r}'}{|\vec{r} - \vec{r}'|} \right) \qquad (1\text{-}30\text{-}1)$$

　　自然地，整個太陽對地球所施加的重力會是對全部 dm' 的積分。

　　爲簡化計算上的困難，我們需要幾個不致影響到主要結果的假設：

假設一：太陽內部的質量分布均勻，所以質量密度 (ρ_s) 可視爲一定值。（一般我們

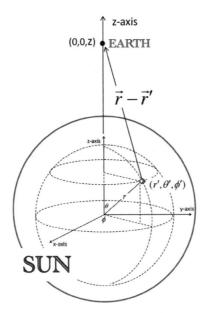

圖 1-30-2　以原點至於太陽中心的球面座標來計算太陽對地球的重力吸引。

會以 $d\tau'$ 來代表待積分的三維體積積分單元；V_S 為太陽的體積）

$$M_S = \int dm' = \int \rho_S d\tau' = \rho_S \int d\tau' = \rho_S V_S$$

　　假設二：太陽為一個正球體[註20]。因此在球對稱下我們以球座標來處理 dm' 的積分最為方便，如此

$$dm' = \rho_S d\tau' = \rho_S \cdot r'^2 \sin\theta' dr' d\theta' d\phi'$$

在此兩個假設下，我們將處理下面的積分

$$\vec{F} = -GM_E \cdot \rho_S \int_{\phi'=0}^{2\pi} \int_{\theta'=0}^{\pi} \int_{r'=0}^{R_S} \frac{1}{|\vec{r}-\vec{r}'|^2}\left(\frac{\vec{r}-\vec{r}'}{|\vec{r}-\vec{r}'|}\right) r'^2 \sin\theta' dr' d\theta' d\phi' \qquad (1\text{-}30\text{-}2)$$

即便我們是以極座標來描述地球受太陽重力所該有的積分式，但在本問題中處理不同方向的積分時，我們還是得回到笛卡兒座標系來處理才行。所以

[註20] 為解決冥王星的問題，國際天文聯合會於 2006 年 8 月以會員全體投票的方式去決定行星的定義。投票結果 –「行星為環繞恆星運行，質量足以使其成為圓球體，並且將周圍區域的其它天體掃除。」我們也知道恆星遠重於行星，其恆星之外觀理所當然也該近乎為球體。

$$\vec{r} - \vec{r}' = z\hat{z} - (r'\sin\theta'\cos\phi'\,\hat{x} + r'\sin\theta'\sin\phi'\,\hat{y} + r'\cos\theta'\,\hat{z})$$
$$= -r'\sin\theta'\cos\phi'\,\hat{x} - r'\sin\theta'\sin\phi'\,\hat{y} + (z - r'\cos\theta')\,\hat{z} \tag{1-30-3}$$

因此

$$\left|\vec{r} - \vec{r}'\right|^2 = r'^2 + z^2 - 2zr'\cos\theta' \tag{1-30-4}$$

依 (1-30-3) 式與 (1-30-4) 式之結果，注意 (1-30-2) 式中 $\hat{x}$- 方向與 $\hat{y}$- 方向上的積分，由於包含下面積分：$\displaystyle\int_{\phi'=0}^{2\pi}\sin\phi'd\phi' = \int_{\phi'=0}^{2\pi}\cos\phi'd\phi' = 0$

這讓 (1-30-2) 中的積分僅剩 $\hat{z}$- 方向不為零。如此 (1-30-2) 的積分實為下面之積分

$$\vec{F} = -GM_{\rm E}\cdot\rho_{\rm S}\int_{\phi'=0}^{2\pi}\int_{\theta'=0}^{\pi}\int_{r'=0}^{R_S}\frac{r'^2\sin\theta'(z-r'\cos\theta')}{(r'^2 + z^2 - 2zr'\cos\theta')^{3/2}}\,dr'd\theta'd\phi'\,\hat{z}$$

$$= -GM_{\rm E}\cdot 2\pi\,\rho_{\rm S}\int_{\theta'=0}^{\pi}\int_{r'=0}^{R_S}\frac{r'^2\sin\theta'(z-r'\cos\theta')}{(r'^2 + z^2 - 2zr'\cos\theta')^{3/2}}\,dr'd\theta'\,\hat{z} \tag{1-30-5}$$

$$= -GM_{\rm E}\cdot 2\pi\,\rho_{\rm S}\int_{r'=0}^{R_S}r'^2\left(\int_{\theta'=0}^{\pi}\frac{\sin\theta'(z-r'\cos\theta')}{(r'^2 + z^2 - 2zr'\cos\theta')^{3/2}}\,d\theta'\right)dr'\,\hat{z}$$

接下來可先對 θ' 積分，由於地球是在太陽的外部，因此式中的 $z > R_S \geq r'$

$$\int_{\theta'=0}^{\pi}\frac{\sin\theta'(z-r'\cos\theta')}{(r'^2 + z^2 - 2zr'\cos\theta')^{3/2}}\,d\theta'$$

$$= z\cdot\int_{\theta'=0}^{\pi}\frac{\sin\theta'}{(r'^2 + z^2 - 2zr'\cos\theta')^{3/2}}\,d\theta' - r'\cdot\int_{\theta'=0}^{\pi}\frac{\sin\theta'\cos\theta'}{(r'^2 + z^2 - 2zr'\cos\theta')^{3/2}}\,d\theta'$$

$$= \frac{2}{z^2 - r'^2} - \frac{1}{z}\left(\frac{2z}{z^2 - r'^2} - \frac{2}{z}\right) \tag{1-30-6}$$

$$= \frac{2}{z^2}$$

經過此較繁瑣的積分後，(1-30-5) 式就很容易積分了！

$$\vec{F} = -GM_{\rm E}\cdot\rho_{\rm S}\frac{4\pi}{z^2}\int_{r'=0}^{R_S}r'^2dr'\,\hat{z} = -GM_E\left(\rho_S\frac{4\pi}{3}R_S^3\right)\frac{1}{z^2}\,\hat{z} = -G\frac{M_E\cdot M_S}{z^2}\,\hat{z} \tag{1-30-7}$$

多麼簡單的結果！我們亦可將太陽視為一個點質點，全部的質量就集中在它的質心位置，也就是我們所設定的座標原點。

● 地球表面的重力加速度 $\vec{g}$

同理，我們亦可視地球的總質量就位於原點上，如此地表上的物體所受的重力便可輕易寫下

$$\vec{F} = -G\frac{M_\mathrm{E}m}{(R_\mathrm{E}+h)^2}\hat{r} = -G\frac{M_\mathrm{E}m}{R_\mathrm{E}^2}\left(1+\frac{h}{R_\mathrm{E}}\right)^{-2}\hat{r}$$

$$\approx -G\frac{M_\mathrm{E}m}{R_\mathrm{E}^2}\left(1-\frac{1}{2}\left(\frac{h}{R_\mathrm{E}}\right)^2+\cdots\right)\hat{r} \approx -G\frac{M_\mathrm{E}m}{R_\mathrm{E}^2}\hat{r} \equiv m\vec{g}$$

(1-30-8)

即便是地球上的最高峰（聖母峰 8,848 公尺）也是遠小於的球半徑的 6,400 公里，因此我們同樣可省略 (1-30-8) 式中 ($h/R_E \ll 1$) 的貢獻。若再搭配牛頓的第二運動定律，$\vec{F} = m\vec{a}$，此結果便清楚告訴我們伽利略對自由落體的洞見：在不計空氣阻力的理想狀況中，無論物體的質量爲何，物體於地表上的相同高處自由落下均會同時著地，因爲他們都有一樣的重力加速度 $\vec{g}$。

【練習題1-17】

在本單元中，我們處理太陽外部一點所受的的太陽引力，參見 (1-30-6) 式。類似的計算，那任意在太陽內部的點上所受到的太陽引力爲何？我們就視太陽爲一個質量均勻分布的球體，眞實的太陽當然不是如此，但此計算在後面描述兩電荷間之庫倫力的理解上是有價值的。

1-31 地球-蘋果-月亮

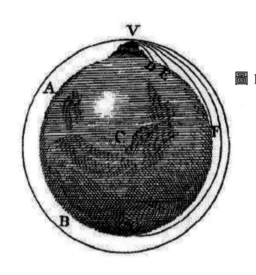

圖 1-31-1 月球就是一顆永不落地的蘋果。從地表高山上的水平拋射，逐步增加其拋射速度使之成為一個繞地運行的衛星。雖不知牛頓是否真地畫過如此傳神的插畫示意圖，但在 1729 年牛頓死後才發行的英文版《自然哲學的數學原理》中就已有此著名的插圖。

即便伽利略的望遠鏡讓人們看見月球表面的高山與坑洞，因而打開人們對天文想像的另一視野，但伽利略終其一生的主要關切，還是著重於地表上的物體運動問題，而簡單地認為天上的行星運行有它另外的道理。直到牛頓的重力理論出現，才真地把物體於天上及地表上的運動給結合為一。重力就僅有一種獨特的形式，它不僅適用於月球繞地球的運行，也適用於蘋果樹上的蘋果掉落。這可真是現代物理學上的一大成就！本單元我們就來談談這個天與地之間看似不同的運動，如何地聯繫在一個同樣的重力理論中。

由於重力僅與兩個具有質量物體間的距離有關，是一個不折不扣的保守力，因此我們可定義其位能為：

$$U(\vec{r}) - U(\vec{r}_A) = -\int_{r_A}^{r} \vec{F} \cdot d\vec{r} \qquad (1\text{-}31\text{-}1)$$

由於位能為一純量，且其意義僅與兩位置間的差異值有關。因此式中的 $\vec{r}_A$ 為定義此重力位能的基準位置，$U(\vec{r}_A)$ 則為此基準位置的位能大小，一般就設定此位能的基準大小為零（$U(\vec{r}_A) \equiv 0$）。所以在地球的重力場下：

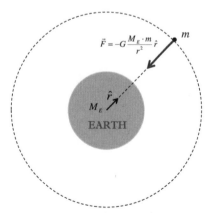

$$\vec{F} = -G\frac{M_E \cdot m}{r^2}\hat{r}$$

圖 1-31-2 月亮與地球間的重力是一個標準的保守力。

$$U(\vec{r}) - U(\vec{r}_A) = -\int_{r_A}^{r} \left(-G\frac{M_E m}{r^2}\hat{r} \right) \cdot dr\,\hat{r}$$

$$= \int_{r_A}^{r} G\frac{M_E m}{r^2}\,dr$$

$$= -\frac{GM_E m}{r}\Bigg|_{r_A}^{r} \tag{1-31-2}$$

$$= -\frac{GM_E m}{r} + \frac{GM_E m}{r_A}$$

● 在月亮的例子中 $(m = M_M)$：我們所取的位能參考點在無窮遠處，$\vec{r}_A \to \infty, U(\vec{r}_A) = 0$

$$U(\vec{r}) = -\frac{GM_E M_M}{r} \tag{1-31-3}$$

我們也知道在地球重力場中的月球，若要保持半徑為 r 的圓周運動，其圓周運動所必須有的向心力該由月亮所受到的重力提供。即

$$\vec{F}_{\text{centripetal}} = -\frac{M_M v^2}{r}\hat{r} = -G\frac{M_E M_M}{r^2}\hat{r} \tag{1-31-4}$$

由此，我們也可求出此繞地球轉動的月亮，其所擁有的總能量為

$$E = \frac{1}{2}M_M v^2 - \frac{GM_E M_M}{r} = -\frac{1}{2}\frac{GM_E M_M}{r} < 0 \tag{1-31-5}$$

若與無限遠處的位能基準相比，此總能量為負值的月亮恆有更小的能量。又物體的自然走向總是由高能量趨向低能量，因此在地球與月亮的系統中，月亮是無法自由地運行至無限遠處。於是我們便說，此時的月亮因受到地球的重力束縛，而穩定運行於地球的重力場中。（總能量為負值，表示處於一個束縛態 (bound state) 的狀態。）

● 然而，在地表上的蘋果例子中：(1-31-2) 式的位能參考位置則方便設在地表處，$\vec{r}_A \equiv R_E, U(\vec{r}_A) = 0$。由於蘋果僅會貼近地表上不算高的高度上運動，因此 $r = R_E + h$，$h \ll R_E$

$$U(r) = -\frac{GM_E m}{R_E + h} + \frac{GM_E m}{R_E} = -\frac{GM_E m}{R_E}\left(\frac{1}{1 + h/R_E} \right) + \frac{GM_E m}{R_E} \tag{1-31-6}$$

由於 $h/R_E \ll 1$，(1-31-6) 式中括號內的分數可展開成

$$U(h) = -\frac{GM_E m}{R_E}\left(1 - \frac{h}{R_E} + \cdots \right) + \frac{GM_E m}{R_E} \cong m\left(\frac{GM_E}{R_E^2} \right)h \equiv mgh > 0 \tag{1-31-7}$$

其中 $g \equiv GM_E / R_E^2 \approx 9.8\mathrm{m/sec^2}$。物體在距地表高度 h 處的位能為 $U(h) = mgh$，此值永遠是大於我們所設定的位能基準 $U(r = R_E) \equiv U(h = 0) = 0$。也就是說，距地表高度 h 處的物體永遠會有往地表墜落的傾向，因為自然界總是有趨向低能量的趨勢。

1-32 太陽系中的行星運行 —— 克卜勒第二定律

太陽系中的眾行星，即便是質量最重的木星 ($m_J \approx 1.90 \times 10^{27}$kg)，也僅是太陽質量 $m_S \approx 1.99 \times 10^{30}$kg 的千分之一不到。太陽就像主宰著整個太陽系的動力來源，主宰我們這些處於太陽系中各行星的運行軌跡。即便各行星與太陽之間有差異甚多的距離，但同樣受到太陽吸引的距離平方反比定律還是讓各行星的運行軌道有一些共同的特性。其中最直接可被理解的莫過於角動量守恆，及其所導致的克卜勒之等面積定律。

由於行星所受到之重力方向均指向太陽這個重力源，$\vec{F}(\vec{r}) = -F(r)\hat{r}$（以此重力源作為座標系統的原點）。因此繞日運行的行星有一個很重要的特性：行星之角動量為一個守恆量。

$$\frac{d\vec{L}}{dt} = \vec{\tau} = \vec{r} \times (-F\,\hat{r}) = 0 \implies \vec{L} = \text{constant} \tag{1-32-1}$$

在此我們僅用向量外積的特性，即可證明行星運行的角動量守恆定律。此角動量守恆告訴我們幾件事情：1. 角動量的方向是固定的，此限制了行星的運行軌跡與太陽是在同一個平面上。此繞日軌跡的特性讓我們想到可以極座標系統來作為描述行星運行的座標系統，且太陽理所當然是在此極座標中的原點位置。2. 如此根據「1-8 極座標下的平面運動」中的結果，行星運行的角動量可表示為

$$\vec{L} = \vec{r} \times \vec{p} = (r\hat{r}) \times m(\dot{r}\hat{r} + r\dot{\theta}\hat{\theta}) = mr^2\dot{\theta}\,\hat{r} \times \hat{\theta} \equiv mr^2\dot{\theta}\,\hat{k} \tag{1-32-2}$$

針對質量為 m 的行星，其角動量的大小 $L = mr^2\dot{\theta}$ 為一定值。又在極座標中的描述下，在時間 dt 內所運行的弧線距離與太陽所畫出的三角形面積為（見（圖 1-32-1）），

$$d\vec{A} = \frac{1}{2}\vec{r} \times \vec{v}dt = \frac{1}{2}\vec{r} \times (\dot{r}\hat{r} + r\dot{\theta}\hat{\theta})dt = \frac{1}{2}r^2\dot{\theta}dt\,\hat{k} \tag{1-32-3}$$

所以行星於每單位時間內所掃過面積大小

$$\frac{dA}{dt} = \frac{1}{2}r^2\dot{\theta} = \frac{L}{2m} = \text{constant} \tag{1-32-4}$$

此結果即為克卜勒有關行星運行的第二定律 – 等面積定律。

又依極座標對速度大小的表示（參見 (08-5) 式），行星於特定軌道運行其所擁有的能量為

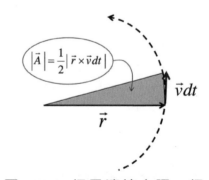

$$\left|\vec{A}\right| = \frac{1}{2}\left|\vec{r} \times \vec{v}dt\right|$$

$\vec{v}dt$

$\vec{r}$

圖 1-32-1　行星連接太陽，行星於時間間隔 dt 內運行軌跡所掃過之面積。當 dt 很小趨近零時，此扇形面積近似於三角形面積。

$$E = \frac{1}{2}mv^2 - G\frac{M_s m}{r}$$

$$= \frac{1}{2}m(\dot{r}^2 + r^2\dot{\theta}^2) - G\frac{M_s m}{r} \tag{1-32-5}$$

$$= \frac{1}{2}m\dot{r}^2 + \left(\frac{1}{2}\frac{L^2}{mr^2} - G\frac{M_s m}{r}\right)$$

式中我們以角動量的大小 L 代換 $\dot{\theta}$，於是我們可定義「有效位能」(effective potential) 爲

$$U_{\text{eff}} = \frac{1}{2}\frac{L^2}{mr^2} - G\frac{M_s m}{r} \tag{1-32-6}$$

根據 (1-32-6) 式的結果，我們可將行星視爲處於一個特定「有效位能」下的一維運動。再由此「有效位能」與行星所擁有的能量大小，可推敲出此行星與太陽的距離關係，如（圖 1-32-2）所述。

當行星的總能量小於零時，行星的運行軌道會受到太陽的引力束縛，而成爲一個有限範圍的軌道 (bound orbit)[註21]。在此軌道中與太陽距離最近處稱爲「近日點」(perihelion)，在（圖 1-32-2）中的 $r_{\min}$ 處。反之，距離最遠稱爲「遠日點」(aphelion)，即 $r_{\max}$ 處。但若行星能量恰爲 E_0，其值等於有效位能的最小值，此時的行星擁有一個圓軌道，任何時刻與太陽都保持同樣的距離 R。

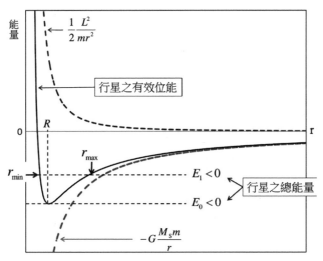

圖 1-32-2　行星運行之能量、有效位能、與距日距離的關係圖。

[註21] 在此我們仍法斷言此有限範圍的行星運行軌道爲一個橢圓軌道。

1-33 太陽系中的行星運行 ── 克卜勒第一定律

雖然在上單元中，我們可藉由行星於太陽重力場中的有效位能得知：當行星的總能量為負值時，行星會有一個被束縛的有限範圍之軌道。但此有限範圍的軌道究竟為何？在理論上則必須進一步地探究。

很直接的處理方法是由行星所受到的重力開始，然後去對行星之運動方程式求解。除此之外，我們也可由總能量出發

$$E = \frac{1}{2} m\dot{r}^2 + \frac{1}{2} \frac{L^2}{mr^2} - G\frac{M_s m}{r} < 0$$

$$\Rightarrow \dot{r} = \frac{dr}{dt} = \sqrt{\frac{2}{m}\left(E + G\frac{M_s m}{r} - \frac{1}{2}\frac{L^2}{mr^2}\right)} \tag{1-33-1}$$

此微分方程式的解可給出行星與太陽距離隨時間的關係式，$r(t)$。但我們真地感到興趣的是行星軌道的形式，即 r 與 θ 間的關係，所以我們必須在 (1-33-1) 式中做一個變數變換

$$\frac{dr}{dt} = \frac{dr}{d\theta}\frac{d\theta}{dt} = \frac{dr}{d\theta}\left(\frac{L}{mr^2}\right) \tag{1-33-2}$$

如此，(1-33-1) 式可改寫成

$$d\theta = \frac{L}{mr^2}\frac{dr}{\sqrt{\frac{2}{m}\left(E + G\frac{M_s m}{r} - \frac{L^2}{2mr^2}\right)}} \tag{1-33-3}$$

對此積分的數學技巧，我們可以 $u = 1/r$ 來代換 r，如此 (1-33-3) 式所將要處理的積分式便可整理成一個標準的積分形式[註22]

$$\int \frac{dx}{\sqrt{a^2 - x^2}} = \sin^{-1}\frac{x}{a} + \text{Constant}$$

常數決定於 $\theta = 0$ 時令 $r = r_{\min}$。經過一番的計算，積分 (1-33-3) 式可得

$$\frac{\alpha}{r} = 1 + \varepsilon\cos\theta$$

$$\alpha \equiv \frac{L^2}{GM_s m^2}$$

$$\varepsilon \equiv \sqrt{1 + \frac{2EL^2}{G^2 M_s^2 m^3}} \tag{1-33-4}$$

[註22] 此積分結果可藉由積分表中查得。

(1-33-4) 式的第一式爲圓錐曲線 (conic section) 的標準方程式。在行星的運行問題中，因爲行星的總能量爲負值 ($E < 0$)，因此離心率 (eccentricity)$0 \leq \varepsilon < 1$。此範圍下的離心率也證明了行星之運行軌道爲橢圓軌道，亦即爲克卜勒的第一定律。

於前單元 (1-32-6) 式可知，若 $r = R$ 始終爲一個固定值 ($\dot{r} = 0$)，即圓形軌道。此行星的總能量將爲 (1-32-7) 式「有效位能」之極小值。所以根據函數極值的算法可求得

$$E = (U_{\text{eff}})_{\min} = \frac{1}{2}\frac{L^2}{mR^2} - \frac{GM_S m}{R} = -\frac{1}{2}\frac{G^2 M_S^2 m^3}{L^2} \Rightarrow \varepsilon = 0 \qquad (1\text{-}33\text{-}5)$$

離心率爲零的橢圓軌道也的確是橢圓中的特例 – 圓軌道。此圓軌道的半徑也可在計算 (1-33-5) 式的過程中得知

$$R = \frac{L^2}{GM_S m^2} \qquad (1\text{-}33\text{-}6)$$

橢圓之特性 ($0 \leq \varepsilon < 1$)

$$a = \frac{\alpha}{1 - \varepsilon^2} = \frac{GM_S m}{2|E|}$$

$$b = \frac{\alpha}{\sqrt{1 - \varepsilon^2}} = \frac{L}{\sqrt{2m|E|}}$$

橢圓之面積爲 $\pi \cdot ab$
如果太陽是在焦點 1 的位置：
近日點 (perihelion)　$r_{\min} = a(1 - \varepsilon)$
遠日點 (aphelion)　$r_{\max} = a(1 + \varepsilon)$

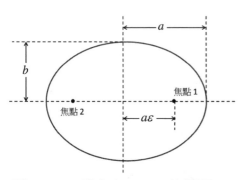

圖 1-33-1　離心率 $\varepsilon = 0.6$ 的橢圓。

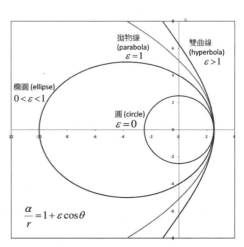

圖 1-33-2　圖中的圓錐曲線：
圓 ($\alpha = 2.5$; $\varepsilon = 0$)
橢圓 ($\alpha = 4.0$; $\varepsilon = 0.6$)
拋物線 ($\alpha = 5.0$; $\varepsilon = 1$)
雙曲線 ($\alpha = 6.25$; $\varepsilon = 1.5$)

1-34 太陽系中的行星運行 —— 克卜勒第三定律

　　我們可將克卜勒的第一定律（橢圓軌道定律）與第二定律（等面積定律）視爲太陽系中各行星分別與太陽間的關係，此兩定律雖已讓我們看見各行星繞日軌道間的相似性，但各行星之間還是可以彼此不相干地獨立存在。直到克卜勒第三定律－各行星與太陽平均距離的立方會正比於其運轉週期的平方－的奠立，才眞地串連起太陽系中的各行星，也讓近80年後的牛頓將太陽系中各行星的運行視爲一個彼此相關的完整體系。

　　由等面積定律的 (1-32-5) 式可知

$$dt = \frac{2m}{L} dA \tag{1-34-1}$$

　　因此行星繞日一圈所需的時間（週期）爲 $T = (2m/L) \cdot A$。行星橢圓軌道面積可由上單元所列之橢圓特性求得：

$$A = \pi \cdot ab = \pi \cdot \frac{GM_s m^{1/2} L}{(2|E|)^{3/2}} \tag{1-34-2}$$

　　此外，行星總能量與橢圓軌道之長軸半徑的關係爲 $2|E| = GM_s m / a$，所以經過整理後可導出克卜勒的第三定律

$$T^2 = \frac{4\pi^2}{GM_s} a^3 \tag{1-34-3}$$

　　此定律除了告訴我們行星的繞日週期平方正比於其軌道長軸半徑的立方外，值得注意的是它們之間的比例常數僅與太陽質量有關，而與各別的行星質量無關。

　　由（表 1-34-1）可知，太陽系中的行星雖有其橢圓的軌道，但由離心率可知它們的軌道都非常地接近正圓。因此在理解太陽系中的行星運行時，我們也常將其軌道簡化爲正圓軌道，除可避開複雜的數學計算外，有時也可讓我們更直接理解行星運行中的物理機制。例如下面之分析：

　　我們就以圓軌道的行星爲例（圖 1-34-1），來計算行星繞日一周所需的週期時間。由於繞日所需的向心力全然由重力所提供，在圓軌道中此兩力間有個簡單關係

$$G\frac{M_s m}{R^2} = \frac{mv^2}{R} \Rightarrow v^2 = \frac{GM_s}{R} \tag{1-34-4}$$

繞日週期即周長除以速度 $(T = 2\pi \cdot R/v)$，代入 (1-34-4) 式，可得

$$T^2 = \frac{4\pi^2}{GM_s} R^3 \tag{1-34-5}$$

　　如此我們很簡單地得到克卜勒的第三定律。從中也對重力在圓周運動中扮演向心力的角色有更直接與深刻的理解。

	質量 (以地球質量為單位)	繞日週期 (年)	軌道長軸半徑 (以AU為單位)	離心率	T^2/a^3
太陽(Sun)	333,80				
水星(Mercury)	0.0553	0.241	0.3871	0.2056	1.001
金星(Venus)	0.8150	0.615	0.7233	0.0068	1.000
地球(Earth)	1	1	1	0.0167	1.000
火星(Mars)	0.1074	1.88	1.524	0.0934	0.999
木星(Jupiter)	317.89	11.9	5.203	0.0483	1.005
土星(Saturn)	95.31	29.5	9.539	0.0560	1.003
天王星(Uranus)	14.56	84.1	19.20	0.0461	0.999
海王星(Neptune)	17.15	165	30.06	0.0100	1.002
冥王星(Pluto)	0.002	249	39.53	0.2484	1.004
哈雷彗星(Halley)	∼10^{-10}	76	18	0.967	0.990

表 1-34-1　太陽系中的行星、冥王星、與哈雷彗星。表上所繪之紅色圓實
　　　　　為離心率為 0.0934 之橢圓，即看似正圓的火星橢圓軌道。由此
　　　　　也可看出克卜勒當年提出橢圓軌道的創舉與他精確的數學計算。

ps. 1A.U. = 1.495×10^{11}m，此為地球繞日軌道的長軸半徑。

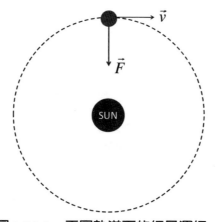

圖1-34-1　正圓軌道下的行星運行。

1-35 人造衛星

伽利略在1609年得助於望遠鏡對天象之觀察，而出版了《星際使者》一書[註23]。在其結論的開頭如此寫著「近來關於上述四顆麥第奇之星的觀測，是由我首次發現的。儘管目前仍不可能計算出它們的週期，至少還有值得一提之處。首先，由於它們時而在前、時而在後以相近的間隔繞著木星，或東或西地出現在離木星相當窄狹的範圍內，並伴隨木星向前或逆行，無可置疑的，在它們繞著木星周轉時，也與木星一同完成了十二年週期的環繞世界中心的運動。」即便伽利略對他所發現的木星衛星之運行軌跡，並沒有太精確的追蹤與計算，但此觀察已足夠讓伽利略轉向支持哥白尼的日心說。恰巧地，克卜勒也在同一年間明確給出火星的橢圓軌道。哥白尼的日心說不僅適用於行星，同樣的模型也適用在環繞行星運行的衛星。這衛星當然也包含由我們人類所製造出的眾多「人造衛星」。事實上，這些「人造衛星」的運行也得完全遵循我們之前所介紹過的克卜勒三定律。除此之外，針對這些逐漸離不開我們日常生活的「人造衛星」，還是有一些值得提出的物理需要探討。

首先是，人造衛星的高度該如何決定？此問題的關鍵在於我們必須知道，人造衛星繞日所需之向心力是來自於其所受地球重力的提供。如此，套用克卜勒第三定律，(1-34-5) 式，

$$T^2 = \frac{4\pi^2}{GM_E}R^3 \tag{1-35-1}$$

所以對一顆「同步衛星」(Geostationary Satellites) 來說，此衛星爲要保持於地球上方的同一位置，其週期就該爲 24 小時，如此根據 (35-1) 式便可給出此衛星距地心的距離約爲 $R \approx 42,000$km，即離地表約 36,000 公里的高空。可見人造衛星的軌道高度取決於此人造衛星的用途，越靠近地表就會有較短的繞地週期，雖然近距離有利於更精確的觀察，但除可觀測的視角相對變小之外，速度快週期短也限制了衛星相對於地球同一區域的時間。在無法兩全之下，如何折衷擬定一個對任務目的最恰當的軌道高度，實爲打造人造衛星前的首要考量。一般我們會依人造衛星的軌道高度將其區分爲：低地球軌道（low Earth orbit，距地表 180-2,000 公里）、中地球軌道（mid Earth orbit，距地表 2,000-35,780 公里）、高地球軌道 (high Earth orbit，距地表高度 35,780 公里以上）三種。所以，「同步衛星」歸屬於高地球軌道。而在當前所有的人造衛星中仍以低地球軌道之衛星居多，它們大半屬於有特殊目的之研究性質的人造衛星。

一旦選定高度後，接下來會遇見的問題當然是，我們該如何把這人造衛星推送進入它該有的軌道？對此問題，雖然我們都會直接聯想到火箭的推進技術，看如何去製造一個擁有更大推進力的火箭引擎。但有一個重要的關鍵是必須提醒的！還記得之前所提的牛頓大成就嗎？牛頓終於讓我們理解月亮爲何像是一顆永不落地的蘋果。人造衛星的軌道也如同行星的軌道一般，無論是橢圓軌道或是圓軌道，它們都會是一個封閉

[註23] 下文所引用之結論片段摘錄於伽利略《星際使者》，徐光台 譯，天下文化 (2004)，ISBN 986-417-321-9。

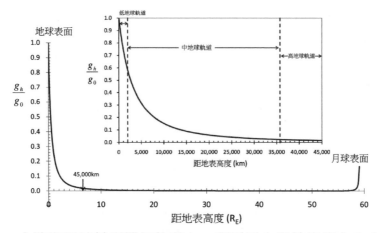

圖 1-35-1　人造衛星於其所屬的軌道上，所受重力與地表重力大小之比較。距地球越遠其繞地的週期就越久。月球距地球約 60 個地球半徑之遠，遠大於當今所有的人造衛星，這使月球繞日的週期有近 28 天之久。而月球表面的重力場強度（約地球的 1/6）來自於月球本身的質量。

的軌道 (closed orbit)。也就是說，如果我們想要以火箭帶著人造衛星一次發射，使之有足夠的速度到達軌道，那注定會有失敗的結果。此人造衛星會循發射時所遵循的橢圓軌道又回到原先發射的地點，因為這是一個封閉的軌道！因此，如何將人造衛星放入軌道，我們最少要執行兩個推進的步驟：一是將人造衛星推進到它該有的高度，此階段稱為「提升階段」(boost phase)；緊接著是稱為「軌道植入」(orbit insertion) 的階段，使之有恰當的速度足以在此軌道上繞地運動。

就以屬於低地軌道的哈伯望遠鏡 (Hubble Space Telescope) 的軌道為例，其軌道高度約略在 540 公里左右（距地心 $R \approx 6{,}940$km），在此軌道上的重力場強度約是 $0.85g_0$（g_0 為地表之重力場強度），若要在此軌道上行繞地運動，其速度大小的要求約是 $v \approx 7{,}600$m/sec。假設此衛星先由地表垂直發射升空，當到達該有的高度後再開啟第二階段的推進，使之有足夠的繞地速度。我們就以此簡略的模型去粗估此任務，讓每單位質量 (1kg) 物體完成此兩階段任務所需要的能量：

$$\frac{E_{\text{boost phase}}}{m} = \overline{g} \cdot h = \left(\frac{1}{2} \times (1 + 0.85) \times 9.8 \right) \times 540 \times 10^3 \text{ joul/kg} \approx 4.9 \times 10^6 \text{ joul/kg}$$

$$\frac{E_{\text{orbit insertion}}}{m} = \frac{\Delta K}{m} = \frac{1}{2}v^2 = \frac{1}{2} \times (7.6 \times 10^3)^2 \text{ joul/kg} \approx 28.9 \times 10^6 \text{ joul/kg}$$

此粗估結果所要彰顯的是，再發射人造衛星的兩階段中，「軌道植入」階段所需的能量會多過「提升階段」的能量甚多。然而，在此兩階段中，我們所要推進的物體質量也會大不相同，這會讓此兩階段的能量差異得視真實狀況而定。所以為使火箭的推進更有效率，我們並不會採用僅是兩階段的推進，而是多節式的推進。

1-36 星際旅行

在天文物理中，星際旅行一直佔有一席很特殊的地位。即便是無人的偵測器，藉由火箭的推進提攜使之達到遙遠的目的地。光是到達目的地的本身，就不斷地引發人們對浩瀚宇宙的無限想像。本單元所要談的會是真的「星際旅行」，而不是仍停留在繞地軌道上的人造衛星。如此，我們首先要克服的約束便是來自於地球的引力。那太空船的速度應該多快才有辦法脫離地球的引力呢？由於在地表上的運動，我們所擁有的能量為

$$E = \frac{1}{2}mv^2 - \frac{GmM_{\text{E}}}{R_{\text{E}} + h} < 0 \tag{1-36-1}$$

h 為物體於地表上方的海拔高度，若與地球的半徑 (R_E) 相比實可忽略不計 ($h \ll R_E$)。又負的總能量所代表的正是此物體受到地球的引力束縛，因此若要脫離地球束縛的最小速度，即「脫離速率」(escape speed，v_{esc})，就得

$$E = \frac{1}{2}mv_{\text{esc}}^2 - \frac{GmM_{\text{E}}}{R_{\text{E}}} = 0 \Rightarrow v_{\text{esc}} = \sqrt{\frac{2GM_{\text{E}}}{R_{\text{E}}}} \cong 11.2 \text{ km/sec} \tag{1-36-2}$$

但即便太空船有了這樣的速度，我們還是無法到達我們想去的星際旅行。畢竟這11.2km/sec 的「脫離速率」只是提供我們的太空船去克服地球的引力，克服的過程中太空船的速度會逐漸地變慢，直至地球引力已微不足道的地方，此時太空船的速度近乎於零。但好消息是，這近乎於零的速度是相對於我們地球的速度！而我們的地球可是以 29.8km/sec 的速度繞日運行。整個地球、整個太陽系中的各行星都是在太陽的引力下運行。那我們可否利用這引力來幫助我們的星際旅行，除引擎推進能力本身的技術外，降低燃料上的需求也是一個重要的考量。

霍曼轉移軌道 (Hohmann transfer orbit)

我們就以航向火星（外行星）的星際旅行為例。既然我們想利用太陽的引力當我們的航行燃料，克卜勒第一定律便指出作為重力源的太陽必須位於航行之橢圓軌道的其中一個焦點。而節省燃料的考量，航行軌道的設計是太空船（即地球的位置）在軌道的近日點以 v_1 的速度出發進入軌道（霍曼轉移軌道），此速度為相對太陽的速度。一旦進入軌道後便交由太陽的重力將太空船帶至軌道的遠日點與火星會合。

有了這樣的軌道設計概念後，我們接下來就得看太空船進入軌道的速度 v_1 是多少？由於進入軌道後的飛行動力是由太陽的重力提供，因此能量是一個守恆量

$$\frac{1}{2}mv_1^2 - \frac{GM_{\text{S}}m}{r_1} = \frac{1}{2}mv_2^2 - \frac{GM_{\text{S}}m}{r_2} \tag{1-36-3}$$

克卜勒的等面積定律也提供太空船於近日點 (r_1) 與遠日點 (r_2) 兩處之速度關係

$$\frac{1}{2}r_1v_1\Delta t = \frac{1}{2}r_2v_2\Delta t \Rightarrow r_1v_1 = r_2v_2 \tag{1-36-4}$$

（p.s. r_1 與 r_2 亦分別為地球與火星至太陽的距離）將 (1-36-3) 式中的 v_2 以 (1-36-4) 式給出的 $v_2 = (r_2/r_1)v_1$ 代換，經一番整理後可得

$$\left(1 - \frac{2GM_s}{v_1^2}\frac{1}{r_1}\right) \cdot r_2^2 + \left(\frac{2GM_s}{v_1^2}\right) \cdot r_2 - r_1^2 = 0$$

$$(1\text{-}36\text{-}5)$$

(1-36-5) 式的解可利用一元二次方程式求解之公式得到兩個解

$$r_2 = r_1 \ , \ r_2 = \left(\frac{2GM_s}{v_1^2}\frac{1}{r_1} - 1\right)^{-1}r_1 \quad (1\text{-}36\text{-}6)$$

其中第一個解稱為平庸解 (trivial solution)，而我們所要的解為第二個。因此，(1-36-6) 式給出

$$v_1 = \left(\frac{2r}{r+1}\right)^{1/2} \cdot v_{\text{orbit}} \ , \ r \equiv \frac{r_2}{r_1} \quad (1\text{-}36\text{-}7)$$

其中 $v_{\text{orbit}} = (GM_s/r_1)^{1/2} \cong 29.8$ km/sec 為地球繞日的速度。所以於地球出發之星

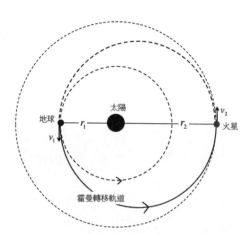

圖 1-36-1 **到外行星的霍曼轉移軌道。雖然此軌道可讓我們以較節省燃料的方式進行星際旅行，但明顯地，軌道的設計得配合行星本身的軌道運行與時間點。因此我們必須計算出對的時間來發射飛行器。**

際旅行，太空船進入軌道所需的速度與 r_2/r_1 之比值有關。

● 航向火星。我們就以航向火星 $(r_2 \approx 1.52\text{AU})$ 為例，

$$v_1 = \left(\frac{2 \times 1.52}{1.52 + 1}\right)^{1/2} \times 29.8 \text{ km/sec} = 32.7 \text{ km/sec} \tag{1-36-8}$$

必須牢記於心的是，(1-36-7) 式所給出的速度大小是相對於太陽。而地球本身就有其繞日的速度。因此，選擇好太空船的發射方向，我們還是可利用地球繞日速度大小 (29.8km/sec) 的幫忙，但太空船的部分速度 (11.2km/sec) 是得用在脫離地球的束縛上。因此最後的加減，太空船所需的速度為

$$v = (32.7 - 29.8 + 11.2)\text{km/sec} = 14.1\text{km/sec} \tag{1-36-9}$$

這速度大小當然得快過脫離地球束縛的 11.2km/sec，但比位於地表欲脫離太陽束縛所需的速度 23.5km/sec 慢上許多。而到達火星的速度可根據 (1-36-4) 式推知為 21.5km/sec。

　　註：在地球繞日的軌道上欲脫離太陽的束縛速度可由 (1-36-2) 式獲得

$$v_{\text{esc}} = \sqrt{\frac{2GM_s}{r_{\text{E-S}}}} = \sqrt{2} \cdot v_{\text{Earth Orbit}} \approx \sqrt{2} \cdot (29.8\text{km/sec}) = 42.1\text{km/sec}$$

即地球繞日速度的 $\sqrt{2}$ 倍。此速度爲相對於靜止的太陽，因此同樣地我們可利用地球本身的繞日速度，但也別忘記我們還是得克服地球本身的束縛。所以 $v = (42.1 - 29.8 + 11.2)\text{km/sec} = 23.5\text{km/sec}$ 。

同樣的計算我們可應用在木星（如圖 1-36-2）。

$r_{\text{Jupiter-Sun}} = 5.2\,\text{AU}$

(35-7) 式：

$v_1 = \left(\dfrac{2 \times 5.2}{5.2 + 1}\right) \times 29.8\,\text{km/sec} = 38.6\,\text{km/sec}$

所以在地球軌道的發射速度可爲：

$v = (38.6 - 29.8 + 11.2)\,\text{km/sec} = 20.0\,\text{km/sec}$

而到達木星軌道的速度爲：

$v_2 = \dfrac{38.6}{5.2}\,\text{km/sec} \approx 7.4\,\text{km/sec}$

圖 1-36-2　歷時五年航行的 Juno 探測船於 2016 年進入木星軌道。

此外，霍爾轉移軌道的概念也可應用在往內行星的航行上。

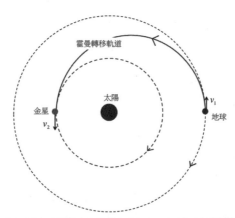

圖 1-36-3　航行到內行星的霍曼轉移軌道。由於內行星是指離太陽比地球更近的兩顆行星（金星與水星），所以地球應位於霍曼轉移軌道的遠日點，欲到達之內行星則爲近日點。由於太空船所需的速度會小於地球繞日的速度大小。因此，我們會以地球繞日的相反方向去發射太空船。經計算，我們會發現一個意想不到的結果，航向內行星的任務，會比去更遙遠的外行星任務更加地困難。

【練習題 /-/8】

大家不陌生,約略七十五年多就造訪地球一次的哈雷彗星,其橢圓軌道的離心率為 $\varepsilon = 0.967$。若以地球與太陽的距離為單位 (AU) 來算,哈雷慧星與太陽的最短距離為 0.59AU,已近水星的軌道。試問此哈雷彗星與太陽的最遠距離為何?此距離又已近哪一顆行星?

【練習題 /-/9】

假若有一質量為 m 的行星受到某恆星力源的吸引而運行,已知此吸引力的大小為

$$F(r) = -\frac{k}{r^2} + \frac{\lambda}{r^3}$$

式中的 k 與 λ 均大於零。此外,這行星擁有 L 的角動量大小。類似推導 (1-33-4) 式的作法,試證此行星的軌道可寫成

$$r(\theta) = \frac{A}{1 + \varepsilon\cos(\beta\theta)}$$

其中 $\beta = \sqrt{1 + m\lambda/L^2}$、$A = (L^2\beta^2)/mk$。討論 ε 的可能值與其對應的行星軌道。並驗證當 $\lambda \to 0$ 時,此行星的軌道會趨近於克卜勒的軌道。

1-37　重力彈弓效應

　　延續我們上一單元在太陽系內的星際旅行，那我們有辦法離開太陽系嗎？我們也已在上單元中說明在地球的周遭欲脫離太陽的重力束縛得要有 42.1km/sec 的速度。但我們是可利用地球本身的運行速度，幫我們的太空船達到這樣的高速，加加減減後的估算也需 23.5km/sec 的速度。燃料問題始終困擾著星際旅行的可行性，那我們是否還有更好的方法讓我們取得所需要的燃料呢？答案就在於行星的重力位能上，這行星的重力位能所代表的便是能量的擁有，問題是我們該如何將其能量擷取出來。

● 重力彈弓效應 (gravitational slingshot)

　　在此我們將介紹一個巧妙的方法，以一個大家所熟知的原理來達成外太空的飛行任務。大家回想我們在談論兩物體的碰撞問題時，我們並不在意兩物體間的交互作用為何，僅在乎碰撞前後的物體速度。如此何不把航向行星的太空船也視為兩物體的碰撞問題！當然，太空船並不是要直接地撞上行星，甚至必須得毫髮無傷地在行星的周遭行進，離開行星。因此，這碰撞非得是「完全彈性碰撞」不可，所以碰撞之反彈係數 $e = 1$。且因為太空船的質量 (m_1) 遠遠地小於行星之質量 (m_2)，因此 (1-26-3) 式給出

$$v_{1f} = \frac{1 - (m_2 / m_1)}{1 + (m_2 / m_1)} v_{1i} + \frac{2(m_2 / m_1)}{1 + (m_2 / m_1)} v_{2i} \rightarrow -\left(v_{1i} + 2 \cdot |v_{2i}| \right) \tag{1-37-1}$$

　　此處 v_{1i} 為太空船接近行星時的速度，v_{2i} 則為行星繞日的軌道速度。我們的策略是讓太空船以行星繞日運行的**相反方向**接近行星，當進入適當的軌道（與太空船的速度有關）後，再繞行此欲擷取能量來源的行星航行一小段，並於適當的時間離開前往真正的目的地。因此若採（圖 1-37-1）的航行策略，我們便可應用 (1-37-1) 式的結果，此「重力彈弓效應」讓我們的太空船多出兩倍的行星繞日軌道速度！

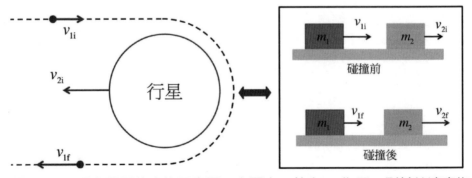

圖 1-37-1　重力彈弓效應的示意圖。右圖中，若令 v_{1i} 為正，則其餘速度均會是負值。

就以我們之前所採用的霍爾轉移軌道為例，到達木星周遭的速度可為 $v_{1i} = 7.4$km/sec，而木星的平均繞日速度 $v_{2i} = -13.1$km/sec（負值代表太空船與木星的運動速度恰好相反）。因此，我們估算太空船離開木星時的速度為

$$v_{1f} = -(7.4 + 2 \times 13.1) \text{ km/sec} = -33.6 \text{ km/sec} \tag{1-37-2}$$

此速度已快過於木星周遭欲脫離太陽重力束縛所需的速度（$\sqrt{2} \times 13.1$km/sec ≈ 18.15km/sec 許多，因此我們是可藉木星的「重力彈弓」來讓我們的太空船飛越太陽系。

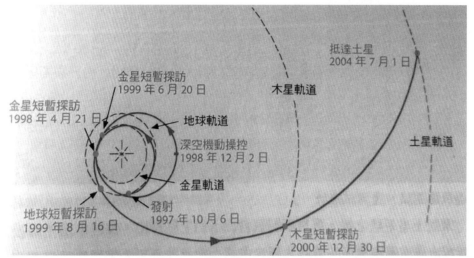

圖 1-37-2 「重力彈弓效應」不僅可讓我們應用來飛越太陽系，也可用來讓我們的太空船於太陽系的各行星間航行。如卡西尼探測船就利用木星的重力彈弓使之到達卡西尼的探測目標土星。此外，這效應不僅可增加太空船的飛行速度，只要改變接近行星的方式不同，亦可作為星際旅行中的減速方法。本圖取至《NASA 9 大太空任務》。

1-38　地球上的潮汐問題

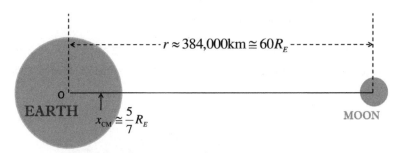

圖 1-38-1　地球與月亮。月亮的直徑大小約是地球直徑的四分之一,這讓月亮成為太陽系中衛星與其行星大小比例最接近的一顆衛星。

讓我們再將討論的議題拉回到我們賴以生活的地球上。除太陽之外,月球該是影響我們生活最大的一個天體吧。事實上,在太陽系中月球之於地球是一個很特別的衛星－行星系統,其特別之處就在於月球與地球間的質量和大小差異都不是特別的懸殊。在質量上,當然不如太陽－地球系統中的懸殊差異 ($M_{\rm S}/M_{\rm E} \cong 3.33 \times 10^8$),讓太陽像一個不動的燈塔一般。地球與月亮的質量比僅是$M_{\rm E}/M_{\rm M} \approx 81$,因此即便地球－月球系統的質心位置 ($x_{C.M.}$) 仍是在地球的內部,但也明顯地不在地球的中心位置,

$$x_{\rm C.M.} = \frac{1}{M_{\rm E}+M_{\rm M}}\left(M_{\rm E}x_{\rm E}+M_{\rm M}x_{\rm M}\right) = \frac{1}{1+M_{\rm E}/M_{\rm M}}x_{\rm M} \cong \frac{5}{7}R_{\rm E} \qquad (1\text{-}38\text{-}1)$$

偏離地球中心是有一段距離,這讓地球－月亮系統的運動相較於地球繞太陽運轉的運動複雜許多。嚴格說來,月亮並不是單純地繞著地球旋轉,而是地球－月亮系統的質心繞著太陽公轉。也就是說,在地球繞日的公轉中,是此點 $x_{C.M.}$ 畫出地球繞日的公轉軌道。然後地球與月球又彼此同時繞此質心 $x_{C.M.}$ 做圓周運動,類似雙星運動一般。

在半徑大小的差異上,地球的半徑僅是月球半徑的四倍大不到 ($R_{\rm E}/R_{\rm M} \approx 3.67$),且在彼此相距亦不甚遠的情況下,這會讓地球因表面不同位置到月球中心的距離差異而產生可觀的重力差異。特別是地球的表面又覆蓋有百分之七十的海洋,在受月球吸引力不同下的海水流動,就造出我們每日可見的漲退潮現象。也因此我們將此距離重力源距離不等或方向不同所造成的重力差異稱為「潮汐力」(tidal force)。此「潮汐現象」不僅出現在地球上的漲退潮,在天文上也扮演著重要的角色,因此我們有必要對此現象再進一步地解釋。

就以(圖 1-38-2)的示意圖為例:方便上,我們可視地球為一顆圓球。由「質量中心」的概念可知,地球所受到月球的重力吸引可以地球質量中心所受到的力來表示,即圖中 O 點位置所受到的重力。也是此力讓地球與月球彼此以 $x_{C.M.}$ (地球－月球系統

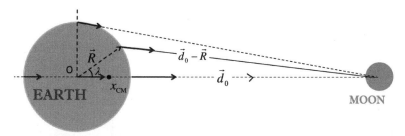

圖 1-38-2　地球上各位置所受到的月球引力均不盡相等，也造成潮汐力的出現。

之質心點）為圓心做出一個類似雙星般的運動。但明顯地，我們也可由圖看出，因為距離與相對方位的不同，地球表面各位置所受到的月球重力亦不盡相同。因此若站在地球表面上，就以圖中位於緯度 λ 處為例，我們可定義月球對地球此處所施予的「潮汐力」(tidal force) 為：質量為 m 之物體於地球各位置所受到之月球引力，與同物體置於地球質心處所受月球引力間的差異。即

$$\vec{F}_{\text{tide}} = \frac{GM_{\text{M}} \cdot m}{\left|\vec{d}_0 - \vec{R}\right|^2}\left(\frac{\vec{d}_0 - \vec{R}}{\left|\vec{d}_0 - \vec{R}\right|}\right) - \frac{GM_{\text{M}} \cdot m}{d_0^2}\left(\frac{\vec{d}_0}{d_0}\right) \tag{1-38-2}$$

括符內之單位向量標示月球引力之方向。也由於 $R/d_0 \approx 1/60$，所以在對潮汐力的理解上，我們僅須對 (1-38-2) 式估算到 (R/d_0) 項即可，

$$\frac{1}{\left|\vec{d}_0 - \vec{R}\right|^3} = \frac{1}{(d_0^2 - 2\vec{d}_0 \cdot \vec{R} + R^2)^{3/2}} = \frac{1}{d_0^3}\frac{1}{\left(1 - 2\cos\lambda \cdot (R/d_0) + (R/d_0)^2\right)^{3/2}}$$

$$\approx \frac{1}{d_0^3}\left(1 + 3\cos\lambda \cdot \left(\frac{R}{d_0}\right) + \ldots\right) \tag{1-38-3}$$

所以 (1-38-2) 式的近似值為

$$\vec{F}_{\text{tide}} \approx \frac{GM_{\text{M}} \cdot m}{d_0^3}\left[-\left(1 + 3\cos\lambda \cdot \frac{R}{d_0}\right)\vec{R} + \left(3\cos\lambda \cdot \frac{R}{d_0}\right)\vec{d}_0\right] \tag{1-38-4}$$

(1-38-4) 式經由（圖 1-38-3）的初步分析後，可讓我們知道潮汐力對地球海洋的影響。就如（圖 1-38-3）之右下圖所要表示的，當月球在地球 A 點的右方時，地球面對月球（A 區）與背向月球（C 區）的地區，因潮汐力的影響會有漲潮地出現。反之，在地球之側面（B 與 D 區）則會有退潮的景觀出現。也由於地球一天自轉一周的原故，一天之中相對於月球的位置 A 與 C 會各出現一次，因此每一天中會有兩次的漲潮，與間隔期間的兩次退潮。若把月球 27.3 天繞地球一周的運動也考量進來，相對位置

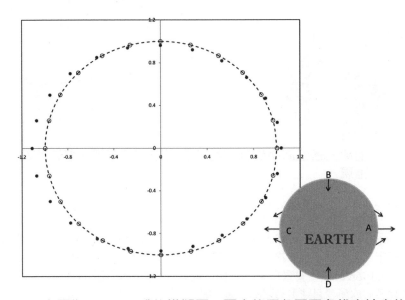

圖 1-38-3 　左圖為 (1-38-4) 式的模擬圖，圖中的黑色圓圈處代表地表的不同位置，相鄰的紅點則為潮汐力向量之頂點。所以由此成對的兩點可看出潮汐力的相對大小與方向。為讓此模擬圖可看出地球不同位置之潮汐力的相對大小與方向，令 $GM_M \cdot m = 1$，$R = 1$，$d_0 = 3$。

A 點到來的時間應該會比前一天的到來慢上 24/27.3 小時（約 53 分鐘），所以我們可預期每次滿潮 (high tide) 的間隔會是 12 小時又 26.5 分鐘。

　　當然，在地球上的潮汐現象上也別忘記太陽的影響。同樣的原理估算，太陽對地球潮汐現象的貢獻約略是月球貢獻的 42%。而它們的貢獻相互加成時，即所稱的「大潮」(spring tide)；反之，相互抵消時的潮汐被稱為「小潮」(neap tide)。讀者也不難理解，此「大潮」與「小潮」在每月中將交替出現兩次。

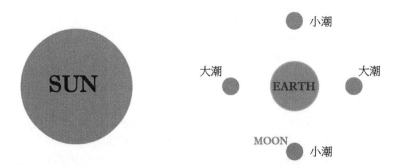

圖 1-38-4 　太陽、地球、與月球於「大潮」與「小潮」時的相對位置。

【練習題1-20】

星球的存在往往處於兩種不同力之間的平衡。一個是向內凝聚的重力，另一個則是發生於星球內部核反應而所向外擴展的力。但在經過一段漫長的時間後，星球內部核反應的燃料終究有殆盡的一天，核反應也相隨轉弱。如此，重力開始主掌星球未來的命運－重力的坍陷。到了極端的條件下，甚至連原子也無法穩定地存在，質子與電子被擠壓成中子，於是有中子星（neutron star）的誕生。

(a.)考慮一個質量為太陽質量兩倍的中子星，其半徑大概為 10.0 公里。若此中子星的自旋週期為一秒鐘。試問在此中子星赤道上一點的速度大小為何？並與地球赤道上一點的速度大小比較。

(b.)中子星表面的重力場強度是多少？

(c.)比較質量 1.00kg 的物質，在中子星表面與地球表面所受到的重力？

(d.)若中子星的上空 10.0km 的高度有一衛星，此衛星在一秒內可繞此中子星幾圈？

(e.)針對此中子星的同步衛星，此同步衛星的軌道半徑該多大？

1-39 等效原理與假想力

在本書對物體運動的理解上，我們一開始就強調引入座標系統的重要性。有了座標系統我們才可精準地描述物體的運動軌跡，然而座標系統的選擇則是仰賴觀察者的方便性，並無強制性地使用唯一的座標系統。另一方面，撐起古典物理主要架構的牛頓運動定律：要理解物體的運動，就必須分析物體所受到的力，而物體受力所表現出的結果是物體運動時所出現的加速度，$\vec{F} = m\vec{a}$。因此不妨考慮（圖 1-39-1）中的兩個觀察者，每個觀察者代表一個座標系統（O 與 O'）。而此兩個觀察者之間存在一個固定的相對速度 ($\vec{V}$)，因此他們各自對物體位置座標的觀察 (x, y, z) 與 (x', y', z') 存有下面的關係：

$$\begin{cases} x' = x - V \cdot t \\ y' = y \\ z' = z \end{cases} \qquad (1\text{-}39\text{-}1)$$

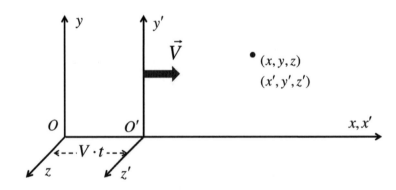

圖 1-39-1　彼此間存有一個固定相對速度的兩個座標系統。

又在牛頓的力學體系中，「時間」是一個絕對的概念，放諸於所有的座標系統中均有一致的時間，$t' = t$。因此將 (1-39-1) 式對時間微分一次，

$$\begin{cases} v'_x = v_x - V \\ v'_y = v_y \\ v'_z = v_z \end{cases} \qquad (1\text{-}39\text{-}2)$$

此代表依此兩座標系去觀察物體的運動速度，所得結果間的轉換。即便此速度的觀察結果有所不同，但將 (1-39-2) 式對時間再微分一次，不難發現更重要的加速度在此兩座標系中是一樣的。這說明了物體在這兩個座標系會受到同樣的力，$\vec{F'} = \vec{F}$，牛頓定律可同時應用在這兩個座標系中。事實上，像這樣彼此間存有固定相對速度

之座標系統應該有無限多個，我們就將這些均可適用牛頓定律的座標系統稱為「慣性座標系」(inertial frame)。而 (1-39-2) 式的轉換式也稱為「伽利略轉換」(Galilean transformation)。

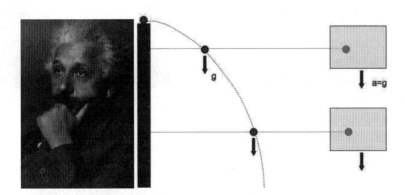

圖 1-39-2　愛因斯坦聲稱「等效原理」為他一生當中讓他感到最為幸運的想法。圖中對照畫出的兩顆自由落體之球，若有一顆是在一個封閉且看不見外面的電梯中，電梯中恰巧也有一個人。如此電梯中的球、人，及電梯本身均以同樣的重力加速度自由落下，因此電梯中的人察覺不到球是在做自由落體的運動，而以為是與自己一樣處在失重的狀態。如此的觀點，愛因斯坦把「重力」的效應聯想到一個「加速度座標系」，即圖中自由落下的電梯。

這一切都看似理所當然，沒有什麼特別之處。但「伽利略轉換」無法應用在電磁學中的兩個慣性座標系，卻深深困擾年輕的愛因斯坦。為解決此困擾，愛因斯坦於 1905 年提出革命性的「狹義相對論」(special relativity)，此理論顛覆了我們至古以來對時間與空間的看法。但這革命性的理論也並沒有讓愛因斯坦真的感到寬心，因為他深知他的理論不僅只侷限於慣性座標系，且排除了「重力」這個自然界中很根本的力。那這「重力」該如何引進他的理論呢？即便愛因斯坦於 1905 年已提出革命性的理論，但現實的生活讓愛因斯坦到了 1907 年間仍舊是一位處於學術圈外的上班族。但也就在這一年的十一月間－「我正坐在伯恩專利局的椅子上，突然靈光一閃，想到如果有人掉落下來，將不會感覺到自己的重量。」就是這個想法讓愛因斯坦悟出「等效原理」(the equivalence principle)，也是愛因斯坦日後申稱讓他感到一生中最幸運的想法【註26】。

此「等效原理」可以（圖 1-39-3）的一個思考性實驗來說明：假設查理布朗 (Charlie

【註26】　對愛因斯坦的此回憶，在英譯中常被翻成「happiest 最快樂的」，但若從愛因斯坦所使用的德文用字，與上下文的語意看來，譯成「最幸運的」應更為恰當。

Brown) 的太空座艙在一個遠離任何星球的外太空中，因此他是處於無重力作用下的失重狀態。又此太空座艙沒有任何的對外窗戶，以供查理布朗察看外面的情況。現在若此太空座艙以大小為 g 的加速度向上加速，此時查理布朗放開手中所握的棒球，此棒球在他看來不再會是失重的狀態，而是以 g 的加速度向下掉落。事實上，查理布朗是分辨不出他的所在環境是在地球的表面，或是加速的太空艙內。而這「重力」與「加速度座標系」的等價便是「等效原理」之精隨。

圖 1-39-3 「等效原理」的思考性實驗。

相同的推論，我們也可將「等效原理」所要用來描述重力的加速座標系，擴展到其它具有加速度的「非慣性座標系」上。就以（圖 1-39-4）為例，座標系 O' 相對於慣性座標系 O 有一個相對速度 $\vec{V}$ 存在，但此 $\vec{V}$ 並不是一個定值，即加速度不為零（$d\vec{V}/dt = \vec{A} \neq 0$）。因此，兩座標系分別對物體運動的觀察結果會有下面的關係

$$\begin{cases} \vec{v}' = \vec{v} - \vec{V} \\ \vec{a}' = \vec{a} - \vec{A} \end{cases} \tag{1-39-3}$$

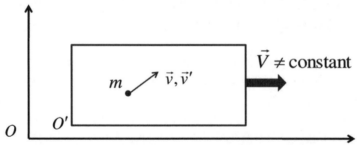

圖 1-39-4 加速座標系內的觀察者，可藉引入假想力來擴增牛頓定律的適用範圍。

對於一個非慣性座標系中的觀察者來說，(1-39-3) 式暗示一個重要的訊息：牛頓的第二運動定律如果要在非慣性座標系中運用，一個簡單的方法是將物體於一般慣性座標系中所受到的力（$m\vec{a}$），再加上一個「假想力」(fictitious force)，$-m\vec{A}$。即假想力的大小為物體質量乘上座標系的加速度大小，但方向與座標系的加速度方向相反。

如此在上一單元中，地球因受月球引力吸引而有一個加速度，所以地球上的潮汐力，(1-38-2) 式中等號右邊的第二項，便可視為非慣性座標系中的「假想力」。

【練習題/-2/】

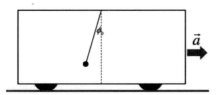

如圖有一擺長為 $L = 90$ m，質量為 $m = 1.0$ kg 的簡單單擺，懸吊在一輛車廂內的車頂處。若此車以等加速度 $a = 2.5$ m/sec² 向右加速，在此加速的過程中，擺長會與如圖垂直地面的虛線夾一平衡角度 ϕ_0。則

(a.)此平衡角度 $\phi_0 = ?$

(b.)若讓此單擺微小擺動，其擺動週期為何？

【練習題/-22】

我們常在科幻片中看見外太空的工作站，常將工作站的外型打造成甜甜圈的形狀，工作站的外徑距中心軸的長度為 R。且為營造出地球上的重力環境，此工作站會相對於中心軸以 ω 的角速率旋轉。試以工作站外的靜止觀察者，與工作站內的觀察者角度，分別畫出站在工作站內的太空人所受到的力。若 $R = 40$ m，角速度的大小 ω 需多少方可營造出地球表面的加速度大小 ($g = 9.8$ m/sec²)。又此近 200 cm 的太空人，在這太空站中頭與腳所受到的重力大小差異為何？

1-40 地球自轉的影響──離心力與柯氏力

上一單元中我們得到一個頗為重要的結果，牛頓的運動定律若要在非慣性座標系中應用，我們可藉由引入一個假想力來彰顯此非慣性座標系對物體運動的影響。如此，地球的自轉所代表的是我們不折不扣地生活在一個非慣性的座標系統內。那我們在運用牛頓的運動定律時，該加上何樣的假想力呢？我們將於本單元中，介紹地球系統中影響深遠的兩個假想力──離心力 (centrifugal force) 與柯氏力 (Coriolis force)。

若地球以角速度 $\vec{\Omega}$ 自轉，每 24 小時會完整地自轉一周，因此

$$\Omega = \frac{2\pi}{24 \times 60 \times 60} \text{ rad/sec} \approx 7.27 \times 10^{-5} \text{ rad/sec} \qquad (1\text{-}40\text{-}1)$$

又近似正圓球的地球，讓我們方便以球座標 (r, θ, ϕ) 來描述地球的各位置。但在日常生活中，球面的大地對我們渺小的人類來說還是像一大片無邊的平面。因此對緯度為 λ(latitude) 的人來說 $(\lambda + \theta = \pi/2)$，他的東方 $(\hat{x})$ 為沿其緯線之切線方向（依太陽升起的方向定義，即球座標系中的 $\hat{\phi}$ 方向），北方 $(\hat{y})$ 為沿經線之切線方向（即球座標系中的 $-\hat{\theta}$ 方向），$\hat{z}$ 則為指向天空的上方（即球座標系中的 $\hat{r}$ 方向）。如（圖 1-40-1）所示。

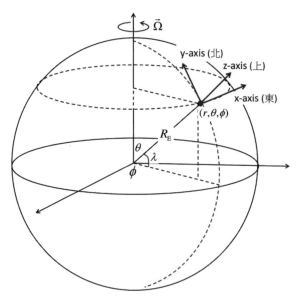

圖 1-40-1　地球的自轉與其方向的訂定。

　　根據球座標系統，若於地球表面上的一點 $\vec{r}' = \vec{R}_E + \vec{r}$，$R_E$ 為地球的半徑。當我們看見一物體受到力為 $\vec{F}$ 的作用，由於我們日常中並不會感覺到自身處於一個旋轉的座標系中，因此就自認為

$$m\frac{d^2\vec{r}'}{dt^2} = \vec{F} \tag{1-40-2}$$

的關係是成立的。但事實上並不是如此，因此我們必須以假想力的概念來補上地球自轉對物體運動的影響[註27]

$$m\frac{d^2\vec{r}'}{dt^2} = \vec{F} + 2m\frac{d\vec{r}'}{dt} \times \vec{\Omega} + m(\vec{\Omega} \times \vec{r}') \times \vec{\Omega} \tag{1-40-3}$$

而在我們大半所要處理的問題中，有 $r \ll R_E$ 的條件，且 $\vec{R}_E$ 可視為一個固定的向量。因此 (1-40-3) 式可再化簡為

$$m\frac{d^2\vec{r}}{dt^2} = \vec{F} + 2m\frac{d\vec{r}}{dt} \times \vec{\Omega} + m(\vec{\Omega} \times \vec{R}_E) \times \vec{\Omega} \tag{1-40-4}$$

式中出現了兩個假想力。接下來，我們就分別對此二項來解釋其物理意義。

● 離心力 (centrifugal force)

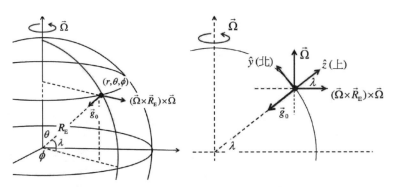

圖 1-40-2　　因地球自轉所產生的離心力。

　　我就以 (1-40-4) 式的最後一項 ($m(\vec{\Omega} \times \vec{R}_E) \times \vec{\Omega}$) 說起。此力與物體的運動狀態無關，只僅與運動物體所在的地點緯度 λ 有關，其大小與方向為

[註27]　處於地球自轉之非慣性座標，明顯比上單元所舉的等加速度座標系來得複雜許多，我們在此就沒有給出修正項的證明推導。讀者若有興趣，可參考一般大學之古典力學教科書。例如：John R. Taylor，《Classical Mechanics》.

$$m(\vec{\Omega} \times \vec{R}_E) \times \vec{\Omega} = m\left[(\Omega\cos\lambda\,\hat{y} + \Omega\sin\lambda\,\hat{z}) \times R_E\,\hat{z}\right] \times (\Omega\cos\lambda\,\hat{y} + \Omega\sin\lambda\,\hat{z})$$
$$= m\left[\Omega R_E\cos\lambda\,\hat{x}\right] \times (\Omega\cos\lambda\,\hat{y} + \Omega\sin\lambda\,\hat{z}) \qquad (1\text{-}40\text{-}5)$$
$$= m\Omega^2 R_E\left[\cos^2\lambda\,\hat{z} - \sin\lambda\cos\lambda\,\hat{y}\right]$$

由（圖 1-40-2）亦可知，此力來自於我們所要考量之物體繞 $\vec{\Omega}$ 軸的旋轉，也由於我們是在旋轉座標中看物體的受力，因此我們將此假想力稱爲此地球座標系內的「離心力」[註28]。合併地球吸引物體之重力（$m\vec{g}_0$），

$$m\vec{g}_0 + m(\vec{\Omega} \times \vec{R}_E) \times \vec{\Omega} = -mg_0\,\hat{z} + m\Omega^2 R_E\left[\cos^2\lambda\,\hat{z} - \sin\lambda\cos\lambda\,\hat{y}\right]$$
$$= m\left(-\left(g_0 - \Omega^2 R_E\cos^2\lambda\right)\hat{z} - \Omega^2 R_E\sin\lambda\cos\lambda\,\hat{y}\right) \qquad (1\text{-}40\text{-}6)$$
$$\equiv m\vec{g}$$

如此，在地球表面不同緯度的地區，所感受到的重力加速度不僅在大小上會有不同，在方向上也不盡然是完全地朝向地心（$-\hat{z}$ 的方向）。在赤道地區 ($\lambda = 0$) 有最大的影響，

$$\begin{cases} g_0 \cong 9.8\,\mathrm{m/sec^2} \\ \Omega^2 R_E \cong 3.4 \times 10^{-2}\,\mathrm{m/sec^2} \end{cases} \Rightarrow \frac{\Omega^2 R_E}{g_0} \approx 0.35\%$$
$$(1\text{-}40\text{-}7)$$

反之，在兩極地區 ($\lambda = \pm 90°$)，地球自轉對其重力加速度則無影響。至於，地球自轉對重力加速度的方向影響，如（圖 1-40-3）所示，在北半球有偏向南方的傾向。

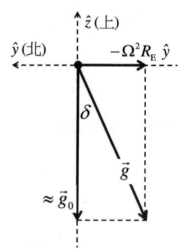

● 柯氏力 (Coriolis force)

柯氏力的影響來自於 (1-40-4) 式等號右邊的第二項，$2m\vec{v} \times \vec{\Omega}$，$\vec{v}$ 爲物體的運動速度。不同於離心力的影響僅與物體的所在位置有關，柯氏力的大小及方向除與物體所在的緯度有關外，也與物體本身的運動速度有關。同樣依我們日常所習慣使用之座標系統，即（圖 1-40-1）與（圖 1-40-2），柯氏力之影響爲

圖 1-40-3　在北緯 45 度的區域，物體所受到的重力與鉛直線間將會有最大的偏南角度，$\delta \approx 0.1°$。

[註28] 「向心力」？還是「離心力」？一個釐清此兩種常被混淆之力的基本概念：在慣性座標中看見物體行圓周運動時，則此物體必定受到一個指向圓心的「向心力」的作用。反之，若觀察者本身處於一個與物體一同作圓周運動的環境中時，如轉彎的車內或自轉的地球上，則我們是在一個非慣性的旋轉座系中觀察物體，那物體所受的便是「離心力」。

$$2m\vec{v} \times \vec{\Omega} = 2m\Omega\,(v_y\sin\lambda - v_z\cos\lambda)\,\hat{x}$$
$$-\,2m\Omega\,v_x\sin\lambda\,\hat{y} \qquad\qquad (1\text{-}40\text{-}8)$$
$$+\,2m\Omega\,v_x\cos\lambda\,\hat{z}$$

所以若僅考慮地表上方同高度之平面，即不考慮物體於海拔高低（$\hat{z}$ 方向上）的變化，亦無視物體於 $\hat{z}$ 方向上的運動速度。(1-40-8) 式可簡化為

$$2m\vec{v} \times \vec{\Omega} = 2m\Omega\,v_y\sin\lambda\,\hat{x}$$
$$-\,2m\Omega\,v_x\sin\lambda\,\hat{y} \qquad\qquad (1\text{-}40\text{-}9)$$

如此可較容易看出，北半球上除赤道的區域之外，朝東方前進的物體（$\vec{v} = v_x\hat{x}, v_x > 0$），柯氏力會有指向南方（$-\hat{y}$）的分量；反之，朝西方前進的物體（$v_x < 0$），柯氏力會有指向北方（$\hat{y}$）的分量。同理，朝北方前進的物體（$\vec{v} = v_y\hat{y}, v_y > 0$），柯氏力會有指向東方（$\hat{x}$）的分量；朝南方前進的物體（$v_y < 0$），則會有指向西方（$-\hat{x}$）的分量。將此總結在（圖 1-40-4）中，我們可得到一個結論：在北半球中，物體的運動終會因地球的自轉而讓其運動有偏右的傾向，且其右偏的程度大小也會隨緯度的增加而加大。事實上，柯氏力如此的影響也可解釋我們大氣對流層中的諸多現象，例如北半球中逆時鐘的氣旋現象、颱風的走向、與地球大氣環流等等。

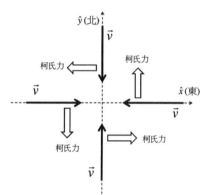

圖 1-40-4　北半球中朝不同方向運動之物體，其受到的柯氏力方向亦不同。

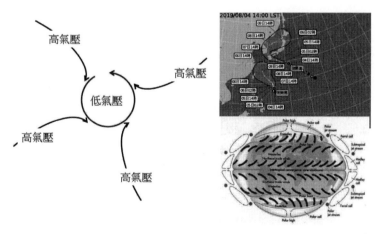

圖 1-40-5　對流層中許多的氣流現象得由柯氏力的作用來解釋。

1-41 地球自轉下的自由落體

之前我們曾討論過空氣阻力下的自由落體。現在，我們則來看看地球的自轉是否也會影響到自由落體的運動。為簡化數學上的難度，在此就暫且忽略空氣阻力的影響。由於在自由落體中，物體僅受到地球重力的吸引，$\vec{F} = m\vec{g}_0$。但由於我們是處於地球自轉這樣的非慣性座標系中，因此在應用牛頓運動定律時，必須再補上適當之「假想力」以得到正確的運動方程式。在我們的問題中，即

$$m\frac{d^2\vec{r}}{dt^2} = m\vec{g}_0 + 2m\vec{v} \times \vec{\Omega} + m(\vec{\Omega} \times \vec{R}_E) \times \vec{\Omega} \tag{1-41-1}$$

若依我們之前在 (1-40-6) 式中的定義，將地球自轉所造成的離心力效應合併至原本的地球重力。則 (1-41-1) 式可簡單寫成

$$\frac{d^2\vec{r}}{dt^2} = \vec{g} + 2\frac{d\vec{r}}{dt} \times \vec{\Omega} \tag{1-41-2}$$

代入 (1-40-8) 式的結果，並以速度於各方向上的分量來表示，則 (1-41-2) 式可寫成

$$\frac{dv_x}{dt} = 2\Omega(v_y \sin\lambda - v_z \cos\lambda)$$

$$\frac{dv_y}{dt} = -2\Omega v_x \sin\lambda \tag{1-41-3}$$

$$\frac{dv_z}{dt} = -g + 2\Omega v_x \cos\lambda$$

經由數量級上的考慮 ($\Omega v \ll g$)，我們知道 (1-41-3) 式的第零階近似 (the 0th-order approximation)，即忽略地球自轉效應下的自由落體，於起始狀態 $v_z(t = 0) = 0$ 下的解為

$$\frac{dv_z}{dt} = -g \Rightarrow v_z = -gt \tag{1-41-4}$$

又 $|v_z| \gg |v_y|$，所以我們接下來的第一階近似 (the 1th-order approximation)，

$$\frac{dv_x}{dt} = 2\Omega g \cos\lambda \cdot t \Rightarrow \begin{array}{l} v_x = \Omega g \cos\lambda \cdot t^2 \\ x = \frac{1}{3}\Omega g \cos\lambda \cdot t^3 \end{array} \tag{1-41-5}$$

如此我們可估算：在二十樓的高樓上（約 60 公尺）執行一個自由落體的實驗，在無風的干擾下，物體在空中的時間約略是 $t = \sqrt{2h/g} \approx 3.5\,\text{sec}$。因為地球的自轉，此物體並不會真地鉛直落下，而是在會向東方（x- 方向）偏了

$$x \cong \frac{1}{3} \times (7.27 \times 10^{-5}) \times 9.8 \times \cos\lambda \times (3.5)^3 \ (m)$$

$$\approx 1.02 \times \cos\lambda \ (cm)$$

(1-41-6)

的距離。λ 為執行此自由落體實驗的緯度（北緯）。由此可知，這地球自轉對我們日常物體的運動（像棒球場上的棒球飛行）僅有很小的影響，可被忽略不計。但在大尺度下的運動，如前面所提及的氣流環流，此地球自轉所造成的假想力效應則會有重要的影響。

圖 1-41-1　**巴黎諸神殿 (Pantheon) 中的傅科擺。為彰顯出此擺面轉動的效應，傅科擺的展示裝置必須以巨大的單擺來呈現。就以巴黎住神殿中的傅科擺為例 (北緯 48°52')，其擺長為 67 公尺，擺錘重 28 公斤。(此圖出自 Wikipedia）**

1-42 傅科擺

簡單單擺 (Simple Pendulum)

在進入本單元的主題之前，讓我們回顧一下大家應已會分析的「簡單單擺」問題。如（圖1-42-1）的示意圖，擺錘只受到重力與擺繩張力的作用，所以擺錘之運動方程式為

$$m\frac{d^2\vec{r}}{dt^2} = m\vec{g} + \vec{T} \qquad (1\text{-}42\text{-}1)$$

由於重力與擺繩張力均在同一平面上，因此單擺的運動亦會被侷限在一個不變的平面上，為一個標準的二維問題。此外，固定長度 (l) 的擺繩也限制了擺錘的運動在擺繩可畫出的弧線上，因此若將擺錘所受到的重力分解為切線 ($mg\sin\theta$) 與其垂直的法線 ($mg\sin\theta$) 兩個分量，則 (1-42-1) 式的運動方程式可分解為：

$$m\frac{d^2(l\theta)}{dt^2} = -mg\sin\theta \qquad (1\text{-}42\text{-}2)$$

$$T = mg\cos\theta$$

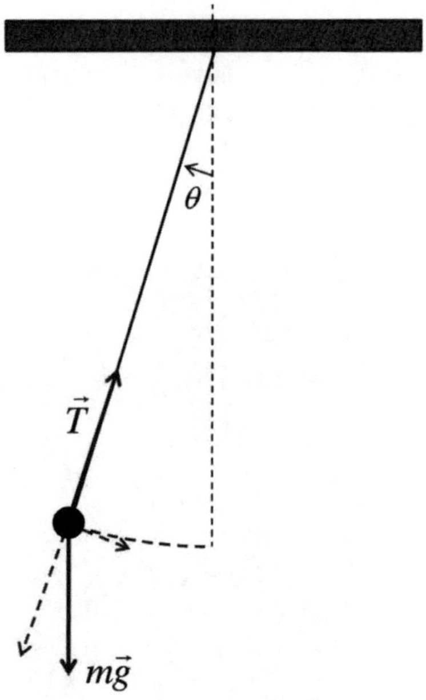

圖 1-42-1　簡單單擺。

不管何時，擺繩上的張力永遠會與重力的法線分量平衡；而在擺動軌跡的切線上，由於角度 $\theta = 0$ 的設定是在圖中的鉛直線上，因此角度的增加方向恰與 $mg\sin\theta$ 的方向相反，所以在運動方程式中會有一個「負號」出現。實質上，我們在此問題中所需解的方程式為

$$\frac{d^2\theta}{dt^2} = -\frac{g}{l}\sin\theta \approx -\frac{g}{l}\left(\theta - \frac{1}{6}\theta^3 + \cdots\right) \qquad (1\text{-}42\text{-}3)$$

讀者對此正弦函數的展開有個重要條件必須牢記：唯有在小角度的擺動下 ($\theta \to 0$)，(1-42-3) 式的等號右邊方可省略掉 $O(\theta^3)$ 之後的影響，而僅留第一項的近似。如此，「簡單單擺」的問題就如同簡單彈簧系統下的「簡諧運動」，其解為 $\theta(t) = \theta_{max}\sin(\omega_0 t + \theta_0)$，$\omega_0 \equiv \sqrt{g/l}$，而常數 θ_{max} 與 θ_0 則可由起始條件來決定。至於，我們所常在意的單擺週期 ($\theta(t + T) = \theta(t)$)：$T = 2\pi/\omega_0 = 2\pi\sqrt{l/g}$。

● 傅科擺 (Foucault Pendulum)

那如果我們在單擺的問題上，加入地球的自轉效應會是如何呢？此即著名的「傅科擺」問題。離心力的效應只是對重力加速度大小與鉛直線的微微修正而已，對整體的

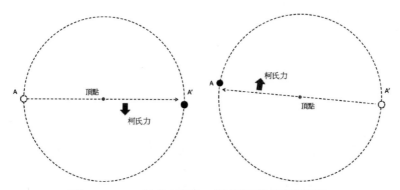

圖 1-42-2　於北半球，俯視下的單擺運動。

單擺運動並不會有太多好玩的新現象出現。那柯氏力的效應呢？雖然在自由落體的範例中，我們已看見柯氏力對日常所見的物體運動不會有什麼顯著之影響。但在單擺的運動中，在可忽略一切阻力的情況下，我們所碰見的是一個來回不停擺動的擺錘，因此我們必須想想地球自轉所出現的柯氏力效應是否會有累積的效果？由（圖 1-42-2）俯視下的單擺運動，我們應不難理解科氏力對單擺的效應。若不考慮地球的自轉，單擺會在 A 與 A' 兩端點間來回不斷地擺盪。但在前面單元中我們已知道，當考慮地球自轉所產生的柯氏力效應時，於北半球中的運動物體，其運動軌跡會有偏右的傾向。因此，圖中左邊擺錘由 A 盪至 A' 的過程中，一直有受到圖中向下的柯氏力影響，而讓端點 A' 的真實位置在下面一點。反過來，當擺錘由 A' 盪回端點 A 的回程中，偏右的軌跡是由圖中朝上的柯氏力所造成。如此，我們看見擺錘所擺盪的 A-A' 平面會有順時鐘旋轉的現象。於北半球中，單擺擺動面的順時鐘旋轉也正是「傅科擺」的最大特徵。

　　至於此擺動面的旋轉週期會是多少？則必須針對擺錘的運動方程式求解才能得知。其運動方程式可由 (1-42-1) 式再加上修正項（$2m\vec{v} \times \vec{\Omega}$）得到，求解的過程則必須用到一些數學上的技巧，有興趣的讀者可再更深入地推敲，本處就不詳載此求解過程。只直接給出擺動面的旋轉週期為

$$T = \frac{2\pi}{\Omega \sin \lambda} \, (\text{sec}) = \frac{1}{\sin \lambda} \, (\text{day}) \tag{1-42-4}$$

此結果告訴我們，置於北極 ($\lambda = 90°$) 的單擺，其擺錘擺動面的旋轉週期恰為一天。傅科擺的結果也可以下面的推論來理解：擺錘之擺動面實際上是固定不動的，但我們是站在自轉的地球上看這單擺運動。地球逆時鐘的自轉方式，相對地讓我們看見擺面的順時鐘旋轉。且地球自轉一周所需的時間是一天，這也可解釋擺動面的旋轉週期在北極處為何會恰為一天。我們也知道，科氏力的效應會隨著緯度的減小而降低，因此緯度越低的地區，其傅科擺之擺面旋轉週期也就越長。

1-43 靜物平衡

在接下來的單元中，我們再將注意力拉回到我們日常生活中的物體上。我們於之前的單元中，多少是將所要討論的物體以一個質點來替代，即便我們所看見的物體都有一個實在的外貌形狀。就以相對單純的理想剛體為例，我們引進「質心」的概念，發現整個剛體的運動可以用一個位於質心上的質點替代。但質點本身是沒有幾何結構的點，因此也就無從考慮真實剛體的轉動現象。如此看來，為更完備地描述物體的運動，我們勢必還得引入其它的概念才行。如（圖 1-43-1）中的靜物平衡，圖中所示的是一個處於平衡狀態的球棒。但我們若將繩子懸掛球棒的位置稍微往左或往右移動一下，此原先的平衡狀態會被破壞，而朝向一邊轉動掉落。可見在真實物體的靜態平衡條件上，除了物體所受的合力為零外，還必須有另外的條件得同時存在，即物體所受的合力矩也必須為零。

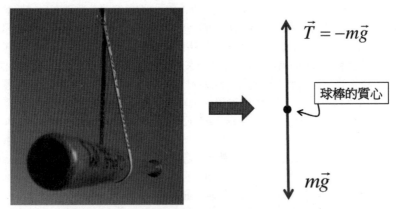

圖 1-43-1 作用在球棒上的外力計有重力與繩子所施的張力兩個。依力圖的分析，此兩力的大小相等但方向相反，因此合力為零而讓球棒處於平衡的狀態。但這平衡的狀態只是恰好繩子所施的力剛好是在球棒質心的切面位置上。若將繩子位置稍微往左或往右移動一下，立刻可發現此球棒無法平衡不動。

現在我們假設所要討論的剛體同時受到 n 個外力（$\vec{F}_i$, $i = 1, 2, \cdots m$）的作用，且各別外力分別作用在物體的 $\vec{r}$ 位置上。則此剛體若要處於平衡不動的條件必須同時遵守：

$$\sum_{i=1}^{n} \vec{F}_i = 0 \tag{1-43-1}$$

$$\sum_{i=1}^{n} \vec{\tau}_i = \sum_{i=1}^{n} \left(\vec{r}_i \times \vec{F}_i\right) = 0 \tag{1-43-2}$$

即剛體所受的合力與合力矩均須等於零，才有辦法維持靜物的平衡。

在我們看實例之前，我們不妨先對如何運用上式的平衡條件做一些說明。(1-43-1)式，我們可將每一個力視爲是作用在物體的質心上，因此 (1-43-1) 式所要處理的僅是找出物體所會受到的所有力，再依向量的加法求其合力，並要求此合力爲零。至於 (1-43-2) 式的合力矩爲零就較爲麻煩一些，畢竟力矩的計算與其轉動的支點（或軸）有關，那何處是我們要的支點呢？

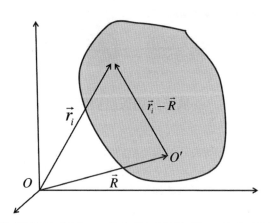

圖 1-43-2　原本物體對參考點 O 成立的平衡條件，若參考點改爲 O'，則原先的平衡條件還會成立嗎？

在（圖 1-43-2）中，當我們計算物體的平衡條件時，物體靜止不動的平衡條件爲針對參考點 O 成立，那若將參考點的位置移至 O'，則原先成立的平衡條件還會成立嗎？

由於向量加法的結果與座標系統的選擇無關，因此 (1-43-1) 式無疑地仍舊成立，但 (1-43-2) 式的合力矩爲零的條件則必須再多一點的考量。

$$\vec{\tau}'_{\text{tot}} = \sum_{i=1}^{n} \vec{\tau}'_i = \sum_{i=1}^{n} \vec{r}'_i \times \vec{F}_i$$

$$= \sum_{i=1}^{n} \left(\vec{r}_i - \vec{R} \right) \times \vec{F}_i \qquad (1\text{-}43\text{-}3)$$

$$= \sum_{i=1}^{n} \vec{r}_i \times \vec{F}_i - \vec{R} \times \sum_{i=1}^{n} \vec{F}_i = 0 - \vec{R} \times 0 = 0$$

此結果告訴我們：在合力爲零的條件下，(1-43-2) 式所陳述之合力矩零的條件與參考點（即座標軸原點）的選擇無關。因此在實例的分析中，我們可任選一個方便分析的點作爲我們的參考點。

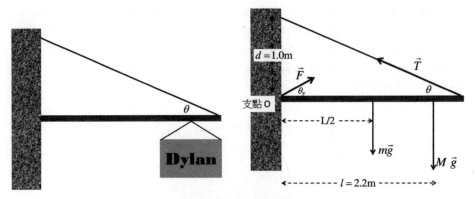

圖 1-43-3　廣告招牌設計與其力圖分析。

　　如（圖 1-43-3）的廣告招牌設計，假若招牌本身的質量為 $M = 10.0\text{kg}$，橫桿木棒本身長 $L = 2.5\text{m}$，質量 $m = 8.0\text{kg}$（均勻分布）。試問連接橫桿木棒與牆壁的繩索張力為多少？牆壁施予橫桿木棒的力又是如何？

　　根據靜物平衡的條件，我們有

* (1-43-1) 式：

　x- 方向　　$F\cos\theta_V - T\cos\theta_V = 0$

　y- 方向　　$F\sin\theta_V + T\sin\theta - mg - Mg = 0$

* (1-43-2) 式：依圖中所選定的支點

$$\sum_{i=1}^{4} \vec{\tau}_i = \vec{\tau}_F + \vec{\tau}_{mg} + \vec{\tau}_{Mg} + \vec{\tau}_T$$

$$= 0 + \frac{L}{2} \cdot mg + l \cdot Mg + L \cdot T \cdot \sin(\pi - \theta)$$

$$= \frac{1}{2} mgL + Mgl - TL\sin\theta$$

$$= 0$$

其中 θ 為已知 $(\tan\theta = d/L)$。所以我們可由上面的三個方程式，求得 T、F、與 θ_F 三個未知數。其答案為：

$$T = \left(\frac{mL + 2Ml}{2L\sin\theta} \right) \cdot g \cong 338 \text{ nt}$$

$$F\cos\theta_F = T\cos\theta \cong 314 \text{ nt}$$

$$F\sin\theta_F = -T\sin\theta + (M + m) \cdot g \cong 51.0 \text{ nt}$$

所以 $F \cong 318\text{nt}$，$\theta_F \cong 9.23°$。

【練習題/-23】

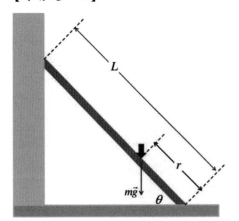

一個斜撐在牆上的梯子（質量為 M，長度為 L），且梯子的質量為均勻分布。已知梯子與地面的夾角為 θ，今將一質量為 m 的重物置於梯子距梯腳為 r 的地方，如圖所示，是處於平衡狀態。請分析此平衡狀態下各可能出現之力間的關係為何？若假設梯子與牆之間沒有摩擦力，而梯腳與地面間的最大靜摩擦係數為 μ_s。則在平衡的要求下，梯子最斜可多斜？即 θ 的極大值為何？

【練習題/-24】

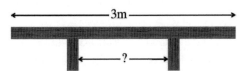

假設有一塊工整的長方形木質建材，規格為 $330 \times 60 \times 4.1m$，質量 66kg。我們想利用此建材裁切三段以做出如圖的裝飾台，此裝飾台的長度必須 300cm，且支撐檯面的兩腳（各 15cm）必須盡可能地靠近。若有一個額外的要求是此裝飾台之檯面上的任何位置擺上 200kg 的重物均可穩定平衡，不會翻倒。如此，支撐檯面的兩腳相距的最近長度為何？

1-44　剛體的運動

在上一個單元中，我們討論了靜物平衡的條件。接下來，我們將進一步去看如何描述剛體的運動，以擴充我們對物體可能之運動形態的描述能力。同樣地，我們也是以大家較容易掌握的多質點系統來代表我們所要探討的剛體。

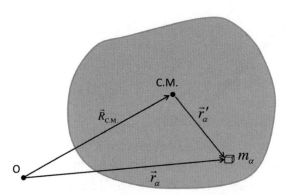

圖 1-44-1　點 O 為空間中的一個固定點，作為我們的座標軸系統的原點。

● 剛體運動下的總動能

剛體可被視為由眾多小質點所組成的系統，此系統的外觀不會產生絲毫的形變。如（圖 1-44-1）所示，相對於一個固定的參考點 O，此剛體質心之位置向量為 $\vec{R}_{CM}$；又剛體內的任意組成質點 m_α 的位置向量為 $\vec{r}_\alpha$（對應參考點 O），但若以剛體的質心位置來作為描述剛體的座標系統原點，即在質心座標系內，質點 m_α 的位置向量為 $\vec{r}'_\alpha$。由（圖 1-44-1）可看出，上面談及的三個位置向量間有 $\vec{r}_\alpha = \vec{R}_{CM} + \vec{r}'_\alpha$ 的關係。如此當此剛體在運動時，每個質點的速度

$$\vec{v}_\alpha = \dot{\vec{R}}_{C.M.} + \dot{\vec{r}}'_\alpha = \vec{V}_{C.M.} + \vec{v}'_\alpha \tag{1-44-1}$$

$\vec{V}_{C.M.}$ 與 $\vec{v}'_\alpha$ 分別為剛體的質心速度與剛體組成質點 m_α 相對於質心的速度，所以剛體的總動能為：

$$\begin{aligned} K_{tot} &= \sum_\alpha \frac{1}{2} m_\alpha v_\alpha^2 = \sum_\alpha \frac{1}{2} m_\alpha \left(\vec{V}_{C.M.} + \vec{v}'_\alpha \right) \cdot \left(\vec{V}_{C.M.} + \vec{v}'_\alpha \right) \\ &= \frac{1}{2} M V_{C.M.}^2 + \vec{V}_{C.M.} \cdot \sum_\alpha m_\alpha \vec{v}'_\alpha + \sum_\alpha \frac{1}{2} m_\alpha v_\alpha'^2 \end{aligned} \tag{1-44-2}$$

其中物體總質量 $M = \sum m_\alpha$。又根據質心的定義，在質心座標系中 $\sum m_\alpha \vec{r}'_\alpha = 0$。進一步，對時間再微分一次亦為零，即

$$\vec{V}_{\text{C.M.}} \cdot \sum_{\alpha} m_{\alpha} \vec{v}'_{\alpha} = \vec{V}_{\text{C.M.}} \cdot \frac{d}{dt}\left(\sum_{\alpha} m_{\alpha} \vec{r}'_{\alpha}\right) = 0 \tag{1-44-3}$$

如此 (1-44-2) 式的剛體總動能便可分解成**質心動能** $(K_{C.M.})$ 與**各質點相對質心的動能總和** (K') 兩部分，

$$K_{\text{tot}} = \frac{1}{2}MV_{\text{C.M.}}^2 + \sum_{\alpha}\frac{1}{2}m_{\alpha}v'^2_{\alpha} \equiv K_{\text{C.M.}} + K' \tag{1-44-4}$$

式中質心動能項即代表我們前面所處理過的質心概念，將整個物體以質心替代。而多出來的第二項則是來自於我們不再將剛體視爲一個無結構之質點。又理想的剛體是不會產生任何的形變，因此在整個運動過程中，剛體內部各質點間的彼此相對位置不會改變。所以在質心座標系中，我們不難理解各質點的運動就僅有轉動，且各質點轉動的角速度也需一致（$\vec{\omega}_{\alpha} = \vec{\omega} =$ 常數），才能保持物體爲沒有形變的剛體。

● **剛體運動下的總角動量**

此外，我們也可討論剛體運動時之總角動量

$$\vec{L}_{\text{tot}} = \sum_{\alpha}\vec{L}_{\alpha} = \sum_{\alpha}\vec{r}_{\alpha} \times \vec{p}_{\alpha} \tag{1-44-5}$$

同樣可將（圖 1-44-1）中對 $\vec{r}_{\alpha}$ 之定義與 (1-44-1) 式中的 $\vec{v}_{\alpha}$ 代入上式中的 $\vec{p}_{\alpha} = m_{\alpha}\vec{v}_{\alpha}$，

$$\begin{aligned}
\vec{L}_{\text{tot}} &= \sum_{\alpha} m_{\alpha}\left(\vec{R}_{\text{C.M.}} + \vec{r}'_{\alpha}\right) \times \left(\vec{V}_{\text{C.M.}} + \vec{v}'_{\alpha}\right) \\
&= \vec{R}_{\text{C.M.}} \times (M\vec{V}_{\text{C.M.}}) + \vec{R}_{\text{C.M.}} \times \left(\sum_{\alpha} m_{\alpha}\vec{v}'_{\alpha}\right) + \left(\sum_{\alpha} m_{\alpha}\vec{r}'_{\alpha}\right) \times \vec{V}_{\text{C.M.}} + \sum_{\alpha}\vec{r}'_{\alpha} \times (m_{\alpha}\vec{v}'_{\alpha})
\end{aligned} \tag{1-44-6}$$

在質心座標系中 $\sum m_{\alpha}\vec{r}'_{\alpha} = 0$ 及 $\sum m_{\alpha}\vec{v}'_{\alpha} = 0$。因此 (1-44-6) 式的最後結果可如總動能 (1-44-4) 式一般分成兩項

$$\vec{L}_{\text{tot}} = \vec{R}_{\text{C.M.}} \times (\vec{P}_{\text{C.M.}}) + \sum_{\alpha}\vec{r}'_{\alpha} \times (m_{\alpha}\vec{v}'_{\alpha}) = \vec{L}_{\text{C.M.}} + \vec{L}' \tag{1-44-7}$$

第一項可視爲剛體整體運動軌跡所貢獻之角動量；第二項則是來自於剛體本身的轉動，相對於剛體質心之角動量。若以太陽系中的行星繞日爲例，$\vec{L}_{CM}$ 所代表的是行星公轉之角動量，也是我們之前所討論的角動量；而 $\vec{L}'$ 則來自於行星的自轉。

● **剛體運動下的總力矩**

同樣地，我們也不難證明剛體所受到的總力矩亦可分爲兩部分

$$\begin{aligned}
\vec{\tau}_{\text{tot}} &= \sum_{\alpha}\left(\vec{r}_{\alpha} \times \vec{F}_{\alpha}^{(e)}\right) = \sum_{\alpha}\left(\vec{R}_{\text{C.M.}} + \vec{r}'_{\alpha}\right) \times \vec{F}_{\alpha}^{(e)} \\
&= \vec{R}_{\text{C.M.}} \times \left(\sum_{\alpha}\vec{F}_{\alpha}^{(e)}\right) + \sum_{\alpha}\left(\vec{r}'_{\alpha} \times \vec{F}_{\alpha}^{(e)}\right) = \vec{R}_{\text{C.M.}} \times \vec{F}_{\text{tot}}^{(e)} + \sum_{\alpha}\vec{\tau}'_{\alpha} = \vec{\tau}_{\text{C.M.}} + \vec{\tau}'_{\text{tot}}
\end{aligned} \tag{1-44-8}$$

圖 1-44-2　芭蕾舞者的曼妙舞姿中也充滿了物理原則。

式中 $\vec{F}_\alpha^{(e)}$ 爲各質點所受之外力。再依力矩與角動量間的關係,由 (1-44-7) 與 (1-44-8) 式可知

$$\vec{\tau}'_{\text{tot}} = \sum_\alpha \vec{\tau}'_\alpha = \frac{d\vec{L}'}{dt} \tag{1-44-9}$$

即剛體轉動時角動量對時間的變化率,等於剛體內各質點所受外力相對於質心的力矩總和。所以若相對於質心爲零的總力矩 ($\vec{\tau}'_{\text{tot}} = 0$),則此剛體轉動之角動量便爲一個守恆量 ($\vec{L}_{\text{tot}} = \text{constant}$)。如此我們可理解,芭蕾舞者在她們定點定軸的轉動舞姿中,便是藉著改變舞者本身的轉動慣量大小,來改變轉動時角速度的大小。

　　經由本單元我們對剛體運動之總能量與總動量之分析,特別是 (1-44-4) 式、(1-44-7) 式、與 (1-44-8) 式的結果,提供我們處理剛體運動一個很大的方向,整個剛體的運動可分爲兩部分分別處理:1. 剛體質心的運動;2. 剛體的轉動問題。第一部分已在我們之前的單元中討論,而在我們接下來的幾個單元中,我們將針對第二部分的剛體本身的轉動去做更深入的探討。

【練習題/-25】

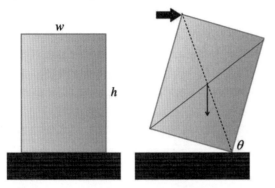

如圖有一寬 w 高 h 的長方形物體靜置於一木質平台上，此物體的質量為 m。如果你於物體左上角處施予一力，使之如圖一般，此長方形物體以右下角頂點處為支點傾斜，並與木質平台夾 θ 的角度。在物體不移動的平衡條件下，你所施的力該多少？又物體能夠在不移動下平衡的條件為何？傾斜角 θ 最大可多大？

1-45 轉動慣量

　　由前一單元我們知道要描述物體的運動，除物體運動的軌跡外，如果我們還得考慮物體本身的轉動，那光靠物體質量中心的概念是不夠的。我們還得知道這物體是怎樣地轉動？與轉多快？這當中我們就得再引入一個重要的物體特性「轉動慣量」(moment of inertia)。下面我們就以單一質點繞特定軸的運動為例，來引入「轉動慣量」的概念。

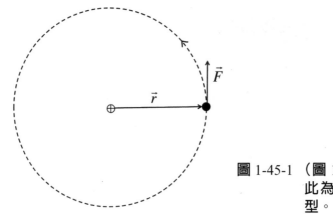

圖 1-45-1（圖 1-21-1）的俯視圖，此為理解轉動慣量的原型。

● 轉動慣量 (moment of inertia)

　　考慮（圖 1-21-1）的例子，施在物體上的力（$\vec{F}$）垂直於力臂向量（$\vec{r}$），因此力矩的大小為力臂長度與力大小的乘積，$\tau = rF$。根據牛頓的第二定律。此外，物體於圓周運動中的切線速度與其角速度間有 $v = r\dot{\theta}$ 之關係（參見 (1-8-5) 式）。又因物體旋轉的半徑 r 始終保持不變，所以物體之切線加速度亦可表為 $a = \dot{v} = r\ddot{\theta}$。如此，力矩之大小

$$\tau = rF = r(ma) = (mr^2)\ddot{\theta} \tag{1-45-1}$$

　　若將此結果與牛頓第二定律 ($F = ma$) 做一比較：讓物體產生加速度之力與加速度間的比例常數，定義為物體之（慣性）質量，此定義下的質量乃是物體之內存特性 (intrinsic property)。同樣地，(1-45-1) 式中讓物體產生旋轉角加速度之力矩與角加速度大小間的比例常數，也該是物體於旋轉運動時的特性。雖然它不屬於物體之內存特性，因為它仍與外界因素－力臂長度有關。我們就將此比例常數稱之為「轉動慣量」（通常以 I 表示）。

　　所以在（圖 1-45-1）的簡單系統中，物體對應於圖中轉軸之轉動慣量為 $I = mr^2$。由此結果我們便可進一步地推廣到更一般的繞軸旋轉的問題上，並求其所對應之轉動慣量，如（圖 1-45-2）所示。

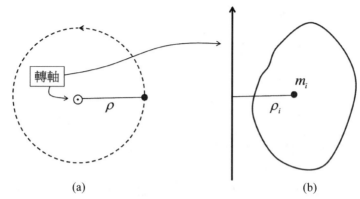

圖 1-45-2　(a) **俯視單一質點繞特定轉軸之轉動，即（圖 1-45-1）(b) 垂直**
於 (a) 中的俯視視角，側看 (a) 中的轉動。我們可將此單一質點
推廣到繞同一轉軸轉動的多質點系統，再進一步推廣到一般的
物體（連續質點所組成的物體）。轉軸的位置可在物體外部，
也可在物體內部。以右手定則來看，四指可彎曲的方向為物體
旋轉的方向，拇指即為轉軸的方向。因此我們也可簡單地以轉
軸的指定，來表明物體的旋轉方式。

　　質點於（圖 1-45-2(a.)）中的轉動慣量為$I = m\rho^2$，我們可將此結果先推廣至多質點所組成的系統，最後再推廣至一般的物體[註29]

$$I = m\rho^2 \rightarrow \sum_i m_i\rho_i^2 \rightarrow \int \rho^2 dm \tag{1-45-2}$$

須提醒的一點：(1-45-2) 式中的 ρ 為物體內各微小質量單元到轉軸的（最短）距離，而不是到所使用座軸系統的原點距離。這也是我們使用 ρ，而不使用 r 的原因，盡可能地避免誤解。

[註29]　多質點組成的系統雖然只是我們要推廣到一般物體時的中間步驟，但由於此步驟的推廣較容易
　　　被理解，因此這樣的定理推廣程序也就時常被運用。

1-46 平行軸與垂直軸定理

例題一：求（圖 1-46-1）中木棒的轉動慣量。假設此均勻木棒的質量與長度分別為 m 與 L。

由於此木棒為質量均勻分布的木棒，所以我們可將 (1-45-2) 式中的積分視為一維的積分問題。又在計算物體轉動慣量的問題中，我們均可先在物體內的任意位置上，取一個微小的質量單元，並寫出其對所指定之轉軸的轉動慣量是多少。如此

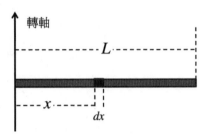

圖 1-46-1　繞軸旋轉的均勻木棒，轉軸在木棒的一端。

$$dI = x^2 dm = x^2 \cdot (\lambda dx) \qquad (1\text{-}46\text{-}1)$$

式中 $\lambda = m/L$ 為此木棒的線質量密度[註30]。有了 (1-46-1) 式，我們可經由適當的積分得到此木棒對應於圖中轉軸之轉動慣量

$$I = \int_0^L \lambda \cdot x^2 dx = \frac{1}{3} mL^2 \qquad (1\text{-}46\text{-}2)$$

現在我們若將轉軸的位置移到（圖 1-46-2）中的位置，則 (1-46-2) 式中的積分上下限必須作相對應的改變，

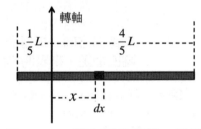

圖 1-46-2　續上圖之旋轉，只是改變轉軸的位置

$$I = \int_{-L/5}^{4L/5} \lambda \cdot x^2 dx = \frac{13}{75} mL^2 \qquad (1\text{-}46\text{-}3)$$

就如同我們之前所說的，物體的轉動慣量大小會隨轉軸的不同而改變。同樣地，若我們把（圖 1-46-2）中的轉軸平移至木棒的中心，由於此時的轉軸會穿過物體的質心位置，我們就稱此時的轉動慣量為物體的「質心轉動慣量」$(I_{\text{C.M.}})$：

$$I_{\text{C.M.}} = \int_{-L/2}^{L/2} \lambda \cdot x^2 dx = \frac{1}{12} mL^2 \qquad (1\text{-}46\text{-}4)$$

對 (1-46-2) 式與 (1-46-3) 式的結果，讀者可驗證其與 $I_{\text{C.M.}}$ 間的關係

$$(1\text{-}46\text{-}2): \qquad \frac{1}{3} mL^2 = \frac{1}{12} mL^2 + m\left(\frac{1}{2}L\right)^2$$

$$(1\text{-}46\text{-}3): \qquad \frac{13}{75} mL^2 = \frac{1}{12} mL^2 + m\left(\frac{3}{10}L\right)^2$$

[註30] 習慣上，我們常以 λ、σ、與 ρ 來分別代表物體的線、面、與體（質量／電荷）密度。

式中括弧內的 $L/2$ 與 $3L/10$ 分別爲（圖 1-46-1）與（圖 1-46-2）中轉軸與穿過質心之轉軸的距離。此關係並非巧合，而是可證明的「平行軸定理」。

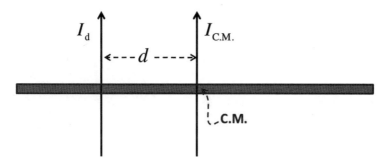

圖 1-46-3 平行軸定理。

平行軸定理 (parallel-axis theorem)
當兩個方向互相平行的轉軸，其中一個轉軸穿過物體的質心位置，所對應之轉動慣量 $I_{C.M.}$；而另一轉軸與此穿過質心之轉軸相距 d 的長度，則對應此轉軸之轉動慣量 I_d 爲 $I_d = I_{C.M.} + md^2$。

例題二：現在我們要將討論的物體限定在其外觀形狀爲平面的物體上，像 CD 片、薄書本、或桌面等等。嚴格說來，就是物體外觀的一個維度遠小於另外兩個維度的物體。我們將以質量爲 M、半徑爲 R 的均勻薄圓盤爲例，並引進在計算此平面物體轉動慣量時常用的「垂直軸定理」(perpendicular–axis theorem)。

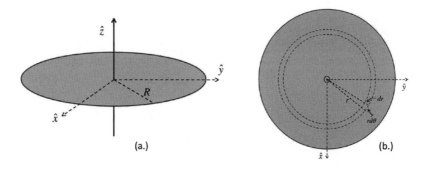

圖 1-46-4 (a.) 繞 z- 軸旋轉的均勻圓盤。(b.) 由 z- 軸俯視下的圓盤。由於圓盤的對稱形式，我們很自然地會以極座標來處理此問題。

如前所指出的原則，我們可先對此圓盤取一個微小的質量單元，寫出其對指定轉軸（$\hat{z}$-軸）的轉動慣量

$$dI = r^2 dm = r^2 \cdot (\sigma \cdot dr \cdot rd\theta) = \sigma \cdot r^3 \cdot drd\theta \tag{1-46-5}$$

其中圓盤之質量密度為$\sigma = M /(\pi \cdot R^2)$。接下來，我們再經由適當的積分來得此問題之轉動慣量：

$$I_z = \int\limits_{r=0}^{R}\int\limits_{\theta=0}^{2\pi} \sigma \cdot r^3 \cdot drd\theta = \frac{1}{2}MR^2 \tag{1-46-6}$$

讀者也不妨試試看，如果轉軸不是$\hat{z}$-軸，而是$\hat{y}$-軸會怎樣，是否有辦法仍以定義來求此轉軸下的轉動慣量？

其實所要注意的是定義中積分內的距離平方乃是微小質量單元距轉軸的距離長度，所以

$$dI = (r\cos\theta)^2 dm = \sigma \cdot r^3 \cos^2\theta \cdot drd\theta \tag{1-46-7}$$

積分後可得

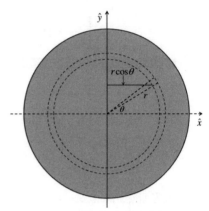

圖 1-46-5　繞 y- 軸旋轉的均勻圓盤。

$$I_y = \int\limits_{r=0}^{R}\int\limits_{\theta=0}^{2\pi} \sigma \cdot r^3 \cdot \cos^2\theta \cdot drd\theta = \frac{1}{4}MR^2 \tag{1-46-8}$$

此外，也由於圓盤之對稱性，不難理解，圓盤繞$\hat{x}$-軸旋轉與繞$\hat{y}$-軸旋轉是一樣的旋轉方式。因此

$$I_x = I_y = \frac{1}{4}MR^2 \tag{1-46-9}$$

在此圓盤繞軸旋轉的例子中，我們得到一個結果：$I_z = I_x + I_y$。當然，此結果也不是一個偶然的巧合，而是一個可被證明的「垂直軸定理」。

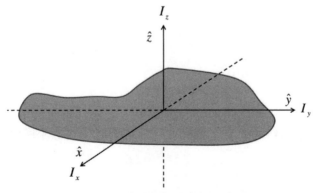

圖 1-46-6　垂直軸定理之示意圖。

> **垂直軸定理 (perpendicular-axis theorem)**
> 對一個平放在 x-y 平面上的二維物體，在此平面上任意取兩相互垂直的軸 ($\hat{x}$ - 軸與 $\hat{y}$ - 軸) 作為旋轉此物體的轉軸，其所對應指定轉軸之轉動慣量分別為 I_x 與 I_y。此外，若以垂直於 x-y 平面且通過 $\hat{x}$ - 軸與 $\hat{y}$ - 軸交點的 $\hat{z}$ - 軸為轉軸之轉動慣量為 I_z。則此三個轉動慣量之間有 $I_z = I_x + I_y$ 的關係。

【練習題 *1-26*】

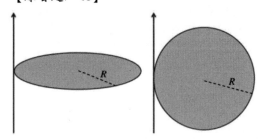

上圖為繞不同轉軸的圓盤。建議讀者以不同的方式：(1.) 依轉動慣量之定義直接積分；(2.) 平行軸與垂直軸定理。去對（圖 1-46-4）中質量同為 M 但繞不同轉軸轉動之圓盤，求其所對應之轉動慣量。

【練習題 *1-27*】

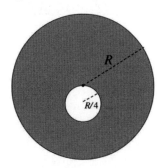

如本單元例題二中的圓盤與旋轉軸，其轉動慣量為 $MR^2/2$。現若如圖在圓盤內挖一個半徑為 $R/4$ 的圓洞，且在同樣的旋轉軸下，試問此被挖洞後的圓盤轉動慣量為多少？

1-47 日常生活中常見的物體轉動慣量

在學習物理的過程中，有些計算是一生必須做過一次的。像之前在牛頓的重力理論中，球體外部一點所受到的球體重力是多少？經過漫長的計算過程，結果卻有出乎意料之外的簡單，終生難忘。說真的，計算一遍也就夠了，那就把計算的過程好好地保存下來，以備日後的參考。但也別小看這僅此一遍的計算，從中你會領悟不少光是閱讀物理定律所難以發現的內涵。轉動慣量的計算也算是其中的一項，相信每位有修過大一普物的讀者，都會記得任何一本普物教科書中的這一頁練習題－固定轉軸的轉動慣量。我們也希望讀者能夠根據轉動慣量的定義，或應用前面單元所介紹的平行軸定理與垂直軸定理，自行計算下面各圖中物體對指定轉軸之轉動慣量。

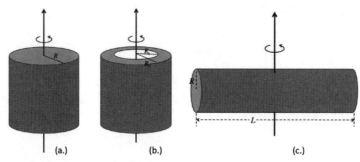

圖 1-47-1　質量均為 M 的圓柱體，其中在 (b.) 例中的圓柱體為中空的圓柱體。轉軸如圖示，且均經過質心位置。

$$(a.)\ I = \frac{1}{2}MR^2 \quad (b.)\ I = \frac{1}{2}M\left(R_1^2 + R_2^2\right) \quad (c.)\ I = \frac{1}{4}MR^2 + \frac{1}{12}ML^2 \qquad (1\text{-}47\text{-}1)$$

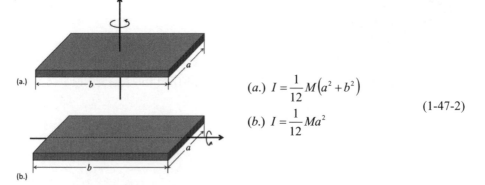

$$(a.)\ I = \frac{1}{12}M\left(a^2 + b^2\right)$$

$$(b.)\ I = \frac{1}{12}Ma^2$$

$$(1\text{-}47\text{-}2)$$

圖 1-47-2　質量均為 M 的平板，轉軸亦均經過質心位置。

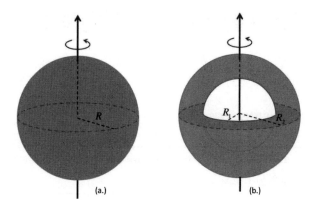

圖 1-47-3　**質量均為 M 的實心球與中空球殼，轉軸均經過質心位置。**

$$(a.)\ I = \frac{2}{5}MR^2 \quad (b.)\ I = \frac{2}{5}M\left(\frac{R_2^5 - R_1^5}{R_2^3 - R_1^3}\right) \tag{1-47-3}$$

其中在（圖 1-47-3(b.)）例中的中空球殼若為一薄球殼 $(R_1 = R_2)$，則我們可進一步地化簡成

$$(b'.)\ I = \frac{2}{5}M\left(\frac{R_2^5 - R_1^5}{R_2^3 - R_1^3}\right) = \frac{2}{5}M\left(\frac{R_2^4 + R_2^3R_1 + R_2^2R_1^2 + R_2R_1^3 + R_1^4}{R_2^2 + R_2R_1 + R_1^2}\right) = \frac{2}{3}MR_2^2 \tag{1-47-4}$$

1-48　剛體轉動下的動能與角動量

　　在前面單元中我們已針對剛體繞一些「特殊」的固定轉軸之轉動，來引進「轉動慣量」的概念。本單元則要探討一般的任意轉軸，並從中推導剛體所對應擁有的動能與角動量。

　　首先，我們必須指出剛體轉動時的一個特點：

> 對剛體的轉動，我們均可找到一個固定的轉軸與角速度 $\vec{\omega}$。此轉軸與角速度適用於剛體內部的各個部分 (質點)。

證明：在考慮剛體本身的轉動時，因
　　　為剛體中各質點的相對位置得
　　　保持固定不變，

$$|\vec{r}_{\alpha\beta}| \equiv |\vec{r}_\alpha - \vec{r}_\beta| = \text{constant} \quad (1\text{-}48\text{-}1)$$

　　　所以此相對位置向量的瞬間變
　　　化必有 $\Delta\vec{r}_{\alpha\beta} \perp \vec{r}_{\alpha\beta}$ 的關係。又

$$\vec{v}_{\alpha\beta} = \frac{d}{dt}(\vec{r}_\alpha - \vec{r}_\beta) = \vec{v}_\alpha - \vec{v}_\beta \quad (1\text{-}48\text{-}2)$$

　　　所以 $\vec{v}_{\alpha\beta} \perp \vec{r}_{\alpha\beta}$，如此兩個互相垂
　　　直的向量間可找到另一向量 $\vec{\omega}$，
　　　使之 $\vec{v}_{\alpha\beta} = \vec{\omega} \times \vec{r}_{\alpha\beta}$。（ps. 此向量
　　　$\vec{\omega}$ 我們尚未賦予它角速度的意
　　　義）

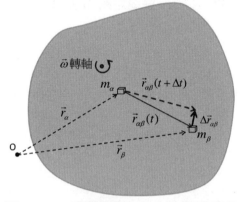

圖 1-48-1　**剛體轉動時，各質點間的相對關係。在此我們可用任何方便使用的座標系統。**

　　　現在假若在剛體的轉動中，
各質點有自己獨特的角速度。如此 $\vec{v}_\alpha = \vec{\omega}_\alpha \times \vec{r}_\alpha$ 及 $\vec{v}_\beta = \vec{\omega}_\beta \times \vec{r}_\beta$，再結合前面我們所指出必須有的關係 $\vec{v}_{\alpha\beta} = \vec{\omega}_\alpha \times \vec{r}_\alpha - \vec{\omega}_\beta \times \vec{r}_\beta = \vec{\omega} \times \vec{r}_{\alpha\beta}$，唯一的可能性就是要求 $\vec{\omega}_\alpha = \vec{\omega}_\beta = \vec{\omega}$。即各質點會有相同的角速度 $\vec{\omega}$。■

　　如此，在只考慮剛體於角速度 $\vec{\omega}$ 下的轉動，剛體各質點的速度為 $\vec{v}_\alpha = \vec{\omega} \times \vec{r}_\alpha$。剛體之動能與角動量均可由定義推得：

● 動能

$$K = \frac{1}{2}\sum_\alpha m_\alpha v_\alpha^2 = \frac{1}{2}\sum_\alpha m_\alpha (\vec{\omega} \times \vec{r}_\alpha) \cdot (\vec{\omega} \times \vec{r}_\alpha)$$
$$= \frac{1}{2}\sum_\alpha m_\alpha \left(\omega^2 r_\alpha^2 - (\vec{\omega} \cdot \vec{r}_\alpha)^2\right)$$

$$(1\text{-}48\text{-}3)$$

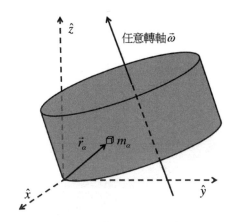

圖 1-48-2 **物體轉動的轉軸可以是任何的方向。**　圖 1-48-3 **日常生活中常見的一種物體轉動模式。**

● 角動量

$$\vec{L} = \sum_\alpha \vec{r}_\alpha \times m_\alpha \vec{v}_\alpha = \sum_\alpha m_\alpha \vec{r}_\alpha \times (\vec{\omega} \times \vec{r}_\alpha)$$

$$= \sum_\alpha m_\alpha \left(r_\alpha^2 \vec{\omega} - (\vec{r}_\alpha \cdot \vec{\omega}) \vec{r}_\alpha \right) \tag{1-48-4}$$

上兩式中我們有用到向量的恆等式：

$$(\vec{A} \times \vec{B})^2 = A^2 B^2 - (\vec{A} \cdot \vec{B})^2 \ \text{及} \ \vec{A} \times (\vec{B} \times \vec{C}) = (\vec{A} \cdot \vec{C})\vec{B} - (\vec{A} \cdot \vec{B})\vec{C} \text{。}$$

　　值得注意的是：在平移與轉動的類比中，我們之前也已看見轉動中的「轉動慣量」遠不如線性運動中的質量 (m) 單純，「轉動慣量」是一個與物體如何轉動有關的量！由 (1-48-3) 式與 (1-48-4) 式的表示式也清楚指出，除非是在 $\vec{r}_\alpha \cdot \vec{\omega} = 0$ 的特例中（即 $\vec{r}_\alpha \perp \vec{\omega}$，前面單元中的討論均為此例），否則剛體轉動之動能 (K) 與角速度大小 (ω) 間並不是一個簡單的平方關係；且角動量 ($\vec{L}$) 與角速度 ($\vec{\omega}$) 之間也不是兩個平行的向量，如此在平移運動與轉動間的類比上，角動量與角速度間的關係，似乎就不像平移動量與平移速度間的簡單 ($\vec{p} = m\vec{v}$)。

　　但在一般常見的例子中，像是 CD 片、輪胎的轉動、或是我們之前所提的芭蕾舞者的定點定軸轉動，都有一個特性：即物體轉動的角速度 $\vec{\omega}$，其方向在空間中均是一個固定不動的向量，且 $\vec{\omega} \perp \vec{r}_\alpha$。如此 (1-48-3) 式與 (1-48-4) 式中的 $\vec{r}_\alpha \cdot \vec{\omega} = 0$，

$$K = \frac{1}{2} \sum_\alpha m_\alpha r_\alpha^2 \omega^2 = \frac{1}{2} I_{\hat{\omega}} \omega^2 \tag{1-48-5}$$

$$\vec{L} = \sum_\alpha m_\alpha r_\alpha^2 \vec{\omega} = I_{\hat{\omega}} \vec{\omega} \tag{1-48-6}$$

$I_{\hat{\omega}}$ 為對應轉軸 $\hat{\omega}$ 之轉動慣量。如此,若此轉動的剛體是在沒有力矩的作用時,角動量會是一個守恆量,因此

$$I_1\omega_1 = I_2\omega_2 \qquad (1\text{-}48\text{-}7)$$

我們可藉由改變轉動慣量的大小來變化角速度的快慢。這也就是我們之前曾提及的芭蕾舞者改變自己轉動速度的技巧原理。

然而一但 $\vec{\omega} \perp \vec{r}_\alpha$ 的條件不成立時:由於剛體對應不同的轉軸會有不同的轉動慣量,因此如(圖 1-48-4)所示,在不同的方向上 $I = L/\omega$ 的比值就不會一樣。所以我們應該不難理解為什麼角速度與角動量,在一般的狀況下為不平行的兩個向量。而這往往會造成物體轉動上的不平穩。

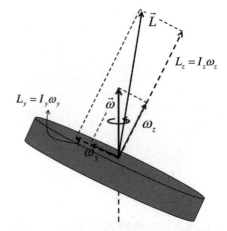

圖 1-48-4　**一般狀況下,角動量的方向不會平行於角速度的方向。**

【練習題1-28】

在單元 1-38 後的練習題中,我們曾提及中子星的誕生。現假設有一顆星球其質量為 500×10^{30}kg,半徑 9.50×10^{8}m 的星球,且自旋一圈得花 30 天的時間。若此星球在重力塌陷後成了中子星,此時的半徑僅 10.0km。試問此中子星的自旋週期為何?

【練習題1-29】

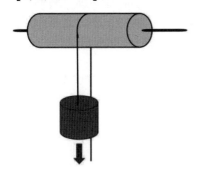

在可忽略空氣阻力的影響下,自由落體的加速度是與物體的質量大小無關。但非自由的落下,只要外加一點的下落條件則得額外的考量。如圖,考慮一個質量為 m 的物體,其下落的過程中藉由繫於其上的繩子帶動上方圓柱的轉動,若此圓柱的質量為 M 半徑為 R。試問此時物體下落的加速度大小為何?(假設繩子與圓柱間沒有滑動的出現)又為何我們可藉此以較省力的方式提起重物?

【練習題1-30】

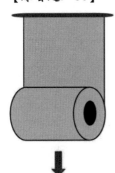

所有頑皮的小孩都可能做過這樣的遊戲,把捲筒衛生紙倒過來,夾住衛生紙好讓整個衛生紙捲筒滾向下去。假設此衛生紙捲筒最初夾在離地面 73cm 處,衛生紙滾筒內部中空部分之半徑 $R_1 = 2.7$m,而整個圓筒之最大半徑 $R_2 = 6.1$m,重 274g。試問此衛生紙捲筒滾下後多久著地。

1-49 再看剛體的轉動慣量

相信讀者都已感受到剛體的「轉動慣量」的確是比「慣性質量」麻煩許多。同樣的一個剛體，只要是繞著不同的轉軸旋轉，往往就會出現不同的「轉動慣量」大小。此外，在直接與物體直線運動的類比上，我們直覺以為該有的關係式 $\vec{L} = I\vec{\omega}$，也不再是永遠成立的恆等式。此簡單的關係僅有在剛體轉動時，剛體內部各點皆能與轉軸保持垂直（$\vec{\omega} \cdot \vec{r}_\alpha = 0$）的特例下才成立。看來，剛體轉動時所擁有的角動量與角速度間的比例常數，即我們藉此來定義「轉動慣量」的依據，並不會是一個單純的「數量」（純量）。

我們就以（圖 1-49-1）中的剛體做爲我們後續探討的範例，若此剛體於轉動過程中的固定點位於圓球 1 的位置，所以我們以此點作爲座標的原點。依 (1-48-4) 式

$$\vec{L} = \sum_\alpha m_\alpha \vec{r}_\alpha \times (\vec{\omega} \times \vec{r}_\alpha) = \sum_\alpha m_\alpha \left(r_\alpha^2 \vec{\omega} - (\vec{r}_\alpha \cdot \vec{\omega}) \vec{r}_\alpha \right)$$

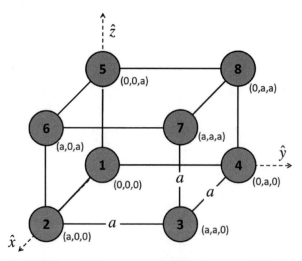

圖 1-49-1　假設此剛體爲一個邊長爲 m 的正立方體，其質量均勻分布在其八個頂角上的圓球，每個圓球的質量爲 m，所以此剛體的總質量爲 $M = 8m$。令標號爲 1 的圓球爲我們所使用之座標軸的原點，我們也在圖中標出每個圓球所在位置的座標。

在一般的狀況下，式中的角速度 $\vec{\omega}$ 可爲任意的大小與方向，就先令其爲

$$\vec{\omega} = \omega_x \hat{x} + \omega_y \hat{y} + \omega_z \hat{z} \tag{1-49-1}$$

而 $\vec{r}_\alpha$ 爲圓球標號 α 的位置向量（例如：$\vec{r}_6 = a\hat{x} + a\hat{z}$）。但爲能寫出不侷限於此

範例的通式來，我們就先以 $\vec{r}_\alpha = x_\alpha \hat{x} + y_\alpha \hat{y} + z_\alpha \hat{z}$ 來表示。所以 $r_\alpha^2 = x_\alpha^2 + y_\alpha^2 + z_\alpha^2$，$\vec{r}_\alpha \cdot \vec{\omega} = x_\alpha \omega_x + y_\alpha \omega_y + z_\alpha \omega_z$。因此 (1-48-4) 式再經過一番整理後可表為

$$\vec{L} = \sum_\alpha m_\alpha \begin{cases} \left[\left(y_\alpha^2 + z_\alpha^2 \right) \omega_x - x_\alpha y_\alpha \omega_y - x_\alpha z_\alpha \omega_z \right] \hat{x} \\ + \left[- y_\alpha x_\alpha \omega_x + \left(z_\alpha^2 + x_\alpha^2 \right) \omega_y - y_\alpha z_\alpha \omega_z \right] \hat{y} \\ + \left[- z_\alpha x_\alpha \omega_x - z_\alpha y_\alpha \omega_y + \left(x_\alpha^2 + y_\alpha^2 \right) \omega_z \right] \hat{z} \end{cases} \tag{1-49-2}$$

此為一個頗為複雜的結果。但如果我們能借用數學上的矩陣來表示向量

$$\vec{\omega} = \omega_x \hat{x} + \omega_y \hat{y} + \omega_z \hat{z} \Rightarrow \vec{\omega} = \begin{pmatrix} \omega_x \\ \omega_y \\ \omega_z \end{pmatrix} \tag{1-49-3}$$

及矩陣相乘的法則來表示 (1-49-2) 式，則我們可得到一個較為簡潔漂亮的形式

$$\vec{L} = \begin{pmatrix} \displaystyle\sum_\alpha m_\alpha \left(y_\alpha^2 + z_\alpha^2 \right) & -\displaystyle\sum_\alpha m_\alpha x_\alpha y_\alpha & -\displaystyle\sum_\alpha m_\alpha x_\alpha z_\alpha \\ -\displaystyle\sum_\alpha m_\alpha y_\alpha x_\alpha & \displaystyle\sum_\alpha m_\alpha \left(z_\alpha^2 + x_\alpha^2 \right) & -\displaystyle\sum_\alpha m_\alpha y_\alpha z_\alpha \\ -\displaystyle\sum_\alpha m_\alpha z_\alpha x_\alpha & -\displaystyle\sum_\alpha m_\alpha z_\alpha y_\alpha & \displaystyle\sum_\alpha m_\alpha \left(x_\alpha^2 + y_\alpha^2 \right) \end{pmatrix} \begin{pmatrix} \omega_x \\ \omega_y \\ \omega_z \end{pmatrix} \equiv (I)_{3\times3} \vec{\omega} \tag{1-49-4}$$

在這看起來較為簡潔的表示式中，我們看見了角動量與角速度間的比例常數（轉動慣量）不再是一個單純的純量，而是一個稱為「慣性張量」(inertia tensor) 的 3×3 矩陣，即此矩陣有三行三列。

在（圖 1-49-1）範例中的剛體，我們可分別將八個圓球的位置座標與質量代入 (1-49-4) 式中「慣性張量」的結果，可得

$$I = Ma^2 \begin{pmatrix} 1 & -1/4 & -1/4 \\ -1/4 & 1 & -1/4 \\ -1/4 & -1/4 & 1 \end{pmatrix} \tag{1-49-5}$$

這便是此剛體相對於座標系原點位置轉動之「慣性張量」。接下來我們考慮此剛體分別繞 (a.) $\hat{z}$ 軸（ $\vec{\omega} = \omega \hat{z}$ ）與 (b.) 連接 m_1 及 m_7 對角線之轉軸（ $\vec{\omega} = \omega(\hat{x} + \hat{y} + \hat{z})/\sqrt{3}$ ）轉動時的角動量。

(a.) $\vec{\omega} = \omega \hat{z}$

$$\vec{L} = (I)_{3\times3} \vec{\omega} = Ma^2 \omega \begin{pmatrix} 1 & -1/4 & -1/4 \\ -1/4 & 1 & -1/4 \\ -1/4 & -1/4 & 1 \end{pmatrix} \begin{pmatrix} 0 \\ 0 \\ 1 \end{pmatrix} = Ma^2 \omega \begin{pmatrix} -1/4 \\ -1/4 \\ 1 \end{pmatrix} \tag{1-49-6}$$

$$= \frac{1}{4} Ma^2 \omega \left(-\hat{x} - \hat{y} + 4\hat{z} \right)$$

此角動量的方向明顯不平行於角速度。又如果此剛體是在沒有受到力矩作用下的轉

動，則角速度$\vec{\omega}$會在角動量守恆（$\vec{L}$ = constant）的要求下，保持與角動量相同的夾角繞著角動量轉動，即稱為「進動」(precession) 現象。

(b.)$\vec{\omega} = \omega(\hat{x} + \hat{y} + \hat{z})/\sqrt{3}$

$$\vec{L} = (\mathbf{I})_{3\times3}\,\vec{\omega} = \frac{Ma^2\omega}{\sqrt{3}}\begin{pmatrix} 1 & -1/4 & -1/4 \\ -1/4 & 1 & -1/4 \\ -1/4 & -1/4 & 1 \end{pmatrix}\begin{pmatrix} 1 \\ 1 \\ 1 \end{pmatrix} = \frac{Ma^2\omega}{\sqrt{3}}\begin{pmatrix} 1/2 \\ 1/2 \\ 1/2 \end{pmatrix} \quad (1\text{-}49\text{-}7)$$

$$= \frac{1}{2\sqrt{3}}Ma^2\omega(\hat{x} + \hat{y} + \hat{z}) = \frac{1}{2}Ma^2\vec{\omega}$$

此角動量的方向平行於角速度，因此沒有出現 (a.) 例中的「進動」現象，我們也稱此特別的轉軸方向為此剛體轉動的「主軸」(principal axe of inertia)，而對應此「慣性主軸」的轉動慣量則稱為「主軸轉動慣量」(principal moment of inertia)，在此例中的「主軸轉動慣量」為 $Ma^2/2$。

讀者或許會問，對此剛體是否還有其它的「主軸」存在？答案是－有的。在我們以 3×3 矩陣表示的「慣性張量」中會有三個彼此相互垂直的「慣性主軸」，且各自對應有自己的「主慣性矩」。在我們的範例中，讀者可試試下面兩個角速度

$$\vec{\omega} = \omega(\hat{y} - \hat{z})/\sqrt{2}$$
$$\omega(-2\hat{x} + \hat{y} + \hat{z})/\sqrt{6} \quad (1\text{-}49\text{-}8)$$

此兩個角速度對應的「主慣性矩」均為 $5Ma^2/4$。

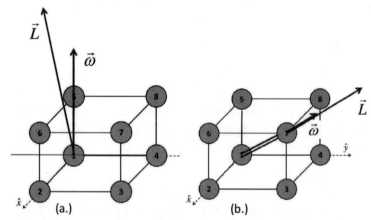

圖 1-49-2 針對（圖 1-49-1）之剛體，不同自轉軸 $\vec{\omega}$ 下的角動量 $\vec{L}$。(a.) 自轉軸為 $\vec{\omega} = \omega\,\hat{z}$ 的轉動；(b.) 自轉軸為 $\vec{\omega} = \omega(\hat{x} + \hat{y} + \hat{z})/\sqrt{3}$ 的轉動。

【練習題/-3/】

是有不少的人對數學式存有懼怕之心，特別是式中出現不曾看過的符號。但符號所代表的意思看懂後，其實不難！有些就僅是所要代表之概念「操作」定義，看懂後你會發現數學是一個很好的工具，不僅可將複雜概念簡潔地表示出來，還容易擴展延伸到更寬廣的應用上。例如：當我們引進 Kronecker delta 函數，其定義如下

$$\delta_{ij} = \begin{cases} 1 & i = j \\ 0 & i \neq j \end{cases}$$

則 (1-49-4) 式中那複雜的「慣性張量」（3×3 矩陣）可簡潔地表示成

$$(I)_{ij} = \sum_{\alpha} m_{\alpha} \left(\delta_{ij} (x_{\alpha})_k^2 - (x_{\alpha})_i \cdot (x_{\alpha})_j \right)$$

式中的下標可為 (1, 2, 3)，分別代表 $(x_1, x_2, x_3) = (x, y, z)$。又當 $i = j$ 時，括弧中的第一項成了 $(x_{\alpha})_k^2$，即 $(x_{\alpha})_k \cdot (x_{\alpha})_k$，下標 k 為一個自由沒被限定的下標，因此 k = (1, 2, 3) 得各輪一次相加起來，所以 $(x_{\alpha})_k^2$ 實為圓球標號 α 之位置向量的平方。有此表示式，我們就可很自然地將之推廣至連續物體之「慣性張量」

$$(I)_{ij} = \int \rho \cdot \left(\delta_{ij} x_k^2 - x_i \cdot x_j \right) d\tau$$

此積分為對整個物體之體積分，式中的 ρ 則為物體之質量密度。

有此表示式後，讀者不妨將（圖 1-49-1）的例子改為一個總質量為 M，且質量均勻分布之立方體，同樣參照圖中的座標系統 (轉動之固定點在原點上)，試求其相對應之「慣性張量」，並找出相互對應之「主軸」與「主軸轉動慣量」。亦試著將轉動之固定點移至此立方體的質心位置所在，即座標原點擺在質心上。讀者可發現結果會單純許多！這告訴我們，對同樣物體的不同轉法，難易度真的會差很多。

1-50 滾動快，還是滑行快？

在討論剛體轉動對整體運動的影響時，最好還是能舉一個大家很容易去推理與驗證的實例給大家看看。如（圖 1-50-1）所示，假設有一輪胎由距地面高度 h 處沿斜面直線滾下，若此輪胎僅有滾動而無滑行。試問輪胎滾至地面時的速度爲多少？

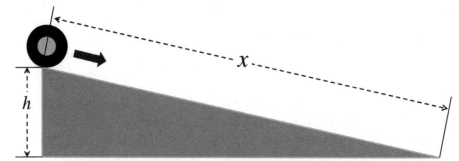

圖 1-50-1　同伽利略的斜面運動，只是將滑動的物體以滾動的輪胎替代。一個有趣的問題：是滑動的物體先滑到斜面的底端，還是滾動的輪胎先抵達呢？

在對剛體運動的分析上，我們已於 (1-44-4) 式上得到一個重要的結果：

$$K = \frac{1}{2} M V_{\text{C.M.}}^2 + \sum_{\alpha} \frac{1}{2} m_{\alpha} v_{\alpha}'^2 \equiv K_{\text{C.M.}} + K'$$

此 (1-44-4) 式的重要性在於讓我們可將問題拆成兩部分處理：一爲質心部分，另一部分則是相對於剛體質心的運動。又因爲剛體內部任意兩點間的相對位置與距離不變，如此限制了這部分的剛體運動僅可爲轉動的形式，且轉軸要穿越質心位置。如（圖 1-50-1），讀者也不難看出沿斜面滾下的輪胎是有符合此要求（我們且將輪胎視爲剛體）。且在輪胎的質心座標中 $\vec{r}_{\alpha}' \perp \vec{\omega}$ 的條件成立（我們可將此輪胎的轉動視爲圓盤繞中心軸轉動的問題），因此 (1-48-3) 式的動能可簡單寫成

$$K' = \frac{1}{2} \left(\sum_{\alpha} m_{\alpha} r_{\alpha}'^2 \right) \omega^2 \equiv \frac{1}{2} I \cdot \omega^2$$

若此輪胎的質量及半徑大小分別爲 m 與 R，且對應於問題中轉軸的轉動慣量爲 I。如此輪胎滾動下來的動能爲

$$K = \frac{1}{2} M \cdot V_{\text{C.M.}}^2 + \frac{1}{2} I \cdot \omega^2 \tag{1-50-1}$$

又由於此輪胎僅有滾動而無滑動，因此輪胎沿斜面滾下的前進距離 x 必與輪胎旋轉之總角度有 $x = R\theta$ 之關係（圖 1-50-2）。兩邊各對時間微分，即可得滾動而無滑動時

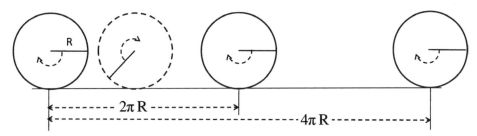

圖 1-50-2 當半徑為 R 的輪胎轉一圈 $\theta = 2\pi$，在沒有滑行（打滑）的狀況時，輪胎將前進 $2\pi \cdot R$ 的距離，即此輪胎的周長。因此滾動而無滑行的條件：滾動前進的距離恰等於圓半徑與圓轉動徑度量的乘積 $(x = R\theta)$。

前進速度 $V_{\text{C.M.}}$ 與角速度 ω 的條件：

$$x = R\theta \iff \dot{x} = R\dot{\theta} \text{（即 } V_{\text{C.M.}} = R\omega \text{）} \tag{1-50-2}$$

此外，能量守恆原理也告訴我們：當輪胎由高處滾下時，如果不計摩擦力所消耗掉的能量，輪胎原先所具有的重力位能將會轉換成輪胎運動之動能。因此在任意時刻下輪胎之動能加位能將會是一個定值，即此機械能為一個守恆量。如此當輪胎滾到地面時的速度若為 $V_{\text{C.M.}}$，則：

$$mgh = \frac{1}{2}mV_{\text{C.M.}}^2 + \frac{1}{2}I\omega^2 = \frac{1}{2}mV_{\text{C.M.}}^2 + \frac{1}{2}I\left(\frac{V_{\text{C.M.}}}{R}\right)^2 \Rightarrow V_{\text{C.M.}} = \left(\frac{2gh}{1+\dfrac{I}{mR^2}}\right)^{\frac{1}{2}} \tag{1-50-3}$$

比較只有滑行的物體，其滑行到地面時的速度為 $V_{\text{C.M.}} = (2gh)^{1/2}$，此僅滑行的速度明顯比 (1-50-3) 式的速度快，其差別來自於 (1-50-3) 式中分母中的 $I/(mR^2)$。所以我們可推論：對同樣質量的可滾動物體（圓柱體或球體），轉動慣量越大的物體將越慢滾至地面端，即滾至地面時有較慢的速度。我們也可視滑行的物體為轉動慣量為零的物體，因此在摩擦力可忽略的狀況下，純滑行的物體會有最快的運動速度。

　　雖然在直覺上，我們會認為滾動的物體較容易使之運動前進，因而在本例題中也該有較快的速度，這可能又是摩擦力對我們所造成的錯誤直覺，讓我們無法立即掌握住物體運動的真實狀態。至於為什麼會有這樣的錯誤直覺，當然也是因為在平常的經驗中，物體要能夠滑動就必須要能夠克服最大靜摩擦力的阻礙，而滾動所需克服的最大靜摩擦力就容易多了。也因此，對一個靜置於斜面上的方正形狀之物體，想藉由增加斜面傾斜角度來使之滑動的最小角度，是遠大於可滾動物體所需的角度。

　　此外，我們對 (1-50-3) 式的結果應也不難理解：在純滑行的物體中，因高度下降而讓位能轉換成動能的能量，可全部轉換成物體前進的速度。但在滾動的例子中，這些被轉換成動能的能量不僅要讓輪胎前進，同時也得讓輪胎轉動。如此同樣大小的能量轉換，卻得同時照顧兩種型態的運動，這也合理地讓輪胎的前進速度慢下不少。

1-51　陀螺的轉動

　　物體的轉動在我們的生活中佔有相當的份量，讀者不妨想想有哪些的實例。本單元則將簡單介紹一下陀螺轉動的基本特徵。可別小看這陀螺的轉動，看似小朋友的玩意，實質上它在航行穩定與定向上有廣泛的應用。

　　就讓我們先來看（圖 1-51-1）的例子，相信讀者在看完這個例子後可對物體轉動的背後道理有更深一層的理解。由於原本整個裝置系統在 $\hat{z}$ 方向的角動量為零，因此即便在（圖 1-51-1 b.）中裝置將快速轉動的轉輪之轉軸轉個九十度角，使之指向 $\hat{z}$ 方向，但在外部沒有施予力矩下，角動量的守恆讓此裝置的基座轉台會以相反的方向旋轉，好讓 $\hat{z}$ 方向的角動量保持為零。

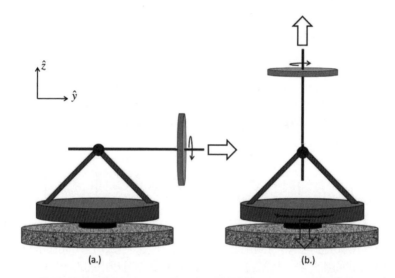

(a.)　　　　　　　　　　(b.)

圖 1-51-1　**裝置於基座轉台上的快速轉動轉盤。(a.) 一開始時，快速轉輪的轉軸方向為水平方向 (y- 軸)，其轉動之角速度與角動量之方向相同，均在 y- 方向。此時的基座轉台為靜止不動。(b.) 暫不管如何達成，在此圖中，裝置將轉輪的轉軸導正成垂直的方向 (z- 方向)。此時因為整體裝置的角動量守恆，基座轉台會出現反方向的轉動。**

　　讀者應該不難理解上面所陳述的現象。但一個有趣的追問，這裝置到底如何辦到？如何地去對快速轉動的轉輪施力與力矩以改變其轉軸方向，並讓基座轉台朝逆方向旋轉？

　　（圖 1-51-2）顯示，當轉輪之轉速很快時 ($\vec{L}_0 = I\vec{\omega}$)，改變轉軸方向並不會改變其

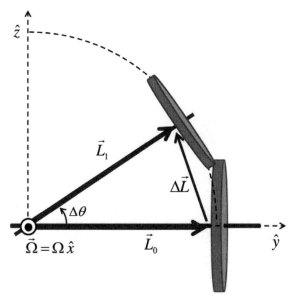

圖 1-51-2 細看快速轉動之轉輪的轉軸變化。其中此轉軸的轉動角速度 $\vec{\Omega} = \Omega\,\hat{x}$ 為我們範例中的設定。

原本角動量的大小,僅是方向上的改變。因此當 $\Delta\theta \to 0$ 時,角動量的改變 $\Delta\vec{L}$ 方向應是垂直於原本的角動量 $\vec{L}_0$,大小則為$\Delta L = L_0\Delta\theta$。如此根據力矩與角動量的關係,

$$\vec{\tau} = \frac{d\vec{L}}{dt} \Rightarrow \tau = L_0\frac{d\theta}{dt} = L_0\Omega \qquad (1\text{-}51\text{-}1)$$

考慮方向後,它們之間的關係應為

$$\vec{\tau} = \vec{\Omega}\times\vec{L}_0 \qquad (1\text{-}51\text{-}2)$$

此力矩在圖中的 $\hat{z}$ 方向上。又$\vec{\tau} = \vec{r}\times\vec{F}$,我們可推知裝置必須朝向圖中$-\hat{x}$方向對轉軸橫桿施予一個力,才能達到我們對裝置系統的要求。但別忘了牛頓的第三運動定律,當裝置對轉軸橫桿施予一個力,橫桿也勢必同時地施予裝置一個方向相反大小一樣的反作用力。就是這一個反作用力讓基座轉台出現反向的旋轉。

讓我們再來看一個陀螺儀 (gyroscope) 的例子(圖 1-51-3)。毫無疑問地,如果這個轉輪不轉動且如圖中的擺設,重力的存在會讓此轉輪往下掉落,而無法達到靜態之平衡。但如果轉輪相對於本身的轉軸有個角速度,則此陀螺儀由於存在與角速度同方向的角動量,將會讓整個轉輪的運動呈現出非常有趣的樣貌。對此陀螺儀,我們就考慮一個較為簡單的狀況,轉輪除了有很快的轉速外,其轉軸是以水平的方式擺置。如此我們可判斷向下的重力所造成的力矩,大小為 *mgr*,方向則垂直於轉輪本身之角動

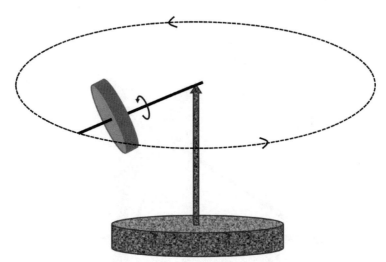

圖 1-51-3　讓人百看不厭的陀螺儀。

量。也因此，這個力矩僅會改變轉輪的轉軸方向，而不改變其角動量之大的旋轉角速度，而此旋轉我們稱之為陀螺之「進動」(precession)，其軌跡為（圖 1-51-3）中的虛線。至於此「進動」的角速度亦可推知為

$$\vec{\tau} = \vec{\Omega} \times \vec{L} \Rightarrow mgr = \Omega \times (I\omega)$$
$$\Rightarrow \Omega = \frac{mgr}{I\omega}$$

(1-51-3)

　　此「進動」角速度會隨著轉輪本身的角速度 (ω) 變慢而增快，這也是我們於打陀螺中所常看見的現象，在陀螺即將要停止的階段，會出現很快的「進動」現象。在陀螺儀中也是如此，只是會有更為有趣的運動現象出現。當轉輪角速度變慢時，我們不僅看見逐漸加快的「進動」的現象，還會出現的「進動」軌跡忽高忽低的「章動」(nutation) 現象[註31]。

[註31] 對陀螺旋轉有興趣且想進一步探究的讀者，可參考一般大學之古典力學教科書。例如：John R. Taylor,《Classical Mechanics》

圖 1-51-4　當圖中的陀螺有個固定的角速度後，因為角動量守恆的原故，讓我們即便將整個裝置移動改變方向，角動量還是會固定在原先的方向上。無疑地，我們可將此應用在航行上對方向的確定。

圖 1-51-5　量子物理中的兩位奠基者波耳 (Neils Bohr)（右）與鮑立 (Wolfgang Pauli)（左）也如同孩童般地看著陀螺的旋轉。

1-52　真實世界中的物體

在我們之前對物體的所有討論中，雖可將其內部組成的點質點理解爲構成物體的基本單位－原子[註32]。原子與原子之間會有不同的鍵結結構，其對物體所造成的不同特性中，當然也包含物體本身的硬度與延展性等等。然而爲求討論上的方便，我們之前所討論的物體均限制在永不形變的「剛體」上。但眞實世界中，眞的會有這樣理想的「剛體」存在嗎？答案是否定的！當物體受到力的作用，即便在作用過後的物體外形可完全不變，但物體在受力的過程中多少都會出現形變與振盪的現象。差別僅在於程度上的不同，且在我們所要處理的問題中這樣的形變與振盪是否有被考量的必要性。如果不重要，那就將物體視爲理想的「剛體」吧！問題會簡化許多，畢竟物體受力後的眞實反應是件頗爲複雜的過程。

就以大家小時候都玩過的黏土爲例，雖然黏土被捏一下後就會產生永久的形變。但想要大家注意的是，當我們對置於桌面上的黏土壓一下。此壓一下的施力有其一定的方向，但黏土的反應並不是僅在此單一方向上產生壓縮的形變，而是各個方向的形變。但根據牛頓定律，這樣的反應唯有當黏土受外力擠壓時，黏土內部會反應出各個方向的力出來才有可能。因此在探討物體的受力與形變上，即便一切還是可回到牛頓力學上的分析，但我們還是會去對物體的內部受力狀態定義兩個比較方便使用的物理量：應力(stress) 與應變 (strain)。雖然「應力」與「應變」這兩個物理量應爲張量 (tensor) 的形式，但在此我們並不會深入此領域的討論，而僅讓讀者有一粗淺的概念。

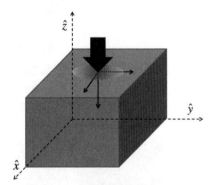

圖 1-52-1　物體受外力作用後的內部反應，會表現在其各個方向的形變與振盪上，不容易以單純的向量來描素。

應力：物體單位面積上所受到的力。（註：對此單位面積的理解，該是我們對物體所受應力大小的歸一化 (normalization) 處理。）
應變：物體受到應力作用後所回應出結果，定義爲物體出現形變的比例。

[註32] 雖然在巨觀的古典物理中，如此將原子直接地拉進來討論會有不少欠缺周詳之處。但將原子視爲構成物質的最基本單位，這個概念圖象倒是沒有受到太多的異議，即便我們已知道原子內部還有更基本的構成粒子。

> 若應力不要過大或作用時間過久，而讓物體產生永久的形變。如此當應力移除後，物體將會出現振盪的現象，並最終恢復原狀（見（圖 1-52-3）之說明）。而此兩個互為因果關係的物理量間，可藉由一個稱為「彈性模數」(elastic modulus)的常數連結在一起：（應力）＝（彈性模數）（應變）。

又根據物體形變的方式，我們可將應力的形式區分為：拉 (stretching)、壓 (compression)、與剪 (shear) 三種型式，一般我們便將其所對應之「應力」依序稱呼為－張力 (tension)、壓力 (pressure)、與剪應力 (shearing stress)。而各自對應之「應變」與「彈性模數」如下：

● 張力：繩索單位截面積所受到的拉力 $(T = F/A)$，「應變」則為此繩索受張力下的長度改變比率 (dl/l)。此時的「彈性模數」又稱為「楊氏模數」(Young's modulus)，常以 YM 代表。

$$T = \text{YM} \cdot \frac{dl}{l} \tag{1-52-1}$$

● 壓力：物體內部某位置於選定面積方向上所受到的力大小 $(P = F/A)$，其「應變」則為物體受此壓力下的體積變化率 $(-dV/V)$。此時的「彈性模數」稱為「容積彈性模數」(bulk modulus)，常以 BM 代表。因物體受壓後的體積均會變小，所以習慣上會加一個「負號」好讓「容積彈性模數」的定義為正。

$$P = -\text{BM} \cdot \frac{dV}{V} \tag{1-52-2}$$

壓力下（固態）物體所產生應變，此概念亦可沿用到液態與氣態的物體，以界定流體（液體與氣體之統稱）之可壓縮性。

● 剪應力：剪應力是指物體受到與某平面平行之力，其「應變」為物體於此受力方向上的錯動比率（如圖 1-52-2）。此時的「彈性模數」稱為「剪力模數」(shear modulus)，常以 SM 代表。

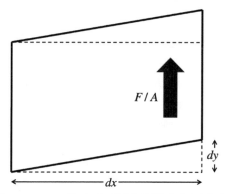

圖 1-52-2　**剪應力與其應變之示意圖。**

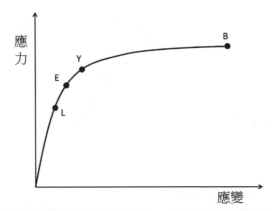

圖 1-52-3　對一般具有延展性物質（如：銅、銀）之應力–應變關係之示意圖。當應力小於 L 點時，應力與應變呈線性關係，即振盪之虎克定律可適用的階段。E 點代表彈性限度 (elastic limit)，施加於物質上的應力若超過此點則會出現永久的形變。Y 點稱為「降伏點」(yield point)，過了此點，應力增加一些則會出現大幅的應變增加量。B 點則為斷裂點 (breaking point)，當應力大過此值，物質將會被斷裂。

$$\frac{F}{A} = SM \cdot \frac{dy}{dx} \tag{1-52-3}$$

同樣地，此剪應力的概念亦可沿用至流體上，用來解釋流體之黏滯性 (viscosity)。

表 1-52-1　常見物質之彈性模數。值得注意的是，我們由表得知，相對於其它物質，氣體為可壓縮的物質。

常見物質之楊氏模數 (10^9 nt/m²)		常見物質之容積彈性模數 (10^9 nt/m²)		常見物質之剪力模數 (10^9 nt/m²)	
鑽石	1000 – 1200	鋼	160	鋼	70 – 90
鎢絲	400	鋁	76	銅	45
鋼	200	玄武岩	50 – 80	玻璃	26
鋁	70	花崗岩	10 – 50	鋁	25
玻璃	70	水銀(汞)	28.5	聚乙烯塑膠	0.12
混泥土	20 – 30	水	2.2	橡膠	0.0003
保麗龍 (聚苯乙烯)	3	汽油	1.5		
		空氣	0.000142		

【練習題/-32】

已知尼龍繩之「楊氏模數」爲 YM = 3.51×10^9 nt/m^2。今有一條長度爲 50.0m 的尼龍繩，在其低端因負重 70.0kg 而使之緊繃。若要求此尼龍繩不能因所受張力而拉長多過 1.00cm，試問此尼龍繩的直徑長度不得小過多少？

【練習題/-33】

位於西太平洋的馬里亞納海溝 (Marianas Trench) 爲目前我們所知的最深海溝，其中被稱爲「挑戰者深淵」(Challenger Deep) 的海深更深達 10.922 公里。若於海平面的大氣壓力爲 p_0 = 101.3kPa，海水密度爲 ρ_0 = 1024kg/m^3。此外，我們也知道海水之「容積彈性模數」與壓力間的關係爲 $B(p) = B_0 + 6.67(p - p_0)$，其中 B_0 = 2.19×10^9 Pa。在不計海水溫度與含鹽度隨海深度的變化下，試求在「挑戰者深淵」處的壓力與海水密度？

1-53　物質的分類──固體、液體、氣體

人們很自然地依物質外觀之最大特徵將其分類為固體、液體、與氣體。我們當今也知道「原子」是組成物質的基本單位，那我們不妨以原子的角度去理解物質（固、液、氣）三態間的差異。就以 H_2O 這個分子為例：在半古典的圖像下，此分子是由一個氧原子與兩個氫原子以特別的形式構成，如（圖 1-53-1）所示。不同原子間會有獨特但不同的鍵結方式，雖然在（圖 1-53-1）中的 H_2O 分子例子中，我們已標示出氫氧鍵間的鍵長與夾角，但我們該知道原子分子本身並無法完全的靜止下來。它們都會以特定的頻率振盪，

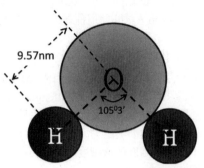

圖 1-53-1　在半古典思維下的 H_2O 分子示意圖。

就看我們是以多精細的精準度去測量此振盪的存在與否。此氫氧鍵當然也可被外力給裂解。但我們若把描述的尺度放大些，我們也可將 H_2O 分子視為一個基本的單位，那分子本身也同樣具有各種形式的運動，與其所相應蘊含的能量。如此個別分子所擁有的不同能量量級，便會造就出分子與分子間不同的鍵結與排列方式。

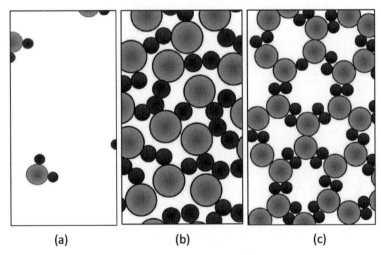

(a)　　　　　　　(b)　　　　　　　(c)

圖 1-53-2　H_2O 的三態。
(a.) 氣態；(b.) 液態；(c.) 固態

我們就從液態的水開始，見（圖 1-53-2 (b)），由於 H_2O 分子與分子間會藉由氫鍵

的形成而將不同的 H_2O 分子連結在一起。在一大氣壓的室溫下，各別分子雖然擁有足夠的能量去自由移動，但氫鍵的吸引卻也足夠大到讓整體的 H_2O 分子不會有絲毫地分離裂解。此外，我們非得藉由容器才可裝盛這液態 H_2O 分子的（水），此性質也讓我們將物質的液態歸類為「流體」(fluid)。雖然這些被裝盛住的水，其外觀會決定於容器的形狀，但水的整體體積卻是固定不變。此體積不變的特性，即不可壓縮性 (incompressible)，亦是與同為流體之氣體間的最大差別。

接下來，同樣是在一大氣壓下，我們若去增加液態之 H_2O 分子的溫度。如此各別的 H_2O 分子將會有更劇烈的運動能力，擁有更高的能量。直到溫度高於水之沸點溫度（100℃），原本分子與分子間的氫鍵再也無法將各別的 H_2O 分子連結一起。相反地，每一個 H_2O 分子都成為各別的基本單位獨自運動，這便是物質的氣態。同樣地，我們也需要容器才能侷限住此氣態流體。但由於分子與分子間是沒有任何的鍵結存在，空無一物的周遭也讓此氣態流體成為可壓縮 (compressible) 之流體[註33]。

最後，我們也可藉由降低溫度來減弱 H_2O 分子的運動能力。一大氣壓下，當溫度降至水的冰點（0℃）以下，分子與分子間將會出現特殊的排列結構。此時的 H_2O 分子已失去其各別之自由移動能力，因此會被固定在一個固定的位置，使分子與分子間的相對位置始終保持不變，這便是 H_2O 分子的固態形式（冰）。值得提出是，H_2O 分子的固態結構會有比其液態時的分子堆疊更為寬鬆，見（圖 1-53-2 (c.)）之示意圖。這也讓 H_2O 分子成為一種很獨特的物質，其固態冰之比重（質量密度）會比其液態水還小，此特性也造成了海平面上的冰山存在。

雖然，我們以構成物質的基本單元「原子」來理解物質三態間的區別。但我們不妨來看一下原子與我們日常所見之物體間的相對尺度大小，見（圖 1-53-3）。

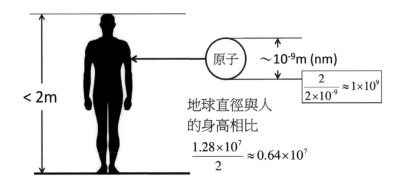

圖 1-53-3　原子尺寸 vs. 我們日常生活中的尺寸。

[註33] 我們亦可由容積彈性模數的實驗數據（表 52-1），看見液態流體（水、汽油）與氣態流體（空氣）間壓縮性的差異。

我們也可作如下的估算：

水的密度約為 $\rho \approx 1\mathrm{g/cm}^3$，又 18g 水有近 6×10^{23} 個水分子。因此在體積為一立方公分的水中，就包含有近 3.3×10^{22} 個水分子。此數目是相當的巨大！因此在古典物理的範疇中，我們是不會以原子的層級去思考解決問題[註34]。也因此，我們必須對後續單元中（仍屬古典物理範疇）所出現的「巨觀」(macroscopic) 與「微觀」(microscopic) 概念有所說明。「巨觀」就是我們日常生活中所看見的物體尺寸大小；但在流體力學與熱物理的古典領域中，特別是在涉及有微分概念的物理量時，我們時常出現以「微觀」的概念去描述體積無限小的物質或質點。但必須牢記於心的是，在這體積無限小的物質中仍是包含有巨大數量的原子存在，或可說是無限多個質點的存在。也就是說，在探討「流體」時，我們可將「連續假設」(continuum hypothesis) 應用在物質的組成上，並視「流體」為一個連續的彈性物質。因此在前一單元中所介紹的「應力」與「應變」之概念，同樣也就可套用在流體上。

[註34] 當然，若能在我們巨觀的世界中出現任何的量子效應，都會是讓物理學家欣喜且投入研究的對象。

第2章
波的現象

2-1 波的現象

　　相信大家對波的現象應不會感到陌生，就以能被我們所看見的波為例，無論是雨滴對積水處所激起的干涉波紋，或是微風掠過河面所引起的水面振盪，這振盪卻讓水面看似一個不斷前行的波面。這也讓運動場上的熱情觀眾，模擬起自然界中的上下振盪以製造出可繞著運動場跑的加油波浪。此外，隨風搖擺的稻田或是芒草也會出現「波」的影像。「波」的身影就在我們的周遭無所不在！更別提那些，不是那麼清楚被人所感知，但卻是從小被教導為波的「聲音」與「光線」，其所對應的「聲波」與「光波」早已不再是什麼高深的學術用語，就連「微波」、「無線電波」等等各式各樣的波名都進入我們的日常語彙，成為生活中的一部分。但「波」到底是什麼？卻又是令人難以說明清楚的現象。

　　首先可指出的是，不同於我們前面所探討過的單元主題，物體本身的運動就是我們所感興趣的主題。但就以水波為例，在「波」的探討中，我們所感興趣的並不是水分子本身的運動，而是眾多水分子彼此間的特殊運動模式所造成之「現象」。也就是說，我們所感知的並不是水分子的運動，而是一個「波動」的「現象」，此感官的波動現象往往還會與真實水分子的運動方式相去甚遠。那我們該如何描述這「波」的「現象」呢？雖然水波是我們最具體化可被理解的波動現象，但為求分析上的簡單與較為單純的系統，我們將在下面的兩個單元中分別介紹「弦上波」與「聲波」兩種不同的波，藉由分析系統組成分子（弦本身與空氣分子）的運動，我們又可將波分類為「橫波」(transverse wave) 與「縱波」(longitudinal wave) 兩種。但無論是何種波，我們都將同樣獲得一個描述波動現象的「波動方程式」(wave equation)。因此，數學上我們倒可簡單地回答，凡是符合「波動方程式」的物理系統就會呈現出波的現象。

　　但如此分析波的形成原因卻也出現了問題。在推導「波動方程式」的過程中，我們似乎很清楚地知曉承載波的組成分子，習慣上稱為波的「介質」。就像弦之於「弦上波」、空氣分子之於「聲波」、水分子之於「水波」等等承載波的「介質」。那十九世紀所發現的「電磁波」呢？它的介質為何？即便不太能清楚指出，但或許是十九世紀的物理學家已對「波」與「介質」有太過於緊密的聯想，很自然地就先假定電磁波的「介質」存在，並將之命名為「以太」(ether)。後雖經愛因斯坦所提出的革命性理論指出，即便「電磁波」依循同樣的「波動方程式」及波的若干共同特性，但愛因斯坦已不再認為「以太」有其存在的必要性。這讓「電磁波」於波的探討中處於一個蠻特殊的地位，因此我們將會把電磁波的討論延後至本書的後半，待讀者對電磁理論有了基本認識後，再引入電磁波的討論。而接下來對「波」的幾個單元中，我們所要處理的「波」都有一個明確的承載「介質」，我們也稱這樣有「介質」的「波」為「機械波」(mechanical wave)。

　　有了波動方程式後，我們將在「2-4 波動方程式的解」中給出符合此波動方程式的最簡單解，並由解的特性去定義幾個重要的物理量——波的前進速度、頻率、與波長。至此，我們可進一步地由產生「機械波」的基本認識去回答我們一開始的問題，

「波」到底爲何？又到底可以跑多快？讀者將可在「2-5 能量於波中的傳遞」與「2-6 波的傳遞速度」兩單元中得到答案。

　　波的傳遞速度僅與傳遞波之介質特性有關，而與產生波的波源運動狀態無關，但波的頻率與波長則不然。事實上，針對某特定波之頻率與波長大小，會與波源及觀察者間的相對運度有關，其關係就是著名的「都卜勒效應」(Doppler's effect)。此效應與它廣泛的應用便是單元 2-7 的主題。

　　接下來的兩個單元 2-8 與 2-9 中，我們則要介紹多個波同時存在且相互影響下的「干涉」(interference) 與「駐波」(standing wave) 現象。相對於物體本身的運動探討，「干涉」與「駐波」現象都是「波」中很獨特的現象，亦是物理史中支持「光」之波動說的關鍵現象。而在有了「駐波」的概念後，很自然地我們會提及像是小提琴或吉他一般的弦樂器，他們都是利用「駐波」原理所製成的樂器。因此在單元 2-10 與 2-11 中，我們將針對「音樂」，談談「音樂」的物理特性 – 音色、音調、與響度。然一旦觸及像是「音樂」這般眞實的波動現象，我們所感知的波往往就不會是單一頻率的波，而是由數個不同頻率之波間的線性組合。除此之外，以一般物質爲介質承載的波，其波長與頻率之間也將有更爲複雜的關係 – 稱爲「色散關係」(dispersion relation)。因此，我們有必要在單元 2-12 中對此「色散關係」說明，並引進波包 (wave packet) 與其相速度及群速度的概念。

　　最後，在我們介紹「機械波」的最後單元中，我們將回到「水波」。之前我們稱此「水波」爲一般大眾對波動現象最具體化與可被理解的例子，但在初步介紹更趨眞實的「水波」之後，相信讀者可察覺 – 即便是一個再普遍不過的自然現象，若要全然的理解，還是有它深奧神秘的一面等待我們去發掘與探究。

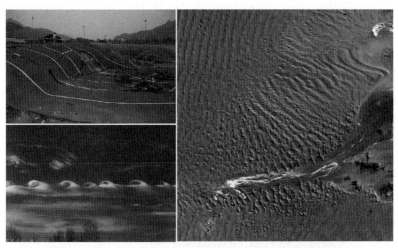

圖 2-1-1　「波」在大自然中以不同的相貌出現。

2-2 波動方程式 ── 弦上的波

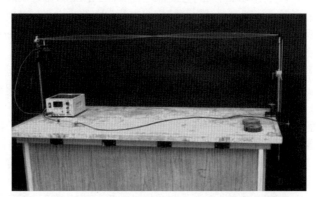

圖 2-2-1 學校物理實驗課中常見的駐波實驗。

相信讀者在學校的物理實驗課中，都有接觸過弦上的駐波實驗。雖然「駐波」並不是我們這個單元所要討論的課題，但弦上的波動現象倒也是在認識波，與推導波動方程式上的一個標準範例。由於弦上各點振盪的方向與波前進的方向垂直，我們就將此形式的波稱為「橫波」(transverse wave)。為產生弦上的波，我們看見（圖 2-2-1）中的弦左端有一個振盪器來驅動弦的振盪。此外，弦的右端則懸掛一重物以施予此弦一個固定大小的張力 (T)。實驗中之所以要使用振盪器是要弦持續產生為數眾多的波，以達到前進波與反射波間的干涉，進一步達成駐波的出現，以便我們對波的觀察。在下面的分析中，我們也會發現弦上的張力將會是弦上出現波動現象的必須要件。

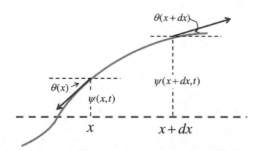

圖 2-2-2 波動方程式可藉由分析弦上的一小段，看其受力狀況來推導獲得。圖中的 $dx \ll 1$，且在真實的弦上波 $\theta(x) \to 0$。最下端的水平虛線為弦原本靜止時的平衡位置。

假設我們所要討論的弦，其單位長度的質量為 μ。若我們在此弦上的任一位置撥弄一下，使撥弄處有一個起始的位移，即離開（圖2-2-2）中弦原本靜止時的平衡位置。

我們想推導出此橫波的波動方程式，以得知此弦於任何時刻任何位置的位移狀況。此推導我們還是得以力學的基礎－牛頓的第二運動定律（$\vec{F} = m\vec{a}$）為出發點。由於在同一時刻，弦上每點的位移量均不同，假設弦在位置 x 與時間 t 的位移量為 $\psi(x, t)$。則此弦於微小區段 $(x, x + dx)$ 內的質量與加速度之乘積應為

$$(\mu dx) \cdot \frac{\partial^2 \psi(x,t)}{\partial t^2} \qquad (2\text{-}2\text{-}1)$$

雖然弦上的張力大小 (T) 不會改變，但弦上不同位置上的張力方向卻是不同，如（圖 2-2-2）中所示 $\theta(x) \neq \theta(x + dx)$。在「橫波」的例子中，我們不難理解造成 (2-2-1) 式中位移量與加速度形式的原因，來自於此區段弦之兩端張力於垂直方向上有大小不同的差異：

$$-T\sin(\theta(x)) + T\sin(\theta(x+dx)) = T\big(\sin(\theta(x+dx)) - \sin(\theta(x))\big) \qquad (2\text{-}2\text{-}2)$$

又在弦上波的例子中，無論何處的 $\theta(x)$ 均是很小的值 $(\theta(x) \ll 1)$。因此，我們可用下面的近似

$$\sin\theta \approx \theta \approx \tan\theta = \frac{\partial\psi}{\partial x} \qquad (2\text{-}2\text{-}3)$$

來處理 (2-2-2) 式的計算，如此牛頓的第二運動定律便可由合併 (2-2-1) 與 (2-2-2) 式來獲得

$$T\big(\sin(\theta(x+dx)) - \sin(\theta(x))\big) \approx T\left[\left.\frac{\partial\psi}{\partial x}\right|_{x+dx} - \left.\frac{\partial\psi}{\partial x}\right|_x\right] = (\mu dx)\cdot\frac{\partial^2\psi}{\partial t^2} \qquad (2\text{-}2\text{-}4)$$

等號兩邊再同除以 Tdx，並根據微分之定義

$$\lim_{dx\to 0}\frac{\left.\frac{\partial\psi}{\partial x}\right|_{x+dx} - \left.\frac{\partial\psi}{\partial x}\right|_x}{dx} \equiv \frac{\partial^2\psi}{\partial x^2} = \frac{\mu}{T}\frac{\partial^2\psi}{\partial t^2} \qquad (2\text{-}2\text{-}5)$$

最後令 $v^2 = T/\mu$，則 (2-2-5) 式即為著名的「波動方程式」(wave equation)：

$$\frac{\partial^2\psi}{\partial x^2} = \frac{1}{v^2}\frac{\partial^2\psi}{\partial t^2} \qquad (2\text{-}2\text{-}6)$$

此外，依據方程式中物理量之單位要求，我們也可推知 (2-2-6) 式中的 v 有速度的物理意義。但此速度所指為何？則有必要在後續的單元中另行討論。

值得一提的是作用於弦上的張力，其水平分量的大小為 $T\cos\theta(x)$，同樣在 $\theta(x) \ll 1$ 的近似下，

$$\cos\theta(x) \approx 1 - \frac{1}{2}\theta^2(x) + \cdots \approx 1 \qquad (2\text{-}2\text{-}7)$$

與 x 無關，至少在第一階的近似上是如此，這代表弦上任何位置均有相同的張力水平分量。如此我們也確認在此「橫波」的例子中，弦的振盪方向是垂直於原先靜止的弦，或更簡單地說，弦本身的振盪垂直於波前進的方向（雖然此認知需在後面單元「波動方程式的解」中才可看出）。

2-3 波動方程式 ── 聲波

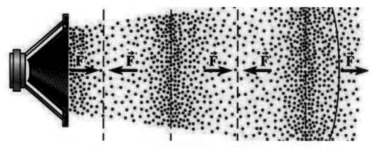

圖 2-3-1 **聲波傳遞的示意圖。**

　　不同於弦上行走的橫波，聲波是藉發聲器不斷對空氣的振盪拍打，使空氣分子於局部位置來回振盪所傳遞而出的波。由於空氣分子的振盪方向平行於波的傳遞方向，我們就把此形式的波動稱為「縱波」(longitudinal wave)。聲波也常被用來描述此「縱波」的標準範例，因此我們就以聲波的傳遞機制來推導此「縱波」所必須遵守的波動方程式。

　　在聲波的傳遞機制上，試想我們若身身處於一個安靜無聲的地方，周遭的空氣分子還是會因為熱擾動而不斷地運動。但若從巨觀的角度來看這些空氣分子，此眾多的氣體分子卻是均勻地分布在我們的周遭。因此我們可合理地假設這均勻空氣的質量密度為 ρ_0，對應的氣壓為 P_0。也由於氣壓本就是由空氣分子的多少與其運動的快慢來決定，因此若暫不看空氣分子的運動快慢下，氣壓可寫成為空氣密度的函數 $P_0 = f(\rho_0)$。一般狀況下，我們周遭的氣壓就是一大氣壓 $P_0 = 1\text{atm}$。但當發聲器開始對空氣不斷地震盪拍打，造成空氣分子隨之來回振盪移動，伴隨的空氣密度與氣壓均會有微小之變化，因此

$$P_0 + P_s = f(\rho_0 + \rho_s) \approx f(\rho_0) + \left(\frac{df}{d\rho}\right)_{\rho=\rho_0} \rho_s + \cdots \tag{2-3-1}$$

由於在聲波的討論中僅限於微小的變化，$P_s \ll P_0$ 與 $\rho_s \ll \rho_0$，所以式中 $f(\rho)$ 的展開式可僅展開到第二項即可，如此 (2-3-1) 式告訴我們空氣密度變化所造成的壓力改變，

$$P_s = \left(\frac{df}{d\rho}\right)_{\rho=\rho_0} \rho_s \equiv \kappa \cdot \rho_s \tag{2-3-2}$$

　　至於空氣分子於局部位置的來回振盪會造成空氣密度如何的變化呢？（圖 2-3-2）示意原本位於 x 位置的氣體分子於時刻 t 時之位移量為 $D(x, t)$，而於 $x + \Delta x$ 位置上的氣體分子位移量為 $D(x + \Delta x, t)$。因此即便氣體分子的來回振盪，但在分子總數與質量

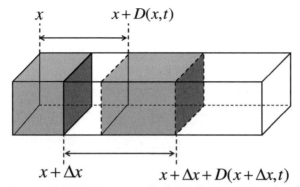

圖 2-3-2　在聲波的傳遞中，不同位置的氣體分子亦會有不同的位移量。由於聲波中的氣體分子位移是於平衡位置周遭的來回振盪，因此圖中的位移量是以雙箭號表示。所以單位截面積下位於 $(x, x + \Delta x)$ 內的氣體分子，在氣體分子的總數（與質量）不滅的條件下，空氣密度將會改變。

不滅的要求下，我們會有下面的關係式：

$$\rho_0 \cdot A \cdot \Delta x = (\rho_0 + \rho_s) \cdot A \cdot \left[(x + \Delta x + D(x + \Delta x, t)) - (x + D(x, t)) \right] \tag{2-3-3}$$

式中 A 為（圖 2-3-2）中灰色所示之單元體積的截面積大小。又在我們的討論中令 $\Delta x \ll x$，所以

$$D(x + \Delta x, t) \approx D(x, t) + \frac{\partial D}{\partial x} \Delta x + \cdots \tag{2-3-4}$$

如此，氣體位移所造成的密度變化可經由對 (2-3-3) 式的整理獲得

$$\rho_s = -\rho_0 \frac{\partial D}{\partial x} - \rho_s \frac{\partial D}{\partial x} \approx -\rho_0 \frac{\partial D}{\partial x} \tag{2-3-5}$$

上式因 $\rho_s \ll \rho_0$ 的近似，所以等號後的第二項會遠小於第一項。當 $\partial D/\partial x > 0$ 代表此時刻之單元體積變大，因此我們得到空氣密度變小的合理答案。

最後，我們再回到力學之根本 – 牛頓的第二運動定律 $F = ma$。在我們的問題中，力起因於不同位置氣體的壓力不等，因此針對圖中所討論的局部氣體來說，兩側邊的壓力差為

$$P(x, t) - P(x + \Delta x, t) = -\frac{\partial P}{\partial x} \Delta x = -\frac{\partial P_s}{\partial x} \Delta x \tag{2-3-6}$$

此結果乘上截面積 A 便會等此位置所受到的力，亦等於單元體積內的氣體分子質量與加速度的乘積。因此

$$-\frac{\partial P_s}{\partial x} \cdot A \cdot \Delta x = \left(\rho_0 \cdot A \cdot \Delta x\right)\frac{\partial^2 D}{\partial t^2} \Rightarrow \rho_0 \frac{\partial^2 D}{\partial t^2} = -\frac{\partial P_s}{\partial x} \qquad (2\text{-}3\text{-}7)$$

再結合 (2-3-2) 式與 (2-3-5) 式的結果，上式可進一步地表示成

$$\rho_0 \frac{\partial^2 D}{\partial t^2} = -\frac{\partial P_s}{\partial x} = -\frac{\partial}{\partial x}\left(\kappa \cdot \rho_s\right) = \kappa \cdot \rho_0 \frac{\partial^2 D}{\partial x^2} \qquad (2\text{-}3\text{-}8)$$

令 $\kappa \equiv v_s^2$，(2-3-8) 式即為波動方程式

$$\frac{\partial^2 D}{\partial x^2} = \frac{1}{v_s^2}\frac{\partial^2 D}{\partial t^2} \qquad (2\text{-}3\text{-}9)$$

式中 $D(x, t)$ 為位於 x 位置的氣體分子於時刻 t 時之位移量，v_s 亦可證明為此聲波的傳遞速度。由本單元的推導，我們也發現無論是「縱波」還是「橫波」的傳遞，其波的傳遞都遵循一個相同的波動方程式。也因此，我們或可用此「波動方程式」來定義何謂是「波」，凡是遵循此方程式的物理現象都可稱為「波」的現象。此外，因為在我們所即將討論的「波動方程式」屬於「線性」的微分方程式，所以我們所討論的波動現象也將侷限於「線性波」(linear wave) 上。

圖 2-3-3　　去看場球賽，若有幸碰見滿場觀眾玩起波浪舞，必能完全理解「橫波」的產生原理與機制。每位觀眾無須跑來老去，唯一要做的只是抓住適當的時間節奏，站起來坐下去，一個移動的波浪就如此產生。全場觀眾也必然因此波浪的前進而歡樂不已。

【補充説明】

□ 線性系統

近年來由於數學技巧上的發展，更是因為電腦運算速度的突飛猛進，讓非線性物理領域的探究成為熱門的前沿工作。然不可否認地，物理界中大半的現象描述還是可由線性系統來達成，例如我們之前所介紹過的彈簧系統，至少在振幅不大的限制下就屬一個線性系統。事實上，本書中所要介紹的基礎物理議題，泰半都是屬於線性系統，因此我們有必要在此對這廣泛出現的「線性系統」作一更明確的界定。

數學上我們可以這樣地看待「線性系統」：我們所要探討的線性系統就如同一個工廠 L，當我們將元件 x 輸入此工廠，此工廠就相應地給出產品 y，此過程可以 $y = L[x]$ 來表示。現在若有兩個輸入，與其對應的兩個輸出，分別如下，

$$y_1 = L[x_1]; \; y_2 = L[x_2]$$

線性系統一個很大的特徵是，它得滿足疊加原理 (principle of superposition) 與齊次性 (homogeneity) 之要求，即

$$L[\alpha_1 x_1 + \alpha_2 x_2] = \alpha_1 L[x_1] + \alpha_2 L[x_2] = \alpha_1 \cdot y_1 + \alpha_2 \cdot y_2$$

式中的 α_1 與 α_2 為任意的純量係數。很明顯地，振幅不大下的彈簧系統、前面單元所出現的波動方程式、與我們之後所將討論的馬克斯威方程式均屬於線性的微分方程式，即線性的系統。也因此其解的線性疊加亦仍舊是系統的解，這是很重要的特性！

2-4 波動方程式的解

在寫出波動方程式的解之前，我們不妨先回想一下前面已討論過彈簧運動，其運動方程式與其解：

$$\frac{d^2x}{dt^2} = -\omega^2 x \Rightarrow x(t) = A\sin(\omega t) + B\cos(\omega t) \tag{2-4-1}$$

物體的位移量對時間的兩次微分等於其位移量本身乘上一個小於零的常數，其解爲隨時間振盪的正弦／餘弦函數之線性組合（A 與 B 爲任意的常數，決定於彈簧的起始條件），也因此這彈簧的運動常被稱爲「簡諧運動」(Simple Harmonic Motion)。而在波動方程式中，我們所要討論的物理量（例如：弦上的振盪位移，或是聲波中的空氣分子位移）不僅對時間有兩次的微分，還有對空間位置的兩次微分：

$$\frac{\partial^2 \psi}{\partial x^2} = \frac{1}{v^2}\frac{\partial^2 \psi}{\partial t^2} \tag{2-4-2}$$

不難猜測此物理量不僅對時間，對空間位置也會有振盪的現象出現。其解或許也會是與正弦／餘弦函數有關的組合，我們不妨就先做一個猜測

$$\psi(x,t) = A\cos(kx - \omega t) \tag{2-4-3}$$

接下來，我們就來看看這樣的猜測是否可成爲波動方程式的解，而解中所對應的物理量又該如何解釋？

$$\frac{\partial \psi}{\partial x} = -kA\sin(kx - \omega t) \Rightarrow \frac{\partial^2 \psi}{\partial x^2} = -k^2 A\cos(kx - \omega t)$$

$$\frac{\partial \psi}{\partial t} = \omega A\sin(kx - \omega t) \Rightarrow \frac{\partial^2 \psi}{\partial t^2} = -\omega^2 A\cos(kx - \omega t)$$

所以若要讓 (2-4-3) 式的猜測眞能成爲 (2-4-2) 式的解，就得要求 $v^2 = (\omega/k)^2$，即

$$v = \pm\frac{\omega}{k} \tag{2-4-4}$$

● 在 $v = +\omega/k$ 的情況下，(2-4-3) 式的解可寫成

$$\psi(x,t) = A\cos\big(k(x - (\omega/k)t)\big) = A\cos\big(k(x - vt)\big) \tag{2-4-5}$$

此結果告訴我們：就以大家較熟悉的弦上波爲例，當我們盯住一個波峰（即弦上波的最高點），此波峰高點 $(\cos(k(x - vt)) = 1)$ 的位置 x，看似會隨時間 t 以 v 的速度前進。再由單位來看 $(x - vt)$ 此一組合，單位一致的要求：$[v] = [x/t] = [\text{m/sec}]$，也確認波動方程式中的 v 可解釋爲波的前進速度。如（圖 2-4-1），由波峰高點 $(\cos(k(x - vt)) = 1)$ 的條件也可得知，只要當 $k(x - vt) = n \cdot 2\pi$；$n = 0, 1, 2, \cdots$ 成立就會有波峰的出現。

因此在 $t = 0$ 的瞬間，相鄰波峰間的距離 Δx 有 $k \cdot \Delta x = 2\pi$ 的關係，我們也稱相鄰波峰間的距離爲此波的「波長」(wavelength)，常以 λ 表示：

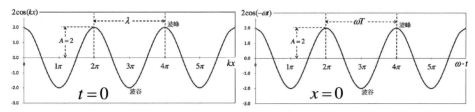

圖 2-4-1　左圖為在 $t = 0$ 的瞬間，波於不同位置的振盪情形，λ 分別為此波的波長 (wavelength)。右圖則為在 $x = 0$ 的固定位置上，看波隨時間的振盪起伏大小，T 為此波的週期 (period)。兩圖中的 A 可為任意的常數，用以描述波的振盪大小，又稱為此波的「振幅」(amplitude)。

$$\lambda = \frac{2\pi}{k} \Leftrightarrow k = \frac{2\pi}{\lambda} \qquad (2\text{-}4\text{-}6)$$

所以 k 的單位為 (長度)$^{-1}$，代表在餘弦（正弦）函數中一個週期的 2π 引數 (argument) 內可包含幾個波長，因此常被稱為「波數」(wave number)。同樣地，我們也可盯住同一位置（以 $x = 0$ 為例）去注視波隨時間的起伏，不難發現每間隔時間 T，$\omega T = 2\pi$，波會重複再來一遍地振盪下去。我們就稱此時間間隔 T 為此波的「週期」(period)，而

$$\omega T = 2\pi \Leftrightarrow \omega = \frac{2\pi}{T} = 2\pi \cdot f \qquad (2\text{-}4\text{-}7)$$

$f = 1/T$ 為此波之震盪頻率 (frequency)，即單位時間內的震盪次數。此外，ω 也常被稱為此波的「角頻率」(angular frequency)，兩者之單位均為 (時間)$^{-1}$。最後，合併 (2-4-4)、(2-4-6)、與 (2-4-7) 式的結果

$$v = \frac{\omega}{k} = \frac{2\pi \cdot f}{2\pi / \lambda} = f \cdot \lambda \qquad (2\text{-}4\text{-}8)$$

波前進的速度等於波振盪之頻率與波長的乘積，這可是波傳遞現象中的一個重要關係式。

● 在 $v = -\omega/k$ 的情況下，(2-4-3) 式的解可寫成

$$\psi(x,t) = A\cos\big(k(x+vt)\big) \qquad (2\text{-}4\text{-}9)$$

此解的解釋，除了波的前進方向變成往 $-\hat{x}$ 的方向前進外，其餘的討論與 $v = +\omega/k$ 的情況均相同。

　　值得一提的是，雖然波動方程式的解為 x 與 t 的函數，然而由解 (2-4-5) 與 (2-4-9) 式的形式也暗示著：**舉凡函數中的變數 x 與 t，有 $x \pm vt$ 的組合即為波動方程式的解**，$\psi(x - vt)$ 代表朝 $+\hat{x}$ 方向前進的波，而 $\psi(x + vt)$ 則代表朝 $-\hat{x}$ 方向前進的波。此暗示是可被明確地證明。

2-5　能量於波中的傳遞

在我們前面單元對波動方程式的求解中，我們確認了一個重要的關係式

$$波的前進速率 (v) = 頻率 (f) \times 波長 (\lambda)$$

然而，我們也一再強調承載波前進的介質並沒有眞地隨著波的前進而前進。無論是屬於橫波的弦上波，或是像聲波一般的縱波，波的承載介質都僅是在原地的周遭來回振盪而已。那我們不禁想問：那到底是什麼樣的物理量會隨著波的前進而傳遞出去呢？

本單元，我們就以弦上波爲例，說明「能量」確確實實可藉由波的前進而傳遞，這也正是「波」在我們日常生活中扮演重要角色的原因之一[註1]。

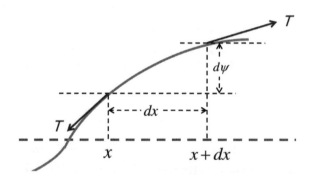

圖 2-5-1　於振盪弦所產生的波中，因振盪的緣故讓弦擁有動能與位能，也因此讓其所產生的波同樣也擁有能量。於是波的前進便可同時造成能量傳遞的特性。

假設我們所要討論的弦上波可由一個餘弦函數來描述，$\psi(x,t) = A\cos(kx - \omega t)$，此波函數代表弦於 x 位置隨時間的位移函數。同樣地，我們只針對 $(x, x + dx)$ 這微小區段內的弦來討論。如此，此小區段內弦的動能爲

$$dK = \frac{1}{2}(dm)v^2 = \frac{1}{2}(\mu dx)\left(\frac{\partial \psi}{\partial t}\right)^2 = \frac{1}{2}\mu A^2 \omega^2 \sin^2(kx - \omega t)dx \qquad (2\text{-}5\text{-}1)$$

此外，弦於振盪過程中，位於 $(x, x + dx)$ 區段內的弦長是有微量的伸長，此微量的伸

【註1】　電磁波雖然同屬橫波的形式，但由於電磁波無須介質的承載，因此本章的推論方式也就不能套用在電磁波上。即便電磁場中所蘊含的能量同樣可藉由電磁波來傳遞。

長量可近似為

$$\delta l = dl - dx$$
$$= \sqrt{(dx)^2 + (d\psi)^2} - dx$$
$$= dx\left(\sqrt{1+\left(\frac{\partial\psi}{\partial x}\right)^2}-1\right) \approx dx\left(1+\frac{1}{2}\left(\frac{\partial\psi}{\partial x}\right)^2+\cdots-1\right) \approx \frac{1}{2}\left(\frac{\partial\psi}{\partial x}\right)^2 dx \qquad (2\text{-}5\text{-}2)$$

此伸長量是在張力 T 下的長度改變，因此藉由長度的伸長變化也讓弦儲存起位能

$$dU = T\delta l = \frac{1}{2}Tk^2A^2\sin^2(kx-\omega t)dx$$
$$= \frac{1}{2}\mu A^2\omega^2\sin^2(kx-\omega t)dx \qquad (2\text{-}5\text{-}3)$$

上式中我們用到弦上波之特性：$v^2 = T/\mu$ 與 $v = \omega/k$。所以此振盪弦於此區段之能量為：

$$dE = dK + dU$$
$$= 2dK = \mu A^2\omega^2\sin^2(kx-\omega t)dx \qquad (2\text{-}5\text{-}4)$$

我們也常定義單位長度弦之能量為 $u(x, t) \equiv dE/dx$，並稱之為「能量密度」(energy density)。雖然此「能量密度」為時間的函數，但實作上我們所在意的是去看弦振盪一週期的平均能量密度

$$\bar{u}(x) = \frac{1}{T}\int_0^T u(x,t)dt = \frac{1}{2}\mu A^2\omega^2 \qquad (2\text{-}5\text{-}5)$$

此週期平均的能量密度正比於振盪弦之振幅平方及頻率平方，而與弦的位置及時間無關。

　　但讀者必須留意，與之前所討論過的彈簧振盪系統不同的是，在彈簧振盪的獨立系統中總能量為一個守恆量。而現今我們所討論的波，其所擁有的能量必須由我們持續於弦的一端擺動，方可持續有波的產生。如此因弦振盪所擁有的能量，(2-5-5) 式，也必須仰賴外部的持續供應。再根據波動方程式解之特性得知，此波會以速度 v 前進，因此波所擁有的能量也該以 v 的速度傳遞出去。於是我們可定義能量傳遞的平均功率（單位：瓦特 (W = joul/sec)）為：

$$P = \bar{u} \cdot v = \frac{1}{2}\mu A^2\omega^2 v \qquad (2\text{-}5\text{-}6)$$

　　雖然在本單元中，我們是以弦上波的例子來說明能量的傳遞，但 (2-5-6) 式的結果可應用在各種不同的波上。不過有些實作上的細節必須注意：如（圖 2-5-2）所表示的點波源，其能量藉著波以球對稱的方式向四面八方傳遞出去。由於波的前進有一定的速度，不難理解，同時刻由波源所釋放出的能量，在時間 Δt 後會同時均勻散布在半徑為 $r = v\Delta t$ 的球面上。因此在離波源距離為 r 的位置上，我們常定義此波所傳遞能量於單位面積上的平均能量強度 (intensity) 為

$$I \equiv \frac{P}{4\pi \cdot r^2} \qquad\qquad (2\text{-}5\text{-}7)$$

此能量強度會隨著離波源距離的增加以距離平方反比的關係遞減。

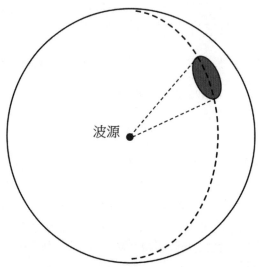

圖 2-5-2　**點波源所發出的波，其波將以球對稱的方式前進，且隨波傳遞而出的能量強度會與離波源的距離平方成反比。**

【練習題2-1】

在〈2-4 波動方程式的解〉中提及：凡函數中的變數 x 與 t，有 $x \pm v \cdot t$ 的組合，此函數便符合波動方程式的解，亦即可用此函數來描述某特定的波。請直接將下面函數代入波動方程式來驗證它們的確是波動方程式的解。

(a.) $\psi(x,t) = A e^{-B \cdot (x - v \cdot t)^2}$

(b.) $\psi(x,t) = \dfrac{1}{(x - v \cdot t)^2 + 1}$

讀者不妨自己取適當的參數，分別將上面的兩個函數畫出在 $t = 0$ 時的函數圖形，並比較當逐漸增大時的函數圖形。是否看見一個前進的脈衝波 (pulse)？又如何改寫函數來改變波的振幅、波速、與前進方向？

【練習題2-2】

假設有一個波可表示為 $\psi(x,\ t) = 10\ \cos(5x + 25t)$，其中 x 與 t 的單位分別為公尺 (m) 與秒 (sec)。請問此波的波長，頻率，波速與前進方向為何？

2-6 波的傳遞速度

乘載波前進的介質不隨波的傳遞而前進，但能量卻可藉由波的前進，從一個地點傳向另一地點，其傳遞的速度就是前面單元所一再提及的「波速」。在弦上波的例子中（2-2-6 式），我們看見波於弦上的傳遞速度 (v) 取決於弦上的張力 (T) 與此弦單位長度的質量 (μ)，

$$v = \sqrt{\frac{T}{\mu}} \tag{2-6-1}$$

將此結果搭配我們對「波」之所以被產生的理解 – 原本處於平衡的物質（即乘載波的介質），經擾動後會有恢復原狀態的傾向，因而會在原平衡位置周遭出現簡諧振盪的現象[註2] – 所以藉由 (2-6-1) 式，我們可進一步地對「波速」作出如下的理解：

$$波速 = \sqrt{\frac{介質返回平衡點的恢復力}{介質抵抗(回到平衡點)運動的慣性}} \tag{2-6-2}$$

● 聲速 (Sound Velocity)

雖然之前我們已用縱波的標準範例 – 聲波 – 來推導波動方程式，從中也得到「聲速」與空氣密度變化間的關聯性。我們也知道，聲音不僅會在空氣中傳遞，即便在液體與固體中也可以有聲音的傳播。因此，我們亦可藉 (2-6-2) 式去看如何應用在「聲速」上的分析。

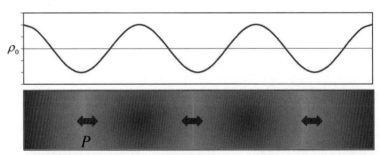

圖 2-6-1　當物體受到外力作用，物體內部的「應力」會在各別方向上讓物體出現不等的形變與振盪（應變），參見（圖 1-52-1）。即物體內部各點密度大小的起伏振盪，所伴隨的壓力亦可視為此密度振盪的恢復力。此縱波的出現便是物體內的聲波。圖中的 ρ_0 為物體的平衡密度，P 為物體內部個點的壓力。

[註2]　讀者亦可參考「1-18 彈簧系統為何重要？」單元中的說明。

當聲波於物體中傳遞時,若我們取一個波長的區域來看:即便物體內部壓力的作用使其(質量)密度與體積的大小會有起伏振盪的現象出現,但物體內部各質點是不會隨波的傳遞而前進。因此,在我們所視區域內的物體質量在一個週期下的平均值不會改變。物體質量不會因為此微小振盪而增加或減小,此亦為物質不滅的具體表現。如此,我們由物體密度的定義出發:

$$\rho \equiv \frac{M}{V} \Rightarrow \rho \cdot V = M = \text{constant} \tag{2-6-3}$$

對 (2-6-3) 式的兩邊取微小變化

$$(d\rho) \cdot V + \rho \cdot (dV) = dM = 0 \Rightarrow \frac{d\rho}{\rho} = -\frac{dV}{V} = \frac{dP}{\text{BM}} \tag{2-6-4}$$

上式的最後,我們已利用物體內部「應力」與「應變」間的關係,BM 為物體之「容積彈性模數」(參見 (1-52-2) 式)。由於物體內部各點間的壓力差 (dP),可理解為乘載波前進之物體介質返回平衡點的恢復力,而各點之密度差 $(d\rho)$ 為介質抵抗回平衡點之慣性。因此,根據 (2-6-2) 式,物體內部的聲波傳遞速度將為

$$v = \sqrt{\frac{dP}{d\rho}} = \sqrt{\frac{\text{BM}}{\rho}} \tag{2-6-5}$$

此關係式不僅可應用在物體之固態、液態、與氣態上,且「容積彈性模數」(BM) 與物體密度 (ρ) 均為可藉由查表得知的物質特性。如此我們不難去估算不同物體中的聲速。例如:聲音在(一大氣壓,20℃)空氣中的速度為

$$v_{\text{air}}(20^0\text{C}) = \left(\sqrt{\frac{\text{BM}_{\text{air}}}{\rho_{\text{air}}}}\right)_{20^0\text{C}} = \sqrt{\frac{1.42 \times 10^5 \text{ nt/m}^2}{1.20 \text{ kg/m}^3}} = 344 \text{ m/sec} \tag{2-6-6}$$

表 2-6-1 聲音於不同物質中的速度。

物質	聲速 (m/sec)	物質	聲速 (m/sec)	物質	聲速 (m/sec)
氣態		液態		固態	
空氣 (0℃)	331	水銀 (20℃)	1,451	鉛	1,960
空氣 (20℃)	344	海水 (20℃)	1,531	鋁	6,420
氦氣 (20℃)	999	水 (0℃)	1,402	鋼	5,941
氫氣 (20℃)	1,330	水 (20℃)	1,482		

又對一般液態或固態物體,其「容積彈性模數」不僅有其方向性的不同,還存有不少的變因去影響其值的大小。因此不難理解,聲波在物質內的傳遞速度大小亦會因為變因的不同而有所差異(例如:聲波的頻率)。這現象會是波的一般特性,例如大家較常聽見的地震波,其兩種主要形式 P 波(縱波)與 S 波(橫波)的傳遞速度就不同,P 波會較 S 波走的快。

2-7 都卜勒效應

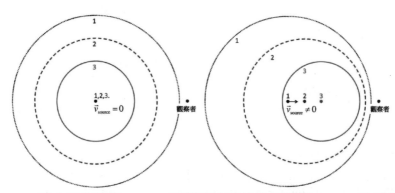

圖 2-7-1　圖中圓之標號 (1,2,3) 為對應波源於位置標號 (1,2,3) 時所發出波的波前 (wavefront)。圖中我們可將相鄰波前間的長度視為波長的長度。如此，圖左相對於觀察者為靜止的波源，其所發出的波無論觀察者的位置在哪，都會偵測到相同頻率與波長的波，即波源本身發出波的頻率與波長。反之，右圖的波源相對於觀察者有一相對速度，由於波本身前進的速度不變，因此由圖可知，站在不同位置的觀察者將會偵測到不同頻率與波長的波。而其頻率與波長的改變程度與波源的前進速度有關，此即著名且應用廣泛的「都卜勒效應」。

　　在波的現象中我們不斷地強調一個重要特性：波的前進速度等於其振盪頻率與波長的乘積，$v = f \cdot \lambda$。又波的前進速度 v 決定於承載波的介質特性，因此在相同介質中，波的前進速度大小為一定值，不會因波源的運動與否而改變。在（圖 2-7-1）的左圖中，波源於某時刻所發出的波，其波前會以同樣的速度 v 大小向外擴散，形成以波源位置為圓心的圓。但在右圖的例子中，若波源本身也有一個移動速度 $v_{source} \neq 0$，則對應於不同時刻所發出之波前就不會如左圖一般的同心圓。由圖也可輕易看出，站在不同位置的觀察者將會偵測到不同的波長，這等同於說，亦會偵測到不同的頻率。且此偵測到的波長與頻率會隨波源位置不斷地改變而變化，這稱為「都卜勒效應」的現象亦可由我們站在火車月台上聽一列過站不停的火車經驗得到體驗。

　　至於如何量化「都卜勒效應」中的頻率變化呢？我們就先以（圖 2-7-1）這最單純的狀況出發，看看一個靜止不動的觀察者對此波的偵測結果會是如何？左圖中的波源也同樣是靜止不動，此時觀察者對波所偵測到的頻率 (f_0)、波長 (λ_0) 與波速 (v) 的關係為 $v = f_0 \cdot \lambda_0$。但在右圖中的波源則是以 v_{source} 的速度大小朝向觀察者正面接近，由（圖 2-7-2）可看出所偵測到的波長，其減短的長度便是波源於一個週期 ($T = 1/f_0$) 時間內

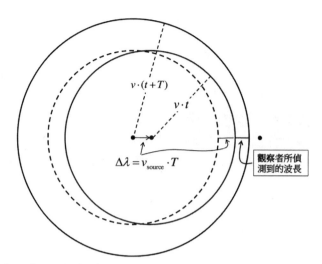

圖 2-7-2　波源朝觀察者移動時，緊鄰的兩波峰間的長度（所偵測之波長）將縮短。

所前進的距離，所以

$$\lambda = \lambda_0 - v_{source} \cdot T = \lambda_0 - \frac{v_{source}}{f_0} \tag{2-7-1}$$

又波所擁有的 $v = f \cdot \lambda$ 特性，我們便可推出在（圖 2-7-1 右）的狀況下，原本頻率為 f_0 的波，但由於波源朝觀察者的靠近，讓觀察者對此波的頻率偵測結果成為：

$$f = \frac{v}{\lambda} = \frac{v}{\lambda_0 - \dfrac{v_{source}}{f_0}} = \frac{v}{\dfrac{v}{f_0} - \dfrac{v_{source}}{f_0}} = \frac{1}{1 - \dfrac{v_{source}}{v}} f_0 \tag{2-7-2}$$

當波源的移動是靠近觀察者時（$v_{source} > 0$），觀察者所偵測到的波頻率會變大（$f > f_0$）；反之，當波源的移動是遠離觀察者時（$v_{source} < 0$），則觀察者所偵測到的波頻率會有變小的趨勢（$f < f_0$）。

接下來讓我們再看一個日常生活中較為真實的例子：站在平交道前距鐵軌 b 處，一輛火車以 v_{train} 速度經過，火車於遠處以 f_0 的笛聲鳴笛通過平交道。試問此站在平交道前的觀察者所聽到的笛聲頻率為何？

在此例子中，火車並不是朝觀察者正面靠近，除非觀察者是不顧死火地站在鐵軌上（$b = 0$）。因此火車這聲源並不是以 v_{train} 的速度靠近觀察者，而是 $v_{train}\cos\theta$。由（圖 2-7-3）可知

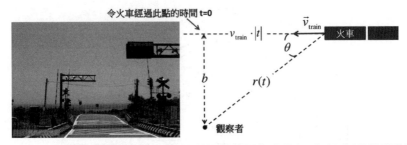

圖 2-7-3 站在平交道前聽火車的快速駛過應該是每人都有過的經驗。

$$\cos\theta(t) = \frac{v_{\text{train}} \cdot |t|}{r(t)} = \frac{v_{\text{train}} \cdot |t|}{\sqrt{b^2 + (v_{\text{train}}t)^2}} \tag{2-7-3}$$

因我們設定火車恰通過平交道時的時間 $t = 0$，因此在火車接近的階段 $t < 0$，而遠離後為 $t > 0$。我們將 (2-7-3) 式代入 (2-7-2) 式的結果

$$f = \frac{1}{1 - \frac{v_{\text{train}}\cos\theta}{v}} \cdot f_0 = \frac{v}{v + \frac{v_{\text{train}}^2 \cdot t}{\sqrt{b^2 + (v_{\text{train}}t)^2}}} \cdot f_0 \tag{2-7-4}$$

式中 v 為聲速，在一般的狀態下約為 $v = 343\text{m/sec}$。當中有趣的結果如（圖 2-7-4）所示：當火車接近時，我們的確會聽見比原本頻率更高的笛聲接近，且火車的速度越快聽見的頻率就越高。反之，遠離的火車，我們所聽到的是頻率變低的笛聲，且火車速度越快頻率越低。本例題中讓我們更接近實際的場景是，對一輛接近而又遠去的火車，其笛聲頻率由高變低的過程是一個連續的變化，且這聽火車的頻率感覺也會因我們所站的位置不同而有頻率上的不同，如（圖 2-7-4 右圖）所示。

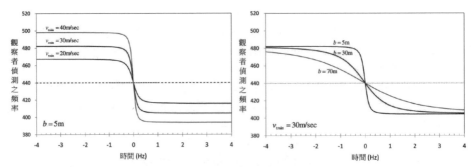

圖 2-7-4 聽火車的頻率感覺。

【練習題2-3】

在【2-6 波的傳遞速度】的最後，我們提及波於固體中的傳遞速度。由於固體內部原子結構的緣故，其「應力」與「應變」之間會是一個頗為複雜的張量關係。如此固體在受外力作用後，內部所產生的波往往就會同時出現「縱波」與「橫波」兩種不同形式的波。而其傳遞速度不僅與固體受壓所對應之「容積彈性模數」(BM) 有關，還與對應於所受剪應力之「剪力模數」(SM) 有關。經分析後可歸結為

$$v_{縱波} = \sqrt{(BM+(3/4)SM)/\rho}\ ;\ v_{橫波} = \sqrt{SM/\rho}$$

就以大家所熟悉的地震波為例，對密度為 $\rho \approx 2.7 \times 10^3\, kg/m^3$ 的花崗石來說，其 BM ≈ 40 GPa、SM ≈ 25 GPa。試問地震波的兩個主要形式：P 波（縱波）與 S 波（橫波）的傳遞速度分別為多快？

【練習題2-4】

假若自己開車以 30.0 m/sec 的速度行駛在公路上，突然聽見頻率為 1,300 Hz 的警笛聲響，由後照鏡發現後面一輛警車以等速逼近。沒多久後，此警車就超前而去，同時所聽見的警笛之頻率為 1,280 Hz。

(a.)請問警車的車速？

(b.)之後，我將車停在路旁略作休息。此刻又聽見一輛救護車呼嘯而過，這次所聽見的鳴笛頻率則由接近時的 1,400 Hz 到離去時的 1,200 Hz。試問此救護車的警笛聲的真正頻率是多少？

2-8　波的干涉現象

在前面的單元中，我們都將波的討論限縮在單獨存在的一個「波」上，去看波本身的特性。那如果有兩個以上的波同時存在，它們彼此之間會有什麼樣的相互影響呢？事實上，在我們的日常生活中就充斥著許許多多這樣波與波之間的相互影響，我們也將此影響稱為波與波之間的「干涉」(interference) 現象。

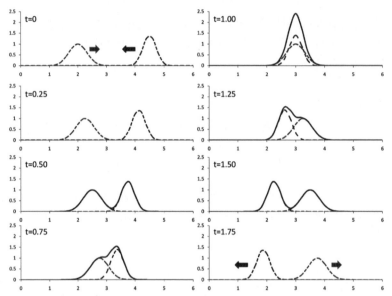

圖 2-8-1　兩個相互靠近的行進波，會以線性相加的方式合成一個相互干涉的波形。干涉結束後，則以原先的行進方式繼續前進。圖中的參數 $(A_1 = 1, x_1 = 1, k_1 = 5)$、$(A_2 = 1.4, x_2 = 4.5, k_2 = 10)$ 與 $v = 1.25$。

在「2-4 波動方程式的解」中，我們已指出凡是函數中的位置 (x) 與時間 (t) 變數間的關係為 $x \pm vt$ 之組合，此函數便可成為波動方程式的解，且 v 可視為此波的前進速度。我們就以此特性去架構兩個相互接近的波，看它們彼此撞在一起時會有什麼樣的情形發生。

$$\psi_1(x - vt) = A_1 e^{-k_1(x - vt - x_1)^2}$$
$$\psi_2(x + vt) = A_2 e^{-k_2(x + vt - x_2)^2} \tag{2-8-1}$$

在時間 $t = 0$ 時，此兩個波的波峰分別在 x_1 與 x_2 的位置。之後，則彼此以 v 的速度相互靠近。由於 ψ_1 與 ψ_2 分別為波動方程式的解，我們也不難證明此兩個波的線性組合 $\psi_1 + \psi_2$ 仍舊同樣是波動方程式的解。因此在此兩波相互干涉的區域中，其解便是這

兩個波各自的振盪位移量之簡單線性加成，如（圖 2-8-1）所示。且當此兩個前進的波穿越彼此，即干涉現象結束後，這兩個波仍可保持原先前進的方式繼續前行。

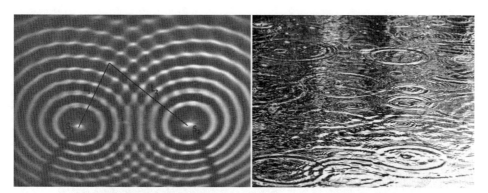

圖 2-8-2(a)　實驗室中常見的水波干　圖2-8-2(b)　雨天中常見的干涉現象。
涉實驗。

　一但我們明瞭不同波間產生干涉的加成原理 (principle of superposition)，那我們就很容易去解釋日常生活中所看見的干涉現象，像是雨天中打在路中積水區的雨滴。不同的雨滴各自產生它自己的小水波，但相鄰的雨滴間則會出現波峰與波谷特別明顯突出的條紋來，此即不同波間的干涉條紋。

　就以實驗室中單純許多的水波干涉實驗來說明。振盪器同步的打在水池上的兩點，以產生兩個同相位的水波，如此兩個水波會在相同的時間一起出現波峰或波谷。干涉條紋中波峰（波谷）特別突出明顯的位置，必然是兩水波各自波峰（波谷）相遇後相互加成的結果，我們也稱此爲「建設性干涉」(constructive interference)。此外，由於這兩個水波是以相同的速度前進，且據有相同的頻率 (f) 與波長 (λ)。所以這「建設性干涉」出現的位置必有下面的關係

$$\left| L_2 - L_1 \right| = n \cdot \lambda, \quad n = 0,1,2,3,\cdots \tag{2-8-2}$$

其中 $L_1(L_2)$ 爲「建設性干涉」出現位置分別到水波波源 $S_1(S_2)$ 的距離。也就是說，此兩個水波各自走的距離差異得是此水波波長的整數倍。

　反之，若兩水波所走的距離差異爲波長倍數又多出半個波長，則此位置的振幅會出現波峰與波谷間的相互抵消，而讓原本該有的振幅大幅減小，甚至是不見了。我們就稱此爲「破壞性干涉」(destructive interference)，即

$$\left| L_2 - L_1 \right| = \left(n + \frac{1}{2} \right) \cdot \lambda, \quad n = 0,1,2,3,\cdots \tag{2-8-3}$$

2-9　駐波

在上一單元中，我們以前進波 (traveling wave) 來說明波的干涉現象，及其現象背後的重要原理－波與波間的「加成原理」。然而在我們的日常生活中，除了前進波外，我們也時常遇見被侷限在有限區域範圍內的波，且在特殊的條件下產生不隨時間改變的獨特干涉波形，即所謂的「駐波」(standing wave)。例如，在學校實驗課中所常見駐波實驗裝置，如（圖 2-9-1）所示；或我們對吉他的撥弦，於弦上所產的波也可被視為「駐波」的例子。

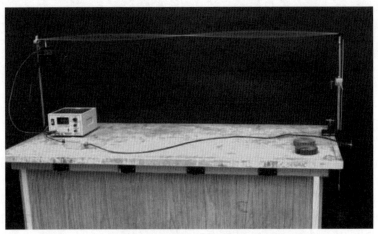

圖 2-9-1　學校物理實驗課中常見的駐波實驗。

我們就先來看（圖 2-9-1）的實驗裝置如何去產生駐波。首先我們必須在裝置的弦上持續產生某特定頻率 (ω) 的波，即圖左所見振盪器之功能。圖中弦的右端懸掛一質量為 m 的重物，以對弦產生一定的張力 $T = mg$。如此對單位長度質量為 μ 的弦，於弦上產生的波便會以 $v = \sqrt{T/\mu}$ 的速度前進。此前進波在遇見弦之固定端點後（圖中靠近右端懸掛物體之端點，令此處為 $x = 0$），將會有一個頻率相同的反射波回傳，因而造成波與波之間的干涉現象，如此根據波的加成原理

$$\psi(x,t) = A\cos(k \cdot x - \omega \cdot t) + A\cos(k \cdot x + \omega \cdot t + \phi)$$
$$= 2A\cos(k \cdot x + \phi/2)\cos(\omega \cdot t + \phi/2) \tag{2-9-1}$$

上式中我們不僅利用弦上波的解（參見 (2-4-3) 式），並允許反射波與原先的前進波之間存有一個像位差 (ϕ)。但由於弦的固定端在任何的時刻下，均沒有振盪的位移量 ($\psi(x = 0, t) = 0$)，因此在 (2-9-1) 式中我們要求 $\phi = \pi$。如此 (2-9-1) 式可寫成

$$\psi(x,t) = 2A\sin(k \cdot x)\sin(\omega \cdot t) \tag{2-9-2}$$

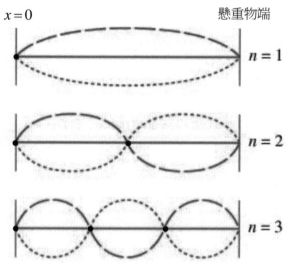

圖 2-9-2　　上圖實驗中可能看見的駐波，黑點代表節點的位置。嚴格說來，實驗中弦藉由滑輪來懸掛重物，此端點不算固定端。

　　實驗中我們可調整振盪器的振盪頻率來改變波數 (k) 的大小，$k = v/\omega$。如此當我們發現駐波形成時，弦上有某些點始終可保持固定不振盪。這些不振盪的點就稱爲此駐波之「節點」(node)，其節點的數目 (n) 則決定於波數 k 的大小。由 (2-9-2) 式，我們亦可理解此節點數目與位置須滿足

$$k \cdot x_n = n \cdot \pi$$

$$\Rightarrow \quad x_n = n \cdot \frac{\pi}{k} = n \cdot \frac{\lambda}{2} \quad , \quad n = 0,1,2,3,\cdots \tag{2-9-3}$$

的條件。反之，亦可知，若要於實驗中得到駐波，裝置中弦的長度須爲波之半波長 $(\lambda/2)$ 的整數倍時。

● 弦樂器的基本認識

　　接下來，我們考慮一個與上述實驗有一點差異的例子。一條長度爲 L 的弦，固定弦的兩端使其不振盪（如吉他、小提琴等等…樂器），並對此弦施予一定的張力，使此弦上波的前進速度會是一定值 ($v = \text{constant}$)。如此當我們撥動此弦使之振盪時，由於弦的兩端點固定，

$$\psi(x = 0, t) = \psi(x = L, t) = 0 \tag{2-9-4}$$

我們將可發現此條件將會限制弦上可能出現的振盪頻率。因爲結合 (2-9-2) 式與 (2-9-4) 式，暗示了此弦的波數 k 必須滿足下式的條件

$$k_n \cdot L = n \cdot \pi \ , \quad n = 1,2,3,\cdots \ \Rightarrow \ k_n = n \cdot \frac{\pi}{L} \tag{2-9-5}$$

由於在 (2-9-5) 式的條件中，n 可爲任意的整數，我們也就在波數 k 上加入相對應的下標 n。此時弦所對應的振盪頻率 ($f = v/\lambda$) 爲

$$f_n = \frac{v}{\lambda_n} = \frac{v}{2\pi} \cdot k_n = n \cdot \left(\frac{v}{2L} \right) \ , \quad n = 1,2,3,\cdots \tag{2-9-6}$$

此處的 v 爲波於弦上的行進速度，對一固定長度與質量密度的弦，此速度爲 $v = \sqrt{T/\mu}$（見 (2-6-1) 式）。因此我們可以藉由調整弦的張力來改變此弦所出現的頻率。但所能出現的頻率卻有嚴格的限制：若最小的振盪頻率爲 f_1，則次小頻率 $f_2 = 2 \cdot f_1$，接下來爲 $f_3 = 3 \cdot f_1$……如此，所有可能出現的頻率均爲最小頻率 f_1 的整數倍。我們也就將此最小頻率稱爲此弦振盪之「基礎頻率」(fundamental frequency)。

在理解弦樂器所能發出的聲音頻率上，(2-9-6) 式的結果便可作爲一個重要的線索！弦樂器所發出的任何一個音，都將會是此弦之「基礎頻率」與其所可能出現頻率間的線性組合。如此，在音樂上我們常將此整系列可出現的頻率 (f_n, $n = 1, 2, 3, \cdots$) 統稱爲此音之「泛音」(harmonics)[註3]。習慣上，我們以「赫茲」(Hz) 作爲波的頻率單位，即每秒鐘所振盪的次數。對吉他上的「A」弦，經調音後的標準「基礎頻率」應是 f_1 = 110Hz。撥動後所可能會出現的「泛音」頻率則有 220Hz、330Hz、440Hz 等等。

圖 2-9-3 吉他中的每一根弦都可視爲兩端固定的弦。

[註3] 亦有人將「泛音」之定義爲扣除「基礎頻率」的所有可能出現頻率，即 $n = 2, 3, \cdots$。在此定義下，英文會使用 overtone 這字。

【練習題2-5】

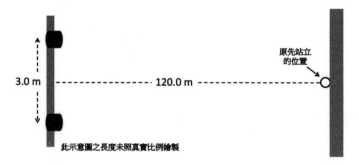

3.0 m

120.0 m

原先站立
的位置

此示意圖之長度未照真實比例繪製

如圖兩面相距 120.0 公尺的牆，有一對相距 3.0 公尺的喇叭靠牆擺設。若此對喇叭同步發出 1,372 Hz 的聲波，而你所站位置是遠離喇叭的對牆處，且與此兩個喇叭等距。試問當你靠牆移動，往左或往右移動多遠，你可發現聲音會是最弱的地方？若將此兩面牆之距離縮短為 12.0 公尺，我們還能辨別出聲音的強弱嗎？（聲速約為 343 m/sec）

【練習題2-6】

假設有兩個波可分別表示為 $\psi_1(x, t) = 10\cos(5x + 25t)$ 與 $\psi_2(x, t) = 20\cos(5x + 25t + \pi/3)$，其中 x 與 t 的單位分別為公尺 (m) 與秒 (sec)。若此兩波相互干涉後的合成波可寫成 $\psi(x, t) = \psi_1(x, t) + \psi_2(x, t) = A\cos(5x + 25t + \phi)$。試問 A 與 ϕ 分別為何？

2-10 音色與音調

至此，我們得到一個有趣的結果：對一條給定張力且兩端固定不動的弦，撥動後的振盪頻率是被嚴格限制。僅可能出現一系列的頻率，最小的「基礎頻率」與頻率為此最小頻率整數倍的「泛音」。當然，此弦真正的振盪行為並不是各別頻率的振盪，而是此系列頻率的線性組合。我們就以（圖 2-10-1）的模擬來看看這整體的波形會是如何。

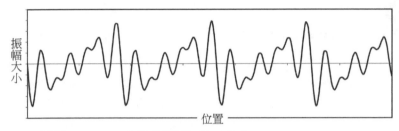

圖 2-10-1　**根據 (2-10-1) 式的振盪位移，設定 $L = 1.82$m, $v = 400$m/sec，在此設定下的基礎頻率約為 $f_1 \approx 109.91$Hz。式中線性組合的係數亦是隨意設定（$a_1 = 1$, $a_2 = 0.2$, $a_3 = 0.1$, a4 = 0.5, $a_5 = a_6 = 0.4$，其餘為零），圖中所示的為當 $t = 0.2$sec 時的波形。**

圖中我們就以（2-9-2）式的解加上兩端點固定的邊界條件，任意取幾個泛音頻率與基礎頻率間的線性組合，來看某特定時刻下此弦的整體振盪波形。即

$$\psi(x,t) = \sum_{n=1}^{\infty} a_n \sin(k_n x)\sin(\omega_n t) \ ; \ k_n = n \cdot \frac{\pi}{L} \ \text{ and } \ \omega_n = v \cdot k_n \qquad (2\text{-}10\text{-}1)$$

不難看出，整體波形仍舊會是一個位置的週期函數。不僅如此，若針對某特定位置去分析，此波形亦會是時間的週期函數。對弦樂器來說，發聲的機制是來自於弦被撥動後的振盪，振盪的弦再誘使琴身的振盪與對空氣的拍打，進而造成聲音的出現。事實上，我們現在也知道從樂器到我們每一個人的獨特聲音，其獨特性均來自於此聲波所擁有的獨特波形，如（圖 2-10-2）所示，此獨特的聲波波形稱為聲音之「音色」(tone)。此外我們也可看出，這些能讓聲音具有獨特音色的聲波波形都有週期反覆出現的特性，就如同（圖 2-10-1）中的例子一般。而這週期反覆出現的聲波波形，正是讓我們感到此聲音聽起來悅耳的關鍵所在。反之，毫無規律的聲波波形則會是讓我們感到不悅的噪音。

值得一提的是，（圖 2-10-1）的例子並不特殊與意外。數學上我們對任何的週期性函數都可做進一步的分析，將函數拆解成許多不同週期的正弦／餘弦函數之線性組合，即著名的「傅立葉級數」(Fourier Series)。

$$f(x) = f(x+L) \Rightarrow f(x) = \frac{a_0}{2} + \sum_{n=1}^{\infty}\left(a_n \cos\frac{2\pi \cdot nx}{L} + b_n \sin\frac{2\pi \cdot nx}{L} \right) \qquad (2\text{-}10\text{-}2)$$

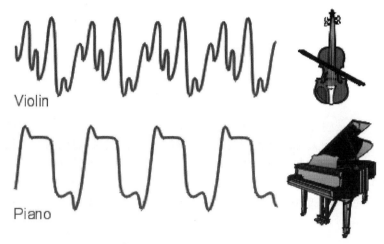

圖 2-10-2　不同的樂器會發出不同波形的週期性聲波，其獨特的波形也讓我們能夠辨識出是什麼樂器的聲音。

其中的係數 a_n 與 b_n 可利用正弦 / 餘弦函數的正交性質求得，

$$a_n = \frac{2}{L} \int_{-L/2}^{L/2} f(x) \cos \frac{2\pi \cdot nx}{L} dx$$
$$b_n = \frac{2}{L} \int_{-L/2}^{L/2} f(x) \sin \frac{2\pi \cdot nx}{L} dx$$

(2-10-3)

　　根據此數學理論，我們便可針對特定樂器的音色去做分析，將其獨特的聲波波形拆解成許多簡單的正弦 / 餘弦函數，並看其各別的比重如何。有此分析，我們便能夠利用電子電路上的振盪行為去模擬此特定樂器的音色。音樂是可後製呈現的！

　　（圖 2-10-3）是我們以傅立葉級數對階梯函數 (step function) 展開的範例。此階梯函數定義為：

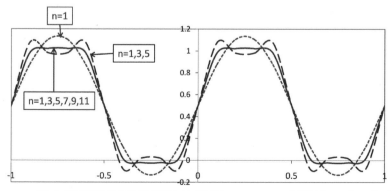

圖 2-10-3　傅立葉級數對階梯函數的模擬 ($L = 1$)。明顯地，當 n 取越多項時，模擬的結果會越接近我們要的函數。

$$f(x+L) = f(x) \Rightarrow f(x) = \begin{cases} 0 & -L/2 < x < 0 \\ 1 & 0 < x < L/2 \end{cases} \tag{2-10-4}$$

經傅立葉級數的分析，此階梯函數可展開成

$$f(x) = \frac{1}{2} + \frac{2}{\pi} \sum_{n=1,3,5,\cdots}^{\infty} \frac{1}{n} \sin\left(\frac{2\pi \cdot nx}{L}\right) \tag{2-10-5}$$

　　當然，人若要感受到聲音的出現，就必須讓聲波進入到我們的耳朵，進而使耳膜做出同樣的振盪。但人的聽覺能力畢竟有其限度，耳膜有辦法的振盪頻率就僅在 20Hz 到 20,000Hz 之間。因此人的聽覺能力也就落在 20Hz 的低音與 20,000Hz 的高音之間，而這高低音的分別也稱為聲音的「音調／音頻」(pitch)。至於超過此範圍頻率的聲音，因為已是我們無法聽見，我們就稱之為「超音波」（特指超過 20,000Hz 頻率，人所聽不見的聲波）。

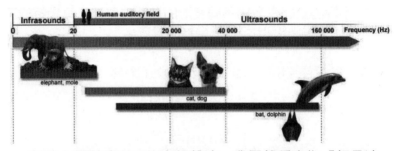

圖 2-10-4　雖然人類對聽不見的高頻聲波，我們就稱之為「超音波」。但很多動物對聲音的可感頻率是遠遠超過我們人類可感的兩萬赫茲，因此我們常訝異於牠們可察覺我們所無法察覺的動靜。

【練習題2-7】

由於戶外的溫度會不段地變化，這讓一般音樂家不甚喜歡戶外的演奏會。假設有一長笛手在演奏前已在室內 (T_{indoor} = 24.0℃) 將其長笛對頻率為440Hz 的 note A 調音校準。若將此直笛拿至 $T_{outdoor}$ = 35.0℃的夏日戶外崔吹奏，則此 note A 的頻率會變為多少？已知聲速與溫度的關係為

$$v = 331 \times \sqrt{1 + \frac{T_C}{273°C}} \text{ (m/sec)}$$

又此長笛手有何方法讓他能對此因仍吹奏出頻率為 440Hz 的音？（註：上單元中，我們已見弦樂器中弦之振盪屬於兩端點不動之振盪模式。直笛則不同，空氣於直笛內是屬於兩端點均為開放端的共振駐波，雖然有這樣的差異，但經分析後可發現 (62-6) 式的結果仍可適用於直笛。）

【練習題2-8】

針對如下之三角形之週期函數，試以傅立葉級數展開

$$f(x) = \begin{cases} x & 0 < x < \pi \\ -x & -\pi < x < 0 \end{cases}$$

2-11 響度 —— 聲音的大小聲

想必大家還記得小學時光的教室一景，在有點吵鬧的教室中老師高聲喝止大家不准講話。奇怪的是，在這樣吵雜的教室中我們依舊能聽見老師的命令，莫非是老師有能力喊出比我們還要大聲的音量？當大家真的靜下來後，老師往往又會補上一句：「你們一人一句的，整班合起來就吵得不得了，鬧哄哄的。」不禁想問，「吵得不得了」到底所指為何？是音量的倍數增加？還是單純的讓人聽起來不悅？

這牽扯到我們人類感覺的問題，問題實際上是比我們想像的複雜許多，但我們還是可從較明確客觀的面向說起。「響度」(loudness) 為描述聲音大小的物理量，若由聲波所實質傳遞的能量觀點來看，聲音大小與所能接收到的聲波能量該有直接的關係，即 (2-5-7) 式所定義的平均「能量強度」(intensity)。此能量強度告訴我們距離波源 r 處的接收位置上，單位面積所能接收到的平均能量。又對同頻率的聲音來說，(2-5-7) 式亦告訴我們聲波的能量正比於聲波振幅的平方，因此聲波振幅將會是聲音大小聲的重要關鍵。此外，聲音既然是以「波」的形式傳遞，那波的重要特性 –「干涉」– 就不能不考慮在內！

由於我們耳朵所聽見的聲音是到達耳朵的整體聲波，因此我們必然得考量各別音源在傳播過程中的相互干涉。所以一個人講話所發出的音量，若第二個人以同樣的音量講話，我們並不會聽到兩倍音量的聲音。因為每一個人的「音色」不盡相同，即便相同又無法完全地同步發聲好讓聲波能有一致且穩定的建設性干涉。再說，聽者的位置也會影響其收聽的效果感覺！因此不光只是視野上的遠近差異而已，音樂廳內不同座位之票價差異，聲音聽起來的效果好壞也是重要的定價因素。甚至也有人真的做了一

圖 2-11-1　之所以能夠有「協奏曲」的音樂形式存在，就在於聲音的音量大小並不是簡單的加成而已，而必須考量到波的干涉效應。如此擔綱主角的小提琴手，才能夠以一把小提琴的音量與整個樂團的音量相互搭配。

點小小的實驗，同時加入十支以同樣方式拉奏演出的小提琴，其音量只會比一支小提琴拉奏的「能量強度」大上兩倍左右。若進一步以一百支小提琴拉奏出的聲音，也才比一支的音量大上四倍左右而已。如此回到我們一開始的問題上，不難理解教室中的吵雜難耐，並不在於每一位同學私底下的竊竊私語，即便一百人的大課堂上，講話的音量也不會真的以倍率增加。但真讓人難耐的吵雜，是因為彼此干涉後的聲波就是沒有一個周期性的變化規律，這可是我們上單元所說明指出的「噪音」特徵。

　　在上面我們的分析中，我們均可利用客觀的科學儀器去量測聲音的強度。下面我們則要把問題轉向至我們更為真實的感受認知上，這感受的認知反是此問題較複雜難知的領域。現在我們就從我們如何聽到聲音說起。如（圖 2-11-2）所示，當造成聲音的氣壓波動進入我們的耳朵時，經由耳道到達耳膜，並使耳膜隨所來到的聲音反應出同樣的振動。但之前我們也已提過，耳膜所能振動的頻率就在 20Hz 至 20,000Hz 之間，這也限制了我們人所能聽見的聲音頻率範圍。一旦耳膜有了振動，此振動便會經由聽骨傳至耳蝸，再藉耳蝸內的液體使其內部的毛細胞製造出神經訊息，好讓聽覺神經能夠接收訊息。最後，聽覺神經才將這些訊息發送至腦部，並將這些訊息詮釋成我們所熟知的聲音。這當中也還存在著許多待研究的課題。

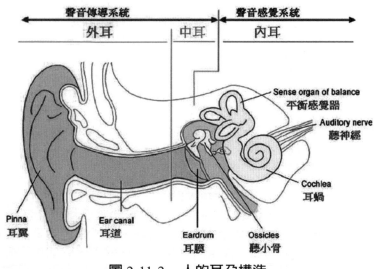

圖 2-11-2　人的耳朵構造

聲音的響度 —— 分貝 (decible，dB)

　　在對聲音之音量問題有了基本認識後，我們還是想要去進一步地量化它，看能不能發展出一套衡量音量大小的標準。客觀上，我們是可由聲波於待測位置的「能量強度」去定義。但物理世界中的客觀對人之感覺並不是如此！參見（圖 2-11-3），人的

聽覺能力有其限制，僅能感知到某特定頻率範圍內的聲音。或許同樣基於人類生存上的演化理由，人對音量大小的感知能力也會受到頻率的影響。因此即便「能量強度」一樣的兩個聲音，若此兩聲音的頻率不同，還是會讓人感覺成音量不相等的兩個聲音。因此，我們在音量大小的量化工作上也非得加入些許的人為感覺標準。較常被採用來衡量聲音響度的標準為「分貝」(dB) 單位系統。

首先，我們必須有一個可供參考的能量強度大小 I_0，其所對應的音量大小為一般人在寧靜環境下對聲音頻率為 1KHz 之聲波，剛好界於可聽見與不可聽見的音量。此聲音的能量強度經測量為 $I_0 = 10^{-12}\text{W/m}^2$。有此參考強度，我們便可定義「分貝」為此相對能量強度大小比例之對數[註4]。

$$\text{dB} = 10 \cdot \log_{10}\left(\frac{I}{I_0}\right) \tag{2-11-1}$$

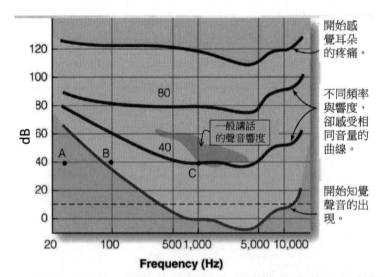

圖 2-11-3　即便「分貝」的單位系統已盡可能地將音量大小客觀地去量化。但人們對相同分貝的聲音音量，還是會因頻率的不同而感覺不同。圖中每一條線所代表的是一般人所感知相同音量大小的聲音，但明顯地，當頻率不同時所對應的響度分貝數亦會不同。

[註4]　定義中的「對數」純粹是因為能量強度的比值的數量級差異太大，因此為能讓我們更方便的使用，取「對數」是一個簡單的方法。

【練習題2-9】

搖滾樂明星的風采或許是不少年輕人所崇拜嚮往的生活，但長期巨大聲響下的演奏，不少搖滾客的耳朵倒是受到不少的傷害，亦可謂是職業性的傷害。像成立於 60 年代的天團「誰」(the Who) 的吉他手 Pete Townshend 的聽力就在多年高分貝演奏會後嚴重受損，並以過來人的經驗成立「搖滾樂手的聽力教育和意識」(Hearing Education and Awareness for Rocker, H.E.A.R.) 的非營利組織，教導青年搖滾客正確地保護自己的耳朵。

事實上，不僅搖滾樂的表演者，搖滾音樂會中的聽眾也得好好保護自己的耳朵！現在假設距舞台 5.00m 處的聲音響度為 115.0dB，試問你還得退後多遠，音樂的聲響才可降至 9.0dB。為簡化問題，我們視發出音樂的擴音器為一個點波源。

【練習題2-10】

有一條交通繁忙的公路，距此馬路 7.0m 處量得的噪音為 95dB。如此在距此同一公路 50.0m 處所量得的噪音會是幾分貝？此問題中，我們不該再將公路之噪音視為是由點波源所發出的噪音，而該以一條無限長的線形波源來處理。

2-12 波的色散關係 —— 波包的相速度與群速度

若要對各式各樣的「波」提出一條最基本的共同特性，那應該是波的傳遞速度等於波的頻率乘以波長 $(v = f \cdot \lambda)$。但承如 (2-6-2) 式所要說明的，波的傳遞速度取決於乘載波之介質返回平衡點的恢復力與介質本身慣性之比值。如此，特別是波於固態或液態介質中的傳遞速度就會牽涉到介質本身所受「應力」後的「應變」特性，因此不難想像即便在相同介質內的波，不同的波長也可能會有不同的波速。事實上，對大多數的介質來說，不僅波速如此，波的振盪頻率亦是如此，即 $v = v(\lambda)$ 與 $f = f(\lambda)$ [註5]。所以

$$v(\lambda) = f(\lambda) \cdot \lambda \Rightarrow v = \omega(k) / k \qquad (2\text{-}12\text{-}1)$$

習慣上，我們會以波的角速度 $(\omega = 2\pi \cdot f)$ 與波數 $(k = 2\pi/\lambda)$ 來描述此問題，而式中角頻率與波數間的函數關係 $(\omega = \omega(k))$ 就稱為波於此介質中的色散關係 (dispersion relation)。

在進一步討論此色散現象前，讓我們先來看一個簡單的例子：兩個前進的波，其波數（波長）與頻率均相近卻不相等，我們想看由此兩個波所合成的波會是怎樣？

$$\begin{aligned}
y(x,t) &= y_1(x,t) + y_2(x,t) \\
&= A\sin(kx - \omega t) + A\sin((k+dk)x - (\omega + d\omega)t) \\
&= 2A\sin\left(\frac{(2k+dk)x - (2\omega + d\omega)t}{2}\right)\cos\left(\frac{dk \cdot x - d\omega \cdot t}{2}\right)
\end{aligned} \qquad (2\text{-}12\text{-}2)$$

由於 $dk \ll k$ 及 $d\omega \ll \omega$，上式可進一步地近似成

$$y(x,t) \approx 2A\sin(kx - \omega t)\cos\left(\frac{dk}{2} \cdot x - \frac{d\omega}{2} \cdot t\right) \qquad (2\text{-}12\text{-}3)$$

我們可參照（圖 2-12-1）來理解 (2-12-3) 式的意涵。原本兩個波長與頻率均相近的波，其波速也該相去不遠，

$$v_1 = \frac{\omega_1}{k_1} \; ; \; v_2 = \frac{\omega_1 + d\omega}{k_1 + dk} \approx \frac{\omega_1}{k_1} = v_1 \qquad (2\text{-}12\text{-}4)$$

有趣的是此兩個看起來相似的波，其加成後的結果卻有相當不同的形貌，合成波就像被侷限在一個被稱為「波包」(wave packet) 的空間內。此「波包」的數學描述就在

[註5] 雖然目前我們所討論的「波」均屬於「機械波」的類型，亦即波的出現需要仰賴乘載介質的振盪。這與十九世紀末所發現的電磁波相當的不同，但本單元所要討論的色散問題，則是波於介質內傳遞的普遍現象，且早已被實驗所觀察與接受。然而對色散現象的解釋，則必須等到原子概念普遍被接受後才有可能，我們因此將延至後面的單元「3-46 電磁波於非真空中的傳遞速度與折射率」再給出更詳盡的說明。

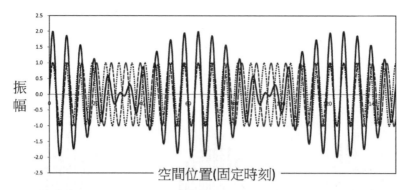

圖 2-12-1　根據 (2-12-3) 式，紅色實線為合成波在時刻 $t = 0$ 時不同空間位置上的振幅大小。明顯可看出，此合成波的振幅被侷限在一個看似包裹內整體地向前傳遞。我們習慣將此包裹稱為此合成波的波包 (wave packet)。(圖中所使用的參數 $k = 1.0$ 及 $dk = 0.1$。類似圖形亦會出現在固定空間位置，振幅隨時間的變化上。

(2-12-3) 式中的餘弦 (cos) 函數上，因此可知此「波包」的波數為原先兩波的波數差的一半 ($dk/2$)，頻率則是原先兩波的頻率差的一半 ($d\omega/2$)。所以，此「波包」的前進速度為

$$v = \frac{d\omega/2}{dk/2} = \frac{d\omega}{dk}$$
(2-12-5)

　　經此簡單的例子後，我們自然可將結果推展到一般波於介質內的傳遞情形，即色散的現象。當波進入介質後，由於不同波長的波在介質中會有不同的傳遞速度與頻率，因此各別的波彼此加成干涉後往往會以「波包」的形式前進。又「波包」中，波數為 k 的波在此介質內的各別傳遞速度稱為「相速度」(phase velocity)，以 v_p 表示；而「波包」的整體傳遞速度則稱為此波包的「群速度」(group velocity)，亦即能量會藉此波包傳遞出去的速度，以 v_g 表示。若此介質的色散關係 $\omega(k)$ 為已知，則

$$v_p = \frac{\omega}{k} \; ; \; v_g = \frac{d\omega}{dk}$$
(2-12-6)

● 不是色散問題，但有趣的「拍」(beat) 現象

　　為看波包於空間中的傳遞，我們於（圖 2-12-1）中針對同一時刻去看波在不同空間位置上的大小。但有時我們所在意的是波於空間同一位置上的特性，例如兩個頻率僅相差一點點的聲波，我們聽起來會使怎樣？在回答此問題前必須提醒讀者的是，當聲波於氣態的空氣間傳遞時，即便是不同頻率的聲音也會有相同的傳遞速度，因此在聲波的例子中並不屬於色散的問體，只是在此我們可借用類似 (2-12-2) 式的分析來探討我們的問題。方便上，可令 $x = 0$

$$y(0,t) = y_1(0,t) + y_2(0,t)$$

$$= A\sin(-\omega t) + A\sin(-(\omega + d\omega)t) = 2A\sin\left(-\left(\omega + \frac{d\omega}{2}\right)\cdot t\right)\cos\left(\frac{d\omega}{2}\cdot t\right) \quad (2\text{-}12\text{-}7)$$

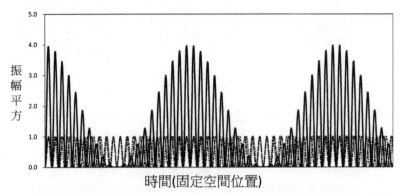

圖 2-12-2　藉由「拍」的現象，我們可用來校準兩聲源所發出聲音的頻率，使之一致。

　由於我們能否在適當的頻率間聽見聲音，取決於此聲波的能量強度，而能量強度又與聲波的振幅平方有關。因此由（圖 2-12-2）可發現，當我們站在同一個地點去聆聽頻率僅存微小差異的兩個聲音，我們將會發現所聽見的聲音音量會忽大忽小地交替變化。甚至會有一定的時間間隔沒有聲音出現，此現象就稱為「拍」(beat)。由 (2-12-7) 式的結果亦可看出，此「拍」的出現頻率就是此兩聲源所發出聲音的頻率差異。

【練習題2-11】

之前已提過，交響樂團的戶外演出不時會出現臨場氣候因素上的困難。演出前樂團成員會先在室內將自己的樂器先調好音，再到戶外演奏。當演奏一陣子後，氣溫開始驟降，樂團中的兩位單簧管手。其中一位樂手不時在空檔時間以自己的身體衣物去保持單簧管的溫度，另一位則因為還得擔綱別種樂器的演出，而無法去保持溫暖自己的單簧管。此差異導致這兩支單簧管的溫度為 20℃與 30℃的不同。現在此兩位樂手得同時吹奏單簧管，使之發出頻率為 293.66Hz 的音。則此兩支單簧管可能會出現「拍」的現象，試問此「拍」現象的頻率？已知單簧管（與直笛又有點不同，單簧管屬於一端封閉，另一端開放的空氣共鳴管）發生之頻率會正比於聲速

$$f_n = n \cdot \frac{v}{4L} \quad , \ n = 1, 2, 3, \cdots$$

2-13　水波

　　爲讓讀者能對波的色散關係有更具體的認識，我們就以大家所熟悉可見的水波爲例，並將所要討論的水波侷限於線性波 (linear wave) 上，即振幅 (A) 遠小於波長 (λ) 的水波。一般的經驗上，我們會以 $A/\lambda < 0.05$ 作爲水波是否屬於線性波的判準。因此無論我們是在談論水池中被微風所擾動而起的漣漪，或是大海中的波浪，只要水波本身的振幅與波長符合以 $A/\lambda < 0.05$ 的條件便同屬線性的水波。但即便同樣屬於線性的水波，研究者還是可依主宰水分子振盪的力 – 重力或是水的表面張力 – 來將水波區分成重力波 (gravity wave) 與表面波 (surface wave) 兩種。一般說來，這區別會與水的深度 (h) 有關，但怎樣的水深才算是深水 (deep water) 或是淺水 (shallow water)？這可是得將水深與水波的波長相互比較 (λ/h) 才能決定。我們也可預測，不同類型的水波（重力波與表面波）將會有不同的色散關係，$\omega = \omega(k)$。接下來，我們就以「量綱分析」(dimensional analysis) 的原則，在最少的原理知識下去猜測水波該有的色散關係。

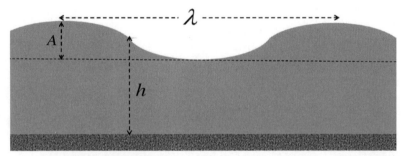

圖 2-13-1　水波之特性深受水波之波長、振幅、與水深，彼此尺度間的相對大小比例所影響。

● 受重力主宰的水波 – 重力波

　　「量綱分析」的主要原則就在於描述物理現象的方程式中，每一項的單位「量綱」必須一致。例如：在重力波的例子中，影響水波角頻率 (ω) 的變因可能會有重力 (g)、水的密度 (ρ)、與波數 (k)。因此它們之間的關係可寫成

$$\omega = A_g \cdot g^a \cdot \rho^b \cdot k^c \tag{2-13-1}$$

此處 A_g 爲一個無單位常數，由於在「量綱分析」中我們無法決定此常數值的大小，因此習慣上會令 $A_g = 1$。而各變因的指數大小 (a、b、與 c) 則決定於下面的要求

$$[\omega] = \left[\mathrm{T}^{-1}\right]$$
$$[g] = \left[\mathrm{L} \cdot \mathrm{T}^{-2}\right]$$
$$[\rho] = \left[\mathrm{M} \cdot \mathrm{L}^{3}\right] \xrightarrow{\text{(66-1)式}} \left[\mathrm{T}^{-1}\right] = \left[\mathrm{L} \cdot \mathrm{T}^{-2}\right]^{a} \cdot \left[\mathrm{M} \cdot \mathrm{L}^{-3}\right]^{b} \cdot \left[\mathrm{L}^{-1}\right]^{c} = \left[\mathrm{M}\right]^{b} \cdot \left[\mathrm{L}\right]^{a-3b-c} \cdot \left[\mathrm{T}\right]^{-2a} \quad \text{(2-13-2)}$$
$$[k] = \left[\mathrm{L}^{-1}\right]$$

此三元聯立的方程式解可被求得

$$\begin{cases} b = 0 \\ a - 3b - c = 0 \\ -2a = -1 \end{cases} \Rightarrow a = \frac{1}{2}, \; b = 0, \; c = \frac{1}{2} \tag{2-13-3}$$

所以在重力主宰下的水波，其色散關係為

$$\omega(k) = g^{1/2} \cdot k^{1/2} = \sqrt{g \cdot k} \quad (A_g = 1) \tag{2-13-4}$$

依此色散關係，我們不難計算構成水波波包的「相速度」(phase velocity，v_p) 與「群速度」(group velocity，v_g) 為：

$$v_p = \frac{\omega}{k} = \sqrt{\frac{g}{k}} \; ; \; v_g = \frac{d\omega}{dk} = \frac{1}{2}\sqrt{\frac{g}{k}} \tag{2-13-5}$$

在此屬於重力波的水波中，一如所預期的，「相速度」會快過整個波包傳遞的「群速度」($v_p > v_g$)。也由於其色散關係與水的密度無關，所以無論波的「相速度」還是「群速度」均與水的密度無關。這是因為由重力所主宰的波，其波的主因來自重力讓水面的高度振盪變化，而自由落體是與物體的輕重密度無關。因此即便將水換成密度較小的酒精，其波速仍舊一樣不變。此外值得注意的是，由於 $k = 2\pi/\lambda$，(2-13-5) 式亦告訴我們，在此重力所主宰的水波中，波長較長的水波會有較快的「相速度」。且此「相速度」會快過傳遞能量的「群速度」，因此在大海中我們可藉由長波的訊息來得知即將到來的海浪。例如：暴風雨中一般將會激起尺度為百公尺的長浪，就以 $\lambda = 100\mathrm{m}$ 來說，其「相速度」與「群速度」分別為

$$v_p = \sqrt{g \cdot k} = \sqrt{9.81 \times \left(\frac{100}{2 \cdot \pi}\right)} \; \mathrm{m/sec} \approx 12.5 \; \mathrm{m/sec} \; (45\mathrm{km/hr})$$
$$v_g = \frac{1}{2}\sqrt{g \cdot k} \approx 6.25 \; \mathrm{m/sec} \; (22.5\mathrm{km/hr}) \tag{2-13-6}$$

因此，在距離此暴風雨 100 公里的船隻，可藉由較快抵達的長浪「相速度」得知大浪的來臨，而船隻所可有的準備時間為

$$\Delta t = \frac{L}{v_p - v_g} = \frac{100}{45 - 22.5} \; \mathrm{hr} = 1.1 \; \mathrm{hr} \tag{2-13-7}$$

● 受表面張力所主宰的水波 – 表面波

我們同樣可利用「量綱分析」的原則去猜測表面波的色散關係。首先我們必須列出影響表面波之角頻率 (ω) 的可能變因：表面張力（γ，其在 M.K.S 制中的單位為 nt/m，因此其量綱會是 $[M \cdot T^{-2}]$）、水的密度 (ρ)、與波數 (k)。同樣的方法，讀者不妨自己試試，當水波屬於表面波時，其色散關係為

$$\omega(k) = \gamma^{1/2} \cdot \rho^{-1/2} \cdot k^{3/2} = \sqrt{\frac{\gamma}{\rho}} \cdot k^{3/2} \quad (A_S = 1) \tag{2-13-8}$$

所相對應之「相速度」與「群速度」亦可計算如下

$$v_p = \frac{\omega}{k} = \sqrt{\frac{\gamma}{\rho} \cdot k} \quad ; \quad v_g = \frac{d\omega}{dk} = \frac{3}{2}\sqrt{\frac{\gamma}{\rho} \cdot k} \tag{2-13-9}$$

可見在表面張力所主宰的水波中，水波的「群速度」會快過其「相速度」，這在波的傳遞中是屬較為奇特的現象，也因此我們會將 $v_g > v_p$ 的特性稱為「異常色散」(anomalous dispersion)。此外該注意的是在此表面波中，波長較短的水波會有較快的傳遞波速。

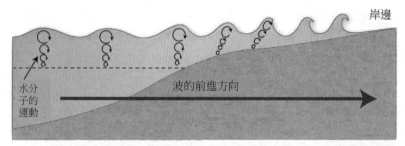

圖 2-13-2 **大自然當然不會單純地將水波依其線性與否、重力波或是表面波的區分來呈現水波的樣貌，而是各有它的比重混雜。就如同由外海而來的海浪，一路推進到岸邊的過程中就不段更替不同類型的水波特性。**

第3章
電磁學

3-1 電與磁的發現

　　自從伽利略對自由落體的研究開始，量化研究就成為物理學中的一個重要特徵。然而在進入量化研究的前期，人們往往會耗上一段長久的時間去摸索釐清一些概念上的問題。就如同「兩帶電體間的作用力，同性電相斥，異性電相吸」這樣一個當今已被視為常識般的概念，在電學發展的前期也不是那樣的理所當然。電磁學的發展也不例外，有其複雜的歷程，以致我們無法在簡短的篇幅中詳述，但我們還是有必要以幾個故事般的單元來替大家鋪陳該有的概念背景。

　　長久以來，人們對「磁」的認識與應用是遠多於「電」的理解。雖然古希臘人早已知道摩擦後的琥珀，可吸引羽毛或薄布等輕盈之物，因而把這琥珀可吸引它物的性質稱為「elektron」，也成就了我們今日對電 (electricity) 的稱呼。但對電的來源與性質則始終保持著神秘的色彩，也不知該如何研究它。很重要的原因是當時藉由摩擦而來的微弱電量，會因潮濕的空氣而不易保持，也就無法去做下一步的探討。

　　直到了 1600 年，當時擔任英國伊利莎白女皇御醫的吉爾博特 (William Gilbert，1540~1603) 寫了一本著作《磁性、磁性物質與地球大磁鐵》。在這本書中，人們才第一次以嚴謹的方式區分電與磁的不同。吉爾博特發現磁性物質的磁性可分成兩種形式：一種是會指向北方，另一種則會指向南方，習慣上我們就將此兩種形式的磁性分別稱為北極（正極）與南極（負極）。帶同極性的兩個磁極彼此會互相排斥；相反地，帶不同極性的兩磁極會互相吸引。且磁鐵的兩端磁性必同時為相反的極性。也就是說，當我們想分離磁鐵兩端的南北磁極，而將此磁鐵打斷，斷裂後的磁鐵瞬間會在斷裂處再出現相反的磁極，形成兩個各具南北磁極的小磁鐵。此外，還有一個奇妙的特性是這磁鐵也可吸引一些像鐵或鋼之類的非磁性物質，且磁性越強的磁鐵可吸引越重的鐵塊。

　　同一本著作中，吉爾博特也觀察到古希臘人藉由摩擦琥珀來產生「電」的現象。此外，吉爾博特還發現摩擦玻璃棒與絲織品也可產生電，吸引輕而小的物體。很巧地，就像磁性物質一般，實驗的結果同樣顯示藉由摩擦所生的電也有兩種電性，且帶同電性的兩物體彼此相斥，反之則相吸引。

　　除了這兩種極性的相似性外，吉爾博特也注意到磁鐵與帶電物質間的不同。當我們摩擦一玻璃棒與一絲綢布塊，摩擦後它們會分別產生不同的電性，此帶有不同電性的物質是可彼此遠離而獨立存在，這與前述磁鐵上兩磁極的並存相當的不同。以當今的術語來說：自然界中可有電荷的存在，但卻不存在磁單極 (magnetic monopole)。

　　雖然吉爾博特在 1600 年的著作中，對大自然中的電與磁現象已展開具有現代科學形式的研究。但整本書對電與磁的著墨，則明顯偏重於磁的討論，這可單純由吉爾博特對此書的命名得知。而我們後世對這本書的認識也大半來自於此書的一個重要實驗論述，認為地球本身有如一個大磁鐵。即便如此，書中他對電的見解還是影響後人對電的認識態度，例如書中認為電可吸引它物的特性並不是琥珀等物質所固有的，而是來自於一種流體。此流體可經由摩擦來產生與轉移，這也間接造成往後幾個世紀的人

圖 3-1-1　吉爾伯特與開創電磁學研究的著作《磁性、磁性物質與地球大磁鐵》。右圖為此書於 1628 年版本的封頁 (Wikipedia)。

們認為電的本質為一種流體的錯誤認知。

　　吉爾博特之後，以研究空氣壓力與發明真空幫浦聞名的德國物理學家蓋立克 (Otto Von Guericke，1602~1686)，於 1663 年左右發明了一台起電機 (electrostatic generator) 做為他研究電的實驗器材。此起電機的發明是一個開端，但直到十八世紀才真的引起較多人們對電的研究興趣。科學家所感興趣的是起電機背後之原因，或許是受到吉爾博特認為電是一種流體的影響，也可能是受到當時於熱學研究中所盛行的熱素與燃素理論影響。十八世紀的人們也認為起電機產生電，可能是一種沒有重量的流體所造成的現象，而以「二流體」的理論來解釋電的吸引與排斥現象。一種流體會造成吸引現象，另一種流體則會排斥。其中值得一提的是，格雷 (Stephen Gray，1666~1736) 於 1720 年研究電的傳導現象時，發現了導體與絕緣體間的區別。隨後，他又發現了導體的靜電感應現象。

　　接下來另一個帶動研究進展的儀器發明，便是萊頓瓶的發明。此萊頓瓶在 1745 年間分別由克萊斯特 (Ewald Kleist，1700~1748) 與馬森布洛克 (Musschenbrock，1692~1761) 所獨立發明，此萊頓瓶也因克萊斯特在當時荷蘭的萊頓大學任教而得名。此儀器是將玻璃管的內外側都貼上錫箔紙，使之可以儲存由摩擦所生的大量靜電荷。其最大的貢獻在於使研究者可更隨心所欲地存取實驗所需之電荷，這對之後的量化研究可是一大貢獻。如果想讓帶電的萊頓瓶放電，只要把物體靠近萊頓瓶的中心棒即可。在早期的電學研究中，當金屬片靠近萊頓瓶時，就可見其接縫處併發出火花，同時伴隨著噼啪聲響，也有不少的研究者因此遭到猛烈的電擊。如此的電擊現象倒是讓人們開始懷疑萊頓瓶所放的電與天上的雷電是否相似。此懷疑也讓後來成為美國開國元勛之一的富蘭克林 (Benjamin Franklin，1706~1790) 在電學的初期發展史中站有重要的一席。

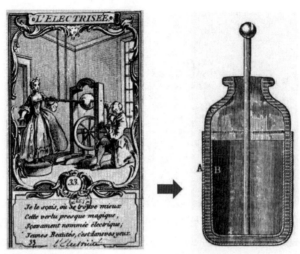

圖 3-1-2　從起電機到萊頓瓶，我們可清楚看見在這近八十多年的時間中，技術的發展如何去驅動科學的研究發展與深度。

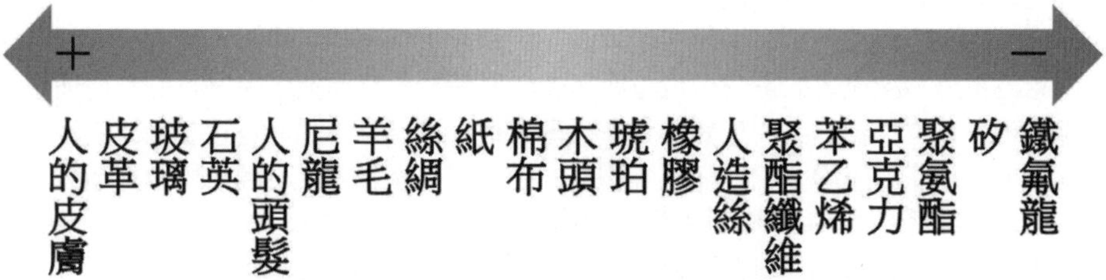

+														-
人的皮膚	皮革	玻璃	石英	人的頭髮	尼龍	羊毛	絲綢	紙	棉布	木頭	琥珀	橡膠	人造絲維	聚酯纖維	苯乙烯	亞克力	聚氨酯	矽	鐵氟龍

圖 3-1-3　在兩不同物質的摩擦過程中，容易失去電子的物質會帶有正電荷，另一方獲得電子的物質則帶有電子之負電荷。上面表列的物質，我們若任意拿兩物體相互摩擦，則表列左邊的物質會帶正電荷，右邊的物質則帶負電荷。

圖 3-1-4 馬克斯威前,對電磁學發展有重大貢獻的人。

3-2 富蘭克林的風箏

根據富蘭克林的自傳記載，自來自蘇格蘭的斯賓賽博士 (Dr. Spence) 於 1746 年間向他演示一些電學實驗開始，富蘭克林便迷上電學上的研究工作。除了自行精進（改良）研究的設備外，也設計一系列的實驗去闡明電的性質。並將實驗結果以書信的方式寄送給他於英國的友人，這些書信於 1751 年被集結成《電的實驗與觀察》一書發行，書中不少原創構想與實驗結果對電的認識有實質上的貢獻。例如著名的風箏實驗，就讓兩位法國科學家達里巴爾 (Dalibard) 與德洛爾 (Delor) 根據書中的建議從雲層吸引閃電，此實驗的成功不僅讓歐洲科學家注意到富蘭克林的這本《電的實驗與觀察》，進而刺激科學家在電學上的進一步研究。連帶地也大幅擴展富蘭克林於歐洲的知名度與聲望，這對日後美國於建國過程中的外交事務上是一大助力。

在富蘭克林的時代，一般認為摩擦生電是由於兩種帶有不同電性的流體轉移，應而使物體表面帶有兩種不同電性之電荷（富蘭克林將其命名為「正電」與「負電」）。雖然富蘭克林也同意這樣流體轉移的看法，但不同的是，富蘭克林認為正電可能是流體過多的現象，相反地，負電則是此流體的缺乏。如此因為僅需要一種流體來進行電荷的轉移，所以若產生一個負電荷，一定會有等量的正電荷同時出現。如此推論，宇宙中所有的正電荷與負電荷便必定是完全的等量平衡。這也可說是「電荷守恆定律」首度出現的雛型。如此富蘭克林的電荷守恆定律與單流體理論，幫助了當時的人們更進一步地理解萊頓瓶背後的原理。雖然以我們現在的知識來看富蘭克林所提的電荷守恆定律，其所根基的單流體理論是錯的，但「電荷守恆定律」本身卻仍是今天物理學中一個重要而不變的定律。而富蘭克林對「正電」與「負電」的稱呼也仍舊延用至今。

發展至此，靜電學的三個基本原理：靜電力於定性上的基本特性、電荷守恆與靜電感應原理都已大致建立，對電的認識也有了初步的成果。此外，我們也不妨離開科學史上的進程，而以我們當代的認識去解釋這些靜電上的現象。

● 以原子模型理解摩擦起電

就我們現在對物質皆由原子組成的理解，原子本身為電中性，不同的原子擁有不同數目的質子，這些帶正電的質子均聚集在相對原子大小來說很小很小的原子核內。原子核外則為電量一樣、但電性相反（負電）的電子，此電子的數目會與質子的數目一樣，以保持原子的電中性。此外，我們也可依據量子力學上的原則去獲知這些電子的運動與分布狀態。同樣地，量子力學也解釋了原子與原子間的鍵結。重點是，即便由原子所組成的一切物質仍保持著電中性，但有些構成物質的原子外層電子卻是容易被分離出去，例如摩擦某些物體的表面便可造成外層電子的分離。如此，當帶負電的電子被分離出去後，原本正負電平衡的物質便會因為少掉幾個帶負電的電子，而成了帶正電的物質。反之，帶走電子，或說被電子附著的另一物體也就成了帶負電的物質。在此摩擦起電的機制下，我們不難理解「總電荷守恆」背後的道理。

圖 3-2-1　富蘭克林著名的風箏實驗成功演示了空中的放電行為。若以現今的知識來看，富蘭克林所根據的原理雖然有錯，但「電荷守恆原理」則是正確的推論。更重要的是，電學上的課題經由富蘭克林一系列的探討後，也正式進入嚴謹的研究課題。

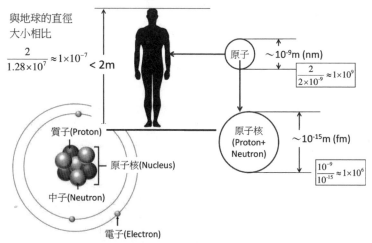

圖 3-2-2　長度上的尺度分層。若以古典的原子模型來看，帶負電的電子會在特定的軌道上繞行著帶正電的原子核。正負電的平衡使原子整體來說為電中性。但位於最外層軌道上的電子，則會因為與原核間的束縛能相對較小，而容易被分離掉。一旦這些外層電子被分離後，原本不帶電的原子就變成了帶正電的原子。而這樣的現象常出現在位處物體表面的原子上，這也成了摩擦起電的原因。

3-3　感應電荷

　　延續上一單元以原子模型去理解摩擦起電的原理，本單元我們將同樣以原子模型去理解讓物質帶電的另外兩種方式–「感應」與「接觸」。值得強調的是，若以原子的層級去看固態物質之組成，原子與原子間的鏈結就像是將自己固定在固態物質內的特定位置上。當位處物質表面的原子會因外部的摩擦，致使原子最外層的電子被游離，而成為帶負電之自由電子，並轉移至摩擦的一物體上。同時，停留在另一物體上不動的原子也就成了帶正電荷。那有別於摩擦起電的過程，下面我們就以幾個用來檢測物體是否帶電的驗電器 (electroscope) 示意圖，來解釋此物質因「感應」與「接觸」的帶電原理。

● 感應電荷 (induced charge)

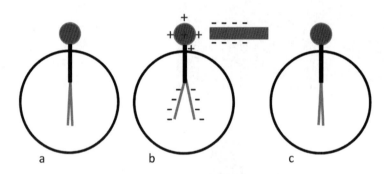

圖 3-3-1　　產生感應電荷的例子。

　　原本不帶電荷的驗電器，其內部的兩片金屬（導體）薄片理所當然地會自然垂下合起，如（圖 3-3-1 a.）所示。如果我們將一帶有負電荷的棒子靠近驗電器的外部導體球，靠近但不接觸，棒子上的負電荷當然不會隔空跳至導體球上。但導體之特性就是其內部電子在電場的作用下可自由地移動，如此即便沒有接觸，當帶負電棒子靠近時，其電場還是會讓驗電器外部導體球上的負電遠離。如此少掉負電荷的導體就成了帶有正電荷的導體，我們就稱這樣出現在導體球上的電荷為「感應電荷」[註1]。同時，遠離驗電器外部導體的負電荷便進入驗電器內部的兩片薄金屬片，又同性電荷相斥的特性便會讓這兩片薄金屬片出現張開的現象，如（圖 3-3-1 b.）所示。且張開的角度越大，所代表的是帶有更大的電量。最後，我們如果把驗電器外帶有負電的棒子移走，如（圖 3-3-1 c.），則驗電器內部金屬片上的負電會再度回到驗電器外部的導體

―――――――――

[註1]　我們將會在後面的單元中更仔細地闡明此電荷於電場內的運動現象。此外，「感應電荷」的出現並不侷限在導體上，介電質亦可有「感應電荷」的出現。

球上，此時的驗電器又回到原始不帶電的狀態。事實上，在（圖3-3-1）中的每一步驟，驗電器的總帶電量始終為零，不帶電。「感應電荷」只是驗電器中導體內部正負電荷分離的現象。

同樣的步驟，若將靠近驗電器的帶負電棒子改為帶正電的棒子，我們將會看見驗電器出現同樣的反應。但此時，驗電器外部的導體球會因棒子上的正電荷吸引而招來負電荷，使之成為帶負電的導體球。同時，驗電器內部的兩金屬薄片則會帶有正電荷。總地來說，驗電器的總帶電量仍舊是不帶電。

● 接觸帶電 (charging by contact)

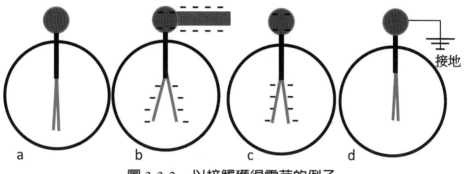

接地

圖 3-3-2　以接觸獲得電荷的例子

不同於上面的例子，我們現在將帶負電荷的棒子與驗電器外部導體球直接接觸在一起。此時棒子上的負電荷將會直接跑至導體球上，並一路進入驗電器內部的兩片薄金屬片上，使之因帶有相同的電荷而張開，如（圖3-3-2 b.）所示。但與「感應電荷」不同的是，此藉由接觸而帶電的過程會使整個驗電器帶有負電荷。因此，即便我們將帶負電荷的棒子移走，驗電器仍舊帶有負電荷，也因此驗電器內部的兩片薄金屬片仍持續開著，如（圖3-3-2, c）。

同理，若與驗電器接觸的棒子是帶正電荷，則此正電荷會吸引驗電器中導體內的負電荷進入棒子，並使驗電器因負電荷的出走而帶正電。同樣地，驗電器內的兩片薄金屬片也因同樣帶有正電荷而張開。

那如何將驗電器中因接觸所帶來的電荷移除呢？一個簡單的方法就是「接地」(grounding)，即靠導線將帶有電荷的驗電器與我們的地球連接一起。地球就如同一個巨大的電荷儲存庫一般，只要有適當的導線連接，地球就可讓負電荷自由地移進或移出，以中和帶點體使之成為電中性，如（圖3-3-2, d）一般。

3-4 庫倫定律

　　讓我們再回到電學上的發展，當人們對靜電學的現象有了基本認識後，即便「電」的本質仍未被正確的認知，但諸如兩帶電物體間受力大小上的量化問題，仍舊會是一些科學家所注視與研究的焦點。有趣的是，科學定律的奠定往往不是單純與直接地去碰觸問題的本身 – 想知道帶電體間的力大小，就直接去測量它。科學史上的進展並不是如此！

　　對靜電學做出大貢獻的富蘭克林，於 1757 年代表賓州議會到英國倫敦交涉與抗議英國於北美地區所採的殖民政策，此後的富蘭克林便多年被派駐英國處理外交上的事務，也因而成為駐英之美國獨立運動的首席代言人。即便政治上有如此重要的任務，但富蘭克林仍不忘積極加入一些科學團體，並於倫敦當地的一個城市咖啡俱樂部主持兩週一次的科學研討會。就在這個時期，英國約克郡沃靈頓學院 (Warrington Academy) 擔任教師的普里斯特利 (Joseph Priesltey，1733-1804)，由於對電學的興趣，並想寫一本科普書籍來介紹此領域的發展，於是普里斯特利就來到這個咖啡俱樂部找上富蘭克林，也開啓他們兩人日後多年的信件往來。

　　一天，富蘭克林於信中告知普里斯特利：「我把一銀罐放在帶電支架（即絕緣支架）上，使它帶電。然後用絲線吊一個直徑一英吋的木球，並將它放進銀罐中，直到此木球觸及銀罐底部。但是，當再以絲線將木球移出時，卻沒有發現木球因為接觸感應而使之帶電的現象，如木球在銀罐瓶外部接觸的那樣。」對此結果富蘭克林不知如何解釋，信中也希望普里斯特利能夠重複他的實驗做看看，並想想為什麼。

　　普里斯特利也真地親自重複一遍實驗，並引用牛頓的巨著《自然哲學的數學原理》中一個關於球體吸力的命題（第一卷第十二章之命題七十），此命題說：假設球面上的每一點都有相等的向心力，且隨距離的平方減小，如此在球面內部的粒子，無論此粒子在何處均不會受到這些力的吸引[註2]。根據此命題普里斯特利在 1767 年的《電學歷史與現狀及其原始實驗》一書中寫道：「難道我們不

Joseph Priestley
1733 – 1804

Charles de Coulomb
1736 – 1806

圖 3-4-1　雖然我們現在都將帶電物體間，彼此所受到的電力稱為「庫倫力」，但庫倫在電力的實驗上看起來就像一步步地驗證普里斯特利的推測一般。

[註2]　此處之向心力是指球面上各點指向球心之力，而不是物體圓周運動時所受到的向心力。此命題即（1-30 太陽與地球）圖 1-30-2 中當 $z < R_S$ 的情況，讀者可自行積分看看（必須注意 (1-30-6) 式的改寫），其結果之受力為零。

可從這個實驗得到結論：電的吸引與萬有引力均服從同一定律，即與距離平方的反比定律。因為不難證明，假如地球是一個球殼，在殼內的物體受到一邊的吸引作用，決不會大於另一邊的吸引。」這就是普里斯特利由牛頓著作中所獲得的啟示。可惜的是，普里斯特利的論證並沒有得到當時科學界的太多重視，而對此距離平方反比定律的確認則需再等十八年後的庫倫實驗[註3]。

時間來到 1785 年法國的軍事工程師庫倫 (Charles Augustin Coulomb，1736~1806)，即便庫倫在電的本質問題上是屬雙流體理論的擁護者，但此立場並不妨礙他對帶電物體間力大小的研究工作。他也利用自己所發明的扭秤裝置（一種可測量物體上受極微小力之儀器）測量兩帶固定電荷物體間的受力大小，實驗的主要成果便是確認兩帶電物體間的電力大小與物體間的距離平方成反比。在庫倫所發表的一系列成果上，也看似一步步地驗證普里斯特利將電力形式類比於重力的推論。這類比中當然還是存有一個明顯的差異，兩物體間的重力必然是吸引力，而兩帶電物體間的電力則取決於彼此間的電性異同（同性相斥，異性相吸）。對當時的物理學家來說，庫倫的發現所引起的最大震撼是來自於它的形式內容與牛頓之重力理論十分相像。

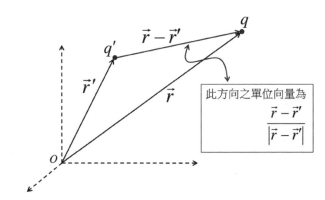

圖 3-4-2　空間中兩個帶電體間所受的電力形式與重力相似。

總結庫倫實驗之結果，兩帶電粒子間的庫倫力可表示為：

$$\vec{F}_{q' \to q} = k \frac{qq'}{|\vec{r} - \vec{r}'|^2} \left(\frac{\vec{r} - \vec{r}'}{|\vec{r} - \vec{r}'|} \right) \tag{3-4-1}$$

式中所要探討的測試電荷 q 與（力源）q' 電荷分別位於 $\vec{r}$ 與 $\vec{r}'$，k 為一個常數，其值與我們所選用的單位有關。此庫倫定律告訴我們：兩帶電物體間的力大小正比於物體分別所帶電量 q 與 q' 之乘積，而反比於兩物體間的距離平方。同時，根據 (3-4-1) 式

[註3]　比起電學上的成就，普里斯特利 (Joseph Priesltey，1733-1804) 較為人所知的科學成就是發現空氣中的氧氣。

中括弧內所表示的單位向量，我們也可看出當物體所帶電量 q 與 q' 爲相同電性時（同爲正電或同爲負電），此乘積之值爲正，這代表斥力；反之，不同電性之兩帶電體 q 與 q' 之乘積爲負，表示存有相互吸引的電力。順便一提，庫倫利用同樣的扭秤裝置也測量了兩個磁鐵間的作用力，其結果也顯示兩磁鐵間的磁力會隨距離的平方成反比。

在 SI（國際單位制）下，實務上的操作考量，我們會先定義安培電流，再由安培去定義「庫倫」(Coul) 電荷的大小[註4]。如此我們量測到相距 1 公尺且各帶電 1 庫倫的兩電荷，彼此間的受力大小約爲 8.99×10^9 牛頓 (nt)。如此，

$$k = \frac{1}{4\pi\varepsilon_0} \cong 8.99 \times 10^9 \text{ nt} \cdot \text{m}^2/\text{Coul}^2 \tag{3-4-2}$$

其中 ε_0 爲眞空中的介電係數 (the electric permittivity of free space)，

$$\varepsilon_0 \cong 8.85 \times 10^{-12} \text{ Coul}^2/(\text{nt} \cdot \text{m}^2) \tag{3-4-3}$$

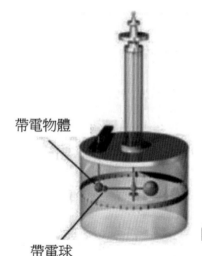

帶電物體

帶電球

圖 3-4-3　　**用來量測兩帶電粒子間庫倫力大小的扭秤。**

[註4]　一庫倫電量的定義來自於一安培電流於一秒內流過導線截面的電量大小。因此由文中所述的受力大小可知，一庫倫電量實爲很大的帶電量。

【練習題3-1】

已知質子 (proton) 的質量為 $m = 1.67 \times 10^{-27}$ kg，帶電量 $q = 1.60 \times 10^{-19}$ Coul。試問兩相距一公尺的質子，其彼此間所受到的庫倫力與重力的大小比為何？

【練習題3-2】

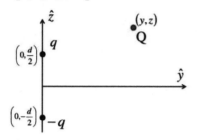

如圖，兩正負相反電荷 $\pm q$ 分別在位置 $(0, d/2)$ 與 $(0, -d/2)$ 上，此外在 (y, z) 處還有另一電荷 Q。試問

(a.) 電荷 Q 所受到的庫倫力為何？

(b.) 當 $z = 0$ 時，電荷 Q 所受到的庫倫力為何？

(c.) 當 $z = 0$ 且 $y \gg z$ 時，電荷 Q 所受到的庫倫力為何？

3-5　磁力的出現

　　在靜電學現象被觀察到前，人們早就知道不同磁極間會有相互吸引與排斥的作用，進而應用在辨別方向的羅盤上。人類史上對「磁」的認識與應用是早過對「電」的掌握，但相對於量化兩帶電物體間的庫倫力，磁力的量化研究反是較晚才出現突破性的進展。之所以會這樣的時序顛倒，很大的原因來自於實驗器材上的限制與發展。靜電學上的進展來自於起電器與萊特瓶的發明，才有辦法穩定地生成與保存電荷，以供進一步的量測。而磁力研究的戲劇性轉變則來自於伏特電池（1800 年）的出現，以供應一個穩定的電流來源[註5]。這也才有日後丹麥哥本哈根大學厄司特(Hans Christian Oested，1777-1851) 於 1820 年的發現，電流會造成磁針的橫向偏轉。

　　厄司特的簡單實驗給當時的物理學圈一個很大的啓示。多年來，電學與磁學間的關聯性猜測終於在厄司特的實驗中得到印證。同年九月，法國天文學與物理學家阿拉戈 (Francois Arago，1786-1853) 把這消息帶回法國巴黎，並在法國科學院中對厄司特的實驗演示一遍，隨後便掀起此議題的研究高潮。其中部分原因是這實驗相當容易可被人重覆操作，且每個人都想解釋此實驗結果的背後原因，同時每位物理學家也在實驗中看見厄司特該做而未做的研究工作，就如法國物理學家安培 (Andre-Marie Ampere，1775-1836) 對自己即將展開的工作表示：「他是要完善那位丹麥教授所留下的工作」沒幾個星期的時間，安培便對電流磁效應的現象陸續提出三篇重要論文。

　　在第一篇論文中，除證實厄司特的實驗外，安培更排除地球磁效應對實驗的影響，明確地標示出直線電流對磁針偏轉的單獨效應。其結果即我們所熟知的「安培右手定則」，此定則以我們的右手姆指表示電流方向，而右手其它四指自然彎曲的方向便是磁針會偏轉的方向。安培於同一篇論文中還釐清來自伏特電池或萊頓瓶之電流的不同處。當時的人們認為伏特電池產生電流的方式就如同萊特瓶一般，可分成充電與放電兩個過程。但安培卻認識到不僅聯接伏特電池兩端的電線有電流經過，伏特電池的本身也有相同電流的經過，即一個迴圈的流動。安培在實驗中還發明了檢測電流大小的檢流計 (galvanometer)，就是我們所常稱的安培計。也因此，我們把電流的大小單位訂為「安培」(A)。

　　第二篇論文中，安培便對電流產生的磁現象提出他深具洞見的觀點與推廣。在厄司特實驗中的電流角色就像磁鐵一般讓磁針偏轉，這表示電流對磁針產生一個磁力作用。明顯地，這是牛頓對物理學家的影響，凡事要有力的存在才可改變物體的運動狀態，如今電流旁邊的磁針開始轉動了，理所當然就是要有一個磁力作用其上。電流像個磁鐵，反過來說，磁鐵會是一種電流嗎？對此假設的驗證，安培的作法就是去測量

[註5]　當伏特電池的發展傳至英國皇家學院後，有另一個發展是鹽水溶液被觀察到可因電流而分解，即電解現象，並因此開創出電化學 (electrochemistry) 的新研究課題。其代表人物為戴維 (Humphry Davy，1778-1829)，而他的一個助手就是改變後來電磁學面貌的法拉第 (Michael Faraday，1791-1867)。

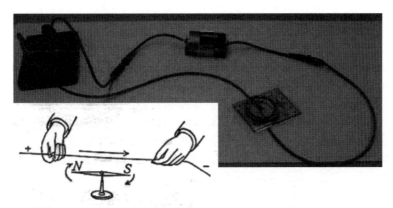

圖 3-5-1　厄司特的實驗，現今看起來是一個相當簡單的實驗，但卻是磁學上很關鍵的一步。對此看似偶然出現的實驗成就，就如同法國微生物學的奠基人巴斯德 (Louis Pasteur，1822-1895) 在敘說此段科史時所說的一句名言：「在觀察的領域中，機遇只偏愛給有準備的頭腦。」

兩條電流導線間是否有力的作用。答案是肯定的，若兩條導線之電流同向，則此兩條導線會互相吸引；反之，反向則會相斥。這與兩磁鐵間的作用一樣，同磁極的靠近會有一排斥作用，而相反磁極則會互相吸引。對此假說的實驗結果，更讓安培相信所有的磁性物質都是由電流所引起。

　然而，所有的磁性物質均是由電流所引起的看法也立即引出一個問題。以永久磁鐵來說，造成它磁性的電流在哪裡？於是安培進一步地提出「分子電流的假說」，認為每個分子的圓形電流就同一個小小的磁鐵，並以此作為物體能夠呈現磁性的依據。無疑地，在安培的眼中，所有的磁現象都可追根就底地將其原因歸於電流，也因此安培將這探究電與磁現象的學科統稱為「電動力學 (electrodynamics)」，此名稱也還延用至今。

　至於同一時期的第三篇論文，安培則持續研究不同形狀的電流所能產生的不同磁力樣貌。其中包括圓形電流與電螺旋管的探討。但不同於厄司特先前的實驗僅是定性上的探討，安培試圖將此磁力的研究數學化。依此路徑的研究走向，自然而然地也就加深牛頓力學體系中超距力作用 (action-ata-distance) 於歐洲的影響力。

3-6 再看磁力的產生

經由安培的實驗類比，人們知道電流可有磁鐵般的功能，可對另一條電流產生如磁鐵般的效應。此外，我們也提及當時歐洲大陸對牛頓體系的推崇，一切以「力」為出發點。如此我們也在本單元中，嘗試以力為出發點再進一步去細看「磁力」的原由。

相信大家都知道電流為帶電質點的流動。對一條穩定的電流來說，我們合理認為導線內之帶電質點有固定的運動速度。如此，與安培實驗有關的討論，就不會是兩靜止帶電質點間的庫倫力，而是如（圖 3-6-1）所示的情況。兩個等速運動的帶電質點間，除了原先的庫倫力外，是否還存在其它的力作用？

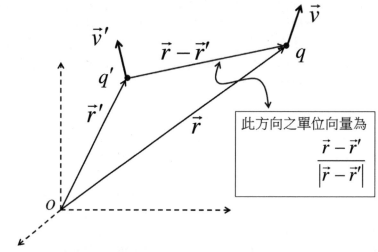

圖 3-6-1　等速運動下的兩帶電粒子間，除了庫倫力外，還伴隨著另一個叫「磁力」的作用力。此圖與（圖 3-4-2）的不同在於電荷各自擁有一個固定速度的運動，而不是靜止於空間中的固定位置。

答案是有的！我們就把這多出來的力稱為「磁力」，且於現階段將此「磁力」的表示式視為一個實驗上的現象，就如同庫倫力的引入一般。依（圖 (3-6-1)）所示，經歸納得知作用在帶電粒子 q 上的磁力為

$$\vec{F}_{\mathrm{m}} = \frac{\mu_0}{4\pi} \frac{qq'}{|\vec{r}-\vec{r}'|^2} \vec{v} \times \left(\vec{v}' \times \frac{\vec{r}-\vec{r}'}{|\vec{r}-\vec{r}'|} \right) \tag{3-6-1}$$

其中的常數 μ_0 為真空中的磁導率 (permeability of free space)，在 SI 單位中，

$$\frac{\mu_0}{4\pi} = 10^{-7} \, \mathrm{nt \cdot sec^2/Coul^2} \tag{3-6-2}$$

　　明顯地，兩帶電質點間的磁力是比庫倫力複雜許多（還包含三個向量彼此間的外積乘法）。此磁力不僅與帶電質點間的距離有關，還與帶電質點各自的速度大小與方向有關。值得注意的是，帶電質點 q 上的磁力方向總是垂直於本身的速度方向，即 $\vec{v} \cdot \vec{F}_m = 0$。因此在磁力的作用下，帶電質點的速度大小不會改變（磁力不作功），但方向會不斷地改變，即我們之前所討論過的圓周運動，這特性提供我們不少磁力上的應用。

兩電流間的磁力

　　由於導線中的電流方向會垂直於導線的截面積（$A_\perp$），即帶電質點的運動方向會平行於導線本身。如此 (3-6-1) 式中的 $q\vec{v}$ 可容易地轉換成電流的形式，$I d\vec{l} = (n \cdot A_\perp \cdot dl) \cdot q\vec{v}$，其中 n 為導線單位體積所擁有的帶電質點數目，即電荷密度。所以如（圖 3-6-2）中的兩條導線，導線 $I d\vec{l}$ 受到導線 $I' d\vec{l}'$ 的力可表示為：

$$d\vec{F}_m = \frac{\mu_0}{4\pi} \frac{I \cdot I'}{|\vec{r} - \vec{r}'|^2} d\vec{l} \times \left(d\vec{l}' \times \frac{\vec{r} - \vec{r}'}{|\vec{r} - \vec{r}'|} \right) \tag{3-6-3}$$

也因為電流是較容易被控制與觀測的物理量，因此我們常將電流視為磁鐵外的磁力來源，而 (3-6-3) 式便成了描述兩電流間的磁力。我們也會在後面單元中引進磁場的概念後，以此式為出發點為讀者明確推導兩平行的長直電流間的磁力。

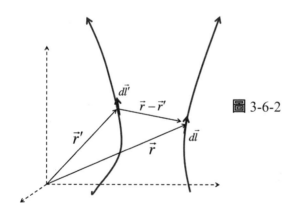

圖 3-6-2　將（圖 3-6-1）中的等速運動電荷推廣至更一般所常見的電流。而電流與電流間的磁力可藉由 (3-6-3) 式的計算得到。

　　值得一提的是導體中的電流，庫倫力會因電流中相等的正負電荷密度而等於零，於是磁力便成了主要的作用力！這也是安培實驗中磁力能夠被彰顯出來的原因。

3-7 電場與磁場

前面單元中我們所引進的庫倫力與磁力，

$$\vec{F}_e = \frac{1}{4\pi\varepsilon_0} \frac{qq'}{|\vec{r}-\vec{r}'|^2} \left(\frac{\vec{r}-\vec{r}'}{|\vec{r}-\vec{r}'|} \right) = q \left(\frac{1}{4\pi\varepsilon_0} \frac{q'}{|\vec{r}-\vec{r}'|^2} \left(\frac{\vec{r}-\vec{r}'}{|\vec{r}-\vec{r}'|} \right) \right) \tag{3-7-1}$$

$$\vec{F}_m = \frac{\mu_0}{4\pi} \frac{qq'}{|\vec{r}-\vec{r}'|^2} \vec{v} \times \left(\vec{v}' \times \left(\frac{\vec{r}-\vec{r}'}{|\vec{r}-\vec{r}'|} \right) \right) = q\vec{v} \times \left(\frac{\mu_0}{4\pi} \frac{q'}{|\vec{r}-\vec{r}'|^2} \left(\vec{v}' \times \left(\frac{\vec{r}-\vec{r}'}{|\vec{r}-\vec{r}'|} \right) \right) \right) \tag{3-7-2}$$

上兩式中我們只是將受力的帶電測試物體之電荷 q 與速度 $\vec{v}$ 擺在括弧前端，如此後面括弧內所包含的物理量除了常數 (ε_0 與 μ_0) 及作為力源的狀態 (q'、$\vec{r}'$、與$\vec{v}'$) 外，就只剩測試帶電物體的位置向量 ($\vec{r}$) 作為此函數的變數。我們也曾提及，用語上常將變數為空間位置的函數稱為「場」(field)，自然地我們便將上面兩式中括弧內所代表的函數，分別定義為力源於 $\vec{r}'$ 時位置 $\vec{r}$ 處的電場 ($\vec{E}$) 與磁場 ($\vec{B}$)：

$$\vec{E}(\vec{r}) = \frac{1}{4\pi\varepsilon_0} \frac{q'}{|\vec{r}-\vec{r}'|^2} \left(\frac{\vec{r}-\vec{r}'}{|\vec{r}-\vec{r}'|} \right) \tag{3-7-3}$$

$$\vec{B}(\vec{r}) = \frac{\mu_0}{4\pi} \frac{q'}{|\vec{r}-\vec{r}'|^2} \left(\vec{v}' \times \left(\frac{\vec{r}-\vec{r}'}{|\vec{r}-\vec{r}'|} \right) \right) \tag{3-7-4}$$

由於在不同的空間位置 $\vec{r}$ 上，此電場與磁場具有各自的方向與大小，因此電場與磁場均屬於「向量場」。而一個帶電荷 q 的物體在電場與磁場（簡稱「電磁場」）下的受力便可寫成

$$\vec{F} = q(\vec{E} + \vec{v} \times \vec{B}) \tag{3-7-5}$$

此合併電力與磁力的力稱為「勞倫茲力」(Lorentz force)。實務上，我們也常利用測試電荷 (q) 與電流 ($\vec{j} \sim q\vec{v}$) 的受力與否來判斷空間有無電場與磁場的存在。此外，電場與磁場均服從於場的疊加原理 (Principle of superposition)，因此 (3-7-3) 與 (3-7-4) 式也可被視為產生電場與磁場的場源 (field source) 之原型。

● 電場的產生

如（圖 3-7-1）所示，我們可藉由場的疊加原理求出任意分布於空間的電荷源所產生的電場：

$$\vec{E}(\vec{r}) = \vec{E}_1 + \vec{E}_2 + \cdots = \sum_{i=1,2,\cdots} \frac{1}{4\pi\varepsilon_0} \frac{q_i'}{|\vec{r}-\vec{r}_i'|^2} \left(\frac{\vec{r}-\vec{r}_i'}{|\vec{r}-\vec{r}_i'|} \right) \rightarrow \frac{1}{4\pi\varepsilon_0} \int \frac{\rho' d\tau'}{|\vec{r}-\vec{r}'|^2} \left(\frac{\vec{r}-\vec{r}'}{|\vec{r}-\vec{r}'|} \right) \tag{3-7-6}$$

式中 ρ' 為電場源的電荷密度。對電荷不均勻分布的電場源來說，此電荷密度亦會是位置的函數。$d\tau'$ 為積分電場源的微小體積元。當然，若我們所處理的電場源之分布為一維的線或二維的面，則此體積分需改寫為相應之線積分 ($dq' = \lambda' dl'$) 或面積分 ($dq' = \sigma' ds'$)。

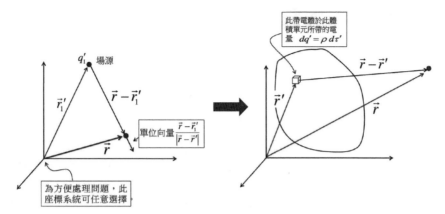

圖 3-7-1　因為場的疊加原理，我們可由點電荷推廣至任意分布於空間的電場源。

● 磁場的產生

　　相對於場的產生，我們知道「點電荷」為產生電場的最基本源頭。然而我們至今仍尚未發現產生磁場的磁荷存在。僅知運動電荷所形成的電流會對周遭空間產生磁場，所以如同前面單元 (3-6-3) 式的改寫，實作上我們常將 (3-7-4) 式的磁場源改寫成電流的形式呈現[註6]：

$$\vec{B}(\vec{r}) \rightarrow \frac{\mu_0}{4\pi} \int \frac{\rho' \, d\tau'}{\left|\vec{r}-\vec{r}'\right|^2} \, \vec{v}' \times \left(\frac{\vec{r}-\vec{r}'}{\left|\vec{r}-\vec{r}'\right|}\right) = \frac{\mu_0}{4\pi} \int \frac{I'd\vec{l}'}{\left|\vec{r}-\vec{r}'\right|^2} \times \left(\frac{\vec{r}-\vec{r}'}{\left|\vec{r}-\vec{r}'\right|}\right) \tag{3-7-7}$$

我們也常將此電流於空間所產生的磁場公式稱為「畢歐－沙伐定律」(Biot-Savart Law)。

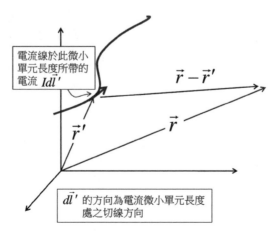

圖 3-7-2　電流會對周遭的空間產生磁場。

[註6]　此積分可如此地理解：$\int \rho' \, \vec{v}' d\tau' = \int \vec{j}' \cdot d\vec{A}_\perp dl' = \int I'd\vec{l}'$

3-8 電位能與電位

在引進電場的概念後，我們不妨以「單一點電荷」這個最簡單的例子來引入日常生活中更常提及的「電位」。就將一個帶電量為 q' 的電荷置於座標的原點，所以 (3-7-3) 式中的 $\vec{r}' = 0$，其周遭的電場為：

$$\vec{E}(\vec{r}) = \frac{1}{4\pi\varepsilon_0} \frac{q'}{r^2} \left(\frac{\vec{r}}{r}\right) \equiv \frac{1}{4\pi\varepsilon_0} \frac{q'}{r^2} \hat{r} \tag{3-8-1}$$

如此在位置 $\vec{r}$ 上的電荷 q 會受到一個庫倫力，$\vec{F}_e = q\vec{E}(\vec{r})$。事實上，我們在前面單元中常將電荷 q 稱為電場的「測試電荷」(test charge)，因為實作上我們可用它所受到的庫倫力大小來定義此位置上的電場（強度大小與方向），

$$\vec{E}(\vec{r}) = \lim_{q \to 0} \frac{\vec{F}_e(\vec{r})}{q} \tag{3-8-2}$$

要求「測試電荷」無限地小 $(q \to 0)$，是因為不想讓「測試電荷」的存在去影響電場源 q' 的原先位置。畢竟，牛頓的第三運動定律告訴我們，電場源 q' 也同時受到一個大小相同方向相反的力。若此力太大而影響到電場源 q' 原先的狀態，如此量得的電場就已不再是原先所要量測的電場。

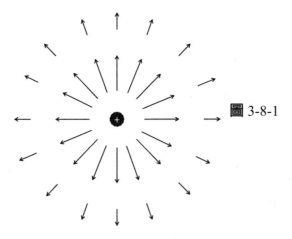

圖 3-8-1 帶正電之點電荷周遭的電場。大小強度會隨離電荷的距離增大而變小（平方反比），方向則為放射狀向外；若此電場源改為帶負電，則大小不變，但方向相反。

此外，「測試電荷」所受到的庫倫力僅與「測試電荷」的所在位置有關，這性質告訴我們庫倫力是一個保守力，因此我們也可對此兩個電荷所組成的系統引進「位能」，由於此位能的來源為庫倫力，因此我們就稱之為「電位能」(electric potential energy)：

$$U(\vec{r}) = -\int_{\infty}^{r} \vec{F}_e \cdot d\vec{r} = \frac{1}{4\pi\varepsilon_0} \frac{qq'}{r} \tag{3-8-3}$$

式中我們指定系統的電位能零點（即參考點）在無窮遠處。電荷 q 於此系統中，會因電場的存在而受力加速，動能也隨之增加。但保守力的特性告訴我們，電荷 q 的總能量（動能＋電位能）是一個守恆量！也由於此電位能正比於受力電荷的電荷大小 q，因此方便上，我們常將 (3-8-3) 式中的 q 分離，

$$U(\vec{r}) = \frac{1}{4\pi\varepsilon_0} \frac{qq'}{r} \equiv qV(\vec{r}) \tag{3-8-4}$$

此處所引進的 $V(\vec{r})$ 便稱為「電位」(electrical potential)。此「電位」在 SI 制下的單位為「伏特」(Volt，V)：Volt = Joul/Coul。

由於電場的線性加成原理，很容易將單一電荷的電場形式改寫成多個電荷或連續帶點體之電場形式。同樣地，電位也是如此〔參照（圖 3-7-1）之系統〕

$$V(\vec{r}) = \frac{1}{4\pi\varepsilon_0} \frac{q'}{|\vec{r} - \vec{r}'|} \rightarrow \sum_{i}^{N} \frac{1}{4\pi\varepsilon_0} \frac{q_i'}{|\vec{r} - \vec{r}_i'|} \rightarrow \frac{1}{4\pi\varepsilon_0} \int_{\tau'} \frac{\rho' d\tau'}{|\vec{r} - \vec{r}'|} \tag{3-8-5}$$

由 (3-8-3) 式與 (3-8-4) 式，我們也可更明確地將「電位」的定義寫成：

$$V(\vec{r}) \equiv -\int_{r_0}^{r} \vec{E} \cdot d\vec{r} \tag{3-8-6}$$

此處的電場 $\vec{E}$ 已不限定為本單元所討論的點電荷電場，而是可為任意形式的電場。同時我們也得視所面對的問題，去選擇方便我們使用的電位零點位置 $\vec{r}_0$。此處 (3-8-6) 式的積分形式也常被寫成微分形式，

$$\vec{E}(\vec{r}) = -\vec{\nabla}V = -\left(\frac{\partial V}{\partial x}\hat{x} + \frac{\partial V}{\partial y}\hat{y} + \frac{\partial V}{\partial z}\hat{z} \right) \tag{3-8-7}$$

此稱為「梯度」(gradient) 的微分運算，其意義會在後面的單元中介紹[註7]。在此所要強調的重點是，我們可藉由對電位的微分運算得知電場，一般說來，電位的計算是比電場的計算來的容易。且「電位」在我們的日常生活中已廣泛出現，舉凡從電池到室內的電源插座，上面都有標示電壓的大小值，由單位「伏特」便可知此「電壓」實指「電位」這個物理量。如此在 SI 制下，電場的單位也常以每公尺幾伏特 (V/m) 來表示。

[註7] 參見單元「3-15 方向導數與梯度」。

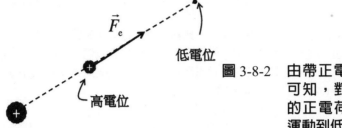

圖 3-8-2　由帶正電的電荷受力方向可知，對一個可自由移動的正電荷，它會由高電位運動到低電位。

　　最後由（圖 3-8-2）可知，對一個可自由移動的電荷來說，帶正電的質點會從高電位運動到低電位處；反之，帶負電的質點則會由低電位運動到高電位處。然而我們對電流方向的定義為正電荷流動的方向，因此根據此定義，電池的正極端應為高電位的一端。

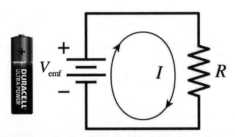

圖 3-8-3　簡單的電路圖。電路圖中的電池符號（長短不一的平行線），較長一端為電池的正極，即電位較高的一端。一般我們會將電池正負兩端的電位差稱為此電池的「電動勢」(electromotive force，emf)。

> 電場與磁場在 SI 制中的常用單位：
> 電場：伏特 / 公尺 (V/m)
> 磁場：特斯拉 (Tesla，T)1T = 1nt/(A · m)

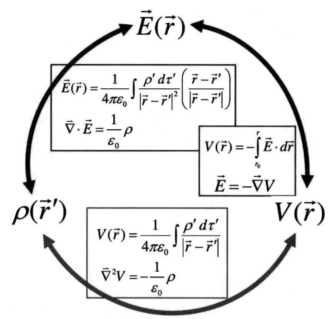

圖 3-8-4 電荷密度、電位、與電場間的關係。其中微分的形式，我們會在後面的單元中解釋。

3-9 電流與歐姆定律

在我們前面的單元中,「電流」已被引進做為產生磁場的源頭。或許是因為在我們的日常生活中對「電流」已頗為熟悉,而無須再做介紹。但在有電場與電位的概念後,我們還是有必要對它做一個更明確的定義,以便後續完善電磁學理論的建立。

對於導線中的電流,其基本定義為單位時間內流經導線單位截面積 (cross-section) 的質點總帶電量。電流方向則定義為正電荷流動的方向,此定義多少造成我們些許的麻煩與混淆,因為在一般電路中真實於金屬導體中流動的帶電質點是帶負電的電子。

如(圖 3-9-1)所示,在長度為 L、截面積為 $A_\perp$ 的長直導線內,假設電荷 q 的帶電質點沿導線流動的平均飄移速度 (drift velocity) 為 $\langle \vec{v}_d \rangle$,在 Δt 的時間內由圖中導線的一端移動至另一端,即 $L = \langle v_d \rangle \Delta t$。若此導線的帶電質點密度為 n(即單位體積內有 n 個電荷為 q 的質點),則在 Δt 時間內通過導線截面積的電量為 $\Delta q = n (\langle v_d \rangle \Delta t\, A_\perp)\, q$。如此根據電流的定義,流經此導線的電流為:

$$I = \lim_{\Delta t \to 0} \frac{\Delta q}{\Delta t} = \frac{dq}{dt} = n\, q\, \langle \vec{v}_d \rangle \cdot \vec{A} \tag{3-9-1}$$

其中 $\langle \vec{v}_d \rangle \cdot \vec{A} = \langle v_d \rangle A_\perp$,為在下面 (3-9-2) 式中更一般的表示,我們特地將各別的向量給標示出來,並以內積來表示流經導線截面積的帶電質點。在 SI 制下的電流單位為「安培」(A),依量綱的分析,由 (3-9-1) 式可知:A = Coul/sec。

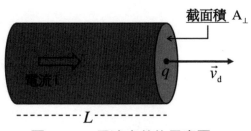

圖 3-9-1 電流定義的示意圖。

安培電流的定義:
相距一公尺的兩平行無限長導線,若此兩導線擁有相同的電流,且彼此每單位長度(一公尺)受力 2×10^{-7}nt 的力,則此兩導線所擁有的電流大小為一安培。

在電磁學中我們也常引進另一個與電流有關的物理量 –「電流密度」(current density),其定義為 $\vec{j} = n \cdot q \cdot \langle \vec{v}_d \rangle$,即導線單位截面積所通過的電流。因此,(3-9-1) 式亦可寫成更一般的形式,

$$I = \int \vec{j} \cdot d\vec{A} \tag{3-9-2}$$

　　由於「庫倫」本身是一個頗大的電荷單位，因此在日常生活中的家電電流大小會以「毫安培」(mA) 來標示較爲方便。對人來說，一般說來不到 10mA 的電流即可被我們所察覺，會有麻麻的感覺；而不到 100mA 便可造成我們神經的完全麻痺，無法自行鬆脫誤觸電流的手；500mA 以上的電流即足以危及我們的生命安全。

歐姆定律 (Ohm's Law)

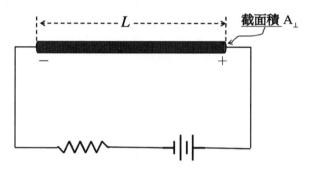

圖 3-9-2　歐姆依其對實驗的數據歸納，於 1827 年提出歐姆定律。以現今的眼光看來雖然有點理所當然，但當年可是受到相當大的負面評價。

　　對一條長度爲 L、截面積爲 $A_\perp$ 的導線，如（圖 3-9-2）所示，流經此導線的電流 I 與導線兩端的電壓差 V 間會有一個著名的關係：

$$V = I \cdot R \tag{3-9-3}$$

式中的 R 爲此導線的「電阻」(resistance)，其大小與導線的材質與幾何形狀有關。就以常見的長直導線來說（如（圖 3-9-2）），

$$R = \rho \cdot \frac{L}{A_\perp} \tag{3-9-4}$$

此處的 ρ 稱爲導線材質的電阻率 (electrical resistivity)。不同材質的導線電阻率會有很大的差異。而凡符合 (3-9-4) 式歐姆定律的材料就稱爲歐姆材料。

> 電阻的大小可經由「歐姆定律」定義：
> 1 安培電流經過 1 **歐姆** (Ohm，Ω) 的電阻會有 1 伏特的電位差。

　　對一般的金屬導體導線來說，由於導線長度 L 兩端的電位差以導線內電場強度來表示爲 $V = E \cdot L$，而電流大小與電流密度及導線截面積的關係爲 $I = j \cdot A_\perp$。因此，歐姆定律亦可以「電流密度」與「電場」來表示

$$E \cdot L = (j \cdot A_\perp) \cdot \left(\rho \cdot \frac{L}{A_\perp} \right) \Rightarrow E = \rho \cdot j \Rightarrow \vec{j} = \sigma \cdot \vec{E} \qquad (3\text{-}9\text{-}5)$$

其中 $\sigma \equiv 1/\rho$ 稱爲導體材料的「導電率」(conductivity)。

歐姆定律的古典解釋：

我們不妨先以離子導電的形式來解釋「歐姆定律」($\vec{j} = \sigma \cdot \vec{E}$) 背後所隱藏的意涵。假設離子所帶的電量爲 q，電場作用下將受力 $\vec{F} = q\vec{E} = m\vec{a}$。此電力會使離子加速運動，但「歐姆定律」告訴我們的電流是一個穩定的電流，其電流密度爲正比於電場。因此我們不難想像，在離子的運動過程中必然受到一個大小一樣，但方向相反的阻力。一個常被用來描述此電流機制的古典模型可寫成

$$m \frac{dv}{dt} = qE - m \frac{v}{\tau} \qquad (3\text{-}9\text{-}6)$$

帶電質點所受到的阻力正比於其運動速度，此阻力的來源可是此帶電質點與其他質點間的隨機碰撞。此外，式中與阻力成反比的參數 τ，則可解釋爲與前述碰撞有關的時間尺度。由於我們所看見的電流爲穩定電流，因此式中的速度 v 該是 (3-9-6) 式內的漂移速度 $\langle \vec{v}_d \rangle$。在相同的外界環境下，此漂移速度爲一定值，所以

$$\frac{dv}{dt} = 0 \Rightarrow \langle v_d \rangle = \frac{q\tau}{m} E \qquad (3\text{-}9\text{-}7)$$

將此模型之結果代回「歐姆定律」可得

$$j = \frac{i}{A} = n \cdot q \cdot \langle v_d \rangle = \left(\frac{n \cdot q^2 \tau}{m} \right) E \Rightarrow \sigma = \frac{n \cdot q^2 \tau}{m} \qquad (3\text{-}9\text{-}8)$$

值得一提的是，(3-9-8) 式之導電係數中，包含了標示帶電質點運動時與其它質點間的碰撞時間尺度 τ。此隨機碰撞又與熱擾動有關，也因此物質的導電性會與溫度有關。在此模型下，我們不難推論，溫度越高，熱擾動所造成的碰撞機率也將越高，碰撞的時間尺度相對應地變小。因此同材質之物體導電性，會隨著溫度的升高而變差。但由於半導體並不屬於歐姆材質，其導電機制亦不能以此古典模型來解釋之，也因此其導電性與溫度之關係不會如我們在此的預測一般。事實上，半導體的導電性會隨溫度升高而快速增加。

圖 3-9-3　以帶電離子為電流載子的導電，其帶電離子的運動有如外力作用下的隨機運動。此外力即電場所決定出的整體運動方向。

【練習題3-3】

對截面積為 1.0mm² 的銅線，若此導線內的電子密度為 $8.4 \times 10^{28} \mathrm{m^{-3}}$。則當此銅線上的電流為 2.5mA 時，導線內電子的平均漂移速度為何？

【練習題3-4】

試由 (3-7-2) 式出發，將測試電荷轉換成測試電流，則磁場中長度為 dl 的電流所受到磁力可表為 $\vec{F}_m = I\vec{dl} \times \vec{B}$。

3-10　電流中的載體

水的導電

　　電流乃出自於帶電質點的流動，因此對電中性物質來說，即便在一般大小的電場作用下亦不會產生電流。但就以純水 (H_2O) 為例，「中性」水之酸鹼值為 7(PH=7)，所代表的意義為每公升水中含有 10^{-7} 莫耳的 H^+ 離子（此 H^+ 正離子常附著於中性的 H_2O 上而形成 OH_3^+），即單位體積 (m^3) 內約有 $n_{H^+} \approx 6.02 \times 10^{19}$ 個 H^+ 離子。同樣地，也存有相同濃度的 OH^- 負離子。這告訴我們，即便是天然的「中性」水，每一億個 H_2O 分子中也約略會有一個水分子是游離成 H^+ 正離子與 OH^- 負離子。如此，在電場的作用下，水是會導電的！

　　在純水的例子中，導電的離子包含 H^+ 正離子與 OH^- 負離子，因此若要套用（3-9-8式），則式中的電流載體必須擴展成包含正負離子兩種不同電性所貢獻之電流。事實上，純水的導電性相較於一般金屬導體來說並不算好，室溫下（$\sigma \approx 4.0 \times 10^{-6}(\Omega \cdot m)^{-1}$; $\rho \approx 2.5 \times 10^5 \Omega \cdot m$）。但對於海水，由於海水中的其它雜質，像是鹽分 NaCl，其游離所提供的 Na^+ 與 Cl^- 離子則會大幅提高水中的帶電離子濃度，而使之成為不可忽視的電解質導體（$\sigma \approx 0.04 (\Omega \cdot m)^{-1}$; $\rho \approx 25 \Omega \cdot m$）。

金屬導體的導電

　　雖然一般屬歐姆導體的金屬導體，其導電機制亦可用前單元所介紹的歐姆定律之古典模型來解釋，但其主要的導電載子並不是來自於正負離子的運動，而是金屬結構中的價電子 (valence electron)。就以鈉 (Na) 為例，電中性之鈉原子的 11 個電子中，會有一個單獨電子獨自在最外層的 3S 軌道上，此單獨電子就稱為「價電子」。但對金屬鈉而言，其不同鈉原子間的鍵結讓各自的 3S 軌導彼此交疊一起，也因此分辨不出位處於這些 3S 軌道之價電子是屬何個鈉原子。事實上，這些價電子可藉此軌道之交疊而自由移動，形成導電之「傳導電子」(conduction electron)。之於扣掉最外層軌道價電子後的鈉離子 (Na^+)，則因鍵結的關係會固定於特有的晶格位置上，不會對電流的產生有所貢獻。同樣以金屬鈉為例，單位體積 (m^3) 內約有 2.5×10^{28} 個原子，每一個原子提供一個傳導電子，因此單位體積 (m^3) 內的傳導電子約有 2.5×10^{28} 個。此值遠大過前面所提之純水離子數，這也解釋了為何金屬普遍都會有較好的導電性。

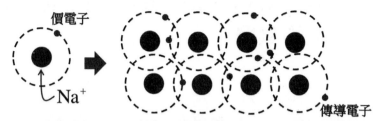

圖 3-10-1 金屬導體是以傳導電子於電場下的運動來傳產生電流。不同於水之導電，除了傳導電子的數目外，其運動在週期性的晶格內也是一大差異。

	帶電載子密度 $n(\times 10^{28} m^{-3})$	導電率 Conductivity $\sigma(\Omega^{-1} \cdot m^{-1})$	電阻率 Resistivity $\rho(\Omega \cdot m)$
導體 (20℃)			
金	5.90	4.46×10^7	2.24×10^{-8}
銀	5.86	6.30×10^7	1.59×10^{-8}
銅	8.42	5.96×10^7	1.68×10^{-8}
鋁	6.03	3.77×10^7	2.66×10^{-8}
水銀	4.07	1.02×10^7	9.84×10^{-7}
半導體 (20℃)			
鍺		0.001-2	$1-500 \times 10^{-3}$
矽		0.02-10	0.1-60
絕緣體 (20℃)			
玻璃		2×10^{-4}	5×10^3
橡膠		2×10^{-15}	5×10^{14}

3-11 電場的計算範例：帶電直棍與圓盤所產生的電場

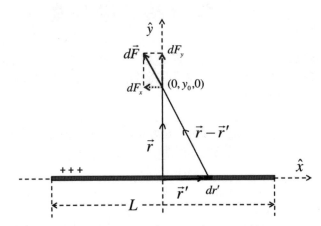

圖 3-11-1 有限長度之帶電直棍，我們想知道此帶電直棍中央垂直線上的電場。

● 對一根長度為 L 且均勻帶電的直棍，若此直棍的總帶電量為 Q'，而我們想知道距離此直棍中心位置上方 y_0 處的電場。問題如（圖 3-11-1）所示，即要求圖中 y 軸上的電場。在進入問題前，希望讀者都能先想一下此直棍周遭的電場會是如何的樣貌？也好讓自己心裡對問題的答案有個底。

首先，就對稱性來說，此均勻帶電直棍的周遭電場必定會有一個以 x 軸為旋轉軸的圓柱對稱！此外在 y 軸上的電場，可更進一步地考量直棍於 $\pm(x'. \ x' + dx')$ 兩處的電場貢獻，不難看出相加起來的電場方向僅有 y 軸的方向。至於是 $+\hat{y}$ 還是 $-\hat{y}$ 方向可由直棍所帶電荷的電性判斷。對電場的圖像有此認識後，我們就以 (3-7-6) 式來將電場算出。

$$\vec{E}(\vec{r}) = \frac{1}{4\pi\varepsilon_0} \int \frac{\rho' d\tau'}{|\vec{r} - \vec{r}'|^2} \left(\frac{\vec{r} - \vec{r}'}{|\vec{r} - \vec{r}'|} \right) \rightarrow \vec{E}(y_0 \hat{y}) = \frac{1}{4\pi\varepsilon_0} \int_{-L/2}^{L/2} \frac{\lambda' dx'}{|y_0 \hat{y} - x'\hat{x}|^2} \left(\frac{y_0 \hat{y} - x'\hat{x}}{|y_0 \hat{y} - x'\hat{x}|} \right) \quad (3\text{-}11\text{-}1)$$

上式的箭號右方是將 (3-7-6) 式的原始公式對應改寫成我們的問題。習慣上，為避免積分維數上的混淆，一維的電荷線密度會以 λ' 替換電荷體密度 ρ'，於本問題中 $\lambda' = Q'/L$。如此 (3-11-1) 的積分可分成兩個方向分別處理

$$\vec{E}(y_0 \hat{y}) = -\frac{\lambda'}{4\pi\varepsilon_0} \int_{-L/2}^{L/2} \frac{x' dx'}{(x'^2 + y_0^2)^{3/2}} \hat{x} + \frac{\lambda'}{4\pi\varepsilon_0} \int_{-L/2}^{L/2} \frac{y_0 dx'}{(x'^2 + y_0^2)^{3/2}} \hat{y} \quad (3\text{-}11\text{-}2)$$

第一項的積分為零。因為對一個奇函數 ($f(-x) = -f(x)$) 的積分，若積分的上下限對稱，如上式中的 $[-L/2, L/2]$，則其積分值必然為零。也如我們的預期，y 軸上的電場沒有 x 軸上的分量。所以

$$\vec{E}(y_0 \hat{y}) = \frac{\lambda'}{4\pi\varepsilon_0} y_0 \cdot \left(2 \cdot \int_0^{L/2} \frac{dx'}{\left(x'^2 + y_0^2\right)^{3/2}} \right) \hat{y} = \frac{1}{4\pi\varepsilon_0} \cdot \frac{1}{y_0} \cdot \frac{\lambda' \cdot L}{\left(y_0^2 + (L/2)^2\right)^{1/2}} \hat{y} \quad (3\text{-}11\text{-}3)$$

上式中的積分可以用 $x' = y_0 \tan\theta'$ 的變數變換處理，亦可直接查積分表獲得。最後，不妨再以 (3-11-3) 的結果去討論兩個極限下的電場形式：

— 在 $y_0 \gg 1$ 的極限下，即距此帶電直棍很遠的位置

$$\lim_{y_0 \gg L} \vec{E}(y_0 \hat{y}) = \lim_{y_0 \gg L} \frac{1}{4\pi\varepsilon_0} \cdot \frac{1}{y_0^2} \cdot \frac{Q'}{\left(1 + (L/2y_0)^2\right)^{1/2}} \hat{y} \rightarrow \frac{1}{4\pi\varepsilon_0} \cdot \frac{Q'}{y_0^2} \hat{y} \quad (3\text{-}11\text{-}4)$$

此結果很好理解，因為在很遠很遠處看此帶電直棍，此直棍就如同一個帶電質點一般，所以電場形式也就回到點電荷的電場形式。

— 在 $L \gg y_0$ 的極限下，此極限等同於距離此帶電直棍很近的位置，如此我們就如同看見一根無限長的帶電直棍。此時

$$\lim_{L \gg y_0} \vec{E}(y_0 \hat{y}) = \lim_{y_0 \gg L} \frac{1}{4\pi\varepsilon_0} \cdot \frac{1}{y_0} \cdot \frac{\lambda' L}{(L/2)\left(1 + (2y_0/L)^2\right)^{1/2}} \hat{y} \rightarrow \frac{1}{2\pi\varepsilon_0} \cdot \frac{\lambda'}{y_0} \hat{y} \quad (3\text{-}11\text{-}5)$$

此無限長的帶電直棍所產生的電場，大小正比於帶電密度，而與此直棍的距離一次方反比（已不是平方反比的關係）。

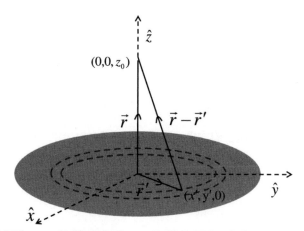

圖 3-11-2 半徑為 R，總帶電量為 Q' 的帶電圓盤。我們想知道此帶電圓盤中央垂直軸上的電場。

● 另一個常被討論的例子是帶電圓盤的電場，此帶電圓盤的電場會擁有繞 z 軸旋轉的圓柱對稱性。目前我們也只侷限在（圖 3-11-2）中 z 軸上的電場討論，我們同樣可將 (3-7-6) 式作適度更改後直接計算電場。但由於電場本身得考量向量上的處理（即便在此例題中並不難），因此我們也可由較容易處理的純量「電位」著手，如此

$$V(\vec{r}) = \frac{1}{4\pi\varepsilon_0}\int\frac{\rho'd\tau'}{|\vec{r}-\vec{r}'|} \to V(z\hat{z}) = \frac{1}{4\pi\varepsilon_0}\int\frac{\sigma'ds'}{|z\hat{z}-r'\hat{r}'|} = \frac{\sigma'}{4\pi\varepsilon_0}\int\limits_{\phi'=0}^{2\pi}\int\limits_{r'=0}^{R}\frac{r'dr'd\phi'}{\left(r'^2+z^2\right)^{1/2}} \quad (3\text{-}11\text{-}6)$$

如果我們所要討論的是圖中帶電圓盤的上方 $(z > 0)$，則上式積分的結果為

$$V(z\hat{z}) = \frac{1}{2\varepsilon_0}\cdot\sigma'\cdot\left(\sqrt{R^2+z^2}-z\right) \quad (3\text{-}11\text{-}7)$$

電場則可由 (3-8-7) 式的微分獲得，由於電位函數中僅與 z 的位置有關，所以

$$\vec{E}(z\hat{z}) = -\vec{\nabla}V(z\hat{z}) = -\frac{dV}{dz}\hat{z} = \frac{1}{2\varepsilon_0}\cdot\sigma'\cdot\left(1-\frac{z}{\sqrt{R^2+z^2}}\right)\hat{z} \quad (3\text{-}11\text{-}8)$$

— 在 $z \gg R$ 的極限下，即距此帶電圓盤很遠的位置，(3-11-8) 式可趨近

$$\lim_{z\gg R}\vec{E}(z\hat{z}) = \lim_{z\gg R}\frac{1}{2\varepsilon_0}\cdot\sigma'\cdot\left(1-\frac{1}{\sqrt{1+(R/z)^2}}\right)\hat{z} \to \frac{1}{2\varepsilon_0}\cdot\sigma'\cdot\left(1-\left(1-\frac{1}{2}\left(\frac{R}{z}\right)^2+\cdots\right)\right)\hat{z}$$

$$\approx \frac{1}{2\varepsilon_0}\cdot\sigma'\cdot\frac{R^2}{2z^2}\hat{z} = \frac{1}{4\pi\varepsilon_0}\cdot\frac{Q'}{z^2}\hat{z} \quad (3\text{-}11\text{-}9)$$

毫無疑問地，此最後結果將會回到帶電質點的電場形式。

— 在 $R \gg z$ 的極限下，此帶電圓盤就如同無限大的帶電平板一般，此時 z 軸上的電場

$$\lim_{R\gg z}\vec{E}(z\hat{z}) = \lim_{R\gg z}\frac{1}{2\varepsilon_0}\cdot\sigma'\cdot\left(1-\frac{z}{R\sqrt{1+(z/R)^2}}\right)\hat{z} \to \frac{1}{2\varepsilon_0}\cdot\sigma'\cdot\left(1-\frac{z}{R}\right)\hat{z} \approx \frac{\sigma'}{2\varepsilon_0}\hat{z} \quad (3\text{-}11\text{-}10)$$

此無限大帶電平板所產生的電場，特別的是電場的大小僅與其電荷密度有關，而與距離無關。

【練習題3-5】

兩帶電質點 q_1 與 q_2 在某時刻的位置與速度分別為 ($\vec{r_1} = -r\hat{y}$, $\vec{v_1} = v_1\hat{x}$) 與 ($\vec{r_2} = r\hat{y}$, $\vec{v_2} = v_2\hat{x}$)。那此時刻質點 q_2 所受到的力為何？

【練習題3-6】

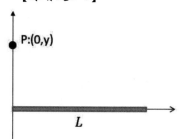

如圖，長度為 L 的帶電直棍，其電荷分布非均勻，而是 $\lambda = c \cdot x$，其 c 中為常數。試求 P 點處的電位與電場。

【練習題3-7】

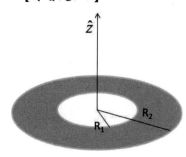

如圖，電荷分布均勻的帶電圓環，其電荷密度為 σ。試求 z 軸上任意點的電位與電場。

3-12 磁場的計算範例：環電流與長直導線所產生的磁場

我們就依 (3-7-7) 式的「畢歐－沙伐定律」(Biot-Savart Law) 來求兩個常見的電流磁場例子。

$$\vec{B}(\vec{r}) = \frac{\mu_0}{4\pi} \int \frac{I'd\vec{l}'}{|\vec{r} - \vec{r}'|^2} \times \left(\frac{\vec{r} - \vec{r}'}{|\vec{r} - \vec{r}'|} \right) \tag{3-12-1}$$

● 考慮一個穩定環電流 (I' = constant) 所產生的磁場。依（圖 3-12-1）的座標設定，由環電流的幾何樣貌可知其所生成的磁場擁有的對稱性：1. 繞 $\hat{z}$ 軸旋轉的對稱性，與 2. 鏡射於 x-y 平面的對稱性。然現階段，我們先簡化我們的問題，只探討於 $\hat{z}$ 軸上的磁場為何？所以 $\vec{r} = z\hat{z}$。而作為磁場源的電流上任一點，$\vec{r}' = R(\phi)\hat{r}' = R\cos\phi'\,\hat{x} + R\sin\phi'\,\hat{y}$，此點的切線方向即為 $d\vec{l}'$ 的方向，相信讀者可自行推知為 $d\vec{l}' = dl'(-\sin\phi'\,\hat{x} + \cos\phi'\,\hat{y})$。如此，(3-12-1) 式中會包含的計算有：

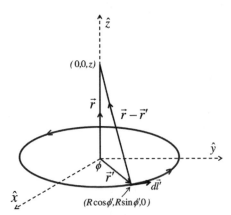

圖 3-12-1 半徑為 R 的穩定環電流。我們想知道此環電流中央垂直軸上的磁場。

$$\vec{r} - \vec{r}' = -R\cos\phi'\,\hat{x} - R\sin\phi'\,\hat{y} + z\hat{z}$$
$$|\vec{r} - \vec{r}'| = \left(R^2 + z^2\right)^{1/2} \tag{3-12-2}$$
$$d\vec{l}' \times (\vec{r} - \vec{r}') = dl'\left(z\cos\phi'\,\hat{x} + z\sin\phi'\,\hat{y} + R\,\hat{z}\right)$$

所以 (3-12-1) 式即是對下面 $d\vec{B}$ 的積分

$$d\vec{B} = \frac{\mu_0}{4\pi} \frac{I \cdot dl'}{\left(R^2 + z^2\right)^{3/2}} \left(z\cos\phi'\,\hat{x} + z\sin\phi'\,\hat{y} + R\,\hat{z}\right) \tag{3-12-3}$$

其中 $dl' = Rd\phi'$ 所以在 (3-12-1) 式中對整個環電流的積分，我們會出現

$$\int_0^{2\pi} \sin\phi' d\phi' = \int_0^{2\pi} \cos\phi' d\phi' = 0 \tag{3-12-4}$$

因此在最後的磁場中將不會有 $\hat{x}$ 與 $\hat{y}$ 方向的分量。本例題的磁場爲

$$\vec{B}(0,0,z) = \frac{\mu_0}{4\pi} \frac{I' \cdot R^2}{\left(R^2 + z^2\right)^{3/2}} \int_0^{2\pi} d\phi' \, \hat{z} = \frac{\mu_0}{2\pi} \frac{I' \cdot (R^2 \cdot \pi)}{\left(R^2 + z^2\right)^{3/2}} \hat{z} \tag{3-12-5}$$

特別的是，配合（圖 3-12-1）中環流的方向，(3-12-5) 式的結果有包含此環電流所圍起的面積 $\vec{A} = (\pi \cdot R^2)\hat{z}$。我們定義「磁偶極」(magnetic dipole)：

$$\vec{m} \equiv I' \cdot \vec{A} \tag{3-12-6}$$

如此，對此置於 $\hat{z}$ 軸方向的磁偶極，在 $\hat{z}$ 軸方向所產生的磁場爲

$$\vec{B}(0,0,z) = \frac{\mu_0}{4\pi} \frac{2\vec{m}}{\left(R^2 + z^2\right)^{3/2}} \tag{3-12-7}$$

當 $z \gg R$ 時，磁場的大小反比於距離的三次方，$B \propto 1/z^3$，而不再是平方反比的關係。

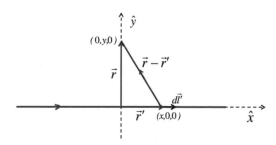

圖 3-12-2　無限長之長直電流導線。我們想知道距此長直導線 y 遠處的磁場。

● 另一個常見的例子是長直電流導線所產生的磁場 ($I' = $ constant)。此磁場明顯會有繞導線爲軸旋轉的對稱性。依（圖 3-12-2）的座標設定，$\vec{r} = y\hat{y}$、$\vec{r}' = x'\hat{x}$、與 $d\vec{l}' = dx'\hat{x}$，所以

$$d\vec{l}' \times (\vec{r} - \vec{r}') = dx'\hat{x} \times (-x'\hat{x} + y\hat{y}) = y dx' \hat{z} \tag{3-12-8}$$

如此 (3-12-1) 式的計算爲

$$\vec{B}(0,y,0) = \frac{\mu_0}{4\pi} \int_{-\infty}^{\infty} \frac{I' y dx'}{\left(x'^2 + y^2\right)^{3/2}} \hat{z} = \frac{\mu_0}{4\pi} \cdot I' \cdot y \cdot \frac{2}{y^2} \left(\frac{x'}{\sqrt{x'^2 + y^2}} \right)\Bigg|_{x'=0}^{\infty} \hat{z} = \frac{\mu_0}{2\pi} \frac{I'}{y} \hat{z} \tag{3-12-9}$$

在此無限長電流導線所生的磁場例子中，我們看見磁場強度與距電流導線的距離成反比。又藉對稱性的考量，磁場方向可由（圖3-12-3）中著名的安培右手定則決定。

電流方向

磁場方向

圖 3-12-3　安培右手定則

計算出此長直導線所產生的磁場後，我們便可容易地寫出兩平行電流間的磁力。如（圖3-12-4）所示，對兩同方向的電流，每單位長度 $(l_2 = 1(m))$ 的電流 I_2 所受到的磁力大小為

$$F_m = I_2 \vec{l}_2 \times \vec{B}_1 = \frac{\mu_0}{2\pi} \frac{I_1 \cdot I_2}{d} \tag{3-12-10}$$

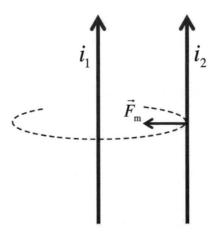

i_1　　i_2

$\vec{F}_m$

圖 3-12-4　兩平行電流，若電流同方向則彼此會有吸引的磁力；若電流方向相反，則為斥力。而磁力大小與兩電流間的距離成反比。

【練習題3-8】

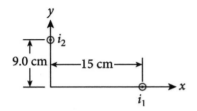

兩平行於 $\hat{z}$ 軸的長直電流，各帶的電流與方向均相同（$i_1 = i_2 = 25.0\,\text{A}$，$\hat{z}$ 方向）。若我們將磁針擺在原點處，則磁針與 $\hat{x}$ 軸所夾的角度 θ 爲何？地球的磁場爲 $\vec{B}_E = 2.60 \times 10^{-5}\,\hat{y}\,\text{T}$。

【練習題3-9】

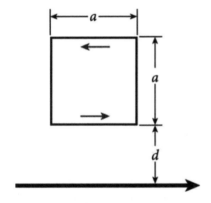

帶有 10.0A 的長直電流，如圖指向 $\hat{x}$ 方向。若此長直電流的周遭有一正方形的電流迴路，其電流大小爲 2.00A，方向如圖所示 ($a = 1.00\text{m}$，$d = 0.500\text{m}$)。則
(a.) 此兩電流間的作用力爲何？
(b.) 圖中電流迴路所受到的力矩爲何？

3-13 電偶極周遭的電場

讓我們再介紹一個很常見的電荷系統，並求其周遭的電場。

兩個電量大小一樣但電性相反的正負電荷分別位於 $\hat{z}$ 軸上，如（圖 3-13-1）所示，兩電荷間相距 d 的距離。其周遭電場會有繞 $\hat{z}$ 軸旋轉的對稱性，因此計算上的方便，我們可計算在 y-z 平面上 $(0, y, z)$ 位置的電場即可。而電場又可藉由計算上更簡單的電位獲得，所以我們就先處理此兩電荷於 $(0, y, z)$ 位置的電位，

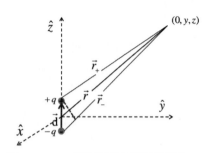

圖 3-13-1　**電偶極的簡單模型。**

$$V(\vec{r}) = \frac{1}{4\pi\varepsilon_0}\frac{q}{r_+} - \frac{1}{4\pi\varepsilon_0}\frac{q}{r_-} = \frac{q}{4\pi\varepsilon_0}\left(\frac{1}{r_+} - \frac{1}{r_-}\right)$$

(3-13-1)

對此系統我們真感興趣的是遠離此兩電荷位置的電場，即 $r \gg d$ 的情況，因此上式可以 $r_- - r_+ \approx d\cos\theta$ 的近似計算（θ 為 $\vec{r}$ 與 z 軸的夾角），

$$V(0, y, z) = \frac{q}{4\pi\varepsilon_0}\left(\frac{r_- - r_+}{r_+ r_-}\right) \approx \frac{q}{4\pi\varepsilon_0}\frac{d\cos\theta}{r^2} = \frac{q}{4\pi\varepsilon_0}\frac{d}{r^2}\frac{z}{r} = \frac{qd}{4\pi\varepsilon_0}\frac{z}{(y^2 + z^2)^{3/2}}$$

(3-13-2)

電偶極 (electric dipole)：
電量一樣但電性相反的兩帶電質點，其偶極矩 (dipole moment) 的定義為此兩電荷系統中各別電荷大小乘上兩電荷間的距離，方向則為負電指向正電的方向。若依（圖 3-13-1）所示，即 $\vec{P} \equiv q \cdot d\,\hat{z}$。

有此偶極矩的定義，(3-13-2) 式亦可以更一般的形式表示

$$V(\vec{r}) = \frac{1}{4\pi\varepsilon_0}\frac{\vec{P}\cdot\hat{r}}{r^2}$$

(3-13-3)

如外，依 (3-8-7) 式中電場與電位的關係，我們也可計算

$$\vec{E}(0, y, z) = -\left(\hat{x}\frac{\partial}{\partial x} + \hat{y}\frac{\partial}{\partial y} + \hat{z}\frac{\partial}{\partial z}\right)V(0, y, z)$$

$$= -\frac{qd}{4\pi\varepsilon_0}\frac{1}{(y^2 + z^2)^{3/2}}\left(-\frac{3yz}{y^2 + z^2}\hat{y} + \left(1 - \frac{3z^2}{y^2 + z^2}\right)\hat{z}\right)$$

(3-13-4)

不妨來看一下當 $\theta = 0$（即 $y = 0$）時的電場，(3-13-4) 式可簡化成

$$\vec{E}(0,0,z) = \frac{qd}{4\pi\varepsilon_0}\frac{2}{z^3}\hat{z} \equiv \frac{1}{4\pi\varepsilon_0}\frac{2\vec{P}}{z^3} \qquad (3\text{-}13\text{-}5)$$

(3-13-5) 式清楚告訴我們，電偶極所產生的電場與距離的三次方成反比關係。若將此結果比較上單元所處理的例子，同樣置於 $\hat{z}$ 軸上的磁偶極（$\vec{m} = m\hat{z}$），其於 $\hat{z}$ 軸上很遠處的磁場由 (3-12-7) 式可知爲

$$\vec{B}(0,0,z) = \frac{\mu_0}{4\pi}\frac{2\vec{m}}{z^3} \qquad (3\text{-}13\text{-}6)$$

　　不難發現電偶極與磁偶極所產生的場，在形式上有其相似性。事實上，無論是理論上的計算或是實驗上的檢測，均可證實其相似性（讀者可參見單元 3-31）。

　　依據（圖 3-13-2）的座標與其轉換，(3-13-4) 式也可表爲[註8]：

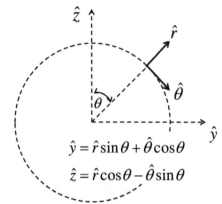

$$\hat{y} = \hat{r}\sin\theta + \hat{\theta}\cos\theta$$
$$\hat{z} = \hat{r}\cos\theta - \hat{\theta}\sin\theta$$

圖 3-13-2　對描述置於 z 軸上的電偶極，我們更常用的座標。

$$\vec{E}(r,\theta) = \frac{1}{4\pi\varepsilon_0}\frac{P}{r^3}\left(2\cos\theta\,\hat{r} + \sin\theta\,\hat{\theta}\right) \qquad (3\text{-}13\text{-}7)$$

同樣地，我們也預期磁偶極所產生的磁場爲

$$\vec{B}(r,\theta) = \frac{\mu_0}{4\pi}\frac{m}{r^3}\left(2\cos\theta\,\hat{r} + \sin\theta\,\hat{\theta}\right) \qquad (3\text{-}13\text{-}8)$$

　　兩者均擁有對繞 $\hat{z}$ 軸旋轉的對稱性。如此，置於 $\hat{z}$ 軸上的電偶極或磁偶極，我們便可知它們在遠離偶極的空間上所產生的電場與磁場。至於靠近偶極的空間，我們必須指出它們根本的不同所在，電偶極所產生的電場明顯由正電荷出發到負電荷結束；而磁偶極的磁場則爲沒有起始與終點的連續力線；如（圖 3-13-3）所示。

[註8]　此空間中任意位置的電場亦可直接由 (1-14-3) 式代入球面座標表示之 $\vec{E} = -\vec{\nabla}V$ 關係式得出。〔參見 (1-16-5) 式〕

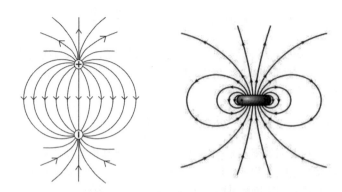

圖 3-13-3　（左）電偶極所產生的電場；（右）磁偶極所產生的磁場。

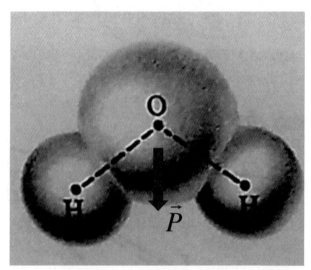

圖 3-13-4　在原子分子的層級上，由於原子鍵結當中的電荷分布，例如圖
　　　　　中的 H_2O，自然地會有電偶極，甚至四偶及等等的出現。

【練習題3-10】

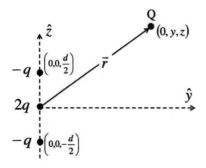

類似（圖 3-13-1）的電偶極模型，但此時我們將原本一負一正的電荷改爲兩個負電荷 $(-q)$，並在原點處再置另一帶 $(+2q)$ 的電荷，如圖所示。則 Q 點處 $(0, y, z)$ 的電位及電場爲何？又當 Q 點遠離原點時 $(r \gg d)$，此時的電位及電場爲何？想想此「電四極」(electric quadrupole) 系統的對稱性，並以球面座標處理本問題。

【練習題3-11】

對任意電荷分布的帶電體，其電荷分布可由電荷密度 $\rho(r')$ 來描素，則此帶點體外部的電位爲

$$V(\vec{r}) = \frac{1}{4\pi\varepsilon_0} \int \frac{\rho(r')}{|\vec{r} - \vec{r}'|} d\tau'$$

如此當 $r \gg r'$ 時，請利用級數展開積分式中的分母部分，試圖由此看見帶點體外部電位與電場中電多極 (electric multipole) 的貢獻。

提示：$\dfrac{1}{|\vec{r} - \vec{r}'|} = \dfrac{1}{r}\left(1 - 2\cos\alpha\left(\dfrac{r'}{r}\right) + \left(\dfrac{r'}{r}\right)^2\right)^{-1/2}$，其中爲 $\vec{r}$ 與 $\vec{r}'$ 兩向量間的夾角。

3-14　物理vs.數學

　　雖然電場與重力場的形式相似，但現今我們對這兩個領域的處理方式卻有很大的不同。在電磁學的領域中，我們已習慣於使用「場」的語言；而在重力所主導的天文學領域中，對「力」的解析則仍被視為是較方便的處理方式。不難理解的原因是在宇宙中身為重力源的天體，無論是恆星或行星大抵都有一個圓球狀的外型，且彼此間的距離遙遠，這可讓我們將重力源視為一個質點看待。於是質點與質點間無須解釋的超距力－重力－便可搭起整個天體運行的架構[註9]。但在電磁學的問題中，無論是電荷或是電流的分布均可被任意地擺置，自然地可產生出許多不同樣貌的電場與磁場。因此在釐清電場與磁場的樣貌細節前，我們似乎有必要去掌握電場與磁場於空間中的共同特性。也唯有如此，才可讓我們對電磁學有一個較為完整的整體架構，並進一步去發掘隱藏於電磁場中的奧秘。

　　由於電場與磁場均屬於「向量場」，在空間的每一點上都有它們各自的場大小與方向。因此若要能掌握電場與磁場於空間的特性，我們勢必就得將函數的微積分概念擴展到「向量的微積分」(vector calculus)。不幸的是，對大部分的初學者來說，高中生與大一修習普通物理課程的學生，這是一個較不熟悉的數學領域，也因此電磁學在普物課程中一直是被視為較困難的部分。解決之道，也是一般普通物理教科書所採用的方法，就是大幅降低向量微積分的語言，試圖繞道以相對較淺顯易懂的數學去陳述電磁學上的定理。如此的好處，當然就是讓初學者可較直接地進入主題。但如此的做法，其缺點是不易讓人看見電磁學的整體架構，電磁學似乎就是由許多不同實驗所歸納出的定律總和，如此理論上的邏輯性與完整性似乎少了一點，科學之美也就同時少了一些。

　　少點數學，多點物理，這問題似乎又回到了教學上的抉擇。在物理的學習上我們該學多少的數學才夠？面對不同的學生層級與課程目標，此問題的答案當然會有很大的不同。具體地說，本書所設定的目標是書寫一本能夠讓高中生與大學新鮮人所能「理解」的物理書，而不是為考試解題所設計規劃的物理教材，因此如何真地去算出物理問題並不是這本書所要給讀者的能力，但希望讀者能真地「看懂」物理定律。而物理學家與數學家們為更精準地描述物理定律，也常伴隨著物理定律本身的發展去更精進數學上的語言。例如微積分之於牛頓力學體系的發展，同樣地，向量微積分的出現也成就了電磁學上的清晰結構。這同時也包括數學運算符號上的演進，也唯有出現好的運算符號才能精簡地以數學式去陳述定理，也才容易讓人理解定理的內涵。**所以關於數學，讀者必須知道一件事，每一個數學符號的運算代表一個操作上的特徵概念，因此若要真地「看懂」物理定律，務必得真的「看懂」數學符號所要呈現的概念。**而理解數學符號的運算方式則是掌握其概念的不二法寶。至於在列出數學式後的求解工作，則是另一層次的問題。或許讀者在知道這樣的分野後，看見數學式後便較能有自

[註9]　在此我們不論及愛因斯坦的「廣義相對論」。

己的對策去面對它。

　　在電磁學上，我們將會看見向量微分上的三個重要運算——梯度 (gradient)、散度 (divergence) 與旋度 (curl)，與它們彼此之間的關聯性——散度定理與斯托克定理。而在正式引進這些數學之前，我們不妨先以幾張表現這些數學概念的示意圖來讓讀者有些感覺。這圖像的感覺對我們理解新概念可是有很大的幫忙，特別是對有點抽象的概念。

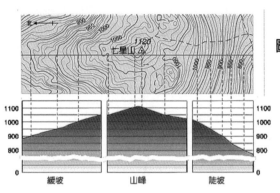

圖 3-14-1　地圖中的等高線是梯度的標準範例。不同地理位置的海拔高度可視為隨地理位置分布的一個純量場，那此純量場大小於各地的增減情形會是如何？則得靠梯度的概念來表示。

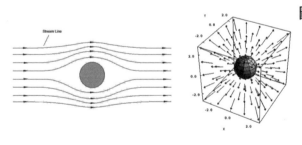

圖 3-14-2　大家若能把一個擁有大小與方向的「向量場」以具體的水流或氣流來想像，那很多的向量微分概念就可迎刃而解了。散度所要探討的是各式各樣的向量場，在流動中「場」的本身會是一個守恆量嗎？

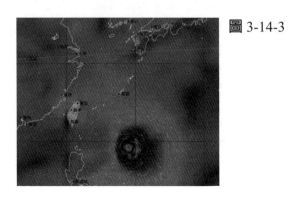

圖 3-14-3　這是氣象圖中表示風向的一張常見示意圖。我們可清楚地看見於台灣東南方一個朝向台灣前進的颱風氣旋，整體看來表示風速的向量有旋轉的運動，非常的明顯。但我們若只能局部地看很小範圍內的風速向量，我們還能夠判斷出它的旋轉趨勢嗎？向量的旋度就是要處理這樣的問題。

3-15 方向導數與梯度

我們就以地圖上常見的等高線說起。地圖除了標示位置外，也常想將地勢的高低涵蓋其中。依顏色劃分高度是一種方法，但更精確的畫法則是以等高線來將海拔高度相同的位置以一條線圈畫起來。此等高線的畫法特別適用於山勢地圖的製作上。如此我們都很明白，若站在山上同一條等高線上的不同位置，我們會遇見不同的山勢斜坡。即便是在同一位置的叉路上，走不同的路徑上山也將會遇見不同的坡路要走。也就是說即便在同一點上，不同方向的路徑會有不同的坡度。此沿特定路徑的坡度（斜率），我們就稱為沿此路徑方向的「方向導數」(directional derivative)。有此概念後，我們就來看看數學上是如何去描繪此概念？

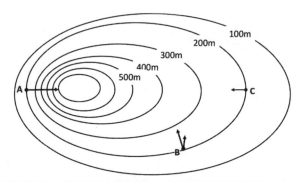

圖 3-15-1　山勢地圖中常見的等高圖，由圖可知最陡的方向即垂直於等高線的方向。在同一海拔高度上，由 A 點往上爬的山路就比 C 點陡上許多；此外，即便在同一 B 點上，不同路徑也會有不同坡度的路徑。

地圖中的海拔高度可用一個高度函數來表示，$h(x, y)$，其中 x 與 y 為位置座標，而高度函數 $h(x, y)$ 本身則是一個純量函數 (scalar function)，因為不管我們用什麼樣的座標來表示位置，座標轉換後的高度值還是不變，此亦為純量函數的定義。現在我們將二維座標的函數擴展到三維座標的純量函數，$\Phi(x, y, z)$，其沿 $d\vec{s}$ 方向的方向導數可寫成

$$\frac{d\Phi}{ds} = \frac{\partial\Phi}{\partial x}\frac{dx}{ds} + \frac{\partial\Phi}{\partial y}\frac{dy}{ds} + \frac{\partial\Phi}{\partial z}\frac{dz}{ds} \tag{3-15-1}$$

（由於 $d\vec{s}$ 中的 s 可視為兩點間的距離，所以為 (x, y, z) 的函數，因此上式可單純以微分的連鎖法則 (chain rule) 來解釋。）如前所言，即便在同一空間點上只要位移的方向不同，此變化值就會不同。我們就定義純量函數的「梯度」(gradient) 為：

純量函數的梯度（$\vec{\nabla}\Phi$，發音爲 delΦ）爲一向量，此梯度向量的值與方向爲該函數之方向導數最大值與其對應的位移方向。

所以沿 $d\vec{s}$ 方向的方向導數可視爲函數梯度於 $d\hat{s}$ 方向上的投影量，即

$$\frac{d\Phi}{ds} = \vec{\nabla}\Phi \cdot \left(\frac{d\vec{s}}{ds}\right) \Rightarrow d\Phi = \vec{\nabla}\Phi \cdot d\vec{s} \tag{3-15-2}$$

在笛卡兒座標系中 $d\vec{s} = dx\hat{x} + dy\hat{y} + dz\hat{z}$，於是比較 (3-15-1)×$ds$ 與 (3-15-2) 式，可知在笛卡兒座標下的梯度表示式爲：

$$\vec{\nabla}\Phi = \frac{\partial\Phi}{\partial x}\hat{x} + \frac{\partial\Phi}{\partial y}\hat{y} + \frac{\partial\Phi}{\partial z}\hat{z} = \left(\hat{x}\frac{\partial}{\partial x} + \hat{y}\frac{\partial}{\partial y} + \hat{z}\frac{\partial}{\partial z}\right)\Phi \tag{3-15-3}$$

註：向量微分中常用的運算子 (operator)，$\vec{\nabla} \equiv \hat{x}\frac{\partial}{\partial x} + \hat{y}\frac{\partial}{\partial y} + \hat{z}\frac{\partial}{\partial z}$

此長相如向量一般的運算子，之所以叫運算子是因爲它不能單獨存在，後面必須緊跟著函數方有意義。在本單元的「梯度」運算，所緊跟的函數是純量場函數。在後面的單元中，我們將陸續看見此函數也可爲向量場函數。且這長相如向量的運算子，也真如向量一般有內積與外積兩種運算。

例題：試求純量函數 $\Phi(r) = 1/r$ 的梯度，其中 $r = (x^2 + y^2 + z^2)^{1/2}$ 爲原點到點 (x, y, z) 的距離長度。根據 (3-15-3) 式對梯度的定義，其在 $\hat{x}$ 方向的分量爲

$$\frac{\partial\Phi}{\partial x} = \frac{\partial\Phi}{\partial r}\frac{\partial r}{\partial x} = \left(-\frac{1}{r^2}\right)\left(\frac{1}{2}\left(x^2 + y^2 + z^2\right)^{-1/2}(2x)\right) = -\frac{x}{r^3}$$

同理可計算在 $\hat{y}$ 與 $\hat{z}$ 方向上的分量，最後將此三個方向加起來的結果會是

$$\vec{\nabla}\Phi = \vec{\nabla}\left(\frac{1}{r}\right) = -\frac{x\hat{x} + y\hat{y} + z\hat{z}}{r^3} = -\frac{\vec{r}}{r^3} = -\left(\frac{1}{r^2}\right)\hat{r}$$

我們也知道放置於座標原點的點電荷 q 所產生的電場爲

$$\vec{E}(\vec{r}) = \frac{1}{4\pi\varepsilon_0}\frac{q}{r^2}\hat{r}$$

所以比較本例題的純量函數亦可證明 (3-8-7) 式所給的關係：電場與電位間的關係可透過梯度的運算相關聯，

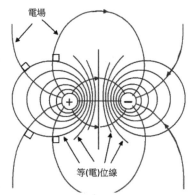

圖 3-15-2　**電偶極之電場（電力線）與電位等位線。由於此兩物理量是藉由梯度相關聯，因此電場（電力線）與電位之等位線彼此正交。**

$$V(\vec{r}) = \frac{1}{4\pi\varepsilon_0} \frac{q}{r} \Rightarrow \vec{E}(\vec{r}) = -\vec{\nabla}V(\vec{r})$$

由於純量函數的梯度為一向量，而向量的描述可用任意的座標系統來描述。(3-15-3) 式為梯度於笛卡兒座標系的展開，然而在電磁學的應用上，我們也想知道梯度於球面座標與圓柱座標中的展開式為何？（讀者可請參閱單元「1-1-4 三維座標系統」中對各座標系統的定義）。下面我們就以球面座標為例：

● 球面座標

假設在球面座標中，純量函數 $\Phi(x, y, z)$ 沿 $d\vec{s}$ 方向的方向導數為

$$\frac{d\Phi}{ds} = \frac{\partial \Phi}{\partial r}\frac{dr}{ds} + \frac{\partial \Phi}{\partial \theta}\frac{d\theta}{ds} + \frac{\partial \Phi}{\partial \phi}\frac{d\phi}{ds} \tag{3-15-4}$$

而在球面座標中的位移可表為 $d\vec{s} = (dr)\hat{r} + (rd\theta)\hat{\theta} + (r\sin\theta)d\hat{\phi}$，因此比較 (3-15-4) $\times ds$ 與 (3-15-2) 式中的 $d\Phi$，便可得梯度於球面座標系中的表示式

$$\vec{\nabla}\Phi = \frac{\partial \Phi}{\partial r}\hat{r} + \frac{1}{r}\frac{\partial \Phi}{\partial \theta}\hat{\theta} + \frac{1}{r\sin\theta}\frac{\partial \Phi}{\partial \phi}\hat{\phi} = \left(\hat{r}\frac{\partial}{\partial r} + \hat{\theta}\frac{1}{r}\frac{\partial}{\partial \theta} + \hat{\phi}\frac{1}{r\sin\theta}\frac{\partial}{\partial \phi}\right)\Phi \tag{3-15-5}$$

很明顯地，以球面座標去處理我們前面的例題，一切又簡單了許多！

● 圓柱座標

讀者可自行推導於圓柱座標系中的梯度表示式為

$$\vec{\nabla}\Phi = \frac{\partial \Phi}{\partial \rho}\hat{\rho} + \frac{1}{\rho}\frac{\partial \Phi}{\partial \phi}\hat{\phi} + \frac{\partial \Phi}{\partial z}\hat{z} = \left(\hat{\rho}\frac{\partial}{\partial \rho} + \hat{\phi}\frac{1}{\rho}\frac{\partial}{\partial \phi} + \hat{z}\frac{\partial}{\partial z}\right)\Phi \tag{3-15-6}$$

【練習題3-12】

試求純量函數 $\Phi(r) = 1/r^n$ 的梯度，其中 $r = (x^2 + y^2 + z^2)^{1/2}$ 為原點到點 (x, y, z) 的距離長度。

【練習題3-13】

若純量函數為 $\Phi(x, y, z) = (x^2 + y^2 + z^2)^{-3/2}$，求在點 $(1, 2, 3)$ 位置的梯度大小與方向。

【練習題3-14】

假設空間存有一如下形式之電位

$$V(r) = V_0 e^{-r^2/a^2}$$

其中 V_0 與 a 為固定之常數，$r = \sqrt{x^2 + y^2 + z^2}$ 為距原點之距離。則：

(a.) 空間的電場 $\vec{E}(r)$ 為何？

(b.) 電荷密度 $\rho(r)$ 分布為何才讓此空間具有如此的電位與電場？

(c.) 空間存在的總電荷為何？

(d.) 試著畫出電荷密度 $\rho(r)$ 分布與圓點距離的關係圖。

3-16 向量場的通量、散度與散度定理

在談論向量場的「散度」(divergence) 之前，我們先來說明「通量」(flux) 這個常被用到的物理概念。待讀者確實瞭解「通量」之概念後，我們才有辦法再藉此進入更深一層的物理描述。

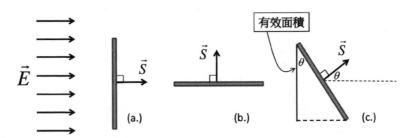

圖 3-16-1 「通量」的概念可應用到任何的向量場上，但配合我們所將要討論的電磁學，我們就以電場為例。在固定大小與方向的電場下，擺設三個面積大小一樣，但擺設方向不同的平面，其「電通量」大小也會不同。

對任何的向量場來說，像本單元所要討論的電場 ($\vec{E}$)[註10]。在（圖 3-16-1）中我們定義「通量」為此向量場通過某特定面積 (S) 的量。圖中：(a.) 當平面垂直於電場方向時，此平面有最大的有效面積 S 去「接收」電場，因此其「電通量」最大；(b.) 當平面平行於電場方向時，則此平面並無有效面積可「接收」電場，因此其「電通量」為零。而在 (c.) 的例子中，我們可看出平面「接收」電場的有效面積為 $S\cos\theta$，因此在 (c.) 的「電通量」應僅為 (a.) 中的 $\cos\theta$ 倍。當然「電通量」的大小也會正比與電場本身的強度大小。由於我們可對每一個平面的面積賦予一個面積向量 ($\vec{S}$) 來表示，此面積向量的大小就是此平面的面積大小，方向為垂直平面的方向。因此根據（圖 3-16-1）的例子，我們可以數學式子將「通量」定義為[註11]：

$$\Phi_E = \vec{E} \cdot \vec{S} \tag{3-16-1}$$

由於是兩向量間的內積，此通量必為一個純量。此通量的定義也不難推廣到任何形狀的二維面上，此時上式可改寫成：

[註10] 在「通量」的解釋上，流體 (fluid) 在每一個位置點上的流速 ($\vec{v}(x, y, z)$) 是更常被拿來做為視覺化想像的例子。若將此流速乘上同一空間點上的流體質量密度 ($\rho(x, y, z)$)，則所對應的向量場就稱為此流體於任何空間點上的質量通量密度 (mass flux density)($\rho\vec{v}$)。

[註11] 若將電場改為磁場，此「通量」就成了「磁通量」。

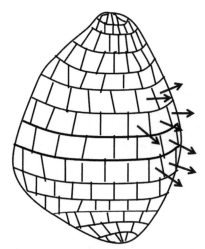

圖 3-16-2　(3-16-3) 式中的封閉面可為任何形狀的二維平面。但為方便討論 (3-16-3) 式的積分值，我就以（圖 3-16-3）的正六面體來討論。

$$\Phi_E = \int \vec{E} \cdot d\vec{S} \tag{3-16-2}$$

必須強調的是積分中的 E 為積分面上的電場。有此「通量」的概念後，我們可更進一步地將所要積分的二維面推廣與想像成空間中的一個封閉面，意旨此面可明確將空間分隔成內部與外部空間之別。我們也會在 (3-16-2) 式中的積分上打一個圓圈以強調所要積分的面為一個封閉面，如下式的表示：

$$\Phi_E = \oint \vec{E} \cdot d\vec{S} \tag{3-16-3}$$

想像空間中的一個微小正六面體（體積 $d\tau = dxdydz$），此正六面體的表面是由六個平面所接連而成的封閉面，每一面都有它各自的方向，朝外並垂直於面的方向。如（圖 3-16-3）所示，面 efgh 與面 abcd 的面積向量分別為 $d\vec{S}(x=0) = -(dydz)\hat{x}$ 與 $d\vec{S}(x=dx) = +(dydz)\hat{x}$，所以，在 x 方向上的電通量為

$$\vec{E}(x=0) \cdot d\vec{S}(x=0) + \vec{E}(x=dx) \cdot d\vec{S}(x=dx)$$

$$\approx -E_x(x=0)dydz + \left(E_x + \frac{\partial E_x}{\partial x}dx + \cdots\right)_{x=0} dydz \tag{3-16-4}$$

$$= \left(\frac{\partial E_x}{\partial x}\right)_{x=0} dxdydz$$

同理，在 y 與 z 方向上的電通量分別為

$$\left(\frac{\partial E_y}{\partial y}\right)_{y=0} dxdydz \quad \text{and} \quad \left(\frac{\partial E_z}{\partial z}\right)_{y=0} dxdydz \tag{3-16-5}$$

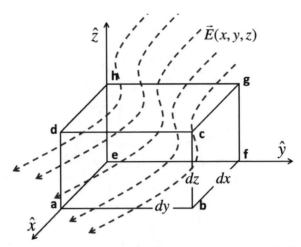

圖 3-16-3　我們就以此正六面體所乘的封閉面來計算空間電場所擁有的通量。當然，此計算中的電場可替換成任何的向量場。

所以結合 (3-16-4) 與 (3-16-5) 兩式的結果，(3-16-3) 式的積分為

$$\Phi_E = \oint \vec{E} \cdot d\vec{S} = \left(\frac{\partial E_x}{\partial x} + \frac{\partial E_y}{\partial y} + \frac{\partial E_z}{\partial z} \right)_{x=0} dxdydz \tag{3-16-6}$$

配合我們之前所引進的向量微分運算子 ($\vec{\nabla}$)，(3-16-6) 式中括弧內的運算可更簡潔地寫成

$$\frac{\partial E_x}{\partial x} + \frac{\partial E_y}{\partial y} + \frac{\partial E_z}{\partial z} = \left(\hat{x}\frac{\partial}{\partial x} + \hat{y}\frac{\partial}{\partial y} + \hat{z}\frac{\partial}{\partial z} \right) \cdot \left(E_x\hat{x} + E_y\hat{y} + E_z\hat{z} \right) \equiv \vec{\nabla} \cdot \vec{E} \tag{3-16-7}$$

若將 (3-16-6) 式中所討論的微小體積趨近至零 ($d\tau = dxdydz \rightarrow 0$)，則 (3-16-7) 式的運算可定義為向量場於空間的散度 (divergence)：

$$\vec{\nabla} \cdot \vec{E} = \lim_{\Delta\tau \to 0} \frac{\oint \vec{E} \cdot d\vec{S}}{\Delta\tau} \tag{3-16-8}$$

讀者應可由此定義去解讀－空間向量場於某位置點上「散度」之物理意義。實作上，我們更常討論的通量不會是通過此包含無限小體積之封閉面上的通量，而會是巨觀上方便討論的封閉面，如此 (3-16-8) 式更一般的表示可為

$$\Phi_E = \oint_A \vec{E} \cdot d\vec{S} = \int_\tau \left(\vec{\nabla} \cdot \vec{E} \right) d\tau \tag{3-16-9}$$

此即著名的「散度定理」(divergence theorem)，為數學上的恆等式。

【練習題3-15】

考慮一向量場，此向量場的形式為 $\vec{F}(r) = F(r)\hat{r}$，其中 $r = (x^2 + y^2 + z^2)^{1/2}$ 為原點到點 (x, y, z) 的距離長度，$\hat{r}$ 為徑方向單位向量。試以下面不同的座標系統計算此向量場於空間點上的散度，$\vec{\nabla} \cdot \vec{F}(r)$。

(a.) 笛卡兒座標系統

$$\vec{\nabla} = \hat{x}\frac{\partial}{\partial x} + \hat{y}\frac{\partial}{\partial y} + \hat{z}\frac{\partial}{\partial z}$$

(b.) 球面座標系統

$$\vec{\nabla} = \hat{r}\frac{\partial}{\partial r} + \hat{\theta}\frac{1}{r}\frac{\partial}{\partial \theta} + \hat{\phi}\frac{1}{r\sin\theta}\frac{\partial}{\partial \phi}$$

理所當然地，向量場於空間點上的散度大小，不會因我們使用的座標系統不同而不同。但讀者也不難發現，針對問題選擇一個好的座標系統來處理，可大大降低計算上的複雜度。

【練習題3-16】

根據上題的結果，試求向量場 $\vec{F}(r) = r^n \hat{r}$ 於空間點上的散度大小，並明確寫出當 $n = 1$ 或 $n = -2$ 時的結果。

【練習題3-17】

對以座標原點為中心的球面 $x^2 + y^2 + z^2 = 3$。試求

(a.) 在此球面上的一點 P，此 P 點之座標為 (1, 1, 1)，求球面 P 點上垂直此球面的單位向量。

(b.) 求與球面上 P 點相切的平面方程式。

3-17 高斯定律與其應用

　本單元我們將更明確地把 (3-16-9) 式的「散度定理」應用在電磁學上，特別是對電荷分布具有特殊幾何對稱性的系統，藉此定理來求帶電系統於空間所產生的電場。我們就以最簡單的單一正電荷說起：

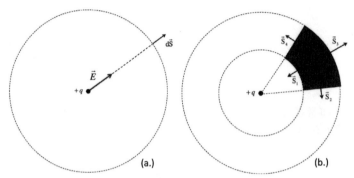

(a.)　　　　　　　　　(b.)

圖 3-17-1　不同高斯面對點電荷的計算。(a.) 高斯面內包含一個點電荷；(b.) 高斯面內沒有任何的點電荷。

　由於點電荷的電場具有球面對稱的特性，因此為簡單求出 (3-16-9) 式中對電場 ($\vec{E}$) 通量的面積分，我們選擇球面作為我們所要積分的封閉面（通稱為「高斯面」）。在（圖 3-17-1(a.)）的例子中，我們所選擇的高斯面內含有一個帶正電的點電荷，我們就以此點電荷的位置作為我們積分球面的球心，因此電場的強度大小在此球面上均是一樣大，且在球面的任何位置的面積向量亦與電場的方向相同。因此在此例子中：

$$\Phi_{E} = \oint \vec{E} \cdot d\vec{S} = \oint E dS = E \oint dS = \left(\frac{1}{4\pi\varepsilon_0} \frac{q}{r^2} \right) (4\pi r^2) = \frac{q}{\varepsilon_0} \qquad (3\text{-}17\text{-}1)$$

　然而在（圖 3-17-1(b.)）的例子中，我們將點電荷擺放在所要積分的高斯面外（即高斯面內不含任何的電荷），為要能確實處理 (3-16-9) 式的積分，我們利用兩個同心球面（點電荷仍在球心位置）所構成的六面體來做為我們所要的高斯面，如（圖 3-17-1 b.）。不難發現構成此六面體的高斯面僅圖中的 $\vec{S}_1$ 與 $\vec{S}_3$ 兩面有貢獻，因為其它各面的面積向量會與電場方向垂直。又 $\vec{S}_1$ 與 $\vec{S}_3$ 兩向量之方向與電場方向分別為反向與同向，所以

$$\Phi_{E} = \oint \vec{E} \cdot d\vec{S} = -E_1 S_1 + E_3 S_3 = 0 \qquad (3\text{-}17\text{-}2)$$

上式等於零是因為點電荷之電場大小與距離平方成反比，且從幾何圖形相似的性質分析，我們亦不難證明 $\vec{S}_1$ 與 $\vec{S}_3$ 之面積大小與距離平方成正比（因為此兩面積擁有相同的立體角 (solid angle)），如此電場與面積一大一小的組合恰好讓 $E_1 S_1 = E_3 S_3$。同樣

的道理，讀者應該也可理解在 (3-17-1) 式中的計算，我們不見得將點電荷置於球心的位置。此外，高斯面的幾何形狀也可改變成任何的形狀，而不局限於球面。重點是我們所指定的高斯面內是否有包含電荷的存在。

因此綜合 (3-17-1) 式與 (3-17-2) 式的結果，且電荷所產生的電場有「線性疊加原理」(Principle of Superposition) 的特性，於是我們可將結果寫成更一般性的形式：

$$\oint \vec{E} \cdot d\vec{S} = \frac{1}{\varepsilon_0} Q_{\text{enclosed}} \tag{3-17-3}$$

此處 Q_{encloses} 為高斯面內所包含的所有電荷總和，此便是著名的「高斯定律」(Gauss's Law)。

● 無限長的帶電直棍

由於帶電直棍被視為是無限長，因此我們很容易判斷其所產生的電場特性，擁有以直棍為軸的旋轉對稱，且此帶正電的直棍電場會以此對稱軸放射而出，又電場大小僅與距帶電直棍的距離有關。如此，利用 (3-17-3) 式求電場時，我們會以圓柱面作為式中面積分的高斯面。所以

$$\oint_{S_t+S_s+S_b} \vec{E} \cdot d\vec{S} = \int_{A_t} \vec{E} \cdot d\vec{S}_t + \int_{A_s} \vec{E} \cdot d\vec{S}_s + \int_{A_b} \vec{E} \cdot d\vec{S}_b$$

$$= 0 + E_\rho \int_{A_s} dS_s + 0 \tag{3-17-4}$$

$$= E_\rho \cdot 2\pi\rho \cdot L$$

又 (3-17-3) 式的等號右邊

$$\frac{1}{\varepsilon_0} Q_{\text{enclosed}} = \frac{1}{\varepsilon_0} \cdot \lambda \cdot L \tag{3-17-5}$$

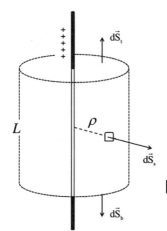

圖 3-17-2　無限長的帶電直棍，其帶電線密度為 λ。針對帶電系統的電場特性，我們可以適當的高斯面來求其電場。

合併 (3-17-4) 與 (3-17-5) 兩式可得無限長帶電直棍的電場為

$$\vec{E} = \frac{1}{2\pi\varepsilon_0}\frac{\lambda}{\rho}\hat{\rho}$$ (3-17-6)

此結果即我們直接以電場定義所算出的結果，(3-11-5) 式。由此例題我們也看見利用高斯定律求電場的方便性。

最後讓我們回 (3-17-3) 式，並配合「散度定理」，來看一看「高斯定律」的微分表示：

$$\oint \vec{E} \cdot d\vec{S} = \int (\vec{\nabla} \cdot \vec{E}) d\tau$$

$$\frac{1}{\varepsilon_0} Q_{\text{enclosed}} = \frac{1}{\varepsilon_0}\int \rho d\tau \qquad \Rightarrow \vec{\nabla} \cdot \vec{E} = \frac{1}{\varepsilon_0}\rho$$ (3-17-7)

電場於空間某位置的散度等於該位置的電荷密度 (ρ) 除以真空介電係數 (ε_0)，此關係也是著名之四個馬克斯威方程式中的一個。也由於電荷為電場存在的來源，反之磁場的來源是電荷的運動，而不是「磁荷（磁單極）」(magnetic monopole) 的存在。因此，我們可引出第二個馬克斯威方程式 – 磁場的散度永遠為零。

$$\oint_{\vec{A}} \vec{E} \cdot d\vec{S} = \frac{1}{\varepsilon_0} Q_{\text{enclosed}} \quad \Leftrightarrow \quad \vec{\nabla} \cdot \vec{E} = \frac{1}{\varepsilon_0}\rho$$

$$\oint_{\vec{A}} \vec{B} \cdot d\vec{S} = 0 \qquad\qquad \Leftrightarrow \quad \vec{\nabla} \cdot \vec{B} = 0$$

【練習題3-18】

一個具球對稱但電荷分布不均勻的帶電球（半徑 $R = 0.250\text{m}$），其電荷密度之分布函數如下

$$\rho(r) = \begin{cases} \rho_0\left(1 - \dfrac{r}{R}\right) & r \le R \\ 0 & r > R \end{cases}$$

其中 $\rho_0 = 10.0\mu\,\text{Coul/m}^3$。如此在 $r_1 = 0.125\text{m}$ 與 $r_2 = 0.500\text{m}$ 處的電場為何？又當距此帶電球球心多遠處之電場會最大？試畫出此電場大小與 r 的函數圖。

【練習題3-19】

若有一個半徑為 a，總帶電量為 $+Q$ 的非導體球，其電荷為均勻分布。現在若在此帶電球的球殼上渡上一層很薄的導電金箔 (厚度可忽略不計)，並在此金箔上賦予 $-2Q$ 的總電量。試問此導體球內外的電場 $\vec{E}(r)$ 為何？並試畫出此電場大小與 的函數圖。

3-18 　電磁場所蘊含的能量

　　讓我們以最簡單的例子來說明一件關於能量儲存的例子。在空無一物的寬廣空間中，我們將一個電荷質點 (q_1) 擺設於空間上的一點，除了力學上的考量外，我們不會去涉及與電有關的任何事。畢竟，與電有關的庫倫力其碼要有兩個帶電質點存在，所以此步驟當然沒有任何因庫倫力而起的「作功」問題 ($W_1 = \Delta W_1 = 0$)。

　　但如果要從無窮遠處緩慢移入第二個電荷 (q_2)，情況就不同了。我們就來看此兩個就定位後的電荷 q_1 與 q_2，無論它們間的電性為何，彼此間的庫倫力作用必使它們因受力而遠離或接近，因此若要將這兩個電荷保持在所給定的位置不變，則務必要施予它們能量以平衡庫倫力的作用。此能量也就是我們要移入第二個電荷時所需作的功 (ΔW_2)，

$$\Delta W_2 = -\int_\infty^{r_{12}} \vec{F}_{1\to 2} \cdot d\vec{r} = -\left(\frac{q_1 q_2}{4\pi\varepsilon_0} \int_\infty^{r_{12}} \frac{\hat{r}}{r^2} \cdot d\vec{r} \right) = \frac{1}{4\pi\varepsilon_0} \frac{q_1 q_2}{r_{12}} \tag{3-18-1}$$

式中的負號乃是因為此作功為我們所要施予給系統的能量，而不是電荷間的庫倫力所作之功；r_{12} 則為此兩電荷最後的相距距離 ($r_{12} \equiv |\vec{r}_1 - \vec{r}_2|$)。所以，至此我們對此兩個電荷的系統總共施予能量

$$W_2 = W_1 + \Delta W_2 = \frac{1}{4\pi\varepsilon_0} \frac{q_1 q_2}{r_{12}} \tag{3-18-2}$$

當然此能量也不會消失不見，在我們將能量施予給系統後，系統便將此能量給儲存下來，於是我們便將此儲存下來的能量稱為系統之「靜電能」(Electrostatic Energy)。又由點電荷的電位形式可知

$$\frac{1}{4\pi\varepsilon_0} \frac{q_1 q_2}{r_{12}} = q_1 V(\vec{r}_1) = q_2 V(\vec{r}_2) \tag{3-18-3}$$

所以 (3-18-2) 式可以用一個比較有對稱性的形式表示

$$W_2 = \frac{1}{2}\left(q_1 V(\vec{r}_1) + q_2 V(\vec{r}_2) \right) \tag{3-18-4}$$

一旦空間的特定位置上有了電荷 q_1 與 q_2 後，我們同樣地再由無窮遠處移入第三個電荷 (q_3) 至 $\vec{r}_3$ 的位置，此次我們所要施予的能量為

$$\Delta W_3 = \frac{1}{4\pi\varepsilon_0} \frac{q_1 q_3}{r_{13}} + \frac{1}{4\pi\varepsilon_0} \frac{q_2 q_3}{r_{23}} = q_3 \left(\frac{1}{4\pi\varepsilon_0} \frac{q_1}{r_{13}} + \frac{1}{4\pi\varepsilon_0} \frac{q_2}{r_{23}} \right) \equiv q_3 V(\vec{r}_3) \tag{3-18-5}$$

至此第三個電荷移入後，我們對此系統總共所施予的能量為

$$W_3 = W_2 + \Delta W_3 = \frac{1}{2}\left(q_1 V(\vec{r}_1) + q_2 V(\vec{r}_2) + q_3 V(\vec{r}_3) \right) \tag{3-18-6}$$

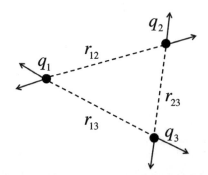

圖 3-18-1 置於空間的三個電荷，由於彼此間會有庫倫力的作用，因此若想
將此三個電荷固定於不變的位置，此系統務必得擁有恰當的能量
以維持系統的靜態平衡。此能量也就稱為系統的「靜電能」。

讀者若能夠自己實地驗證一下 (3-18-6) 式，不難發現 (3-18-6) 式與 (3-18-4) 中的 $V(\vec{r}_1)$
與 $V(\vec{r}_2)$ 並不相同。就以 $V(\vec{r}_1)$ 為例，雖然均代表系統於 $\vec{r}_1$ 處的位能大小，但在兩式中的
系統電荷數目不同，而每一個電荷均會有它對空間位能的貢獻，也因此兩式中的 $V(\vec{r}_1)$
表示式當然也不同。在 (3-18-6) 式中的 $V(\vec{r}_1)$ 為

$$V(\vec{r}_1) = \frac{1}{4\pi\varepsilon_0}\left(\frac{q_2}{r_{12}} + \frac{q_3}{r_{13}}\right)$$
(3-18-7)

如此下去，我們可將問題推至含有 N 個電荷的系統，系統可儲存的能量會是

$$W_N = \frac{1}{2}\sum_{i=1}^{N} q_i V(\vec{r}_i) \ ; \ V(\vec{r}_i) = \frac{1}{4\pi\varepsilon_0}\sum_{\substack{j=1 \\ j\neq i}}^{N}\frac{q_j}{|\vec{r}_i - \vec{r}_j|}$$
(3-18-8)

我們也可更進一步地將系統推廣至更常見的連續帶電體上，系統所儲存的能量為

$$W = \frac{1}{2}\int dq V(\vec{r}) = \frac{1}{2}\int \rho(\vec{r})V(\vec{r})d\tau$$
(3-18-9)

利用高斯定律，空間位置 $\vec{r}$ 的電荷密度與電場之關係為 $\rho(\vec{r}) = \varepsilon_0\vec{\nabla}\cdot\vec{E}(\vec{r})$，如此上式可
做下面的推導運算

$$\begin{aligned}
W &= \frac{1}{2}\int \rho(\vec{r})V(\vec{r})d\tau \\
&= \frac{\varepsilon_0}{2}\int \left(\vec{\nabla}\cdot\vec{E}\right)V d\tau \\
&= \frac{\varepsilon_0}{2}\int \left(\vec{\nabla}\cdot\left(V\vec{E}\right) - \left(\vec{\nabla}V\right)\cdot\vec{E}\right)d\tau \\
&= \frac{\varepsilon_0}{2}\int \vec{\nabla}\cdot\left(V\vec{E}\right)d\tau + \frac{\varepsilon_0}{2}\int \vec{E}\cdot\vec{E}\,d\tau
\end{aligned}$$
(3-18-10)

$$= \frac{\varepsilon_0}{2} \oint_{S \to \infty} \left(V\vec{E} \right) \cdot d\vec{S} + \frac{\varepsilon_0}{2} \int \left| \vec{E} \right|^2 d\tau$$

$$= \frac{\varepsilon_0}{2} \int \left| \vec{E} \right|^2 d\tau$$

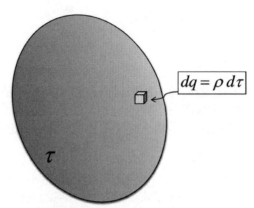

$$dq = \rho \, d\tau$$

τ

圖 3-18-2 **雖然連續帶電體會有一個有限的體積大小，但電場與電位卻不偏限在有限的帶電體上，因此積分時可將體積擴展至無限大的空間。**

在式中倒數第二個等號中，我們利用 (3-16-9) 式的「散度定理」將散度的體積分轉換成通量的面積分。而當此面積分的封閉面擴展至無限大時，物理上對電位或電場必須為零的要求，也讓此面積分的值為零[註12]。

(3-18-10) 式給了我們一個很重要的訊息：電場的存在代表著此空間所蘊含的能量。同樣可推論，空間中的磁場亦蘊含著能量。

$$W_e = \frac{\varepsilon_0}{2} \int_{\tau} \left| \vec{E} \right|^2 d\tau \tag{3-18-11}$$

$$W_m = \frac{1}{2\mu_0} \int_{\tau} \left| \vec{B} \right|^2 d\tau \tag{3-18-12}$$

[註12] 事實上此封閉面也無須擴展到無限大。我們實作上所常遇見的電場往往會僅存在有限的空間中，如此只要確保所要積分的封閉面上的電場為零即可。

【練習題3-20】

由本單元得知任何的帶電系統，本身就蘊涵著電位能。如此，半徑為 R，總帶電量為 Q 的球體帶電球，若電荷是平均分布在此球體內，則此帶電球體所蘊含的能量是多少？而在這些蘊含的能量中，有多少是儲存在帶電球內？又有多少是儲存在帶電球外？

【練習題3-21】

同上面的問題，但將原本的帶電球改成同樣半徑的導體球，並使之帶同樣的電荷 Q。則上題中的問題答案會改變嗎？對帶同樣電荷的系統，其所蘊含的電位能，是否會因電荷的分布型態不同而不同？

3-19　電容器與電阻器

「能量的掌握推動人類的文明進展」，以我們現今對自然定律的理解來看這句話是有一番道理。那我們上一單元所看見的電場蘊含著能量，自然就給了我們一個實用上的靈感，是否可做一個藉由控制電場來供給能量的元件？當然有！電容器 (capacitor) 便是如此的電子元件，且已廣泛應用在我們日常生活中大大小小的電子設備中。

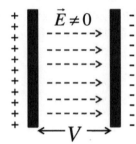

圖 3-19-1　不同用途需求便會以不同的材質去製作電容器，長相也不盡相同，但其電容的基本原理是一樣的。

雖然針對不同的使用需求，我們有不同種類與材質的電容器，像是陶瓷電容、電解電容、與鉭電容等等。但其基本原理倒是單純，就是讓電容器內能有電荷的堆積（一般來說是正負電荷的分離與堆積，若其電量爲 $\pm Q$），此正負分離的電荷會產生電場，亦即出現電位差 (V) 的存在。此電容器的電容值便定義爲：

$$C \equiv \frac{Q}{V} \quad ; \quad \left(1\mathrm{F} = 1\,\mathrm{Coul/Volt}\right) \tag{3-19-1}$$

根據定義，電容的單位稱爲「法拉」(Farad, F)。但由於「庫倫」是一個蠻大的電荷單位，因此在一般的電路中我們常見的電容值大小會是 $m\mathrm{F}$、$\mu\mathrm{F}$、或 $p\mathrm{F}$ 的數量級。

理論分析電容值的標準步驟：

1. 在正負分離的電荷堆積處賦予一個帶電量，$+Q$ 與 Q_-。
2. 計算此堆積電荷所產生的電場 $\vec{E}$。此電場一般可由高斯定律獲得。
3. 由電場計算分離電荷堆積處兩端的電位差 (V_{+-})。因爲正電荷端爲高電位的一端，因此 $V_{+-} > 0$。

$$V_{+-} = -\int_-^+ \vec{E} \cdot d\vec{r} \tag{3-19-2}$$

4. 代入電容值的定義：$C = Q/V_{+-}$。

我們就以幾個常見的例子來分析電容器的電容值

● 兩平行帶電板所成之電容器

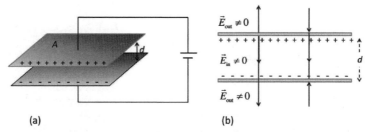

(a)　　　　　　　　　　　　　　　　(b)

圖 3-19-2 (a) **兩平行帶電板所構成電容器示意圖；**(b) **由於在一般的電容器中，我們可將帶電板的尺寸視為無線大，因此每一個電板會有一個大小一定的電場。然而電性不同的帶電板之電場方向相反，因此電場僅存於電容器內。**

由兩平行帶電板所構成的電容器可說是電容器的原型，因此我們常在電路圖中以兩等長之平行線來代表電容器，有別於代表直流電源（電池）的一長一短平行線。

假設此兩平行帶電板的大小尺寸遠大於兩者間的相隔距離，那此兩帶電平板就可被視為無限大的帶電平板。利用高斯定律可輕易得出單一無限大帶電板（單位面積的電荷密度為 σ，$\sigma > 0$）的電場為 $\sigma/(2\varepsilon_0)$，方向垂直電板向外。若電荷密度的電性相反，則電場方向相反，如此由（圖 3-19-2 (b)）可看出，在兩平行帶電板外的空間，其電場為零。但兩電板內的電場大小為 σ/ε_0，方向由正電電板指向負電電板。而兩電板間的電位差為 $\sigma \cdot d/\varepsilon_0$，因此這平行帶電板電容器的電容值為：

$$C = \frac{Q}{V} = \frac{\sigma \cdot A}{\sigma \cdot d / \varepsilon_0} = \varepsilon_0 \cdot \frac{A}{d} \tag{3-19-3}$$

● 同軸圓柱帶電板所成之電容器

假設內圈圓柱 $(r = a)$ 帶電量為 $+Q$，外圈圓柱 $(r = b)$ 帶電量為 $–Q$。高斯定律給出 $a < r < b$ 區域內的電場為

$$\vec{E} = \frac{1}{2\pi\varepsilon_0} \frac{Q}{L} \frac{1}{r} \hat{r} \tag{3-19-4}$$

同時同軸圓柱間的電位差為

$$V_{ab} = -\int_b^a \vec{E} \cdot d\vec{r} = -\frac{1}{2\pi\varepsilon_0} \frac{Q}{L} \int_b^a \frac{dr}{r} = -\frac{1}{2\pi\varepsilon_0} \frac{Q}{L} \ln(r)\Big|_{r=b}^a \tag{3-19-5}$$

$$= \frac{1}{2\pi\varepsilon_0} \frac{Q}{L} \ln\left(\frac{b}{a}\right)$$

所以此電容器的電容為

$$C = \frac{Q}{V_{ab}} = \frac{2\pi\varepsilon_0 L}{\ln(b/a)} \qquad (3\text{-}19\text{-}6)$$

　　在此兩個常見的例子中，我們發現幾項電容器之特性：電容器的電容值與其幾何形狀與大小尺寸有關，而與其所帶的電荷多寡及所加電位差大小無關。此外，電容值也正比於介電常數！在我們的例子中，我們使用真空之介電係數 (ε_0)。如此，為提高電容器的電容值，一個簡單的方法就是在兩帶電板間置入具有較大介電係數 (ε) 的材料，如（表 3-19-1）所列。

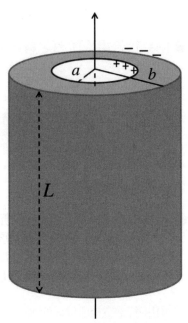

圖 3-19-3　圓柱形的電器

表 3-19-1　物質的介電常數 (κ) 的定義為 $\kappa = \varepsilon/\varepsilon_0$，即物質本身之介電係數與真空之介電係數的比值。而介電強度為物質所可承受的最大電場，如果電場大過此值，則物質會崩潰而使帶電粒子導通，造成電容器的損壞。

物質	介電常數 (κ)	介電強度 (V/m)
真空	1	
空氣（一大氣壓）	1.00059	2.5
聚乙烯	2.25	50
雲母	3-6	150-220
玻璃	5	14
水	80.4	65

● 電阻器

　在一般的電路應用中，我們當然不希望電流在傳輸當中消耗殆盡，自然地在導線上的選擇會以電阻率小的材料為主，例如：銀、銅、金、鋁之類的材料，其電阻率的大小約略是在 $(1\sim3)\times10^{-8}\Omega\cdot m$ 之間。但有時在電路的設計上，我們需要電路上的某部分有較大的電阻出現，因此「電阻器」(resistor) 也成了我們常見的電子元件之一。

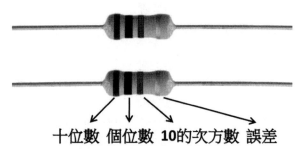

十位數　個位數　**10**的次方數　誤差

圖 3-19-4　電路中常見的電阻器，電路圖中的電組器會以（圖 3-9-2）中位於電池左側的折線代表。

我們常將電阻器的電阻大小以色碼的方式標示於元件上。不同的顏色代表不同的數字：黑 (0)、棕 (1)、紅 (2)、橙 (3)、黃 (4)、綠 (5)、藍 (6)、紫 (7)、灰 (8)、白 (9)；而在誤差的標示：金 (±5%)、銀 (±10%)。

左圖電阻元件的大小為：$10\times10^{2}\Omega = 1k\Omega\pm5\%$ 的誤差。

【練習題3-22】

針對本單元所分析的兩種電容器 (兩平行帶電板與同軸圓柱帶電板)，試問電容器所儲存的電位能分別為多少？又電容器所儲存的能量與電容器本身的電容值及電位差間有何關係？

3-20　直流電路的基本概念

　　我們已於前面的單元中介紹電流、歐姆定律、與電容等等日常生活中較常見的電學概念，此時不妨再進一步介紹它們於基本電路中的應用原理。所討論的電路也先侷限於直流電路 (direct current circuit)，即電流方向始終不改變的電路。

　　就以（圖 3-20-1）最簡單的電路開始：電路僅由一個提供電位差為 V_{emf} 的電池、電阻器 (R) 與導體電線組成[註13]。由於電阻器之電

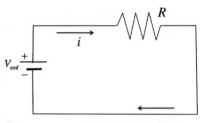

圖 3-20-1　最簡單的電路圖。

阻會遠大於導線本身的電阻，因此在分析中我們會將導線視為零電阻，如此（電）壓降僅出現在電阻器的兩端；且此電路之電流可由歐姆定律應用於電阻器(E)上來決定，

$$i = \frac{V_{emf}}{R} \tag{3-20-1}$$

電子元件的串連 (connected in series)

　　兩元件的串連是指電路中兩元件間的連接使之流經的電流相同。如（圖 3-20-2）中兩個串連的電阻，歐姆定律告訴我們流經電阻 R_1 與電阻 R_2 後的電路分別有一個壓降 $V_1 = i \cdot R_1$ 與 $V_2 = i \cdot R_2$。又電流方向是由高電位到低電位的方向，因此兩元件的串聯也可以元件低電位端接另一元件之高電位端的連接方式判定。而此兩個壓降的和將會等於電池所提供的電動勢 V_{eff}，

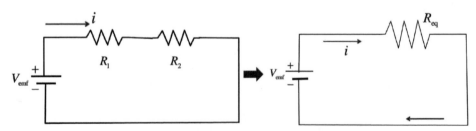

圖 3-20-2　兩電阻的串聯電路與其等效電路

[註13] V_{emf} 的下標為「電動勢」(electromotive force) 的縮寫，其概念我們會在「電磁感應」的單元中介紹。在此我們僅需知道作為電源供應器的電池在電路中以提高電位的方式來提供電路一個電流。電流由電池的負極進入，正極出來後，電流之電位便增加了 V_{emf}。

$$V_{\text{eff}} = V_1 + V_2 = i \cdot R_1 + i \cdot R_2 = i \cdot (R_1 + R_2) \tag{3-20-2}$$

若將此串聯的電阻以單獨的一個等效電阻 (R_{eq}) 來替代，如此（圖 3-20-2 左）的串聯電路便可以（圖 3-20-2 右）的等效電路替代，

$$V_{\text{eff}} = i \cdot (R_1 + R_2) = i \cdot R_{\text{eq}} \Rightarrow R_{\text{eq}} = R_1 + R_2 \tag{3-20-3}$$

此結果可輕易推廣至有 n 個電阻的串聯，其等效電阻為

$$R_{\text{eff}} = \sum_{i=1}^{n} R_i \tag{3-20-4}$$

電子元件的並連 (connected in parallel)

　　不同於兩元件的串聯電路，有等量的電流流經各元件。在並聯的電路中，以（圖 3-20-3）中的並聯電阻為例，當電流 (i) 由電池出發至兩電阻的共同節點 A 處，電流必須分流成兩路徑分別流過兩個電阻 $(i_1$ 與 $i_2)$，然後在另一端的共同節點 B 處相遇合流成共同的電流 (i)。在電荷守恆與電流的定義（單位時間內流過導線截面的帶電量）下，不難理解電流間有 $i = i_1 + i_2$ 之關係。此外，因我們認定導線的電阻為零，而並聯元件的兩端均有共同的節點存在，此共同節點也代表有相同的電位。如此，等同告訴我們流經並聯元件兩端的壓降也該相同，

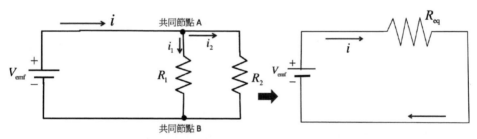

圖 3-20-3　**兩電阻的並聯與其等效電路。**

$$V_{\text{eff}} = V_{\text{AB}} = i_1 \cdot R_1 = i_2 \cdot R_2 \tag{3-20-5}$$

同樣地，將此並聯的電阻以單獨的一個等效電阻 (R_{eq}) 來替代，如此（圖 3-20-3 左）的並聯電路便可以（圖 3-20-3 右）的等效電路替代。所以電流的關係告訴我們，

$$i = i_1 + i_2 \Rightarrow \frac{V_{\text{eff}}}{R_{\text{eq}}} = \frac{V_1}{R_1} + \frac{V_2}{R_2} = \frac{V_{\text{AB}}}{R_1} + \frac{V_{\text{AB}}}{R_2}$$

$$\Rightarrow \frac{1}{R_{\text{eq}}} = \frac{1}{R_1} + \frac{1}{R_2} \tag{3-20-6}$$

此結果亦可輕易推廣至有 n 個電阻的並聯，其等效電阻為

$$\frac{1}{R_{eq}} = \sum_{i=1}^{n} \frac{1}{R_i}$$

(3-20-7)

電壓降與電流的檢測

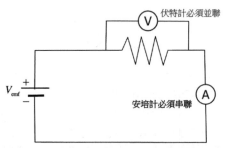

圖 3-20-4　**檢測電路中的壓降與電流時，伏特計與安培計的接法。為避免檢測儀器對原電路的干擾，而失去測量的準確性，我們要求伏特計的內電阻要大（與待測元件的壓降相比，$\approx 10\text{M}\Omega$ 的數量即）；反之，安培器的內電阻要盡可能的小（$\approx 10\Omega$）。**

在一般實驗室中我們應該對「三用電表」不陌生，它可用來測量電路中的電壓、電流、與電阻。在測量電壓時此「三用電表」就如同「伏特計」(Voltmeter) 一般，而在測量電流時則為「安培計」(Ammeter)。由於電阻的測量可在不接電源的狀況下執行，因此不會有什麼意外的出現。但電壓與電流的測量上，在安全與精確的雙重要求下則必須有一些原則須遵守。

由電子元件間的串聯與並聯之特性，我們可去理解為什麼要測量元件兩端的壓降，伏特計必須與此元件以並聯的方式連接。如此伏特計的正負兩端才會與元件的正負兩端擁有共同節點，也才會有共同的電壓降。反之，伏特計若是串聯，則所測得壓降就成了導線上趨近於零的壓降。

至於流經元件的電流檢測，安培計的使用則必須切記遵守與元件串聯的要求！除流經串聯元件之電流會一樣外，我們也可想想若安培計接成並聯後會有什麼樣的下場？由 (3-20-5) 式可知，在並聯電路中的每一分流上電流與電阻的乘積會是一個定值。而安培計為準確量得電路的電流大小，本身的內電阻會很小。因此一旦與元件並聯，連接安培計的這條分流會如同沒有電阻的「短路」一般，產生過大的電流去將安培計燒毀！

【練習題3-23】

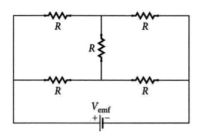

求此電路圖的等效電路圖。

【練習題3-24】

如圖 (3-20-2) 簡單的兩個電阻串聯電路。若 $R_1 = R_2 = 100\text{k}\Omega$，電池之 $\varepsilon_{emf} = 12.0\text{V}$。

(a.)此電路中流經兩電阻器的電流多大？

(b.)同樣的電路，若有一學生試圖想用安培計去測量流經某一個電阻器之電流，但糊塗地將安培計以並聯的方式連接，試問流經電流計的電流會有多大？假設此電流計的內電阻為 1.00Ω。

3-21 柯希荷夫電路定理

對於一個由多個電子元件串接所構成的電路，我們可藉由元件串聯與並聯的法則，逐步將複雜的電路簡化成一個單純的等效電路，再由歐姆定律求其電路之電流大小。有了電流，我們便可再返回頭去求流經各別元件的電流與其壓降。

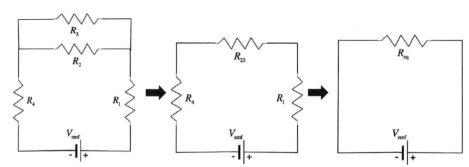

圖 3-21-1 $R_1 = 15.0\Omega$、$R_2 = 50.0\Omega$、$R_3 = 100.0\Omega$、$R_4 = 60.0\Omega$、**與電池電動勢** $V_{emf} = 15.0V$

以（圖 3-21-1）的電路為例，求流經各電阻的電流與所造成的壓降：此電流由電池的正極出發流經電阻 R_1，串聯（電阻 R_2 與電阻 R_3）的並聯電阻 R_{23}，最後再串聯電阻 R_4 後回到電池的負極。所以

$$\frac{1}{R_{23}} = \frac{1}{R_2} + \frac{1}{R_3} \Rightarrow R_{23} = \frac{R_2 R_3}{R_2 + R_3} \approx 33.33\,\Omega \tag{3-21-1}$$

而等效電阻 $R_{eq} = R_1 + R_{23} + R_4 \approx 108.33\Omega$。如此等效電路之電流為

$$i = \frac{V_{emf}}{R_{eq}} = \frac{15.0}{108.33}(V/\Omega) \approx 0.138\,(A) \tag{3-21-2}$$

由於彼此串聯的緣故，此電流 i 亦為流經電阻 R_1 與 R_4 的電流。同時，電阻 R_1 與 R_4 所產生的壓降也可由歐姆定律獲知，如 $V_1 = i \cdot R_1 \approx 0.138 \times 15.0(V) = 2.07(V)$ 與 $V_4 = i \cdot R_4 \approx 8.25(V)$；此外，並聯的兩個電阻 R_2 與 R_3 所造成的壓降為 $V_2 = V_3 = i \cdot R_{23} \approx 0.138 \times 33.33(V) = 4.60(V)$。有此壓降，流經電阻 R_2 與 R_3 的電流亦可得知 $i_2 = V_2/R_2 \approx 0.092(A)$ 與 $i_3 = V_3/R_3 \approx 0.046(A)$，此兩電流的和即為流經電阻 R_1 與電阻 R_4 的電流（$i_1 = i_2 + i_3 = i_4$），讀者也可驗證 $V_1 + V_2 + V_4 = V_{emf}$，這些各別電流與壓降間的關係將會是我們下面所要介紹的柯希荷夫定理的最簡單範例。

柯希荷夫電路定理 (Kirchhoff's Circuit Laws)

在分析電路上，雖然我們可依上面的方法逐步將電路化簡到一個最簡單的等效電路。但有時電路的需求設計上，即便看起來不會讓人感覺太複雜，但就是無法依照上面的方法處理。此時我們就必須依循「柯希荷夫電路定理」所給的程序來分析。此定理可依電流與電壓差兩部分來陳述。

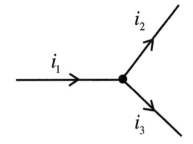

> **柯希荷夫電流定理**
> 流入節點的電流等於流出節點的電流；
> 即考量電流的流動方向，電路中的每一
> 個節點 (node) 其電流總和為零。

圖 3-21-2　根據柯希荷夫電流定理，流進圖中節點的電流會等於流出的電流，$i_1 = i_2 + i_3$。此亦為電荷守恆的表現。

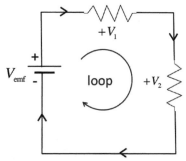

> **柯希荷夫電壓定理**
> 由電路上的任一點出發，沿導線走一圈
> 可回到原點的路徑稱為「迴路」(loop)。
> 如此，對電路中的任意迴圈 (loop)，其沿
> 整個迴圈的電位差總和為零。

圖 3-21-3　在迴圈中電位差的正負號判斷：路徑若由高電位至低電位，則電位差為正；反之為負。在圖中的範例：$V_1 + V_2 - V_{emf} = 0$。

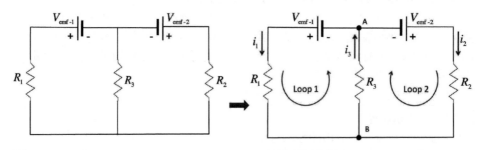

圖 3-21-4　$R_1 = 2\Omega$、$R_2 = 4\Omega$、$R_3 = 1\Omega$，**電源電動勢** $V_{\text{emf}-1} = 1\text{V}$ 與 $V_{\text{emf}-2} = 9\text{V}$。

範例：求（圖 3-21-4）中流經各電阻器知電流。

　　依柯希荷夫電路定理對此電路的分析可見（圖 3-21-4 右）中的設定。電源 $V_{\text{emf}-1}$ 串聯電阻 R_1，所以會有相同的電流 i_1，方向則可由根據電源極性來設定。同理，電源 $V_{\text{emf}-2}$ 串聯電阻 R_2 會有相同的電流 i_2。而流經電阻 R_3 的電流 i_3，方向設定如圖所示。事實上，我們可以任意設定電流的方向，若最後所得的電流大小為負值，則代表電流的方向與原設定知方向相反。如此柯希荷夫電流定理在節點 A 與節點 B 上會給出同樣的電流關係式

$$i_1 + i_2 - i_3 = 0 \tag{3-21-3}$$

而柯希荷夫電壓定理應用於迴路 1 與迴路 2 上，則分別有下面的關係

$$i_1 \cdot R_1 + i_3 \cdot R_3 - V_{\text{emf}-1} = 0 \tag{3-21-4}$$

$$i_2 \cdot R_2 + i_3 \cdot R_3 - V_{\text{emf}-2} = 0 \tag{3-21-5}$$

　　如此將已知的電阻值與電動勢帶入方程式，我們可求得 $i_1 = 1.5\text{A}$、$i_2 = 1.5\text{A}$、與 $i_3 = 3.0\text{A}$，且所得之電流值均為正值，因此電流方向就全如我們所設定的一樣。

【練習題3-25】

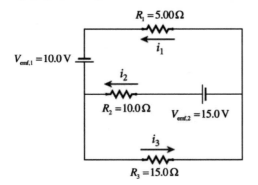

求流經各電阻之電流大小。

【練習題3-26】

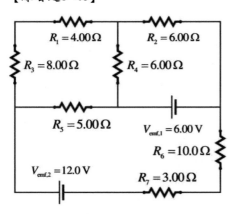

求流經各電阻之電流大小，及兩個電源供應器(電池)各別所提供的功率。

3-22 電容器的充電與放電

截至目前為止，我們所見的電路問題均屬電流不隨時間變化的穩定態。但此情形會隨我們在電路中加入電容器而改變，本單元就以仍屬單純的 RC 電路來彰顯電容器的主要功能－電容器的充電與放電。

● 電容器的充電

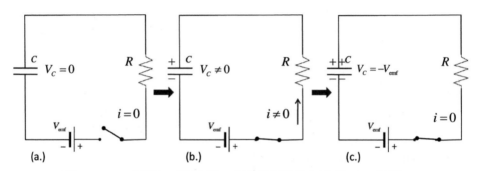

圖 3-22-1　**電源、電容器、與電阻相互串連的** RC **電路。**

在（圖 3-22-1 (a.)）中，由於開關尚是打開，即「斷路」的狀態，理所當然不會有電流的出現，電容器也就沒有電荷的堆積，一切尚未啟動。現在我們若將開關給關上，則電流出現，電容器也因正負電荷的分離堆積而產生電場與電位差 $V_C(t)$。如（圖 3-22-1 (b.)）所示，正電荷會聚集在圖中電容器的上方電板，負電荷則在下方的電板。電容器上下電板間的電位差亦會隨電荷的累積增加而加大，此即「充電」的過程。直到高電位的上方電板之電位與電源正極的電位相同，此時橫跨電阻器兩端的電位相等，也就不再有電流的存在，即（圖 3-22-1 (c.)）的狀態，我們便稱此電容器已充電完成。

接下來，我們就看如何以數學式來表示此充電過程。如（圖 3-22-1 (b.)）所示，考慮開關關上後的任意時刻 t，此時的電流為 $i(t)$，而堆積在電容器上方電板的電量為 q，則此時刻電容器兩端的電位差大小為 $V_C = q/C$。根據柯希荷夫電壓定律，在此迴圈

$$i(t) \cdot R + V_C(t) - V_{\text{emf}} = 0 \;\Rightarrow\; i \cdot R + \frac{q}{C} - V_{\text{emf}} = 0 \tag{3-22-1}$$

我們可將此式對時間微分，由於電源之電動勢為一定值，$dV_{\text{emf}}/dt = 0$。所以

$$R\frac{di}{dt} + \frac{1}{C}\frac{dq}{dt} = 0 \;\Rightarrow\; \frac{di}{dt} = -\frac{1}{RC}\frac{dq}{dt} = -\frac{1}{RC} \cdot i \tag{3-22-2}$$

在 $i(t = 0) = i_0 = V_{\text{emf}}/R$ 的起始條件下，(3-22-2) 式的解為

$$\frac{di}{i} = -\frac{1}{RC} dt \Rightarrow i(t) = i_0 e^{-t/(RC)} \tag{3-22-3}$$

在電容器的充電過程中，此 RC 電路的電流大小會隨時間以指數的形式遞減。我們也將電阻值與電容值的乘積 ($\tau = RC$) 稱爲此 RC 電路的「時間常數」(time constant)。此外，由 (3-22-1) 式，電容器兩端所出現的電位差爲

$$V_C(t) = V_{\text{emf}} - i(t) \cdot R = V_{\text{emf}} \left(1 - e^{-t/(RC)}\right) \tag{3-22-4}$$

單位檢驗（SI 制） ： $RC = \Omega \cdot \text{F} = \dfrac{\text{Volt}}{\text{Amp}} \cdot \dfrac{\text{Coul}}{\text{Volt}} = \text{sec}$

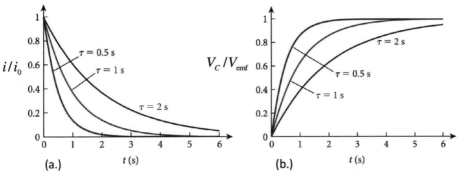

圖 3-22-2　電容器的充電過程。(a.) 為 RC 電路中的電流 vs. 時間；(b.) 電容器兩端電位差 vs. 時間，此趨勢圖同電容器中所堆積的電荷量。由圖可知 RC 電路的時間常數 ($\tau = RC$) 越小，電容器的充電速率越快。

● 電容器的放電

　　當電容器充電完成後，若拿開原先的電源器，如（圖 3-22-3）。此時的電容器就成了電路中的電源器，開始放電而出現電流。在時刻 t，

$$V_C(t) - i(t) \cdot R = 0 \Rightarrow \frac{q}{C} - i \cdot R = 0 \tag{3-22-5}$$

且由於現階段爲放電過程，

$$\frac{dq}{dt} < 0 \Rightarrow \frac{dq}{dt} \equiv -i \tag{3-22-6}$$

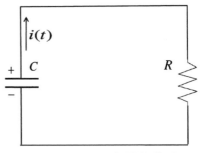

圖 3-22-3　電容器的放電

所以將 (3-22-5) 式對時間微分所得的結果與 (3-22-2) 式一樣，放電過程的電流仍是隨時間以指數的形式遞減，如（圖 3-22-2 (a.)）一般。但電容兩端的電位差，(3-22-5) 式給出

$$V_C(t) = i(t) \cdot R = V_{emf} \cdot e^{-t/(RC)} \tag{3-22-7}$$

在此放電過程中，時間常數 $(\tau = RC)$ 越大，其放電過程可持續越久。由此可知，作為蓄電池的電容器，愈想要此蓄電池有較長的放電時間，則必須要有耐心等待較久的充電時間。

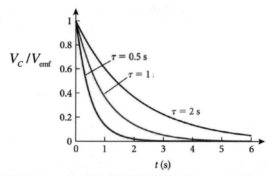

圖 3-22-4　**放電過程中，電容器兩端的電位差 vs. 時間。由圖可知 RC 電路的時間常數 $(\tau = RC)$ 越大，電容器的放電速率越慢。**

【練習題3-27】

如圖 (3-22-1) 的 RC 電路，其中電容器的電容值為 $C = 20\mu f$。若想要在 140ms 內將其充電由 0 至 41% 的電量，試問此 RC 電路中的電阻值該是多少？

【練習題3-28】

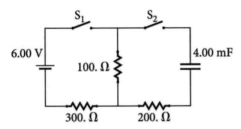

如圖的電路，起初時兩個開關 S_1 與 S_2 均是於開啓的斷路狀態。

(a.)若將開關 S_1 關上 (短路狀態)，試問電流的狀態為何？

(b.)續 (a.) 的問題，經過 10.0min 後，也關上開關 S_2，當下由電池流出的電流是多少？

(c.)接續 (b.) 的問題，再經過 10min 後，電池流出的電流是多少？

(d.)接續 (c.) 的問題，再經過 後，將開關 S_1 打開（斷路狀態）。試問需再經過多久，流經 Ω 電阻的電流會小於 1.00mA ？

3-23　向量場的環流量、旋度與斯托克定理

在經過幾個比較有應用性的單元後，讓我們再回到向量場於空間的性質探討上。之前已介紹過向量場於面上的「通量」積分，與其相關的微分運算「散度」。本單元我們則要介紹向量場對一封閉路徑的「環流量」(circulation) 積分，與其相關的微分運算「旋度」(curl)。

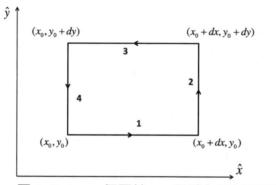

圖 3-23-1　一個置於 x-y 平面上的封閉路徑。

考慮一個任意的向量場 $\vec{A}(x, y, z)$，我們想計算此向量場對（圖 3-23-1）中封閉路徑的環路積分，即此環路的「環流量」(circulation) 積分。

$$\oint_{1+2+3+4} \vec{A} \cdot d\vec{l} = \int_1 \vec{A} \cdot d\vec{l} + \int_2 \vec{A} \cdot d\vec{l} + \int_3 \vec{A} \cdot d\vec{l} + \int_4 \vec{A} \cdot d\vec{l} \tag{3-23-1}$$

若此環路積分的路徑為趨近於零的微小路徑，則各階段的積分可分別如下的近似，

$$\int_1 \vec{A} \cdot d\vec{l} \approx \int_1 \left(A_x(x_0, y_0) + \left(\frac{\partial A_x}{\partial x}\right)_{(x_0, y_0)} dx + \cdots \right) dx \approx A_x(x_0, y_0)\Delta x \tag{3-23-2}$$

$$\int_2 \vec{A} \cdot d\vec{l} = \int_2 A_y(x_0 + \Delta x, y_0) dy \approx \int_2 \left(A_y(x_0, y_0) + \left(\frac{\partial A_y}{\partial x}\right)_{(x_0, y_0)} \Delta x + \cdots \right) dy$$

$$\approx A_y(x_0, y_0)\Delta y + \left(\frac{\partial A_y}{\partial x}\right)_{(x_0, y_0)} \Delta x \Delta y \tag{3-23-3}$$

$$\int_3 \vec{A} \cdot d\vec{l} = -\int_1 A_x(x_0 + \Delta x, y_0 + \Delta y) dx \tag{3-23-4}$$

$$\approx -\int_1 \left(A_x(x_0, y_0) + \left(\frac{\partial A_x}{\partial x} \right)_{(x_0, y_0)} dx + \left(\frac{\partial A_x}{\partial y} \right)_{(x_0, y_0)} \Delta y + \cdots \right) dx$$

$$\approx -A_x(x_0, y_0) \Delta x - \left(\frac{\partial A_x}{\partial y} \right)_{(x_0, y_0)} \Delta y \Delta x$$

(3-23-4) 式中積分的負號來自於原本要積分的路徑 3 與路徑 1 的方向相反；同理，在下面路徑 4 與路徑 2 的積分也是如此

$$\int_4 \vec{A} \cdot d\vec{l} = -\int_2 A_y(x_0, y_0 + \Delta y) dy \approx -\int_2 \left(A_x(x_0, y_0) + \left(\frac{\partial A_y}{\partial y} \right)_{(x_0, y_0)} \Delta y + \cdots \right) dy \quad (3\text{-}23\text{-}5)$$

$$\approx -A_x(x_0, y_0) \Delta y$$

最後，將每一段各別之積分加總可得

$$\oint_{1+2+3+4} \vec{A} \cdot d\vec{l} = \left(\frac{\partial A_y}{\partial x} - \frac{\partial A_x}{\partial y} \right)_{(x_0, y_0)} \Delta x \Delta y \equiv \left(\frac{\partial A_y}{\partial x} - \frac{\partial A_x}{\partial y} \right)_{(x_0, y_0)} \hat{z} \cdot (\Delta x \Delta y \, \hat{z}) \quad (3\text{-}23\text{-}6)$$

● 旋度 (Curl) 的運算定義：

$$\vec{\nabla} \times \vec{A} = \left(\frac{\partial A_z}{\partial y} - \frac{\partial A_y}{\partial z} \right) \hat{x} + \left(\frac{\partial A_x}{\partial z} - \frac{\partial A_z}{\partial x} \right) \hat{y} + \left(\frac{\partial A_y}{\partial x} - \frac{\partial A_x}{\partial y} \right) \hat{z} \quad (3\text{-}23\text{-}7)$$

此運算猶如將向量微分運算子 $\vec{\nabla}$ 視爲一個與向量 $\vec{A}$ 執行外積運算的向量，我們就稱此運算爲向量 $\vec{A}$ 的「旋度」(curl)，其物理意義在接下來的單元中我們將會解釋。

有此「旋度」的運算定義後，(3-23-6) 式的結果便可寫爲

$$\oint_{1+2+3+4} \vec{A} \cdot d\vec{l} = \left(\vec{\nabla} \times \vec{A} \right)_z \hat{z} \cdot \left(\Delta \vec{S} \right)_z \hat{z} \quad (3\text{-}23\text{-}8)$$

這裡我們將 (3-23-6) 式中的面積向量 $\Delta x \Delta y \, \hat{z}$ 以 $(\Delta \vec{S})_z \hat{z}$ 表示。我們也可把封閉路徑在 xy 平面上的限制，如（圖 3-23-1），放寬至任何的微小封閉路徑，而結果會是

$$\oint \vec{A} \cdot d\vec{l} = \left(\vec{\nabla} \times \vec{A} \right) \cdot \Delta \vec{S} \quad (3\text{-}23\text{-}9)$$

由 (3-23-9) 式，我們可將向量 $\vec{A}$ 的「旋度」(curl) 定義爲

$$\left(\vec{\nabla} \times \vec{A} \right) \cdot \hat{n} = \lim_{\Delta a \to 0} \frac{\oint \vec{A} \cdot d\vec{l}}{\Delta S} ; \ \Delta \vec{S} = \Delta S \, \hat{n} \ 爲環路徑 \ d\vec{l} \ 所包圍的面積向量 \quad (3\text{-}23\text{-}10)$$

在旋度的定義中，我們有要求環路積分的路徑趨近於零。也就是說在此定義中，我們所定義的是空間點上的旋度，藉此來探索向量場之性質。事實上，這是「微分」上的特性，但實作上我們往往所需計算的並不是無限小的環路徑積分，而是一個有限長度的環積分，一個明確的「環流量」。但由（圖 3-23-2）可理解，任何一條有限長度

的環積分，可藉由眾多微小環積分的加總達成，因此 (3-23-9) 式也可擴展成

$$\oint_C \vec{A} \cdot d\vec{l} = \lim_{n \to \infty} \oint_{c_n} \vec{A} \cdot d\vec{l}_n = \lim_{n \to \infty} \sum_n \left(\vec{\nabla} \times \vec{A}\right) \cdot d\vec{S}_n = \int \left(\vec{\nabla} \times \vec{A}\right) \cdot d\vec{S} \tag{3-23-11}$$

如（圖 3-23-2）所示，最後一個等號的面積分，並不是對一個封閉面的積分，而是一個有明確邊界的積分面，其邊界即是環路積分中的路徑 C。此數學上的恆等式亦稱為「斯托克定理」(Stokes' theorem)。

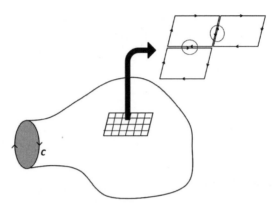

圖 3-23-2 任何一個有限長度的環積分，可藉由無限多的微小環積分組合而成。

向量位能 (vector potential)

根據旋度的運算定義，(3-23-7) 式，我們不難證明：

$$\vec{\nabla} \cdot \left(\vec{\nabla} \times \vec{A}\right) = \frac{\partial}{\partial x}\left(\frac{\partial A_z}{\partial y} - \frac{\partial A_y}{\partial z}\right) + \frac{\partial}{\partial y}\left(\frac{\partial A_x}{\partial z} - \frac{\partial A_z}{\partial x}\right) + \frac{\partial}{\partial z}\left(\frac{\partial A_y}{\partial x} - \frac{\partial A_x}{\partial y}\right) = 0 \tag{3-23-12}$$

對任意向量 $\vec{A}$，其旋度的散度為零。而之前我們又曾指出自然界中並無磁單極的存在，此事實讓磁場的散度必定為零，即 $\vec{\nabla} \cdot \vec{B} = 0$。如此，我們可令

$$\vec{B} = \vec{\nabla} \times \vec{A} \tag{3-23-13}$$

此向量 $\vec{A}$ 就稱為磁場之「向量位能」，至於它的物理意義就容後面單元再行說明。

【練習題3-29】

考慮一向量場，此向量場的形式為 $\vec{F}(r) = F(r)\hat{r}$，其中 $r = (x^2 + y^2 + z^2)^{1/2}$ 為原點到點 (x, y, z) 的距離長度，$\hat{r}$ 為徑方向單位向量。試以笛卡兒座標系計算此向量場於空間點上的旋度為零，即 $\vec{\nabla} \times \vec{F}(r) = 0$。

【練習題3-30】

考慮一向量場

$$\vec{F} = (x^2 + yz)\hat{x} + (y^2 + zx)\hat{y} + (z^2 + xy)\hat{z}$$

試求 $\vec{\nabla} \times \vec{F}$。亦建議讀者回到「單元 1-16 保守力場與位能」考慮此向量場的環積分與本單元斯托克定理間的關係。

【練習題3-31】

試求下列向量位能所表示的磁場？並求各向量位能的散度值（$\vec{\nabla} , \vec{A}$）。

(a.) $\vec{A}_1 = -By\hat{x}$ ；(b.) $\vec{A}_2 = Bx\hat{y}$ ；(c.) $\vec{A}_3 = -\dfrac{1}{2}\vec{r} \times \vec{B}$ （B 為定值）

3-24 靜電場與穩定磁場的環流量及安培定律

● 靜電場的環流量

我們對靜電場的環流量應不感陌生才對！因為我們應已熟知對靜止不動的電荷所產生的電場，無論其電荷的分布為何，其電場都僅會是空間的函數，$\vec{E}(\vec{r})$。如此在空間中任何電荷所受到的力會是保守力，而此保守力所作的功與作功的路徑無關，所以對封閉環路徑的積分也必定為零，亦即其靜電場的環流量為零。

$$\oint \vec{E}(\vec{r}) \cdot d\vec{l} = 0 \tag{3-24-1}$$

再根據上單元所介紹的「斯托克定理」，(3-24-1) 式告訴我們：靜電荷所產生的電場，其空間上任一點的電場旋度為零，$\vec{\nabla} \times \vec{E}(\vec{r}) = 0$。

此結果亦可直接由任何純量函數梯度之旋度為零得到證明，對靜電場來說，我們可定義一個純量的位能函數 (V) 使之 $\vec{E} = -\vec{\nabla}V$，又 $\vec{\nabla} \times (\vec{\nabla}V) = 0$ 為一數學上的恆等式。

● 穩定磁場的環流量

然而對穩定電流（大小與方向均不隨時間變化的電流）所產生的磁場，其環流量就不像電場的環流量一般可輕易地看出。畢竟磁力不如庫倫力為一個保守力。但如同我們在討論電場的通量時，任何形式的電場均可由點電荷的加總而成，電通量的計算就以點電荷為其原型範例。現在我們對穩定磁場的環流量也以產生磁場的長直電流出發。

對一條無限長的長直穩定電流，我們已曾利用「畢歐 – 沙伐定律」求其周遭的磁場，(3-12-9) 式為其結果。由對稱性的考量，我們較方便以圓柱座標來表示，其空間磁場為

$$\vec{B} = \frac{\mu_0}{2\pi} \cdot \frac{I}{\rho} \hat{\phi} \tag{3-24-2}$$

我們就針對 (3-24-2) 式的磁場，計算不同的封閉環路徑的磁場環流量。依（圖3-24-1 a）的路徑，電流穿過封閉路經的中心，不難計算

$$\oint_a \vec{B} \cdot d\vec{l} = \int_{\phi=0}^{2\pi} \left(\frac{\mu_0}{2\pi} \frac{I}{\rho} \hat{\phi} \right) \cdot (\rho d\phi \, \hat{\phi}) = \frac{\mu_0}{2\pi} I \int_{\phi=0}^{2\pi} d\phi = \mu_0 I \tag{3-24-3}$$

接下來依（圖 3-24-1 b）的路徑，此封閉路徑沒有環繞任何電流。雖然圓柱座標中的基底向量不像笛卡兒座標中的基底向量一般，每一空間點上都有固定的方向，但依圖中所標示出的路徑，不難看出路徑上的磁場方向始終與路徑方向垂直，因此其內積也必定為零，

$$\oint_b \vec{B} \cdot d\vec{l} = 0 \tag{3-24-4}$$

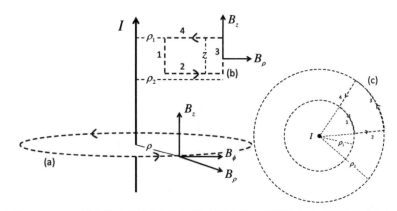

圖 3-24-1　針對不同的封閉環路徑積分，磁場會有不同的環流量。

　　另一條需要注意的路徑為（圖 3-24-1 c）的路徑。同樣地，此封閉路徑沒有環繞任何的電流，又此路徑在 c_2 與 c_4 上的路徑方向設定與磁場方向垂直，如此內積為零。所以環流量的積分僅剩路徑 c_1 與 c_3 的貢獻，

$$\oint_c \vec{B} \cdot d\vec{l} = \int_{c_1} \vec{B} \cdot d\vec{l} + \int_{c_3} \vec{B} \cdot d\vec{l} = \frac{\mu_0}{2\pi} I \left(\int_{\phi=\phi_0}^{\phi_0+\Delta\phi} \frac{1}{\rho_1} \hat{\phi} \cdot \left(-\rho_1 d\phi \, \hat{\phi} \right) + \int_{\phi=\phi_0}^{\phi_0+\Delta\phi} \frac{1}{\rho_3} \hat{\phi} \cdot \left(\rho_3 d\phi \, \hat{\phi} \right) \right) = 0 \quad (3\text{-}24\text{-}5)$$

綜合上面各封閉路徑的結果，我們可將此穩定長直電流所產生之磁場的環流量寫成

$$\oint_c \vec{B} \cdot d\vec{l} = \mu_0 \cdot I_{\text{enclosed}} \quad (3\text{-}24\text{-}6)$$

環流量的值必須視封閉環路徑是否有環繞電流而定，式中的 I_{enclosed} 即指封閉環路徑所環繞的電流大小，正負值則依右手定則來判斷。

　　如同高斯定律的一般形式，磁場上的「線性加成原理」也可讓我們將 (3-24-6) 式推廣到個有用的形式，

$$\oint_c \vec{B} \cdot d\vec{l} = \mu_0 \cdot \sum_i (I_i)_{\text{enclosed}} \quad (3\text{-}24\text{-}7)$$

　　磁場的環流量等於真空中的磁導率 (μ_0) 乘上封閉環路徑所環繞的電流總和。此一般形式就是我們所常說的「安培定律」(Ampere's Law)。現以（圖 3-24-2）的範例說明，在此範例中磁場的環流量為

$$\oint_c \vec{B} \cdot d\vec{l} = \mu_0 \cdot (I_1 + I_2 - I_3) \quad (3\text{-}24\text{-}8)$$

電流的正負號乃依路徑所走的環路方向而定。

　　最後我們亦可搭配 (3-23-11) 式的「斯托克定理」導出「安培定律」的微分形式：

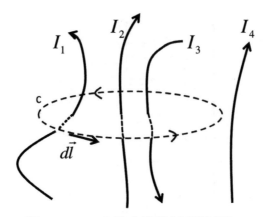

圖 3-24-2　安培定律的說明範例。

$$\oint_c \vec{B} \cdot d\vec{l} = \int \left(\vec{\nabla} \times \vec{B} \right) \cdot d\vec{S}$$
$$\mu_0 \cdot \sum_i (I_i)_{\text{enclosed}} = \mu_0 \int \vec{j} \cdot d\vec{S} \quad \Rightarrow \vec{\nabla} \times \vec{B} = \mu_0 \vec{j} \qquad (3\text{-}24\text{-}9)$$

磁場於某空間點上的旋度等於該位置的電流密度 ($\vec{j}$) 乘上眞空磁導率 (μ_0)。

如此，我們得到電磁學中兩個重要結果

$$\oint_c \vec{E} \cdot d\vec{l} = 0 \qquad\qquad \Leftrightarrow \quad \vec{\nabla} \times \vec{E} = 0$$
$$\oint_c \vec{B} \cdot d\vec{l} = \mu_0 \cdot \sum_i (I_i)_{\text{enclosed}} \quad \Leftrightarrow \quad \vec{\nabla} \times \vec{B} = \mu_0 \vec{j}$$

● 必須強調的是，此組結果僅適用於不隨時間變化的電場與磁場上！一旦電場與磁場會隨時間變化，則我們必須對此組方程式做出修正，而這修正才眞正開啓電磁學於現代世界中的廣大應用。

　　就如同「高斯定律」可用來計算擁有高度對稱性的電場。同樣地，具有對稱性的電流系統所產生的磁場也該具有對稱性，此時利用「安培定律」便可幫助我們對磁場的計算。我們就以長直電流導線之磁場計算為例，相較於我們之前所介紹的「畢歐–沙伐定律」，相信讀者一定能體驗到安培定律對磁場計算的便利。

●（無限長）長直電流導線之磁場

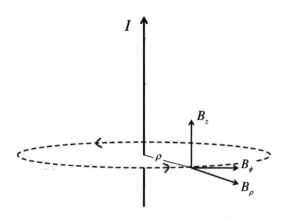

圖 3-24-3　　無限長之長直電流導線

　　但由於長直電流導線的幾何形狀，我們不難猜測磁場會有圓柱座標系統上的對稱性，如此在距離電流導線 ρ 處的空間點上之磁場可分解成三個相互垂直的分量：

$$\vec{B}(\rho,\phi,z) = B_\rho\hat{\rho} + B_\phi\hat{\phi} + B_z\hat{z} \tag{3-24-10}$$

此三個分量可藉由適當的環積分路徑，再依「安培定律」計算獲得，如（圖3-24-3）所示，若積分路徑為半徑 ρ 的圓，且電流導線穿過圓心，則

$$\oint \vec{B} \cdot d\vec{l} = \mu_0 I \Rightarrow B_\rho \cdot 2\pi\rho = \mu_0 I$$

$$\Rightarrow B_\rho = \frac{\mu_0}{\pi}\frac{I}{\rho} \tag{3-24-11}$$

　　讀者亦可由（圖3-24-1）中的另兩個環路徑推論得知 $B_\phi = B_z = 0$。如此，我們便得到了長直電流導線所生成的磁場

$$\vec{B}(\rho,\phi,z) = \frac{\mu_0}{2\pi}\cdot\frac{I}{\rho}\hat{\phi} \tag{3-24-12}$$

3-25　安培定律的應用

接續上單元，我們再針對幾個常見的電流型態─電流平板、螺紋管電流與圓環電流，利用安培定律來計算其所產生的磁場。

● 電流平板 (current sheet)

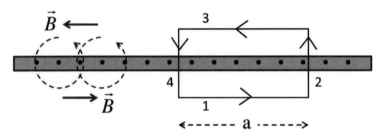

圖 3-25-1　　無限大的電流平板

如（圖 3-25-1）所示的電流平板，單位長度的電流密度爲 J_s。電流由紙面向外射出，利用「安培右手定則」可判斷出磁場方向會平行於平板，且與電流的方向垂直。因此我們可利用如圖所畫之環路積分

$$\oint \vec{B} \cdot d\vec{l} = \int_1 \vec{B} \cdot d\vec{l} + \int_2 \vec{B} \cdot d\vec{l} + \int_3 \vec{B} \cdot d\vec{l} + \int_4 \vec{B} \cdot d\vec{l}$$

$$= \int_1 \vec{B} \cdot d\vec{l} + \int_3 \vec{B} \cdot d\vec{l} = 2B \cdot a \qquad \Rightarrow B = \frac{1}{2} \mu_0 \cdot J_s \qquad (3\text{-}25\text{-}1)$$

$$= \mu_0 \cdot J_s \cdot a$$

● 螺旋管電流 (solenoid)

在上面的例子中，我們看見電流平板可產生大小均勻且方向固定的磁場。然在實驗室中，我們更常以通過螺旋管的電流來產生大小與方向均是固定不變的磁場。同樣地，讀者可以用「安培右手定則」來探索一下（理想）螺旋管電流所產生的磁場特性，一個明顯比電流平板好的特性是螺旋管外部的磁場爲零（讀者可自行證明之），但爲避免螺旋管的邊界效應，實驗操作的空間盡可能地於螺旋管的中心位置。如此假設電流大小爲 I，螺旋管每單位長度的電流爲 n 匝，則根據圖中的環路積分路徑，

$$\oint \vec{B} \cdot d\vec{l} = \mu_0 \cdot (n \cdot a) \cdot I \Rightarrow B \cdot a = \mu_0 \cdot (n \cdot a) \cdot I$$

$$\Rightarrow B = \mu_0 \cdot n \cdot I \qquad (3\text{-}25\text{-}2)$$

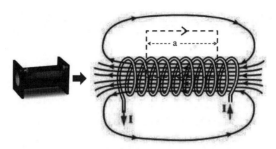

圖 3-25-2 **實驗室中常見的螺旋管**

由此結果，我們也看見螺旋管的另一個優點，為得到較大的磁場，我們除了增大電流外，還可以增加螺旋管每單位長度的電流匝數，而這在實驗室中是容易處理之事。

● 圓環電流 (toroid)

與螺旋管相比，另一個可將磁場更侷限於實驗空間的常見裝置為圓環電流。假設電流大小為 I，而此電流共有 N 匝環繞在圓環上。則圓環內部距離圓環中心 r 處的磁場大小為

$$\oint \vec{B} \cdot d\vec{l} = \mu_0 N \cdot I$$

$$\Rightarrow B \cdot 2\pi \cdot r = \mu_0 N \cdot I \qquad (3\text{-}25\text{-}3)$$

$$\Rightarrow B = \frac{\mu_0}{2\pi} \frac{N \cdot I}{r}$$

方向則為沿著圓環內部的封閉圓，如（圖 3-25-4）所示。

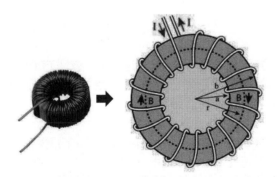

圖 3-25-3 **圓環電流，不難看出此圓環電流 (toroid) 可視為將螺旋管開口的兩端連接在一起的裝置。如此少掉螺旋管的開口端，圓環電流所產生的磁場也就更能侷限在裝置的內部，幾乎不會外溢到外面。這是圓環電流一個很重要的特性，也因此常被廣泛應用在大型的核物理實驗中。**

3-26 帶電粒子在穩定電磁場中的運動

於前面的單元中，我們已看見可藉由不同的方式來產生各式各樣的電場與磁場，以供我們進一步的應用。而且只要是產生這些電場與磁場的電荷堆積與電流不隨時間變化，其所產生的電場與磁場也同樣地不會隨時間變化，我們就稱此為穩定的電磁場。本單元所要探討的是帶電粒子於穩定電磁場中的運動行為，分析的起點就從帶電粒子於電磁場中所受到的「勞倫茲力」開始：

$$\vec{F} = q(\vec{E} + \vec{v} \times \vec{B}) = m\vec{a} \tag{3-26-1}$$

由此「勞倫茲力」的形式與我們對牛頓運動定律的理解可知，帶電質點所受到的電力會改變質點的速度大小，但由於磁場始終垂直於速度的方向，因此不會改變質點運動速度的大小快慢，但會提供改變質點運動方向的向心力。

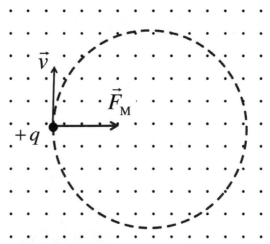

圖 3-26-1　**帶電質點於固定磁場中的運動。磁場方向由紙面向外垂直射出。若磁場的方向已知，我們便可由質點於圓周運動中的旋轉方向，判斷質點的帶電性。**

如（圖 3-26-1）所示，一個質量為 m 且帶正電荷 q 的質點，若此質點在固定磁場 $\vec{B}$ 的空間中運動，其速度 $\vec{v}$ 垂直於磁場 $\vec{B}$ 的方向，則根據兩向量外積的右手定則可知，此垂直於原有運動方向的磁力，提供了此質點做圓周運動所需的向心力，其大小為

$$F = q \cdot v \cdot B = \frac{mv^2}{r} \tag{3-26-2}$$

由此可知，圓周運動的半徑為

$$r = \frac{mv}{qB}$$

(3-26-3)

因此，質點完整運動一週期所需的時間為 $T = 2\pi \cdot r/v$，而對應的頻率稱為「迴旋頻率」(cyclotron frequency)

$$f = \frac{1}{T} = \frac{1}{2\pi}\left(\frac{q}{m}\right) \cdot B$$

(3-26-4)

也由於帶電質點在加速度運動中會產生電磁輻射，如此利用磁場來侷限帶電質點於一個有限空間內的加速度運動（圓周運動），就成了我們欲產生電磁輻射的一個好方法。且可藉由改變磁場的大小來調整我們所希望擁有的電磁輻射頻率。

當然，如果像是（圖3-26-2）中的帶電質點，其速度為任意的方向，我們還是可將質點速度分解成平行與垂直於磁場方向的兩個分量 ($\vec{v} = \vec{v}_\parallel + \vec{v}_\perp$)，分別處理。垂直分量的部分就如上面的討論一般，平行分量的部分則因在此方向上不受力的作用，因而會以等速的方式持續運動。最後，再將此兩方向的運動合而為一，即可得到螺旋曲線 (helical path) 的運動。

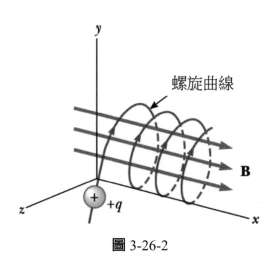

圖 3-26-2

● 霍爾效應 (Hall Effect)

我們已知電子實為導體中的電流載子，其運動速度 v_d 稱為「漂移速度」，方向恰與我們所定義的電流方向相反。有趣的現象是如（圖3-26-3）所示，我們若在垂直電流的方向上施加一個磁場，則運動的電子會因受到磁力的作用而開始往磁力的方向偏移運動，此橫向的偏移運動會讓帶負電的電子堆積於導體的一側，但導體的另一側也

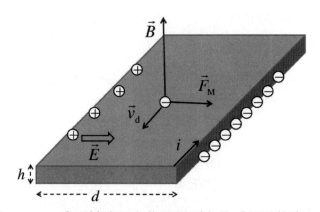

圖 3-26-3　廣泛被應用在物理量測上的「霍爾效應」。

因失去電子而開始有正電荷的出現與堆積。即便導體始終仍是電中性，但分別堆積於導體兩側的正負電荷間則開始會有電場的出現。不難理解，此電場會隨著所堆積的電荷變多而逐步增強，如此原本在運動的電子，除了受到磁力的作用外，也開始感受到逐步增強的電力，此電力的方向與電子所受到的磁力方向相反。又此電力的逐步增強，此增強的趨勢會直至其大小恰好等於磁力的大小。因為，此時運動電子在電流的垂直方向之總合力為零，

$$\vec{F} = e(\vec{E} + \vec{v}_d \times \vec{B}) = 0 \Rightarrow E = v_d \cdot B \qquad (3\text{-}26\text{-}5)$$

於是電子不再有橫向的偏移運動，也就不會有更多的正負電荷堆積於導體的兩側。此現象就是著名的「霍爾效應」，而最終因正負電荷堆積導體兩側所造成的電位差就稱為「霍爾電位差」(Hall potential difference)，其大小 ΔV_H 為：

$$\Delta V_H = E \cdot d = v_d \cdot d \cdot B \qquad (3\text{-}26\text{-}6)$$

其中的漂移速度可依 (3-9-1) 式，$i = nev_d \cdot (d \cdot h)$，得知。所以

$$\Delta V_H = \frac{i}{n \cdot e \cdot h} \cdot B \qquad (3\text{-}26\text{-}7)$$

須提醒讀者的是，此霍爾效應並不僅侷限於一般的導體，也適用於半導體中。因此我們也可藉由量測 ΔV_H 的正負極性，來判斷電流載子的正負電性。又實作上，霍爾電位差、電流大小、與磁場大小都是不難量測的物理量，也因此我們更常反過來藉此效應來推知導體內部的電流載子密度 n。

【練習題3-32】

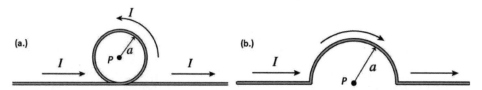

電流爲 I 的兩條長直導線，分別彎曲如上 (a.) 與 (b.) 兩圖。試求各別在 P 點的磁場。

【練習題3-33】

假設一帶電粒子在穩定的均勻電磁場中運動，其中電場與磁場之方向相互正交($\vec{E} \perp \vec{B}$)。是否此帶電粒子有一特別的速度 $\vec{v}_\mathrm{d}$，使運動帶電粒子在此速度 $\vec{v}_\mathrm{d}$ 下不會感到任何的電磁力作用。若有，此特別的速度 $\vec{v}_\mathrm{d}$ 爲何？又此速度是否與帶電粒子的質量或帶電量有關？我們也將此速度 $\vec{v}_\mathrm{d}$ 稱爲「電漿漂流速度」(plasma drift velocity)。如此，若帶電粒子的速度爲 $\vec{v}$，且同樣在此穩定的均勻電磁場中運動，試將此帶電粒子的速度分解爲 $\vec{v} = \vec{v}_\mathrm{d} + \vec{v}'$ 兩部分，並討論此帶電粒子於此電磁場中的運動情形。

3-27　法拉第與電磁感應定律

　　每當課程講到法拉第，總會不禁問問有沒有在影印店打工的同學？如果有，或是讀者你也曾在影印店打工，那會不會有興趣瞄一下客人影印的內容是在寫些什麼？畢竟這是法拉第極其正面的人生故事之開端。小時後家境貧困的法拉第，輟學在一書商中當學徒，幫人裝釘書籍。工作中卻不忘利用與書的接觸機會充實自己，以彌補自己無法就學的現實。因緣際會之下，法拉第於 1813 年成爲當時已是大名鼎鼎大名的化學家戴維 (Humphry Davy，1778~1829) 之實驗室助手。法拉第也確實掌握住此難得的機會，由打雜的助手開始逐漸發揮出他的實驗長才，與對研究議題的直觀透視能力[註14]。

圖 3-27-1　**法拉第** (Michael Faraday，1791-1867)

　　1820 年厄司特對電流影響磁針的發現，與安培繼之而起的電流磁場研究，的確將電與磁的研究帶向新的研究方向。就在此時，法拉第受邀寫一篇關於電磁研究的回顧文章。對此委託，法拉第需對此領域有更充分的理解，他並不滿足於論文閱讀上的推敲。而是開始親手重複演練一遍文獻中他人已做過的實驗，當然也包括厄司特與安培的著名實驗，除讓自己能掌握實驗的細節外，也培養自己於此領域的科學判斷與靈感。

　　一個在物理史上有趣且常被提出的觀察點，安培在其學術生涯中是一位以數學分析爲出發點的物理學家；法拉第雖然缺乏數學上的訓練，但在實驗上卻有獨特的洞視與技能。因此對同樣的實驗結果，兩人往往就會發展出不同的走向與解釋。安培對磁現象以「磁力」解釋，法拉第則是提出「力線」(line of force) 的概念。安培認爲電流導線在其周遭產生一個屬於「超距力」的磁力，「力」的大小與方向是他看問題的重點，而無需在意「力」是如何地傳播；法拉第則認爲電流導線周圍所環繞的磁效應來自於實實在在的「力線」存在，這不僅只是將抽象的「超距力」概念視覺化成「力線」而已。逐漸地，「力線」也成了電磁學理論中「場」的概念起點。雖然我們到此單元才提及法拉第的「力線」概念，但我們早已不自覺地將「電場」與「磁場」的術語引進討論，這也看出法拉第對後來物理學發展的引響力[註15]。

[註14] 參閱《電學之父：法拉第的故事》，張文亮 著，文經文庫出版 (2017)。

[註15] 科學上，法拉第與安培之間也確實出現一場科學論戰，各自的擁護者可以被他們各自所處的地理位置來做一簡單區隔，形成英國學派與大陸學派之分。事實上，英國與歐陸的傳統在各方面上一直有很大的差異。

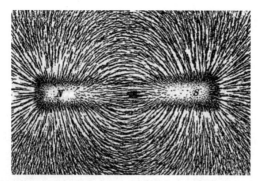

圖 3-27-2 鐵屑於條形磁鐵周遭的分布情形，很多人在小學時期的自然課中應該都看過此磁鐵效應的演示。相信十八、十九世紀的歐陸物理學家也都看過，但由於牛頓體系中「超距力」的強烈影響，對磁效應的主流觀點就是輕忽磁鐵周遭空間的「場」效應，直到法拉第提出「磁力線」的概念。

除了「力線」的引入外，法拉第於電磁學上更重要的貢獻應該是他於 1831 年所發現的「電磁感應」。基於自然界中所該具有的「對稱性」信念，既然電流可產生磁場，那磁場必然也可導引出電流的出現。就在 1831 年，法拉第得知遠在美國的亨利 (Joseph Henry) 對強力電磁鐵的製造，立即出現一個念頭將鐵環的兩邊各繞上電線圈，一邊接上電源使之電流導通以產生磁場。此磁場再順沿鐵環到達另一邊的電線圈處，看其是否有電流被感應出現。有的！法拉第成功地利用此鐵環線圈的實驗展示了感應電流 (induced current) 的存在。但此感應電流的出現僅在提供磁場之電流電源打開與關閉的瞬間，也就是電流所產生之磁場大小發生變化的瞬間。此後的數月，法拉第更是不斷地探究是否有導出「感應電流」的通則，並歸納成現今我們所常說的法拉第電磁感應定律。

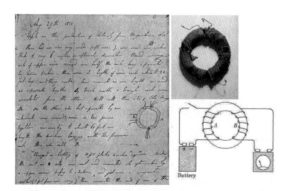

圖 3-27-3 （左）法拉第的筆記本，於中詳細紀載法拉第自己的構想與實驗細節。（右）法拉第於 1831 年電磁感應實驗中所使用的器材與示意圖，感應電流僅出現在左端開關之開與關的瞬間。

3-28　電動勢與電磁感應定律

　　我們在「直流電路的基本概念」中簡單交代電池於電路中的功能，在於供應電路一個「電動勢」(ε_{emf}，electromotive force) 以提升電流載子於電池正極端有較高的電位。由於此電動勢的單位因次與電位相同，因此也常以 V_{emf} 表示。對整個電路來說，這個由能量守恆概念即可簡單理解的「電動勢」，卻因爲英文名稱上有個「力」(force) 的字眼，而讓人產生不少的困惑。有些人甚至單純地將此視之爲歷史命名上的誤用，而不去探討「電動勢」更精確的定義，所影響的是徒增我們在理解電磁感應上的難度與不一貫性，殊爲可惜。因此我們有必要對「電動勢」的涵義做更清楚的釐清。

電動勢 (electromotive force，emf)

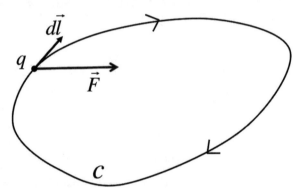

圖 3-28-1　於存有電磁場的空間中，我們可定義任何封閉電路上的「電動勢」。

　　假設在存有電磁場的空間中，考慮一個封閉的迴圈導線 (C)，如（圖 3-28-1）。我們亦可在此導線上連接各樣式的電子元件，以形成一個封閉的「電路」。如此設想一個測試用的電荷 q，此測試電荷在電路上所受到的力爲 $\vec{F}$。現在我們令

$$\vec{f} = \frac{\vec{F}}{q} \tag{3-28-1}$$

則此電路上的「電動勢」可定義爲

$$\varepsilon_{\text{emf}} = \oint_c \vec{f} \cdot d\vec{l} \tag{3-28-2}$$

即力 $\vec{f}$ 於此電路走一圈所施的功。此封閉路徑的的積分走向可隨我們的喜好任意指定，然一旦指定後，$d\vec{l}$ 的方向便是沿著積分路徑走的切線方向。

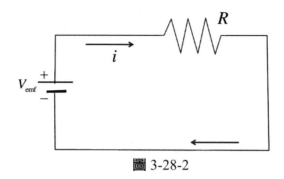

圖 3-28-2

　　下面我們就以（圖 3-28-2）的電路為例，來說明此電路的「電動勢」：假設導線中測試電荷 q 所受到的力可分為兩部分：一部分為來自於電池$\vec{F}_o$（此力僅侷限在電池內部），另一部分則來自於導線中的電場$\vec{E}$，本例題中不考慮磁場的效應。因此

$$\vec{F} = \vec{F}_o + q\vec{E} \Rightarrow \vec{f} \equiv \vec{f}_o + \vec{E} \tag{3-28-3}$$

如此，根據電動勢的定義，在此電路上的電動勢為

$$\varepsilon_{\text{emf}} = \oint_c \vec{f} \cdot d\vec{l} = \oint_c \vec{f}_0 \cdot d\vec{l} + \oint_c \vec{E} \cdot d\vec{l} = \oint_c \vec{f}_0 \cdot d\vec{l} \tag{3-28-4}$$

因為在此例中我們所考慮的電場為一個靜電場（保守場），所以上式中的電場環積分必然為零。而電池所提供的力又僅限於在電池的內部，因此 (3-28-4) 式實為

$$\varepsilon_{\text{emf}} = \oint_c \vec{f}_0 \cdot d\vec{l} = \int_-^+ \vec{f}_0 \cdot d\vec{l} \tag{3-28-5}$$

又穩定電流中，作用於電流載子上的合力必然為零，以保持電流載子有一個固定不變的運動速度。所以當電流載子於電池外部時，可理解其所受到的電力 ($q\vec{E}$) 將會因不同載子間的碰撞來達到合力為零的平衡狀態（此機制可被理解為「電阻」的出現）；但在電池內部時，所受到的電力必然是由$\vec{f}_o$來平衡，因此$\vec{f}_0 = -\vec{E}$。所以 (3-28-5) 式可進一步寫成

$$\varepsilon_{\text{emf}} = \int_-^+ \vec{f}_o \cdot d\vec{l} = -\int_-^+ \vec{E} \cdot d\vec{l} = V_{\text{emf}} \tag{3-28-6}$$

這也正是我們所指出的，電池提供電路的「電動勢」即為電池兩端的電位差。

法拉第的電磁感應定律

> **法拉第的電磁感應定律** (Faraday's Law of Electromagnetic Induction)
> 對於一個置於磁場中的封閉線圈，若通過此封閉線圈的「磁通量」隨時間變化，
> 則此封閉線圈上會出現「感應電流」。由於電流的出現代表線圈內有電動勢產生，
> 我們將之稱為「感應電動勢」(induced electromotive force)，其與「磁通量」的關
> 係為：
>
> $$\varepsilon_{\text{induced emf}} = -\frac{d\Phi_{\text{B}}}{dt} \qquad (3\text{-}28\text{-}7)$$

如（圖 3-28-3）所示，一個置於磁場中的封閉導線。首先必須定義的是通過封閉導
線所圍起之面的「磁通量」為

$$\Phi_{\text{B}} = \int \vec{B} \cdot d\vec{S} \qquad (3\text{-}28\text{-}8)$$

在 SI 制中的磁通量單位為韋伯 (Weber = Tesla · m^2)。若此磁通量為時間的函數，
即當它對時間的變化率不為零時，則此封閉導線上便有感應電流出現，同時在導線上
伴隨出現的是「感應電動勢」($\varepsilon_{\text{induced emf}}$)。而在 (3-28-7) 式中的負號則代表感應電流所
產生的磁場會有抵抗磁通量變化的效應，此即著名的「楞次定律」(Lenz's Law)。

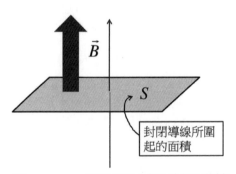

圖 3-28-3 置於磁場中的封閉導線。

感應電動勢

在對「電動勢」與電磁感應定律有更深一層的認識後，我們便可清楚理解：當我們
將封閉電路中的電池拿掉後〔例如拿掉（圖 3-28-2）中的電池〕，只要電路中的帶電
載子感受到電磁力的作用，則此封閉電路的電動勢可寫成

$$\varepsilon_{\text{emf}} = \oint_{c}\left(\vec{E} + \vec{v} \times \vec{B}\right) \cdot d\vec{l} \qquad (3\text{-}28\text{-}9)$$

拿掉電池的封閉電路還是可能有電流的存在，端看上式的電動勢是否為零。而法拉第定律告訴我們 (3-28-9) 式不為零的關鍵在於：通過此封閉電路所環繞包圍的面積，其磁通量得隨時間變化才行！我們也常將此形態的電動勢以「感應電動勢」($\varepsilon_{induced\ mef}$) 來強調其電動勢的由來。即

$$\varepsilon_{induced\ emf} = \oint_c \left(\vec{E} + \vec{v} \times \vec{B} \right) \cdot d\vec{l} = -\frac{d\Phi_B}{dt} \tag{3-28-10}$$

● 下面我們就以一個簡單的範例來認識與理解此重要的「法拉第定律」：

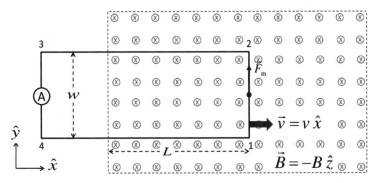

圖 3-28-4　等速移動一個未接電源的封閉電路，使之由無磁場區進入一個固定大小與方向的磁場區域。

考慮一個構成迴路的導體線圈被我們以等速的方式，移入存有固定大小與方向的磁場區域（無電場的存在），此線圈上僅串接一個安培計以檢測是否有電流出現，如（圖 3-28-4）所示。在整個線圈進入磁場區域前，此線圈上的感應電動勢可由法拉第定律得知

$$\varepsilon_{induced\ emf} = -\frac{d\Phi_B}{dt} = -\frac{d}{dt}\left((-B\hat{z}) \cdot (L(t)w\hat{z}) \right) = -\left(-Bw\frac{dL}{dt} \right) = Bwv \tag{3-28-11}$$

根據我們所使用的座標系統，此為正的感應電動勢代表在這移入線圈的過程中，線圈上會有一個逆時鐘方向的感應電流出現。而此感應電流本身也會產生一個 $\hat{z}$ 方向的磁場，以抵抗削減磁通量的變化，此即「楞次定律」(Lenz's Law) 所代表的意思。

我們亦可由動動電動勢的定義，來看導體線圈移動時所受到的力，並以此力的作功情形來理解 (3-28-11) 式的結果。因為在我們的例子中不存在電場 ($\vec{E}$)，所以

$$\begin{aligned}
\varepsilon_{induced\ emf} &= \oint_c (\vec{v} \times \vec{B}) \cdot d\vec{l} = \int_1^2 vB\hat{y} \cdot dy\hat{y} + \int_2^3 vB\hat{y} \cdot dx\hat{x} + \int_3^4 (\vec{v} \times 0) \cdot d\vec{l} + \int_4^1 vB\hat{y} \cdot dx\hat{x} \\
&= vBw + 0 + 0 + 0 \\
&= Bwv
\end{aligned} \tag{3-28-12}$$

毫無疑問地，此結果會與由法拉第定律所得到的結果相符。

3-29　再看「法拉第定律」

　　在上一個單元中我們雖以實例來說明法拉第定律，但還是有一些能量轉移上的問題，值得我們再去對這具有重大應用價值的法拉第定律細究一番。

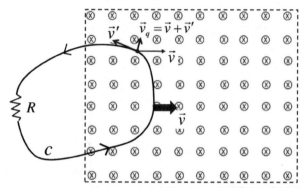

圖 3-29-1　將任何形狀的封閉電路移入僅存固定磁場的區域。

　　如前單元所給的範例，但我們無須限定封閉電路的外觀形狀，如（圖 3-29-1）。依我們觀察此電磁感應的慣性座標系統，測試電荷的實際運動速度並非是我們移動電路的速度$\vec{v}$，而是$\vec{v}_q = \vec{v} + \vec{v}'$，其中$\vec{v}'$可視為沿環路切線方向（$d\vec{l}$）的感應電流速度。所以定義電動勢的力$\vec{f}$可分成兩部分，

$$\vec{f} = \vec{v}_q \times \vec{B} = (\vec{v} \times B) + (\vec{v}' \times \vec{B}) \tag{3-29-1}$$

由於力$\vec{f}$對單位電荷所施予的功率為$\vec{f} \cdot \vec{v}_q$，因此由 (3-29-1) 式可清楚看出起因於磁力的$\vec{f}$本身並不作功，$\vec{f} \cdot \vec{v}_q = (\vec{v}_q \times \vec{B}) \cdot \vec{v}_q = 0$，這與我們概念上認知－磁力不作功－的性質一致。但感應電動勢

$$\varepsilon_{\text{induced emf}} = \oint_c (\vec{v}_q \times \vec{B}) \cdot d\vec{l} = \oint_c (\vec{v} \times \vec{B}) \cdot d\vec{l} + \oint_c (\vec{v}' \times \vec{B}) \cdot d\vec{l} = \oint_c (\vec{v} \times \vec{B}) \cdot d\vec{l} \tag{3-29-2}$$

此 (3-29-2) 式的最終積分結果在本單元的最後會證明為

$$\varepsilon_{\text{induced emf}} = \oint_c (\vec{v} \times \vec{B}) \cdot d\vec{l} = -\frac{d}{dt} \int_A \vec{B} \cdot d\vec{S} = -\frac{d\Phi_B}{dt} \tag{3-29-3}$$

此磁通量的積分面積是前項環積分中以封閉環路為邊界所圍成之面。

　　在上面的分析中，我們是在封閉環路外的靜止座標系中去觀察這個電磁感應，那如果我們將座標系擺在封閉環路上呢？此時站在環路線上的我們不會感到自己的運動，因此$\vec{v} = 0$。測試電荷就僅沿環路運動（$\vec{v}' /\!/ d\vec{l}$），因此由感應電動勢的原始定義可知，在此座標系中的感應電動勢

$$\varepsilon_{\text{induced emf}} = \oint_c \left(\vec{E} + \vec{v}' \times \vec{B}\right) \cdot d\vec{l} = \oint_c \vec{E} \cdot d\vec{l} + \oint_c \left(\vec{v}' \times \vec{B}\right) \cdot d\vec{l} = \oint_c \vec{E} \cdot d\vec{l} \qquad (3\text{-}29\text{-}4)$$

也正是此電場的出現讓法拉第觀察到感應電流的出現。此外，須指出的是 (3-29-3) 與 (3-29-4) 兩式的結果均為一個純量值，**而純量值不會隨座標變換而改變**，因此我們可藉由感應電動勢的定義去理解法拉第定律

$$\oint_c \vec{E} \cdot d\vec{l} = -\frac{d\Phi_{\text{B}}}{dt} \qquad (3\text{-}29\text{-}5)$$

一旦有了感應電流 (I_{induced})，若此電路有 R 的電阻，則毫無疑問地，此環路會以 $P = I_{\text{induced}}^2 R$ 的功率將能量消散出去，而此被消散出去的能量來源則由移動此環路的我們來提供。建議大家就以上單元中的明確範例去驗證此能量功率之供應與消散。而磁力在這過程中就如同轉運的媒介一般，本身不提供任何的能量，但必須有它，我們才能將機械式的能量轉換成電能的形式，這也預示了發電機的應用！

(3-29-3) 式之證明

我們暫不做固定磁場的限制，如此磁通量的變化可包含兩部分：一是磁場 ($\vec{B}(t)$) 本身隨時間的變化，另一則是磁通量中磁場所通過之面積變化，即電動勢定義中封閉環路之路徑也是時間的函數 ($c(t)$)。就以（圖 3-29-2）為例，

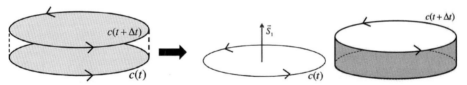

圖 3-29-2 **為簡化數學上的繁瑣證明，我們假設封閉環路以垂直的方式向上運動。**

依圖所示，磁通量的變化可寫成：

$$d\Phi_{\text{B}} = \int_{\vec{S}_2(t+dt)} \vec{B}(t+dt) \cdot d\vec{S} - \int_{\vec{S}_1(t)} \vec{B}(t) \cdot d\vec{S} \qquad (3\text{-}29\text{-}6)$$

由於磁通量所要計算的面是以封閉迴路為界所包含的面，因此 $\vec{S}_1(t)$ 就以邊界 $c(t)$ 簡單環繞的面來計算，方向可由右手定則來判斷；但經過時間 dt 後的 $\vec{S}_2(t+dt)$，其被 $c(t+dt)$ 所圍繞之面則必須有點技巧的選擇才容易將 (3-29-6) 式去做進一步的分析。不再是如 $\vec{S}_1$ 一般的簡單面，而是如（圖 3-29-3）所示，雖仍舊以 $c(t+dt)$ 為界，但其所環繞的面則如同杯口 ($c(t+dt)$) 下的杯身一般 ($\vec{S}_1 \cup \Delta\vec{S}$)。如此在計算上就可分成 $\vec{S}_1$ 與 $\Delta\vec{S}$ 兩部分分別計算

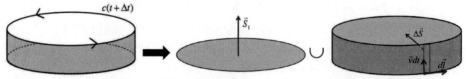

圖 3-29-3　僅要面之邊界為所要求的 $c(t + dt)$，均可用來計算磁通量。

其中 $\vec{S}_1(t + dt)$ 就如同 $\vec{S}_1(t)$ 一般。而 $\Delta \vec{S} = \vec{v}dt \times d\vec{l}$，此關係可將 $\Delta \vec{S}$ 部分的面積分轉換成 $d\vec{l}$ 的封閉路徑之積分。所以 (3-29-6) 式可如下計算

$$
\begin{aligned}
d\Phi_B &= \int_{\vec{S}_2 = \vec{S}_1 \cup \Delta \vec{S}} \vec{B}(t + dt) \cdot d\vec{S} - \int_{\vec{S}_1} \vec{B}(t) \cdot d\vec{S} \\
&= \int_{\vec{S}_1} \vec{B}(t + dt) \cdot d\vec{S} + \int_{\Delta \vec{S}} \vec{B}(t + dt) \cdot d\vec{S} - \int_{\vec{S}_1} \vec{B}(t) \cdot d\vec{S} \\
&= \int_{\vec{S}_1} \left(\vec{B}(t + dt) - \vec{B}(t) \right) \cdot d\vec{S} + \oint_{c(t)} \vec{B}(t + dt) \cdot \left(\vec{v}dt \times d\vec{l} \right) \\
&= \int_{\vec{S}_1} \left(\frac{\partial \vec{B}}{\partial t} \right) dt \cdot d\vec{S} + \oint_{c(t)} \vec{B}(t + dt) \cdot \left(\vec{v}dt \times d\vec{l} \right) \\
&= \left[\int_{\vec{S}_1} \left(\frac{\partial \vec{B}}{\partial t} \right) \cdot d\vec{S} - \oint_{c(t)} d\vec{l} \cdot \left(\vec{v} \times \vec{B}(t + dt) \right) \right] dt
\end{aligned}
\tag{3-29-7}
$$

再將此結果的兩邊同除以 dt，且當 $dt \to 0$ 取 $\vec{B}(t + dt) \approx \vec{B}(t)$ 的近似，則磁通量的變化率成為

$$
\frac{d\Phi_B}{dt} = \int_{\vec{S}_1} \left(\frac{\partial \vec{B}}{\partial t} \right) \cdot d\vec{S} - \oint_c \left(\vec{v} \times \vec{B}(t) \right) \cdot d\vec{l}
\tag{3-29-8}
$$

若回到我們於 (3-29-3) 式的限制，在磁場不隨時間改變的情況下，上式等號右邊第一項為零，則 (3-29-8) 式的結果即為前面 (3-29-3) 式之證明。

【練習題3-34】

考慮一個單位長度有 n 匝電流之長螺旋管，螺旋管上的電流以 $I(t) = I_0\sin(\omega \cdot t)$ 的方式隨時間改變。試問螺旋管內外距離螺旋管中心軸 r 處的感應電場為何？提醒讀者的是，法拉第定律告訴我們，只要有磁通量的變化就會有感應電場的產生，而無須真實電線迴圈的存在。

【練習題3-35】

考慮一條長直電線，其電流以 $I(t) = I_0 e^{-t/\tau}$ 的方式隨時間遞減。現若有一個邊長為 a 的正方形電線迴圈與長直電線同擺放在一平面上，且正方形的兩邊平行於此長直電線，又正方形邊長最靠近電線的距離為 d。則此正方形迴圈上的感應電動勢為何？

3-30 「法拉第定律」的微分形式

在更一般的狀況下，電場與磁場均為空間與時間的函數，我們也無須將定義電動勢中的封閉積分路徑侷限於實體存在的導體線圈。如此，前面單元中我們對磁通量變化的計算結果，(3-29-8) 式，

$$\frac{d\Phi_B}{dt} = \int_S \left(\frac{\partial \vec{B}}{\partial t} \right) \cdot d\vec{S} - \oint_c \left(\vec{v} \times \vec{B} \right) \cdot d\vec{l}$$
(3-30-1)

便可視為磁通量變化上的數學恆等式。此外，電動勢之定義與法拉第定律，(3-28-10) 式，

$$\varepsilon_{\text{induced emf}} = \oint_c \left(\vec{E} + \vec{v} \times \vec{B} \right) \cdot d\vec{l} = -\frac{d\Phi_B}{dt}$$
(3-30-2)

合併上面兩式，我們便可得

$$\oint_c \vec{E} \cdot d\vec{l} = -\int_S \left(\frac{\partial \vec{B}}{\partial t} \right) \cdot d\vec{S}$$
(3-30-3)

由於我們已不再限定電場的路徑積分是在一個實體的導線內，(3-30-3) 式中對電場的積分便可更一般性地解釋為向量場在空間中的環流量，於是利用與旋度有關的「斯托克定理」

$$\oint_c \vec{E} \cdot d\vec{l} = \int_S \left(\vec{\nabla} \times \vec{E} \right) \cdot d\vec{S}$$
(3-30-4)

參見 (3-23-11) 式。比較 (3-30-3) 與 (3-30-4) 兩式，我們便可由法拉第定律跨出重要的一步，明確且直接地將電場與磁場隨時間變化的關係式表示出來，

$$\vec{\nabla} \times \vec{E} = -\frac{\partial \vec{B}}{\partial t}$$
(3-30-5)

在理解上我們不再以誰去感應誰來解釋電場與磁場間的關係，而是當我們遇見一個隨時間變化的磁場，我們應該知道在同樣的時空點上將會有一個伴隨的電場，此電場的旋度會等與磁場的時間變化率乘上 (−1)。反之，若電場於某時空點上的旋度不為零，同樣的時空點上也必有一隨時間變化的磁場存在。

至此，我們不妨以我們當今所發展出來的數學語言，來小結一下在法拉第的年代，人們對電場與磁場於空間與時間上的特性探討，並相互對照一下描述電磁場的積分與微分表示式。為讓問題盡可能的簡單，我們暫不考慮介電質與磁性物質的存在，亦即將空間侷限於「真空」的狀態。

在前面介紹向量旋度 ($\vec{\nabla} \times \vec{A}$) 的單元中，我們曾利用旋度之定義指出任何向量之旋度的散度為零 ($\nabla \cdot (\nabla \times \vec{A}) = 0$)。此外在沒有發現任何「磁單極」的現況下，磁場之散度為零 ($\vec{\nabla} \cdot \vec{B} = 0$) 已成為我們普遍所接受的定律。因此，引進向量位能 (vector

$$\oint_A \vec{E}\cdot d\vec{S} = \frac{1}{\varepsilon_0} Q_{\text{enclosed}} \qquad \vec{\nabla}\cdot\vec{E} = \frac{1}{\varepsilon_0}\rho$$

$$\oint_A \vec{B}\cdot d\vec{S} = 0 \qquad \vec{\nabla}\cdot\vec{B} = 0$$

$$\oint_C \vec{E}\cdot d\vec{l} = -\frac{d\Phi_{\text{B}}}{dt} \qquad \vec{\nabla}\times\vec{E} = -\frac{\partial\vec{B}}{\partial t}$$

$$\oint_C \vec{B}\cdot d\vec{l} = \mu_0 I_{\text{enclosed}} \qquad \vec{\nabla}\times\vec{B} = \mu_0\vec{j}$$

圖 3-30-1　**法拉第的年代，人們對電場與磁場性質的認識。若以現在我們對向量分析的標準表示法來呈現電磁場的特性，左邊為電磁定律的積分表示式；右邊則為對應之微分表示式。**

potential) $\vec{A}$ 使 之$\vec{B} = \nabla\times\vec{A}$，在數學上是一個必然成立的結果，但我們想更進一步知道的是，引進的向量位能對我們理解電磁現象有何幫助？向量位能本身又是否有物理上的意義？

在引進向量位能後，我們不妨也將此向量位能代回 (3-30-5) 式的法拉第定律

$$\begin{gathered}\vec{\nabla}\times\vec{E} = -\frac{\partial\vec{B}}{\partial t} = -\frac{\partial}{\partial t}\vec{\nabla}\times\vec{A} = -\vec{\nabla}\times\left(\frac{\partial\vec{A}}{\partial t}\right) \\ \Rightarrow \vec{\nabla}\times\left(\vec{E}+\frac{\partial\vec{A}}{\partial t}\right) = 0 \;\Rightarrow\; \vec{E}+\frac{\partial\vec{A}}{\partial t} = -\vec{\nabla}V\end{gathered} \tag{3-30-6}$$

上式的最後我們有利用任何純量函數之梯度的旋度爲零的恆等式。因此當電磁場隨時間變化時，電磁場與純量位能 (V) 及向量位能 ($\vec{A}$) 間的關係便得改寫成：

$$\begin{gathered}\vec{E} = -\vec{\nabla}V - \frac{\partial\vec{A}}{\partial t} \\ \vec{B} = \vec{\nabla}\times\vec{A}\end{gathered} \tag{3-30-7}$$

3-31 磁偶極周遭的磁場

本單元我們就舉一個以向量位能 ($\vec{A}$) 來求磁場 ($\vec{B} = \vec{\nabla} \times \vec{A}$) 的例子。由於磁場的出現來自於電流,因此我們首先必須得知道的是向量位能與電流之關係。此工作可由安培定律的微分式著手,這也是微分表示式的優點之一,較容易讓我們踏出下一步的推導與探究。

$$\vec{\nabla} \times \vec{B} = \mu_0 \vec{j} \Rightarrow \vec{\nabla} \times (\vec{\nabla} \times \vec{A}) = \mu_0 \vec{j} \Rightarrow \vec{\nabla}(\vec{\nabla} \cdot \vec{A}) - \vec{\nabla}^2 \vec{A} = \mu_0 \vec{j} \qquad (3\text{-}31\text{-}1)$$

上式中我們用了一個向量微分上的恆等式及稱為「Laplacian」的運算符號 ($\vec{\nabla}^2$)。

Laplacian 是物理問體中時常出現的運算符號,作用在函數上就成了著名的「拉普拉斯方程式」(Laplace's Equation)。

定義:$\vec{\nabla}^2 \equiv \vec{\nabla} \cdot \vec{\nabla}$

由於當下我們所在意的是磁場這個可觀測的物理量,因此我們對向量位能 $\vec{A}$ 的要求便可放寬一些。若將我們原先以求得的向量位能 ($\vec{A}$) 任意加上一個純量函數的梯度 ($\vec{\nabla}\Phi$),

$$\vec{A}' = \vec{A} + \vec{\nabla}\Phi \Rightarrow \vec{\nabla} \times \vec{A}' = \vec{\nabla} \times (\vec{A} + \vec{\nabla}\Phi) = \vec{\nabla} \times \vec{A} + \vec{\nabla} \times \vec{\nabla}\Phi = \vec{\nabla} \times \vec{A} \qquad (3\text{-}31\text{-}2)$$

無論我們是用 $\vec{A}$ 或 $\vec{A}'$ 都可得到相同的磁場,此乃因為梯度的旋度為零是一個恆成立的等式。這也代表我們有辦法去選擇方便使用的向量位能來幫助我們處理問題。讀者也無須對此感到奇怪,在位能的選擇上,我們也是任意選擇一個方便使用的位能零點來做為我們處理問題的能量參考點。

於是我們可選擇在 $\vec{\nabla} \cdot \vec{A} = 0$ 的規範 (gauge) 下,使 (3-31-1) 式給出

$$\vec{\nabla} \cdot \vec{A} = 0 \Rightarrow \vec{\nabla}^2 \vec{A} = -\mu_0 \vec{j} \qquad (3\text{-}31\text{-}3)$$

接下來我們便可藉由比較靜電學中類似方程式的解,來寫出向量位能 ($\vec{A}$) 與電流密度 ($\vec{j}$) 間的關係。在靜電場中,我們有

$$\vec{E} = -\vec{\nabla}V$$
$$\nabla \cdot \vec{E} = \frac{1}{\varepsilon_0}\rho \Rightarrow \vec{\nabla}^2 V = -\frac{1}{\varepsilon_0}\rho \Rightarrow V(\vec{r}) = \frac{1}{4\pi\varepsilon_0}\int_{\tau'}\frac{\rho(\vec{r}')}{|\vec{r}-\vec{r}'|}d\tau' \qquad (3\text{-}31\text{-}4)$$

所以同樣類似的方程式,(3-31-3) 式,向量位能與電流密度的關係應為

$$\vec{A}(\vec{r}) = \frac{\mu_0}{4\pi}\int_{\tau'}\frac{\vec{j}(\vec{r}')}{|\vec{r}-\vec{r}'|}d\tau' \qquad (3\text{-}31\text{-}5)$$

比較 (3-7-7) 式–計算磁場的「畢歐–沙伐定律」(Biot-Savart Law) 中繁瑣的向量外積,

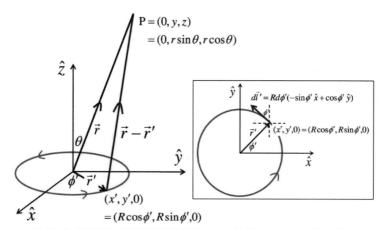

圖 3-31-1　置於座標圓點位置的磁偶極。由於擁有以 z- 軸旋轉的對稱性，讓我們可僅計算於 y-z 平面上任意點 P 的磁場即可。

向量位能與電流密度的關係式看起來是簡單許多。有此向量位能，再取其旋度便可得到我們所要的磁場，這也提供能我們計算磁場的另一途徑。

● 磁偶極周遭的磁場

之前我們已認識，磁偶極可用環形電流來模擬，如（圖 3-31-1）所示，I 為電流大小，A 為環電流所圍起之面積，則此磁偶極之偶極矩為 $\vec{m} = (IA)\hat{z}$。我們所感興趣的是此磁偶極周遭的磁場為何？

根據 (3-31-5) 式，此磁偶極於周遭所產生的向量位能為

$$\vec{A}(\vec{r}) = \frac{\mu_0}{4\pi} \int_{\tau'} \frac{\vec{j}(\vec{r}')}{|\vec{r}-\vec{r}'|} d\tau' = \frac{\mu_0}{4\pi} \oint_{c'} \frac{I}{|\vec{r}-\vec{r}'|} d\vec{l}' \tag{3-31-6}$$

讀者對此包含向量的積分應不感陌生，除非讀者有洞視問題的數學直覺可直接寫下結果。不然的話，關鍵技巧是將向量以笛卡兒座標系展開，即便積分的本身是用其它更恰當的座標系統。因為只有笛卡兒座標系的基底向量是不隨位置變換而改變的固定單位向量。又我們所感興趣的是 $r \gg r'$ 的情形，因此

$$\frac{1}{|\vec{r}-\vec{r}'|} = \left(R^2 + r^2 - 2Rr\sin\theta\sin\phi'\right)^{-1/2}$$
$$\cong \frac{1}{r}\left(1 + \frac{R}{r}\sin\theta\sin\phi' + \cdots\right) \tag{3-31-7}$$

如此，(3-31-6) 式的積分（計算的細節就由讀者自行補上）

$$\vec{A}(\vec{r}) = \frac{\mu_0}{4\pi} \oint_{c'} \frac{I}{|\vec{r}-\vec{r}'|} d\vec{l}\,'$$

$$\cong \frac{\mu_0}{4\pi} \oint_{c'} \frac{I}{r}\left(1 + \frac{R}{r}\sin\theta\sin\phi' + \cdots\right)\left(-\sin\phi'\,\hat{x} + \cos\phi'\,\hat{y}\right)R d\phi' \qquad (3\text{-}31\text{-}8)$$

$$= -\frac{\mu_0}{4\pi}\frac{I(\pi R^2)}{r^2}\sin\theta\,\hat{x}$$

再配合（圖 3-31-1）中各向量間的關係，我們可將上式所得之向量位能以更一般化的形式表示

$$\vec{A}(\vec{r}) = \frac{\mu_0}{4\pi}\frac{m}{r^2}\sin\theta\,\hat{\phi} = \frac{\mu_0}{4\pi}\frac{\vec{m}\times\hat{r}}{r^2} \qquad (3\text{-}31\text{-}9)$$

此一般性的表示式，讓我們可免除於（圖 3-31-1）中為便利計算，對$\vec{r}$所設定的位置與方向。最後，我們回到磁場上的計算（利用球座標系中的外積運算，$\vec{A} = A_\phi\hat{\phi}$。）

$$\vec{B}(\vec{r}) = \vec{\nabla}\times\vec{A}(\vec{r}) = \frac{1}{r^2\sin\theta}\begin{vmatrix} \hat{r} & r\hat{\theta} & r\sin\theta\,\hat{\phi} \\ \dfrac{\partial}{\partial r} & \dfrac{\partial}{\partial\theta} & \dfrac{\partial}{\partial\phi} \\ 0 & 0 & A_\phi \end{vmatrix} \qquad (3\text{-}31\text{-}10)$$

$$= \frac{\mu_0}{4\pi}\frac{m}{r^3}\left(2\cos\theta\,\hat{r} + \sin\theta\,\hat{\theta}\right)$$

記住此磁場是擁有繞 z- 軸旋轉的對稱性。這結果也驗證了我們於之前於計算電偶極周遭電場時的類比推測。

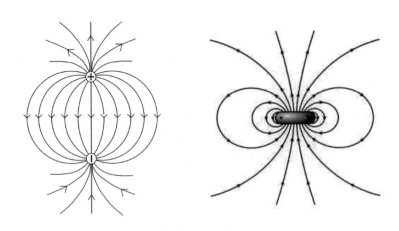

再看完利用向量位能求解磁場的例子後，我們不妨也來探討一下向量位能本身可能有的物理意義。

● 向量位能的物理意義：

就如同純量位能 (V) 所代表的是單位電荷所擁有的電位能大小，有「能量」的物理意義。向量位能也應該有它物理意意存在！相較於我們下面所要用的「量綱分析」之方法，若要正確指出向量位能的物理意義應該需要有更直接且明確的論證，但「量綱」上的理解不失爲一個尋找答案的快速方法。由於物理定律的公式，每一項的單位均得相等，因此我們來檢視 (3-30-7) 式中每一項物理量的「量綱」，在 M.K.S. 制下：

$$\left[\vec{E}\right] = \left[-\vec{\nabla}V\right] + \left[-\frac{\partial \vec{A}}{\partial t}\right] \Rightarrow \frac{\text{nt}}{\text{Coul}} = \frac{1}{\text{m}}\left[V\right] + \frac{1}{\text{sec}}\left[\vec{A}\right] \tag{3-31-11}$$

因此

$$\left[V\right] = \frac{\text{nt} \cdot \text{m}}{\text{Coul}} = \frac{\text{joul}}{\text{Coul}} \quad ; \quad \left[\vec{A}\right] = \frac{\text{nt} \cdot \text{sec}}{\text{Coul}} = \frac{\text{kg} \cdot (\text{m/sec})}{\text{Coul}} \tag{3-31-12}$$

如前所說，純量位能 (V) 所代表的是單位電荷所擁有的能量大小；向量位能 ($\vec{A}$) 所代表的則是單位電荷所擁有的動量。事實上，早在馬克斯威於 1865 年的論文【電磁場的動力理論】中便已指出：向量位能可視爲單位電荷所儲存起的動量，就如同純量位能爲單位電荷所儲存的能量一般。馬克斯威甚至曾把向量位能直接稱呼爲「電磁動量」。

但須說明的是，雖然早在馬克斯威的論文中即對向量位能 ($\vec{A}$) 的物理意義有所探討。但在古典物理的範疇內，磁場 ($\vec{B}$) 的向量位能 ($\vec{A}$) 多半還是擺在計算磁場上的一個數學工具，直至物理學家阿哈諾夫 (Y.Aharonov) 與波姆 (D. Bohm) 發表於 1959 年的論文，論文中彰顯電子運動於無磁場區域中的磁效應，並以此分析向量位能於物理上所該佔有的實質意義，此即著名的「阿哈諾夫 – 波姆效應」(A–B effect)。此效應後來也成了量子力學中的重要實驗，說明了量子力學中的非局域性質。而這當然已非古典物理所能探討的範疇。

3-32 發電機

在接連幾個較為理論的單元後，讓我們再回到電磁學的應用上。講究科學實用性的法拉第，在他發現電磁感應原理後的不久便設計出一台堪稱世間第一台的發電機，見（圖3-32-1）。銅盤上的電荷因我們的轉動而受到向左的磁力，在連接好導線環路後，電荷的移動因而產生感應電流。在法拉第的裝置中，只要我們轉動銅盤的方向不變，感應電流的方向也就不會改變，如此我們稱法拉第的發電機為一台直流電發電機。

圖 3-32-1　法拉第的直流電發電機 (1831)。讀者不妨自行分析一下當我們轉動裝置把手後，為何可產生電流，而稱此為世間第一台的直流電發電機。

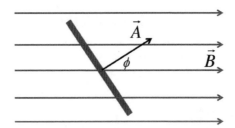

圖 3-32-2　線圈於固定磁場中的持續轉動。轉軸垂直磁場，由紙面向外射出。

當然，與今日的發電機相比，法拉第發電機的效率不夠高，也不夠穩定。但主要的原理則是相同，僅是一些細節需再做一些補充。首先是，我們以導體線圈代替銅盤，並使之整個線圈在一個固定大小與方向的磁場內持續轉動如（圖3-32-2）之示意圖。至於如何持續地有能量供應使之線圈轉動，也正是我們現今所常討論的發電形式。這發電形式雖是我們當前社會所要面對的重要課題，但並不是我們在此所要討論的議題，因此我們就將此議題暫放一邊。一旦我們有了線圈轉動的設計後，其通過單獨線圈的磁通量為

$$\Phi_B = \vec{B} \cdot \vec{A} = BA\cos\phi \tag{3-32-1}$$

　　若線圈是以 ω 的角速率轉動，欲增加發電量的方法除想辦法再加快線圈的轉動速率外，另一個較簡單的方法就是增加線圈的環繞圈數。如此在圈數為 N 下的感應電動勢就成了

$$\varepsilon_{\text{induced emf}} = -N\frac{d}{dt}(BA\cos(\omega t)) = NBA\omega\sin(\omega t) \equiv \varepsilon_{\max}\sin(\omega t) \tag{3-32-2}$$

● 交流電發電機 (AC Generator)

　　由 (3-32-2) 式的結果，直接可看出持續轉動的線圈所感應出的感應電動勢會因為正弦函數的關係而正負號交替。如此若將此發電機接上電路，其電路中的電流方向亦會相應地正反向交替，因此我們將這樣的發電機稱為「交流電發電機」。而為了讓線圈可順利無礙地轉動，設計上我們會將線圈導線的兩端分別接上兩個分離的導體環，如（圖 3-32-3）所示。此兩分離的導體環將隨線圈的轉動而各別轉動，而外部電路連接此發電機的兩端接線再分別與此兩導體環接觸即可。圖中 A 與 B 兩點間的電位差即此發電機所給出的電動勢，如（圖 3-32-4）所示，由於此發電機所提供的電動勢為時間的週期函數，無論電動勢的最大值 ($\varepsilon_{\max}$) 為何，其每週期的平均電動勢均將為零。因此，我們常以一個週期下的電動勢「均方根值」(root-mean-square) 來代表此交流電路中電動勢 (ε_{rms}) 的大小。

$$\varepsilon_{\text{rms}} \equiv \left(\frac{1}{T}\int_0^T \varepsilon_{\text{emf}}^2 dt\right)^{1/2} = \frac{1}{\sqrt{2}}\varepsilon_{\max} \tag{3-32-3}$$

此外，歐姆定律亦告訴我們，若將此交流發電機簡單接上一個電阻值為 R 的電阻，則流經其上的電流大小將為

$$I(t) = \frac{\varepsilon_{\text{induced emf}}}{R} = \frac{\varepsilon_{\max}}{R}\sin(\omega t) \equiv I_{\max}\sin(\omega t) \tag{3-32-4}$$

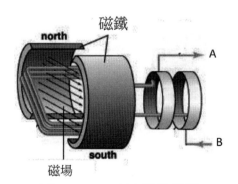

圖 3-32-3　交流電發電機

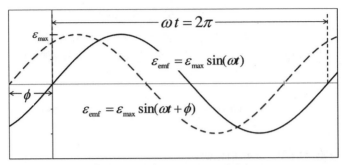

圖 3-32-4　週期變化的電動勢，圖中的兩個電動勢存在 ψ 的相差 (phase)。

就如同 (3-32-2) 式的感應電動勢一般，亦是 $\sin(\omega t)$ 的函數，兩者有相同的相位。

● 直流電發電機 (DC Generator)

　　我們對直流電的要求是電流的方向始終不變，因此在不改變導體線圈的轉動形態下，我們必須在發電機的電力輸出端做些不同的設計，以解決 (3-32-2) 式中感應電動勢所給出的正負交替極性。其方法是將原本交流電發電機中的兩個轉動的導體環，改成單一的固定導體環，如（圖 3-32-5）所示，此環不是一個完整的圓環，而是由兩個固定半環組合而成。兩環的缺口所成的直線應垂直於磁場的方向，且此兩半環分別接觸轉動之線圈導線的兩端。如此的設計，讀者應可看出在線圈轉動一整圈中，兩半環的極性不會改變，參見（圖 3-32-6）。同樣地，外部電路連接發電機的兩端接線再分別與此固定導體環的缺口兩邊接觸即可。由於（圖 3-32-5）中的缺口單環設計，讓此發電機對外部電路輸出電力時可保持電流方向不變。但值得注意的是感應電動勢仍是時間的函數，其大小爲 $\sin(\omega t)$ 的函數。因此若要求有穩定的電流輸出，我們則必須在電路上有整流的額外設計。

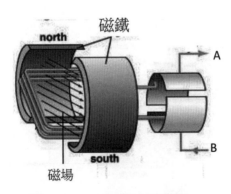

圖 3-32-5　直流電發電機。

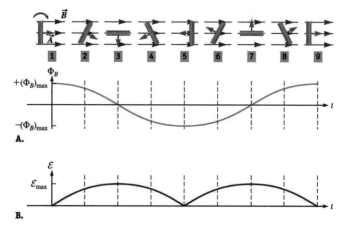

圖 3-32-6 **直流電發電機中的導體線圈轉動一圈，其磁通量與感應電動勢的相對應關係。**

【練習題3-36】

一個圈數為 125 圈的圓形電線線圈，其線圈半徑為 18cm。若將此線圈擺放在一個大小為 3.5mT 的垂直磁場中，又此線圈可以一條經過圓心的水平軸為旋轉軸轉動。試問此線圈需要轉動多快，才能使感應電動勢達到 5V？

3-33 電的傳輸與變壓器

在電路中無論是提供能量的電源，或是單純消耗掉能量的電阻器，我們不僅在意它們所能提供或消耗的能量多少，往往更在意的是它們提供與消耗能量的效率高低，也就是我們常說的「功率」(power)。就以（圖3-33-1）為例，來看電池在特定負載下所供應的功率大小。簡單地說，電池的功能是將移至電池負極的帶電載子提高 V_{emf} 的電位，因此電池對此帶電量為 dq 的載子提供 $dU = V_{emf} \cdot dq$ 的能量。又依據電流的定義 $(I = dq/dt)$，我們不難得知此電池所提供的功率為

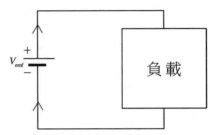

圖 3-33-1　電池所能提供的能量功率，除與本身所提供的電動勢有關外，還與特定負載下的電流大小有關。

$$\mathrm{P} \equiv \frac{dU}{dt} = I \cdot V_{emf} \qquad (3\text{-}33\text{-}1)$$

理想狀態下，電池的電動勢 $(\varepsilon_{emf} = V_{emf})$ 為電池本身的特性，但電流 (I) 的大小則是由電池所連接的負載而定。功率單位亦可由 (3-33-1) 式來確認：（建議讀者自行驗證此單位）。同樣地，(3-33-1) 式的關係亦可應用到電路負載中的每個電子元件，此外若所要面對的元件遵循歐姆定律，則

$$\mathrm{P} = I \cdot V = I^2 \cdot R = \frac{V^2}{R} \qquad (3\text{-}33\text{-}2)$$

很明顯地，在發電廠與城市間的電力傳輸上，即便我們會在各種考量因素下盡可能地選用電阻較小的電纜線。但在電阻仍存在的現實下，電纜線所浪費掉的能量功率可依 (3-33-2) 式來估算我們下面的範例：

範例一：直流電的傳輸

假設有一個離城市約四公里遠的直流電發電廠，其直流發電機可供應的電力功率為 $P_{gen} = 150\mathrm{kW}$，若此直流發電機所輸出的電壓（電動勢）為 $V_{emf} = 240\mathrm{V}$。則 (3-33-2) 式給出此直流發電機所輸出的電流為

$$I = \frac{P_{gen}}{V_{emf}} = \frac{150 \times 10^3\ \mathrm{W}}{240\ \mathrm{V}} = 625\ \mathrm{A} \qquad (3\text{-}33\text{-}3)$$

若此四公里的傳輸當中電纜線的總電阻為 $\mathrm{R} = 0.25\Omega$（此電阻約略是用直徑 2 公分的銅線），則此傳輸電纜線因電阻而浪費掉的電力功率為

$$\mathrm{P}_{loss} = I^2 \cdot R = (625\mathrm{A})^2 \cdot (0.25\Omega) \cong 98\ \mathrm{KW} \qquad (3\text{-}33\text{-}4)$$

這浪費掉的 98kW 可是佔發電機所供應功率 150kW 的 65%……左右，可見在直流發

電機的電力傳輸上，由於會出現大的電流，因此在傳輸中有相當大的能量比例是浪費掉的。這也正是當年愛迪生在提倡直流電的電力系統時，為減少電力的浪費，因而得把發電廠蓋在城市當中的原故。至於愛迪生為何不提高發電機的輸出電壓以降低電流大小，除了技術上的原因外，很大的原因還是愛迪生對高電壓的安全性疑慮。而且高電壓的傳輸也正是他的敵手特斯拉 (Nikola Tesla，1856-1943) 所鼓吹的交流電傳輸方式。

範例二：流電的傳輸

在看交流電如何提高其輸出電壓前，我們就先延續上面的範例數據，來看若將輸出電壓提高 100 倍 (V_{emf} = 24,000V) 時的狀況為何？首先是由 (3-33-3) 式可知傳輸電纜的電流會小 100 倍，成為 $I_{rms} = 6.25A$[註1]。所以傳輸電纜線在此電流下所浪費掉的電力功率為

$$P_{loss} = I^2 \cdot R = (6.25A)^2 \cdot (0.25\Omega) \cong 9.8 \text{ W} \tag{3-33-5}$$

此浪費掉的電力功率為原先的萬分之一（10^{-4} 倍），可見高電壓下的傳輸是可大幅提升電力傳輸上的效益。問題是對一個固定輸出電壓的發電機組，我們如何才能提高它的輸出電壓？又為何這電壓的升降只能針對交流電運作？

變壓器 (Transformer)

如（圖 3-33-2），將輸入端連接上一個均方根值為 V_P 的交流電壓，由於所使用的為交流電，這讓主線圈 (primary coil) 會產生一個隨時間變化的磁通量。此磁通量的變化再沿著軟鐵環的引導進入次線圈 (secondary coil)，並產生一個感應電壓 V_S。而在理想的變壓器中，無論是在主線圈或次線圈中均會有一樣的磁通量變化率，因此我們會有下面的關係：

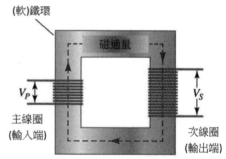

圖 3-33-2　**變壓器的示意圖。**

$$\begin{array}{l} V_P = -N_P \dfrac{d\Phi_B}{dt} \\ V_S = -N_S \dfrac{d\Phi_B}{dt} \end{array} \Rightarrow \dfrac{V_P}{N_P} = \dfrac{V_S}{N_S} \tag{3-33-6}$$

如此，我們可藉由調整次線圈的線圈數 (N_S) 來改變次線圈的輸出電壓。此外，能量守恆的要求也限定了輸入端與輸出端的電流比例，

[註1]　我們一般對交流電路中的電壓與電流大小討論，是指其值得均方根值 (root-mean-square value)，V_{rms} 與 I_{rms}。

$$P_P = P_S \Rightarrow I_P \cdot V_P = I_S \cdot V_S \qquad (3\text{-}33\text{-}7)$$

結合 (3-33-6) 與 (3-33-7) 兩式的結果，

$$\frac{N_S}{N_P} = \frac{V_S}{V_P} = \frac{I_P}{I_S} \qquad (3\text{-}33\text{-}8)$$

因此為減少電力輸送上無謂的電力消耗，我們可藉變壓器來提升發電廠的輸出電壓，以便讓電力的傳輸電纜上有較小的電流，進而降地電力的浪費。而這變壓器必須在交流電下才能有效地運作。

圖 3-33-3　為減少電力輸送上的損失，現代城市中均採用交流電的電力傳輸方式。而在傳輸過程中也會因不同的考量，搭配不同的變壓器以改變電壓的大小。

【練習題3-37】

在電力的傳輸中，我們已討論為減少傳輸過程中的能量消耗，增加電壓差並降低電流大小是一個方法。試評估一下，每提高 10 倍的電壓差，可減少多少能量功率於傳輸過程中的消耗？

【練習題3-38】

若有一個變壓器，其主線圈與次線圈的線圈數各為 800 圈與 40 圈。試問：

(a.) 當 100V 的交流電壓差接上此變壓器的主線圈端，會產生什麼樣的結果？

(b.) 如果一開始的交流電流為 5.00A，則輸出電流為多少？

(c.) 當 100V 的直流電壓差接上此變壓器的主線圈端，會產生什麼樣的結果？

(d.) 如果一開始的直流電流為 5.00A，則輸出電流為多少？

3-34　電感器

除電阻器與電容器外，電感器 (inductor) 亦是另一個在電路中常見的電子元件，特別是在交流電路中。我們就從（圖 3-34-1）看起，圖中的電路僅出現一台可調整電壓輸出大小的直流電源器與一個電感器。其中電感器就如同圖中所用的符號一般，讀者可先將它單純地看成是由導線所捲成的螺旋管。當電源器的輸出電壓爲一固定值時，電路中會有一固定大小的電流流經螺旋管，除了螺旋管所伴隨的磁場出現外，並無太多新奇的事發生。

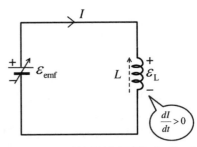

圖 3-34-1　電感於電路中的功能。

但當我們持續加大電源器的輸出電壓，相應於電路中的電流也會逐漸加大。而我們在前面單元中也曾計算過，螺旋管內的磁場會正比於電流的大小，通過螺旋管本身的磁通量也是如此，正比於電流的大小，因此

$$\Phi_B \propto I \Rightarrow \Phi_B = L \cdot I \tag{3-34-1}$$

式中的 L 爲磁通量與電流間的比例常數。所以當電流持續變大時，通過螺旋管本身的磁通量亦會變化而出現感應電動勢 (ε_L)，

$$\varepsilon_L = -\frac{d\Phi_B}{dt} = -L \cdot \frac{dI}{dt} \tag{3-34-2}$$

對我們的電路來說，此螺旋管的感應電動勢是要去抵抗磁通量的變化，其效應就是讓電路中的電流變化不會過快，以達到保護電路安全的作用。同樣地，若我們持續減小電源器的輸出電壓，也會有同樣的效應讓電流的變化不要太快，只是這時的感應電動勢方向爲反向。不難理解，在電路設計中我們常需要有這樣功能的元件。就如同電容器一般，其電容值的大小決定於電容器本身的幾何設計與材質；每一個電感器也會因其本身的設計而有自己的電感值 (L)，常用單位爲「亨利」(Henry, H)，

$$L = \frac{\Phi_B}{I} \Rightarrow H = \frac{Weber}{A} = \frac{Tesla \cdot m^2}{A} \tag{3-34-3}$$

接下來我們就以接上直流電源的 RL 電路來說明電感器 (L) 於電路中的效應，（圖 3-34-2）。依柯希荷夫電壓定理，圖中簡單環路上各元件間的電位關係爲，

$$\varepsilon_{emf} - R \cdot I + \varepsilon_L = 0 \tag{3-34-4}$$

對固定電壓輸出的電源來說，ε_{emf} 爲一定值。所以將 (3-34-4) 式對時間微分，並代入

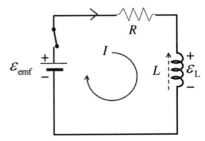

圖 3-34-2　接上直流電源的 RL 電路。

(3-34-2) 式中對電感 ε_L 的定義，

$$0 - R \cdot \frac{dI}{dt} + \frac{d\varepsilon_L}{dt} = 0 \Rightarrow \frac{d\varepsilon_L}{dt} = -\frac{R}{L}\varepsilon_L \qquad (3\text{-}34\text{-}5)$$

又起始條件 ($t = 0$)，開關關上使之導通的霎那間尚無電流出現，所以 $\varepsilon_L = -\varepsilon_{emf}$。如此 (3-34-5) 式的解為

$$\varepsilon_L(t) = -\varepsilon_{emf}e^{-(R/L) \cdot t} \equiv -\varepsilon_{emf}e^{-t/\tau} \qquad (3\text{-}34\text{-}6)$$

此處我們定義 $\tau = R/L$ 為此電路中電感之時間常數（鼓勵讀者可對此 τ 的定義，自行驗證其單位因次為時間）。流經電感的電流亦可知為

$$I(t) = \frac{\varepsilon_{emf} + \varepsilon_L}{R} = \frac{\varepsilon_{emf}}{R}\left(1 - e^{-\frac{t}{\tau}}\right) \qquad (3\text{-}34\text{-}7)$$

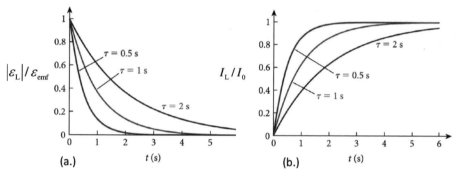

圖 3-34-3　當 RL 電路中的開關關上導通後，電感器兩端之電壓差與流經之電流。

此外，我們亦可將 (3-34-4) 式乘上電流 I 並解釋其各項之意義

$$I \cdot \varepsilon_{emf} - I^2 R - L \cdot I \cdot \frac{dI}{dt} = 0 \qquad (3\text{-}34\text{-}8)$$

第一項為電池對電路所提供的能量功率，第二項則為電阻對能量所消耗掉的功率。如此在電流逐漸增大的過程中，第三項便可理解為電感器於此電路中所帶走的能量功率，但不同於電阻器將能量以熱的形式消散於四周的環境中，電感器則是將能量以磁能的形式保存於電感器中。此項亦可寫成更易理解的形式，

$$L \cdot I \cdot \frac{dI}{dt} = \frac{d}{dt}\left(\frac{1}{2}L \cdot I^2\right) \qquad (3\text{-}34\text{-}9)$$

相較於以電場的形式儲存於電容器內的能量為 $(1/2)CV^2$，(3-34-9) 式括弧內的 $(1/2)LI^2$ 便為電感器內以磁場形式所儲存的能量。此推論亦可由對螺旋管電容器的直接計算來證明。

3-35 電容與電感所組成的振盪系統

即便在功能上電容器與電感器有很大的不同，但兩者之間還是有它們的共同處－對能量的儲存，一個是對電能的儲存，一個則是對磁能的儲存。那我們若在電路中將兩者相連接會是怎樣的情形呢？

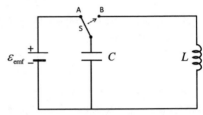

如（圖 3-35-1）所示，開關 S 原先在 A 的位置來讓電容充電，此時能量以電能的形式儲存於電容 C 內。當電容充電完畢後，我們將開關切換至 B 的位置，此時的電容即刻轉換成電源供應器的角色，供應電流。另一方

圖 3-35-1 當開關切換至 B 點時，即成 RL 電路。

面，為抵抗這突然出現的電流，電感器將出現感應電流來因應，同時也將能量以磁能的方式儲存起來。在忽略導線本身的電阻下，能量於此僅有電容器與電感器的電路中是守恆的，不會無緣無故地生成與消失，因此，在任何時刻 t 下

$$E = U_E + U_B = \frac{1}{2} C \cdot V^2(t) + \frac{1}{2} L \cdot I^2(t) = \text{constant} \tag{3-35-1}$$

由於不管是電容器兩端的電壓差 (V)，或是此 LC 電路中的電流大小 (I)，均是時間的函數，涉及到帶電載子 (q) 的運動。因此，我們也可以如下的方式，藉由能量守恆的 (3-35-1) 式導出此電路中帶電載子的運動方程式。將 (3-35-1) 式對時間微分

$$\frac{dE}{dt} = C \cdot V \frac{dV}{dt} + L \cdot I \frac{dI}{dt} = 0 \tag{3-35-2}$$

其中根據電容與電流的定義，

$$C \cdot V \frac{dV}{dt} = V \cdot \frac{d(CV)}{dt} = \frac{q}{C} \cdot \frac{dq}{dt} = \frac{q}{C} \cdot I \quad ; \quad L \cdot I \frac{dI}{dt} = L \cdot I \frac{d}{dt}\left(\frac{dq}{dt}\right) = L \cdot I \frac{d^2q}{dt^2}$$

如此 (3-35-2) 式可化簡成一個在力學中我們相當熟悉的運動方程式

$$\frac{d^2q}{dt^2} + \frac{1}{LC} \cdot q = 0 \tag{3-35-3}$$

將此方程式相較於 (1-17-2) 式之簡諧運動，我們可知（圖 3-35-1）中 LC 電路所代表的是一個簡諧振盪的系統，其解為

$$q(t) = q_{max} \cos(\omega_0 t + \theta) \quad ; \quad \omega_0 = \frac{1}{\sqrt{LC}} \tag{3-35-4}$$

但由於電路中的帶電載子並不是我們所觀察的物理量，因此我們將以電流來表示

$$I(t) = \frac{dq}{dt} = -q_{max} \omega_0 \sin(\omega_0 t + \theta) \equiv -I_{max} \sin(\omega_0 t + \theta) \tag{3-35-5}$$

此外，儲存於電容器與電感器內的能量亦可計算為

$$U_E(t) = \frac{1}{2} C \cdot V^2 = \frac{1}{2} \frac{q^2(t)}{C} = \frac{1}{2} \frac{q_{max}^2}{C} \cos^2(\omega_0 t + \theta) \qquad (3\text{-}35\text{-}6)$$

$$U_B(t) = \frac{1}{2} L \cdot I^2 = \frac{1}{2} L \omega_0^2 q_{max}^2 \sin^2(\omega_0 t + \theta) = \frac{1}{2} \frac{q_{max}^2}{C} \sin^2(\omega_0 t + \theta) \qquad (3\text{-}35\text{-}7)$$

就如我們前面指出的，能量會以電能與磁能兩種不同的形式在這兩個電子元件間轉換，如（圖 3-35-2），但能量總和是不變的，即能量的守恆在此 LC 電路中成立。

$$E = U_E + U_B = \frac{1}{2} \frac{q_{max}^2}{C} = \text{constant} \qquad (3\text{-}35\text{-}8)$$

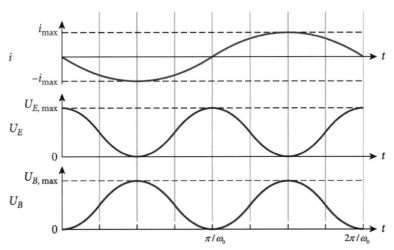

圖 3-35-2　在我們的例題中，我們是等電容充電完成後再將開關切換至（圖 3-35-1）中的 B 點，使之成為 LC 電路。所以在 $t=0$ 時，電容內的電能儲存為最大值 $(\theta = 0)$。

圖 3-35-3　常見之電容器（左）與電感器（右）。

3-36 交流電源下的電子元件

我們就以最簡單的電路來檢視常見的電子元件（電阻、電容與電感）在交流電源下的特性。在我們的討論中，令交流電源所提供的電動勢均爲 $\varepsilon_{emf} = \varepsilon_{max}\sin(\omega t)$。

● 交流電源下的電阻器

依柯希荷夫定理可知，（圖 3-36-1）中電阻器兩端的電壓差 $(V_R(t))$ 會等於電源器所供應之電動勢 (ε_{emf})，又歐姆定律告訴我們流經電阻器之電流爲

$$I = \frac{V_R}{R} = \frac{\varepsilon_{max}}{R}\sin(\omega t)$$
$$\equiv I_{max}\sin(\omega t)$$

(3-36-1)

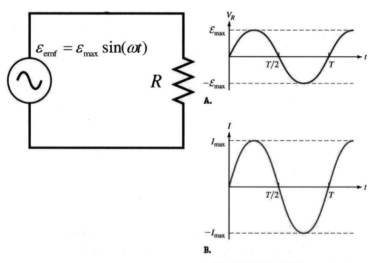

圖 3-36-1 交流電源下的電阻器。(A.) 電阻器兩端的電位差，與 (B.) 流經電阻器的電流，隨時間的變化圖。

值得提出的是，電阻器兩端電壓差與流經之電流會有同步的變化，我們就稱它們彼此間沒有相對的相位差。

● 交流電源下的電容器

現在若把電阻器換成電容器。同樣地，電容器兩端的電壓差 $(V_C(t))$ 會等於電源器所供應之電動勢 (ε_{emf})，

$$V_C(t) = \varepsilon_{max}\sin(\omega t)$$

(3-36-2)

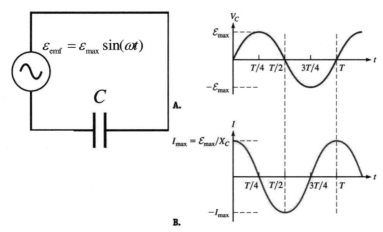

圖 3-36-2　交流電源下的電容器。(A.) **電容器兩端的電位差，與** (B.) **流經電容器的電流，隨時間的變化圖。比較** (A.) **與** (B.) **兩圖可明顯看出彼此間的相位差。**

這意味著電容器兩端所累積之道電載子為

$$q_C(t) = C \cdot V_C(t)$$
$$= C \cdot \varepsilon_{max} \sin(\omega t) \quad\quad (3\text{-}36\text{-}3)$$

如此，流經電流器之電流為

$$I_C(t) = \frac{dq}{dt} = \omega C \cdot \varepsilon_{max} \cos(\omega t) \equiv I_{max} \sin(\omega t + \pi/2) \quad\quad (3\text{-}36\text{-}4)$$

此處有兩點是值得注意的：

(1) 若依歐姆定律的形式表示，流經電容器的電流最大值可寫成

$$I_{max} = \omega C \cdot \varepsilon_{max} \equiv \frac{\varepsilon_{max}}{1/(\omega C)} = \frac{\varepsilon_{max}}{X_C} \quad\quad (3\text{-}36\text{-}5)$$

此處 X_C 稱為此電容器之「電容電抗」(capacitive reactance)，其大小類比於電阻值。對一固定電容值 C 的電容器，當交流電源器所供應之電動勢頻率趨近無限大時，電容電抗值趨近於零，此時的電容器就如同短路一般地不存在。但當交流電源器所供應之電動勢頻率趨近於零時，電容電抗值則變為無限大，此時的電容器將使此電路成為斷路，不導通。

(2) 依 (3-36-2) 與 (3-36-4) 式的結果，電容器兩端電壓差與流經之電流間會有一個相位差，電流出現最大值的時間會比電壓差最大值早出現四分之一個週期時間 ($T/4$)，即領先 $\pi/2$ 個相位。對此相對的相位，我們也常以（圖 3-36-3）的相位圖表示。圖中向量的長度大小表示其對應物理量的最大值，與 x- 軸的夾角則為其相位 (phase)。例如：任何時刻電容器兩端電壓差 $V_C(t) = \varepsilon_{max}(\omega t)$ 在相位圖中可表成

長度為 $\varepsilon_{\max}$，且與 x- 軸的夾角 ωt 的 $\vec{V}_C$ 向量，任何時刻的值則為此向量投影在垂直軸上的分量。

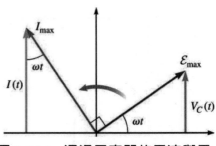

● 交流電源下的電感器

最後，若將交流電源器接上電感器，電容器兩端的電壓差 ($V_L(t)$) 會等於電源器所供應之電動勢 (ε_{emf})，

圖 3-36-3　通過電容器的電流與電位差的相位圖 (phasor diagram)。

$$V_L = L \cdot \frac{dI_L}{dt} = \varepsilon_{\max} \sin(\omega t) \qquad (3\text{-}36\text{-}6)$$

所以通過電感器之電流可經由對上式的積分得到

$$I_L(t) = -\frac{\varepsilon_{\max}}{\omega L}\cos(\omega t)$$

$$= \frac{\varepsilon_{\max}}{\omega L}\sin(\omega t - \pi/2)$$

$(3\text{-}36\text{-}7)$

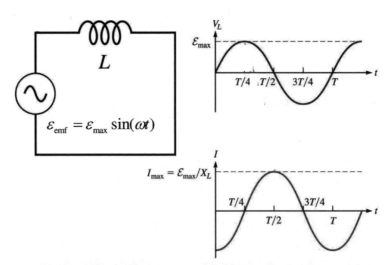

圖 3-36-4　交流電源下的電感器。 (A.) 電感器兩端之電位差，與 (B.) 流經電感器之電流，隨時間的變化圖。比較 (A.) 與 (B.) 兩圖可看出彼此間的相位差。

如同電容器的例子一般，此處有兩點是值得注意的：

(1) 若依歐姆定律的形式表示，流經電感器的電流最大值可寫成

$$I_{max} = \frac{\varepsilon_{max}}{\omega L} \equiv \frac{\varepsilon_{max}}{X_L}$$

(3-36-8)

此處 X_L 稱為此電感器之「電感電抗」(inductive reactance)，其大小亦可類比於電阻值。對一固定電感值 L 的電感器，當交流電源器所供應之電動勢頻率趨近無限大時，電感電抗值亦趨近於無限大，此時的電感器將使此電路成為斷路，不導通。相反地，當交流電源器所供應之電動勢頻率趨近於零時，電感電抗值亦為零，此時的電感器就如同短路。

(2) 依 (3-36-6) 與 (3-36-7) 式的結果，流經電感器之電流最大值的時間會比電壓差最大值晚出現四分之一個週期時間 ($T/4$)，即落後 $\pi/2$ 個相位。（圖 3-36-5）為其通過電感器之電流與電為差的相位圖。

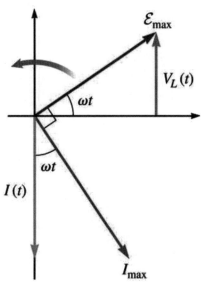

圖 3-36-5　通過電感器的電流與電位差的相位圖。

3-37 交流電源下的RLC電路

上單元中我們分別探討了各基本電子元件單獨於交流電源下的特性,本單元則要將其串聯起來 – 串聯 RLC 電路(圖 3-37-1),看其重要的特性 – 共振。

由於各元件彼此串聯在一起,我們很容易地可由柯希荷夫定理寫出此環路之電位關係

$$V_{\mathrm{L}} + V_{\mathrm{R}} + V_{\mathrm{C}} = \varepsilon_{\mathrm{emf}}(t) \qquad (3\text{-}37\text{-}1)$$

我們可更進一步地以各元件電位差與電荷之關係,將 (3-37-1) 表示成下面之微分方程式

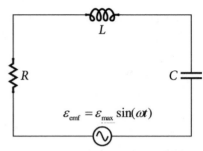

圖 3-37-1 串聯之 RLC 電路

$$L\frac{d^2q}{dt^2} + R\frac{dq}{dt} + \frac{1}{C}q = \varepsilon_{\max}\sin(\omega t) \qquad (3\text{-}37\text{-}2)$$

我們無意以解微分方程式的方式去推導此 RLC 電路之特性,但可藉由 (3-37-2) 式的形式去類比我們之前所看過的外力下之彈簧系統。不難理解,交流電源下的 RLC 電路也將具有振盪與共振之特性。下面,我們就以上單元中所介紹的相位圖 (phasor diagram) 之分析來理解這 RLC 電路。

假設電源接通一陣後(代表我們在此僅關心 (3-37-2) 式的穩定解 (steady-state)),穩定下來的電流為

$$I(t) = I_{\max}\sin(\omega t - \phi) \qquad (3\text{-}37\text{-}3)$$

式中 $I_{\max}$ 為此交流電路下的電流最大值,相位差 ϕ 的意義則在稍後我們再作解釋。

(1) 由於電阻兩端的電位差與電流之間沒有相位差,因此在相位圖中 $\vec{V}_{\mathrm{R}}$ 與 (3-37-3) 式之電路電流 $\vec{I}$ 同相位。

(2) 接下來我們來看電容器。在上一單元中我們知道,流經電容器之電流最大值會比電位差最大值早出現四分之一的週期時間,即電流會領先電位差 $\pi/2$ 的相位。因此 $\vec{V}_{\mathrm{C}}$ 的相位會落後 $\vec{V}_{\mathrm{R}}$ 的相位 $\pi/2$。

(3) 最後,流經電感器的電流則是落後電感器兩端電位差 $\pi/2$ 的相位。因此,與電容器相反,$\vec{V}_{\mathrm{L}}$ 的相位會領先 $\vec{V}_{\mathrm{R}}$ 的相位 $\pi/2$。

綜合上面的相對相位關係,此串聯之 RLC 電路之電位差相位圖可如(圖 3-37-2)表示:交流電源所供應之電動勢 $\varepsilon_{\mathrm{emf}} = \varepsilon_{\max}\sin(\omega t)$,於相位圖中以 $\vec{\varepsilon}_{\mathrm{emf}}$ 向量代表,其大小 $\varepsilon_{\max}$ 可由畢氏定理得知

$$\varepsilon_{\max} = \sqrt{V_{\mathrm{R}}^2 + \left(V_{\mathrm{L}} - V_{\mathrm{C}}\right)^2} \qquad (3\text{-}37\text{-}4)$$

又相位圖中的向量長度大小均為其對應之物理量最大值,所以 $V_{\mathrm{R}} = I_{\max}R$、$V_{\mathrm{L}} = I_{\max}X_{\mathrm{L}}$、與 $V_{\mathrm{C}} = I_{\max}X_{\mathrm{C}}$。如此,(3-37-4) 式可給出此 RLC 電路之電流最大值

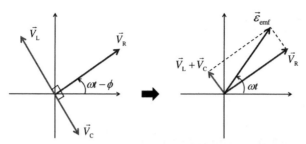

圖 3-37-2 串聯 RLC 電路中電位差之相位圖。

$$I_{max} = \frac{\varepsilon_{max}}{\sqrt{R^2 + (X_L - X_C)^2}} = \frac{\varepsilon_{max}}{\sqrt{R^2 + \left(\omega L - \frac{1}{\omega C}\right)^2}} \equiv \frac{\varepsilon_{max}}{Z} \qquad (3\text{-}37\text{-}5)$$

式中我們所定義的 Z 稱為此電路之「阻抗」(impedance)，其大小會與電動勢之頻率 (ω) 有關。此外，（圖 3-37-2）一告訴我們 ϕ 角為 $\vec{\varepsilon}_{emf}$ 與 $\vec{V}_R$ 兩向量間的夾角。又電路之電流與 $\vec{V}_R$ 同相位，因此我們可知 RLC 電路中的電流相位會落後電動勢相位 ϕ 的徑度量（當 $\phi > 0$ 時），其大小為

$$\phi = \tan^{-1}\left(\frac{V_L - V_C}{V_R}\right) = \tan^{-1}\left(\frac{X_L - X_C}{R}\right) = \tan^{-1}\left(\frac{\omega L - (1/\omega C)}{R}\right) \qquad (3\text{-}37\text{-}6)$$

● RLC 電路中的共振現象

針對一特定之串聯 RLC 電路，其電感器與電容器分別有固定的 L 與 C 值。由 (3-37-5) 式可知，當交流電源所供應的電動勢頻率 ω 恰符合

$$\left(\omega L - \frac{1}{\omega C}\right)_{\omega=\omega_0} = 0 \implies \omega_0 = \frac{1}{\sqrt{LC}} \qquad (3\text{-}37\text{-}7)$$

之條件，其電路將會出現特別大之電流最大值 (I_{max})，我們稱之為「共振」(resonance)，如（圖 3-37-3）所示。此時電路中的電感器與電容器就如同短路一般地（無功能）導通，整個 RLC 電路就如同僅剩電源供應器與電阻的存在。

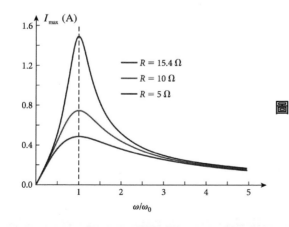

圖 3-37-3 不同電阻大小下之 RLC 電路，可得最大電流值與電源所供應之電動勢頻率的關係。($L = 8.2$mL、$C = 100\mu$F)

3-38 交流電路中的功率

同樣考慮一個串聯的 RLC 交流電路，本單元我們將著重於電路中的能量轉移問題。毫無疑問地，電路工作所需的能量是來自於交流電源的供應，之後能量會在各元件間傳遞。但對交流電路來說，我們所關心的不會是某時刻下某特別元件的能量多寡，而是電路工作穩定後一個週期下的平均值。又在單元「3-35 電容與電感所組成的振盪系統」中，我們看見電容所儲存的電能，與電感所儲存之磁能相互會形成一個能量守恆的系統。能量會在這兩個元件間交互轉移，但能量（理

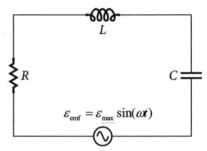

圖 3-38-1 交流電下的 RLC 電路。

想上）不會在這兩元件上消耗喪失。因此，對一個穩定工作中的 RLC 電路，交流電源所注入的能量將會等於電阻所消耗掉的能量。所以，我們可由電阻於單位時間內所消耗的能量來得知交流電源所提供的能量功率，

$$P(t) = I^2(t) \cdot R = \left| I_{max} \sin(\omega \cdot t - \phi) \right|^2 R = I_{max}^2 \cdot R \sin^2(\omega \cdot t - \phi) \tag{3-38-1}$$

其週期平均值為

$$\langle P \rangle = \frac{1}{T} \int_0^T P(t)dt = \left(\frac{I_{max}}{\sqrt{2}} \right)^2 \cdot R \equiv I_{rms}^2 \cdot R \tag{3-38-2}$$

上式中我們定義的電流均方根值 (root-mean-square current)，$I_{rms} = I_{max} / \sqrt{2}$。其中 I_{max} 可由 (3-37-5) 式獲得，最後再代回 (3-38-2) 式便可得知交流電源在此 RLC 電路中所供應的能量功率

$$\langle P(\omega) \rangle = \frac{\varepsilon_{rms}^2 \cdot R}{R^2 + \left(\omega L - \dfrac{1}{\omega C} \right)^2} \tag{3-38-3}$$

此功率除了隨本身可輸出的最大電動勢 (ε_{max}) 與電路元件本身 (R、L、與 C) 的大小值決定外，還決定於交流電路的輸出頻率 (ω)。然而，針對固定 L 與 C 值的電感與電容所串聯之 RLC 電路，其共振頻率為 $\omega_0 = 1/\sqrt{LC}$。我們也可更進一步地以此共振頻率 (ω_0) 替代 (3-38-3) 式中的電容值 (C) 或電感值 (L)，如此 (104-4) 式可表示成

$$\langle P(\omega) \rangle = \frac{\varepsilon_{max}^2 \cdot R\omega^2}{R^2\omega^2 + L^2(\omega^2 - \omega_0^2)^2} \tag{3-38-4}$$

由此表示式，我們可清楚看出當交流電源的輸出頻率恰為 RLC 電路的共振頻率 (ω_0) 時，電源供應器對此電路將會有最大的輸出功率。也由於我們所看的是電路的穩定狀

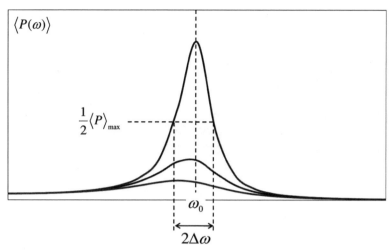

圖 3-38-2　藉由定義「品質因子」來判斷 RLC 電路是否有明顯的共振現象。

態，這最大的輸出功率也就意味著電路中會有最大的消散能量功率。

　　在前一單元的（圖 3-37-3）中，我們看見在僅有電阻值 (R) 不同的 RLC 電路中，即便同樣在共振狀態下，但由於電阻值的不同，共振所產生的最大電流值也將有不少的差異。因此，我們常藉由定義一個「品質因子」(quality factor)，或簡稱「Q–因子」來界定共振的品質如何。首先，如（圖 3-38-2）所示，當頻率在共振頻率 ω_0 時，所對應的最大功率為 $\langle P \rangle_{max}$。不難理解，若想要有較為明顯的共振現象，其功率與頻率的關係曲線於共振頻率 ω_0 處便會有更高的（左右）對稱性。因此，我們可定義一個頻率範圍去界定是否發生共振現象：當頻率為 $\omega_0 \pm \Delta\omega$ 時，所對應的功率恰為最大功率的一半。則對有較明顯的共振現象電路，其 $\Delta\omega$ 的寬度就該越小越好。至於 $\Delta\omega$ 的大小，我們則可根據它的定義由 (3-38-3) 式來估算，

$$\langle p(\omega) \rangle = \frac{1}{2} \langle p(\omega_0) \rangle_{max} \Rightarrow \left| \omega L - \frac{1}{\omega C} \right| = R \tag{3-38-5}$$

亦即

$$\left| (\omega_0 \pm \Delta\omega)L - \frac{1}{(\omega_0 \pm \Delta\omega)C} \right| = R \tag{3-38-6}$$

其中共振頻率為 $\omega_0 = 1/\sqrt{LC}$，則上式可化簡得到共振發生的頻率範圍為 $2|\Delta\omega| = R/L$。我們再利用此結果去定義共振現象的「品質因子」為

$$Q \equiv \frac{\omega_0}{2|\Delta\omega|} = \frac{\omega_0 L}{R} = \frac{1}{R}\sqrt{\frac{L}{C}} \tag{3-38-7}$$

所以如我們之前所說，若要有明顯的共振現象，其 $\Delta\omega$ 的寬度就該越小越好。也就是

說，根據我們所定義的「品質因子」，擁有越大的「Q–因子」值，其共振現象越明顯。

● 調幅接收器 (AM radio receiver)

一個日常生活中常見的 RLC 共振之應用就在收音機的選台器上，如（圖 3-38-3），天線所接收的訊號就如同我們之前所討論的交流電源供應器。當無線電波的頻率與選台器所設定的共振頻率相符，則共振的出現便讓我們可順利的接收到訊號。就以（圖 3-38-3）為例，選台器上所設定的共振（角）頻率為

$$\omega_0 = \frac{1}{\sqrt{LC}} = \frac{1}{\sqrt{(5.0 \times 10^{-6}\,\mathrm{H}) \times (6.7 \times 10^{-9}\,\mathrm{H})}}$$

$$= 5.46 \times 10^6 \text{ rad/sec}$$

所對應的頻率為

$$f_0 = \frac{\omega_0}{2\pi} \approx 870 \text{ KHz}$$

此外，我們亦可估算這選台器之「Q–因子」值

$$Q = \frac{\omega_0 L}{R} = 273 \ (\approx 300)$$

所對應之共振頻率範圍 $2|\Delta f| \approx 2 \times 10^4$rad/se，即 $|\Delta f| \approx 3.2$kHz。這樣的設計應可讓我們能夠清楚地選擇出我們想要接收的訊息頻率。

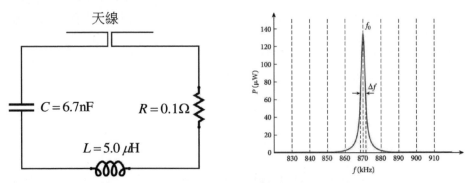

圖 3-38-3　調幅接收器。所以可見當兩廣播電臺的播放頻率太靠近，落在 Δf 之內，對此接收器，這兩臺就容易相互干擾。

【練習題3-39】

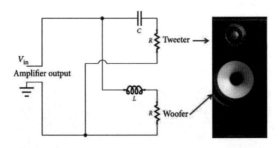

聽音樂為求更好的效果，在音響上我們已普遍將高低音分開處理，並在揚音器上可見高音喇叭 (Tweeter) 與低音喇叭 (Woofer) 兩部分。而此區別聲音頻率的作法可藉圖之簡單電路來達成，請依圖說明其工作原理。又若圖中的電子元件規格為 $C = 10.0\mu F$、$L = 10.0mH$、與 $R = 8.00\Omega$。試問此電路將聲音分為高低音的分界頻率是多少？

【練習題3-40】

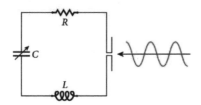

如圖一個 FM 調頻天線之電路圖，其中電感大小固定 $L = 8.22\mu F$，而我們可藉由調整電容值大小來改換我們想接收的電台頻率。現在假設我們要接收一個電波訊號，其以振幅與頻率大小分別為 $12.9\mu V$ 與 $88.7MHz$ 進入此天線。試問：

(a.)為要收到此電波訊號，電路內的電容大小得調整設定為多少，C_0，才能達到收訊上的最佳效果。

(b.)如果進入天線的同時還有 (振幅相同) 的另一電波訊號，則電阻該如何選擇 (R_0) 可使 訊號於電路內所產生的電流會小於 訊號之電流大小的一半？

3-39 馬克斯威方程式

雖然法拉第定律的出現不僅讓我們對電磁學的理解向前邁進一大步,法拉第的電磁感應定律還大大提升電磁學於日常的應用。但即便如此,電磁學理論的整體架構終究還是缺上一角,而這一缺角足足得再等上三十年,直至馬克斯威於 1861 年所發表的「論物理力線」(On Physical Lines of Force) 才將其補上。自此,電磁學的理論可說是完備了,此後也跟著衍伸出更全面的應用。

為讓讀者能更直接進入完備電磁學理論的最後一步,我們不妨拋開物理史上馬克斯威是如何地發展他的理論,而由安培定律的微分表示式出發($\vec{\nabla} \times \vec{B} = \mu_0 \vec{j}$,(3-24-9) 式)出發。我們若將安培定律的的兩邊分別做一個散度的運算,則會出現一個不一致的結果,

$$\vec{\nabla} \cdot (\vec{\nabla} \times \vec{B}) = 0 \qquad (3\text{-}39\text{-}1)$$

$$\vec{\nabla} \cdot \vec{j} = -\frac{\partial \rho}{\partial t} \qquad (3\text{-}39\text{-}2)$$

(3-39-1) 式是因為任何向量旋度的散度必定為零,我們在 (3-23-12) 式中也證明過此恆等式。然而,(3-39-2) 式所代表電荷守恆的連續方程式,若要電流密度的散度為零,則必須加上電荷密度不隨時間變化的條件。但這額外的條件顯然會大幅限縮原本已發展出的理論,因此較大膽的嘗試是為滿足數學恆等式的要求,我們將安培定律代表磁場來源的等號右手邊再加上額外的一項,

$$\vec{\nabla} \times \vec{B} = \mu_0 \vec{j} \ \rightarrow \ \vec{\nabla} \times \vec{B} = \mu_0 \left(\vec{j} + \varepsilon_0 \frac{\partial \vec{E}}{\partial t} \right) \qquad (3\text{-}39\text{-}3)$$

由於此額外項對磁場的功能就如電流密度一般,馬克斯威便將此項稱為「位移電流密度」(displacement current density)。如此對等號右手邊的散度運算,配合高斯定律,為

$$\vec{\nabla} \cdot \left(\vec{j} + \varepsilon_0 \frac{\partial \vec{E}}{\partial t} \right) = \vec{\nabla} \cdot \vec{j} + \varepsilon_0 \frac{\partial}{\partial t} (\vec{\nabla} \cdot \vec{E}) = \vec{\nabla} \cdot \vec{j} + \frac{\partial \rho}{\partial t} = 0 \qquad (3\text{-}39\text{-}4)$$

如此這為零的恆等式修正了原先安培定律在數學上不一致的困境。但在物理上,這修正後的安培定律有何意涵嗎?在回答此問題前,我們大可先指出,整個電磁學理論已因馬克斯威對安培定律的修正而大功告成!也就是說,整個電磁學理論可歸

結於下面的四個方程式，我們也將此組方程式稱爲「馬克斯威方程式」(Maxwell's equations)：

$$\vec{\nabla} \cdot \vec{E} = \frac{1}{\varepsilon_0} \rho \tag{3-39-5}$$

$$\vec{\nabla} \cdot \vec{B} = 0 \tag{3-39-6}$$

$$\vec{\nabla} \times \vec{E} = -\frac{\partial \vec{B}}{\partial t} \tag{3-39-7}$$

$$\vec{\nabla} \times \vec{B} = \mu_0 \left(\vec{j} + \varepsilon_0 \frac{\partial \vec{E}}{\partial t} \right) \tag{3-39-8}$$

除電荷與電荷運動（電流）分別產生電場與磁場外，法拉第定律告訴我們隨時間變化的磁場會伴隨一個電場存在（(3-39-7) 式），同樣地，(3-39-8) 式則是指出隨時間變化的電場也會伴隨磁場的出現，如此電場與磁場也能處於更有對稱性的地位。同樣地，我們亦可將此四個方程式以積分的形式表示：

$$\oint_A \vec{E} \cdot d\vec{S} = \frac{1}{\varepsilon_0} Q_{\text{enclosed}} \tag{3-39-9}$$

$$\oint_A \vec{B} \cdot d\vec{S} = 0 \tag{3-39-10}$$

$$\oint_C \vec{E} \cdot d\vec{l} = -\frac{d\Phi_{\text{B}}}{dt} \tag{3-39-11}$$

$$\oint_C \vec{B} \cdot d\vec{l} = \mu_0 \left(I_{\text{enclosed}} + \varepsilon_0 \frac{d\Phi_{\text{E}}}{dt} \right) \tag{3-39-12}$$

在這分別以積分形式與微分形式寫出的四個式子，讀者您是否有偏愛的一方？教學的取捨上，幾乎所有的普通物理教科書都僅選擇積分形式。原因不外乎下列三點：1. 教學的邏輯上的確會以積分形式爲優先。從單一的點電荷出發，到多電荷系統，再擴展到連續帶電體與電流的存在，積分的出現一切都很自然連貫。2. 儘量降低初學者在數學上的負擔。若要給出微分的形式，勢必得再引入「向量分析」的數學課題，這起碼得包括梯度 (gradient)、散度 (divergence)、與旋度 (curl) 這三個向量微分，與兩個重要定理－散度定理 (divergence theorem) 與斯托克定理 (Stoke's theorem)。3. 課程時間的不允許。在動輒上千頁的一般普通物理教課書中，似乎已容納不下更多的題材，標準的修課時間也不足以應付這麼多的內容，特別是較偏向數學又得花些時間理解的課題。

雖然有上面的三個理由來解釋在電磁學的教導上，普通物理的階段爲何會傾向於僅以積分形式來陳述電磁學定理。但在我個人的教學經驗上，排除微分形式卻也容易帶來一些學生理解上的困擾。1. 在電磁學定理的積分形式上，雖如我在前面所提的，在教學鋪成的邏輯上實屬合理，但讓學生能正確理解這四個積分同等不是一件容易的事：空間中假想的高斯封閉面、環流積分所涉及的封閉路徑、特別在法拉第定律中跳脫實體導線的侷限，這都讓初學者在理解上不是眞地那麼直接。2. 對上述積分的理

解是可透過向量分析中的「散度定理」與「斯托克定理」來進一步地釐清概念。3. 此外，就形式來說，除產生電磁場的電荷與電流外，在微分形式中就只涉及電場與磁場，並以兩者在時空點上的性質來直接相關聯；而在積分的形式上，我們還得透過引入「通量」這額外的物理量，才能將電場與磁場聯繫起來。此外本單元也彰顯出：4. 更完整正確的電磁學定律，即馬克斯威對安培定律的修正，可藉由方程式間的一致性 (consistency) 來達成，而這修正由微分的形式是較直接的途徑。此外，5. 電磁波的預測，亦是由電磁學定律的微分形式較容易理解。

圖 3-39-2　　**奧利弗‧黑維塞** (Oliver Heaviside，1850-1925)

我們常簡單地以四個方程式包含整個電磁理論，來讚嘆馬克斯威於電磁理論上的集大成工作。馬克斯威的確完備了整個電磁理論的基礎架構，但對物理史有興趣的讀者若去翻閱馬克斯威的論文著作，讀者將無法找到我們現今所常見的四個簡潔方程式，而是二十個相互關聯的方程式。可想而知，面對二十個相互關聯方程式的理論，在理解上是多麼的困難！那如何將這二十個方程式轉換成四個方程式，當中向量分析的數學語言必須建立，而這工作卻是由一個大半時間離學術圈有一段距離的自學人士－黑維塞。事實上，我們當今在學習電磁學時所看到的理論樣貌，以向量的分析去架構電磁學便是依循黑維塞的方法。

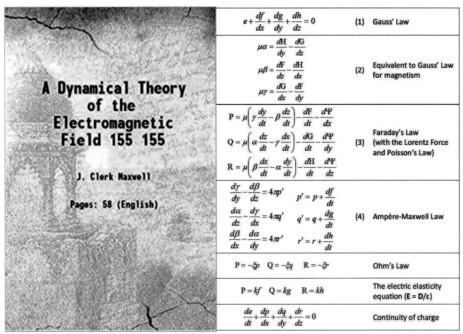

圖 3-39-3　馬克斯威方程式在其原始著作中所被看見的形貌。數學符號的
發明對其本身日後的發展一直扮演著很重要的關鍵，也因此建
議初學者不妨花更多的時間去理解數學符號背後所代表的概
念，在看懂式子後，也才有後面的發展。

3-40 電磁波

　　馬克斯威於 1861 年完備電磁學理論後，很快地在 1865 年之論文「電磁場的動力理論」中提出電磁波的預測。此預測最終在 1886-1888 年間，由赫茲 (Heinrich Hertz，1857-1894) 的實驗給證實。本單元我們就來探討「電磁波」在理論上是如何地被得知。

　　為簡化我們的討論，我們設定真空中無電荷與電流的存在 ($\rho = 0$，$\vec{j} = 0$)。所以馬克斯威方程式可寫成

$$\vec{\nabla} \cdot \vec{E} = 0 \qquad\qquad (3\text{-}40\text{-}1)$$

$$\vec{\nabla} \cdot \vec{B} = 0 \qquad\qquad (3\text{-}40\text{-}2)$$

$$\vec{\nabla} \times \vec{E} = -\frac{\partial \vec{B}}{\partial t} \qquad\qquad (3\text{-}40\text{-}3)$$

$$\vec{\nabla} \times \vec{B} = \mu_0 \varepsilon_0 \frac{\partial \vec{E}}{\partial t} \qquad\qquad (3\text{-}40\text{-}4)$$

　　利用數學上的恆等式 $\vec{\nabla} \times (\vec{\nabla} \times \vec{E}) = \vec{\nabla}(\vec{\nabla} \cdot \vec{E}) - \vec{\nabla}^2 \vec{E}$，其中 Laplacian 運算符之定義為 $\vec{\nabla}^2 \equiv \vec{\nabla} \cdot \vec{\nabla}$。將上面之恆等式套用在 (3-40-3) 式後，再帶入 (3-40-1) 式與 (3-40-4) 式便可得到

$$\vec{\nabla} \times (\vec{\nabla} \times \vec{E}) = -\frac{\partial}{\partial t}(\vec{\nabla} \times \vec{B}) \Rightarrow \vec{\nabla}^2 \vec{E} - \mu_0 \varepsilon_0 \frac{\partial^2 \vec{E}}{\partial t^2} = 0 \qquad (3\text{-}40\text{-}5)$$

同理，將恆等式套用在 (3-40-4) 式上再帶入 (3-40-2) 與 (3-40-3) 式，則可得

$$\vec{\nabla}^2 \vec{B} - \mu_0 \varepsilon_0 \frac{\partial^2 \vec{B}}{\partial t^2} = 0 \qquad\qquad (3\text{-}40\text{-}6)$$

　　讀者可對照 (2-4-2) 式，便可看見我們所獲得的 (3-40-5) 式與 (3-40-6) 式，事實上就是「波動方程式」。差別在於之前我們所討論的波均限制在一維方向上的前進與後退，現在所出現的波動方程式，其空間微分的部分會由一維擴展到三維的微分

$$\frac{\partial^2}{\partial x^2} \rightarrow \vec{\nabla}^2 = \frac{\partial^2}{\partial x^2} + \frac{\partial^2}{\partial y^2} + \frac{\partial^2}{\partial z^2} \qquad\qquad (3\text{-}40\text{-}7)$$

　　此外，振盪的物理量也不再是純量場（例如：聲波中的壓力強度），而是電場與磁場這般的向量場。即便有如此的不同，但依我們在單元「2-4 波動方程式的解」中的討論，應也不難寫出電場的解（磁場的解就留給讀者自行寫出）為：

$$\vec{\nabla}^2 \vec{E} - \mu_0 \varepsilon_0 \frac{\partial^2 \vec{E}}{\partial t^2} = 0 \Rightarrow \vec{E}(\vec{r},t) = \vec{E}_0 e^{i(\vec{k} \cdot \vec{r} - \omega t)} \qquad (3\text{-}40\text{-}8)$$

　　在進一步針對此解來探討電磁波之特性前，我們可立即指出，馬克斯威之所以會深信此電磁波的重要性，在於此波的傳遞速度為[註2]：

[註2] 也由於光速在宇宙中的獨特性，我們賦予真空中的光速大小一個特別的獨特字母「c」！

$$c = \frac{1}{\sqrt{\mu_0 \varepsilon_0}} \approx 2.998 \times 10^8 \text{ m/sec} \tag{3-40-9}$$

　　明顯地，電磁波於眞空中的傳遞速度就是光於眞空中的傳遞速度！如此光波是否就是電磁波呢？是的，自然科學中已發展許久的「光學」，一個可獨立存在領域，到了十九世紀末居然可被統一納入一個更大的電磁學理論中，「光學」僅不過是「電磁學」中的一個分支現象。這在傳統的物理化約思維下，不意外地，十九世紀末的電磁學的確可說是古典物理的一大成就。當然，在這過程當中物理學家勢必還得要給出更充分與完備的證明，去證明所有的光學現象都有它的電磁學解釋。

　　此外，既然是波，則波速必然等於頻率與波長的乘積。因此

$$c = f \cdot \lambda \Rightarrow c = \left(\frac{\omega}{2\pi}\right) \cdot \left(\frac{2\pi}{k}\right) = \frac{\omega}{k} \tag{3-40-10}$$

　　傳統光學中所關注的可見光，其波長約略在紫光的 400nm 到紅光 700nm 間，對應的頻率為 0.75×10^{15}Hz 到 0.42×10^{15}Hz 之間。而這可見光的波長與頻率範圍，如（圖 3-40-1）所示，僅佔整個電磁光譜中的一小部分。

Electromagnetic Spectrum (電磁光譜)

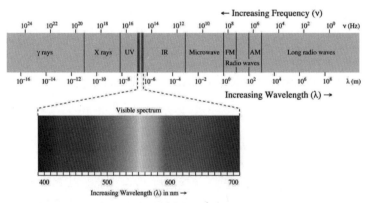

圖 3-40-1　**電磁光譜。若依波長來區分，比紫光波長更短的電磁波依序為紫外線 (UV)、X 射線 (x-ray)、與 γ 射線 (γ-ray)；反之，比紅光波長更長的電磁波依序為紅外線 (IR)、微波 (microwave)、與無線電波 (radio wave)。此外，由命名的區分來看，我們應可看出電磁波隨著波長的遞增，其波之特性會由粒子性逐漸過渡到波動性。**

3-41 電磁波於真空中的傳遞特性

本單元中我們會將波動方程式中的電磁場解，代回並改寫馬克斯威方程式的形式，以此來指出電磁波於真空中的傳遞特性。同樣地，我們令真空中沒有電荷與電流的存在，電場的解為（可取下面形式的實數部分作為真實的電場解）

$$
\begin{aligned}
\vec{E}(\vec{r},t) &= \vec{E}_0 e^{i(\vec{k}\cdot\vec{r}-\omega t)} \\
&= \left(E_{x0}\hat{x} + E_{y0}\hat{y} + E_{z0}\hat{z}\right) e^{i\left(k_x x + k_y y + k_z z - \omega t\right)}
\end{aligned}
\tag{3-41-1}
$$

其中 $\vec{E}_0$ 為固定的電場向量。接下來我們將此解帶回馬克斯威方程式，我們將會遇見下面的計算

$$
\begin{aligned}
\vec{\nabla}\cdot\vec{E} &= \frac{\partial E_x}{\partial x} + \frac{\partial E_y}{\partial y} + \frac{\partial E_z}{\partial z} \\
&= \frac{\partial}{\partial x}\left(E_{x0} e^{i\left(k_x x + k_y y + k_z z - \omega t\right)}\right) + \left(y與z分量所對應的微分\right) \\
&= ik_x E_{x0} e^{i\left(k_x x + k_y y + k_z z - \omega t\right)} + \left(y與z分量所對應的微分結果\right) \\
&= i\vec{k}\cdot\vec{E}
\end{aligned}
\tag{3-41-2}
$$

如此直接的計算，讀者應可自行推導得到下面的結果

$$
\vec{\nabla}\times\vec{E} = i\vec{k}\times\vec{E}
\tag{3-41-3}
$$

$$
\frac{\partial\vec{E}}{\partial t} = -i\omega\vec{E}
\tag{3-41-4}
$$

磁場部分亦是同樣的計算，因此真空中無場源的馬克斯威方程式可改寫成：

$$
\vec{\nabla}\cdot\vec{E} = 0 \qquad\qquad \hat{k}\cdot\vec{E} = 0
\tag{3-41-5}
$$

$$
\vec{\nabla}\cdot\vec{B} = 0 \qquad\qquad \hat{k}\cdot\vec{B} = 0
\tag{3-41-6}
$$

$$
\vec{\nabla}\times\vec{E} = -\frac{\partial\vec{B}}{\partial t} \quad\Rightarrow\quad \hat{k}\times\vec{E} = \frac{\omega}{k}\vec{B} = c\vec{B}
\tag{3-41-7}
$$

$$
\vec{\nabla}\times\vec{B} = \mu_0\varepsilon_0\frac{\partial\vec{E}}{\partial t} \qquad \hat{k}\times\vec{B} = -\mu_0\varepsilon_0\frac{\omega}{k}\vec{E} = -\frac{1}{c}\vec{E}
\tag{3-41-8}
$$

式中 $\hat{k}\equiv\vec{k}/k$ 為電磁波前進方向的單位向量。我們可由這組馬克斯威方程式的表示式清楚看出：電場、磁場、與電磁波的前進方向彼此間呈相互（垂直）正交的關係，如（圖 3-41-1）。

電磁波的偏極性 (polarization)

習慣上，我們會將焦點擺放在電場上去看電磁波的特性。由於電場垂直於電磁波的前進方向，因此如（圖 3-41-2）所示，一旦得知電磁波的前進方向 $\hat{k}$（如光的前進方向），電場的方向就被限定在與 $\hat{k}$ 垂直的平面上。又我們可任意在平面上選取兩個互

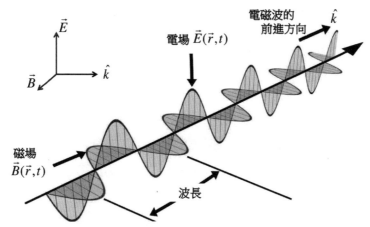

圖 3-41-1 電磁波前進方向與電場、磁場方向關係。電場與磁場的大小在每一個位置都以正弦的方式振盪。

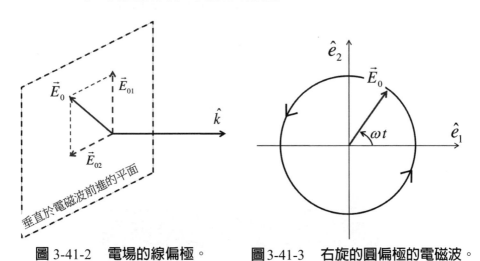

圖 3-41-2 電場的線偏極。　　圖 3-41-3 右旋的圓偏極的電磁波。

相垂直的單位向量，作為此平面上的基底向量。如此在此平面上的電場（(3-41-1)式）實際上可拆解成

$$\vec{E}(\vec{r}, t) = \vec{E}_0 e^{i(\vec{k} \cdot \vec{r} - \omega t)}$$
$$= \left(E_{01} \hat{e}_1 + E_{02} \hat{e}_2 \right) e^{i(k_x x + k_y y + k_z z - \omega t)} \tag{3-41-9}$$

(3-41-9) 式中指數部分（若取實部，即 $\cos(\vec{k} \cdot \vec{r} - \omega t)$）所代表的是電場的大小振盪。因此在 (3-41-9) 式的例子中，我們會發現在任一位置（$\vec{r} = \text{constant}$）上的電場於兩個基底方向的大小變化會式同步地變大變小，同為 $\cos(\omega t)$ 的函數。也因此 $\vec{E}_0$ 除大小

外，方向並不會隨時間變化，我們就稱此電磁波的電場有固定的偏極方向，我們又稱這樣的偏極為「線偏極」(linear polarization)。

當然電場的線偏極不會是電磁波的唯一偏極形式。一旦當兩基底方向的電場大小不再同步變化，而存在一個相位差 (ϕ)。此時

$$\begin{aligned}\vec{E}(\vec{r},t) &= \vec{E}_0 e^{i(\vec{k}\cdot\vec{r}-\omega t)}\\&= \left(E_{01}\hat{e}_1 + E_{02}e^{i\phi}\hat{e}_2\right)e^{i(k_x x+k_y y+k_z z-\omega t)}\end{aligned} \tag{3-41-10}$$

如此我們來看這電場於位置 $(\vec{r}=0)$ 處的實部，

$$\vec{E}(\vec{r}=0,t) = E_{01}\cos(\omega t)\hat{e}_1 + E_{02}\cos(\omega t-\phi)\hat{e}_2 \tag{3-41-11}$$

由（圖 3-41-3）可知，當 $\phi = \pi/2$ 時，

$$\vec{E}(\vec{r}=0,t) = E_{01}\cos(\omega t)\hat{e}_1 + E_{02}\sin(\omega t)\hat{e}_2 \tag{3-41-12}$$

若我們站在面對電磁波前進的方向看去，此電磁波中的電場偏極方向會隨時間逆時針的轉動，我們稱此型態的偏極為「右旋偏極」(right-hand polarization)，因為若以右手拇指為電磁波的前進方向，此時拇指朝向我們的眼睛，四指彎曲的方向即為此逆時鐘轉動的電場偏極方向。此外，若 $E_{01} = E_{02}$，此特殊的偏極稱為「右旋的圓偏極」，否則就稱為「右旋的橢圓偏極」。

讀者也不妨想一想，畫一畫，將會發現當 $\phi = -\pi/2$ 時，我們會得到一個「左旋」的順時鐘偏極。

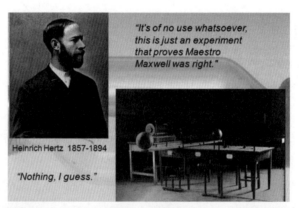

圖 3-41-4　深信電磁波存在的赫茲，真的設計出一個實驗來證實馬克斯威理論的正確性，但讓赫茲萬萬想不到的是電磁波的應用價值。在我們當今的生活中電磁波儼然已成為不可或缺的一部分，即便我們無法直接地看見它。

【練習題3-41】

考慮電場

$$\vec{E}\ (\vec{r},\,t) = \vec{E}_0 e^{i(\vec{k}\,\cdot\,\vec{r}\,-\,\omega t)}$$

其中 $\vec{E}_0$ 為一定向量。試解釋此電場代表一個平面波，又此平面波的前進方向為何？

【練習題3-42】

考慮下面以實數的表示法所描述的電場

$$\vec{E}(z,t) = E_0 \cos(k \cdot z - \omega \cdot t)\,\hat{x} + E_0 b \cos(k \cdot z - \omega \cdot t + \phi)\,\hat{y}$$

試將上面的表示式轉換成複數的表示式

$$\vec{E}(z,t) = E_0\left(\hat{x} + b \cdot e^{i\phi}\,\hat{y}\right) \cdot e^{i \cdot (k \cdot z - \omega \cdot t)}$$

並針對此電場，請以圖表式下面情況之偏極型態

(a.) $\phi = 0$；$b = 1$

(b.) $\phi = 0$；$b = 2$

(c.) $\phi = \pi / 2$；$b = -1$

(d.) $\phi = \pi / 4$；$b = 1$

3-42 電磁波對能量的傳播——坡印廷向量

在我們最早對波動的探討中，已清楚指出承載波的介質並沒有隨波的傳遞而行走出去，但能量卻是真真實實地隨波而去。在能量的傳遞上，電磁波亦同，電場所伴隨的能量會隨電磁波的前進而前進。有此概念，我們便不難以下面的物理圖像去寫下電磁波傳遞能量的數學表示式。

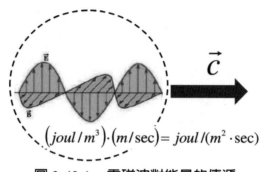

$$\left(joul/m^3\right)\cdot\left(m/\sec\right)=joul/\left(m^2\cdot\sec\right)$$

圖 3-42-1　電磁波對能量的傳遞

在單元「3-18 電磁場所蘊含的能量」中，我們已知伴隨電場與磁場的能量密度為

$$\frac{dW_e}{d\tau}=\frac{1}{2}\varepsilon_0\left|\vec{E}\right|^2 \quad and \quad \frac{dW_m}{d\tau}=\frac{1}{2}\frac{1}{\mu_0}\left|\vec{B}\right|^2 \tag{3-42-1}$$

而電磁波乃電場與磁場的交替振盪所生，因此隨電磁波所傳遞出去的單位體積能量便該是 (3-42-1) 式中電場能量密度與磁場能量密度的總和，又電磁波的傳遞速度為光速 c（方向 $\hat{k}$），最後我們將這些物理量乘在一起

$$\left(\frac{1}{2}\varepsilon_0\left|\vec{E}\right|^2+\frac{1}{2}\frac{1}{\mu_0}\left|\vec{B}\right|^2\right)\cdot c\,\hat{k} \tag{3-42-2}$$

再由 (3-42-2) 式的方向與單位 joul/(m^2 · sec) = Watt/m^2 判定，不難理解此組合代表單位面積上所接收到的電磁波能量功率。對電磁波而言，可利用 (3-41-7) 式處理

$$\vec{B}=\frac{1}{c}\hat{k}\times\vec{E} \Rightarrow \left|\vec{B}\right|^2=\frac{1}{c^2}\left(\hat{k}\times\vec{E}\right)\cdot\left(\hat{k}\times\vec{E}\right)=\frac{1}{c^2}\left|\vec{E}\right|^2 \tag{3-42-3}$$

又光速 $c=1/\sqrt{\mu_0\varepsilon_0}$，由此可知

$$\frac{1}{2}\frac{1}{\mu_0}\left|\vec{B}\right|^2=\frac{1}{2}\frac{1}{\mu_0}\left(\mu_0\varepsilon_0\left|\vec{E}\right|^2\right)=\frac{1}{2}\varepsilon_0\left|\vec{E}\right|^2 \tag{3-42-4}$$

在電磁波中的磁場能量大小會等於電場能量大小[註3]。(3-42-2) 式亦成

$$\left(\frac{1}{2}\varepsilon_0\left|\vec{E}\right|^2 + \frac{1}{2}\frac{1}{\mu_0}\left|\vec{B}\right|^2\right) \cdot c\,\hat{k} = \sqrt{\frac{\varepsilon_0}{\mu_0}}\left|\vec{E}\right|^2\hat{k} \tag{3-42-5}$$

● 坡印廷向量 (the Poynting vector)

眞空中，坡印廷向量 (the Poynting vector) 的定義：
$$\vec{S} \equiv \frac{1}{\mu_0}\vec{E}\times\vec{B}$$

同樣利用 (3-42-3) 式，依據坡印廷向量之定義

$$\vec{S} = \frac{1}{\mu_0}\vec{E}\times\left(\frac{1}{c}\hat{k}\times\vec{E}\right) = \frac{1}{\mu_0 c}\left(\left(\vec{E}\cdot\vec{E}\right)\hat{k} - \left(\vec{E}\cdot\hat{k}\right)\vec{E}\right) = \sqrt{\frac{\varepsilon_0}{\mu_0}}\left|\vec{E}\right|^2\hat{k} \tag{3-42-6}$$

同 (3-42-5) 式的結果，所以「坡印廷向量」可被理解爲 – 在電磁波的前進方向 ($\hat{k}$) 上單位面積的能量傳播功率。

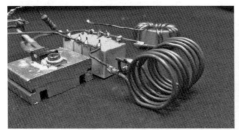

圖 3-42-2　**實務上，我們常利用電磁感應原理來加熱金屬。其原理就是利用產生感應電流來攫取電磁場中的能量。**

[註3]　此電場能量與磁場能量相等的結果是一個好的出發點，讓我們再好好想想電場與磁場的單位選定問題。依 SI（國際單位制下的定義，就以 (3-41-7) 式連結磁場與電場的關係式來看，由於光速的出現，讓人總覺得磁場的大小是比電場小許多。但這僅是單位選擇所造成的印象！我們是可用別的單位系統 (C.G.S) 去定義電場與磁場使之有更相近的形式，這在狹義相對論的討論中，也可回過頭來讓我們對電磁場能有更深一層的理解。

3-43 介電質

在談介電質 (dielectric) 之前，我們不妨先看看電偶極 (electric dipole) 在電場中的行為，如（圖 3-43-1）所示。由於我們所考慮的電場大小與方向是固定的（$\vec{E} = \text{constant}$），所以此電偶極所受到的合力為零，這使原本靜止於空間一處的電偶極仍舊會靜止於原處，不會移動。但不為零的力矩（$\vec{\tau} = \vec{p} \times \vec{E} \neq 0$）會使其轉動，直至此電偶極所擁有的能量（$U = -\vec{p} \cdot \vec{E}$）達到最小的狀態（即 $\theta \to 0$）。

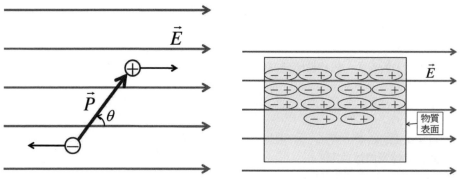

圖 3-43-1　穩定電場下的電偶極。　　圖 3-43-2　理想狀況下，介電質內的電偶極會在外部電場的作用下重新排列，而形成束縛電荷的出現。

如此，我們可將構成一般物質的原子分子想像成是一個個置於晶格位置的小電偶極。在電場下，這些小電偶極會改變其方向，使其達到最小能量的穩定狀態，如（圖 3-43-2）一般。但在真實的環境下，如此理想的排列會因溫度所產生的熱擾動而給破壞，其擾動的程度會依電場的強度增強與溫度降低而減緩。在一般的室溫下，統計上說來，電偶極的偶極矩方向是會平行於電場的方向。

當然，在巨觀的尺度下，我們不會以原子分子間的電偶極去作為量化討論的起點，而是更直接地去定義物質單位體積的偶極矩：

$$\vec{P} \equiv \lim_{\Delta \tau \to 0} \frac{\sum_i \vec{p}_i}{\Delta \tau} \tag{3-43-1}$$

在此定義下，若物質單位體積的偶極矩正比於電場（$\vec{P} \propto \vec{E}$），我們就稱此物質為線性之介電質 (linear dielectric)。此外，我們往往所在意的會是此介電質的存在對空間電場的影響。對此問題，我們可回到單元「3-13 電偶極周遭電場」中的 (3-13-3) 式。考慮（圖 3-43-3）中體積單元之偶極矩（$\vec{P}(\vec{r}')d\tau'$）於空間 $\vec{r}$ 處所產生之電位大小

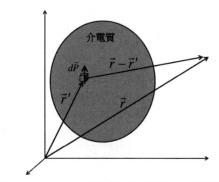

圖 3-43-3 介電質對外部空間的影響。

$$dV(\vec{r}) = \frac{1}{4\pi\varepsilon_0} \frac{\left(\vec{P}(\vec{r}')d\tau'\right)\cdot\left(\vec{r}-\vec{r}'\right)}{\left|\vec{r}-\vec{r}'\right|^3} \tag{3-43-2}$$

此外，我們在單元「3-15 方向導數與梯度」中也曾驗算過下面等式

$$\vec{\nabla}'\left(\frac{1}{\left|\vec{r}-\vec{r}'\right|}\right) = \frac{\vec{r}-\vec{r}'}{\left|\vec{r}-\vec{r}'\right|^3} \tag{3-43-3}$$

需注意的是上式中的梯度是對 $\vec{r}'$ 微分，而不是對 $\vec{r}$ 微分，因此與單元 3-15 中的例題會差一個負號。而整個介電質於空間 $\vec{r}$ 處所產生之電位大小則可由積分得知

$$\begin{aligned}
V(\vec{r}) &= \frac{1}{4\pi\varepsilon_0} \int_{\tau'} \frac{\vec{P}d\tau'\cdot(\vec{r}-\vec{r}')}{\left|\vec{r}-\vec{r}'\right|^3} \\
&= \frac{1}{4\pi\varepsilon_0} \int_{\tau'} \vec{P}\cdot\vec{\nabla}'\left(\frac{1}{\left|r-\vec{r}'\right|}\right)d\tau' \\
&= \frac{1}{4\pi\varepsilon_0} \int_{\tau'} \vec{\nabla}'\cdot\left(\frac{\vec{P}}{\left|r-\vec{r}'\right|}\right)d\tau' - \frac{1}{4\pi\varepsilon_0} \int_{\tau'} \frac{\vec{\nabla}'\cdot\vec{P}(\vec{r}')}{\left|r-\vec{r}'\right|}d\tau' \\
&= \frac{1}{4\pi\varepsilon_0} \oint_{s'} \frac{\vec{P}(\vec{r}')\cdot d\vec{s}'}{\left|r-\vec{r}'\right|} + \frac{1}{4\pi\varepsilon_0} \int_{\tau'} \frac{-\vec{\nabla}'\cdot\vec{P}(\vec{r}')}{\left|r-\vec{r}'\right|}d\tau'
\end{aligned} \tag{3-43-4}$$

我們於上面最後一個等式的積分中有用到散度定理，將體積分轉換成封閉面的面積分（ $d\vec{s}' = \hat{n}ds'$ ）。如此 (3-43-4) 式的結果可給出一個物理上不錯的解釋：

$$\begin{aligned}
V(\vec{r}) &= \frac{1}{4\pi\varepsilon_0} \oint_{s'} \frac{\sigma_b ds'}{\left|\vec{r}-\vec{r}'\right|} + \frac{1}{4\pi\varepsilon_0} \int_{\tau'} \frac{\rho_b d\tau'}{\left|\vec{r}-\vec{r}'\right|} \\
\sigma_b &= \vec{P}(\vec{r}')\cdot\hat{n} \\
\rho_b &= -\vec{\nabla}'\cdot\vec{P}(\vec{r}')
\end{aligned} \tag{3-43-5}$$

　　介電質的效應可分為兩部分，一是來自於介電質表面上的束縛面電荷密度 (bound surface charge density，σ_b)，另一則是介電質內部的束縛體電荷密度 (bound volume charge density，ρ_b)。這兩種束縛電荷的出現也可由（圖 3-43-2）來理解，其來源是因為外部電場造成介電質內部之正負電荷的分布不均，而不是有什麼新的真實電荷出現，也因此我們可計算這些束縛電荷的總量爲零！

$$
\begin{aligned}
Q_b &= \oint_{s'} \sigma_b ds' + \int_{\tau'} \rho_b d\tau' \\
&= \oint_{s'} \vec{P} \cdot d\vec{s}' - \int_{\tau'} \vec{\nabla}' \cdot \vec{P} \, d\tau' \\
&= 0
\end{aligned}
\tag{3-43-6}
$$

● 線性 (linear) 與各向同性 (isotropic) 之介電質

若將此類的介電質置於外部電場（$\vec{E}$）下，則介電質內部所產生的偶極矩（$\vec{P}$）有下面之關係：

$$
\vec{P} = \varepsilon_0 \chi_e \vec{E}
\tag{3-43-7}
$$

其中常數 χ_e 稱爲此介電質的電極化率 (electric susceptibility)。在一般物質特性的查表中，此電極化率 χ_e 會以介電常數 κ 來表示，其關係爲 $\kappa = 1 + \chi_e = \varepsilon/\varepsilon_0$。（參見（表 3-19-1）。

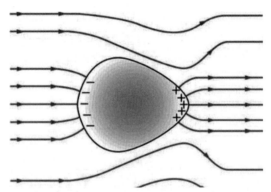

圖 3-43-4　置於外部電場下的介電質，由於介電質內部正負電荷的重新分布，使之出現束縛的面電荷與體電荷，也因此影響介電質本身內部與外部的電場。

【練習題3-43】

若有一條長度為 L 的細直介電質短棒，棒的兩端截面積均為 A。如圖擺放，此介電質短棒的偶極矩可知為 $P_x = ax^2 + b$。則此短棒內部的束縛體電荷密度與表面之束縛面電荷分別為何？也清楚證明其總束縛電荷為零。

【練習題3-44】

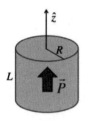

如圖所示一個圓柱形之介電質，其偶極矩 ($\vec{P}$) 之方向沿軸線方向，且大小一定。試問此介電質外部軸線上的電場大小。

3-44 物質的磁效應

在上單元中我們介紹了電場下被極化的介電質，因正負電荷的重新分布（電偶極的重新排列）而進一步對空間電場產生影響。同樣來自於物質的原子結構，但不同於正負電荷的起因，物質對磁場的效應來源則是原子本身所擁有磁偶極 (magnetic dipole)。就以我們對原子的古典（波爾）模型來理解此事，帶負電的電子依其該有的軌道環繞在原子核的外部旋轉，所造成的原子電流 (atomic current) 無疑就是我們之前介紹磁偶極的原型－環電流所產生的磁場。當然，在古典巨觀的尺度下，我們是無法觀察到原子層級的磁偶極 ($\vec{m}$)，但如同我們前一單元於介電質上的做法，我們可定義物質的磁化強度 (magnetization)，物質單位體積所表現出的淨偶極矩：

$$\vec{M} \equiv \lim_{\Delta \tau' \to 0} \frac{\sum_i \vec{m}_i}{\Delta \tau'} \tag{3-44-1}$$

此磁化強度可為物質所在空間的函數，$\vec{M}(\vec{r}')$。有此定義，物質內部體積 $d\tau'$ 的偶極矩 $d\vec{m}' = \vec{M}d\tau'$ 對空間的磁場貢獻便可依循「3-31 磁偶極周遭的磁場」單元的作法，先求其所產生的向量位能 $\vec{A}(\vec{r})$，最後若要知道此物質所貢獻的磁場，再對我們所得的向量位能做一個旋度的計算即可。

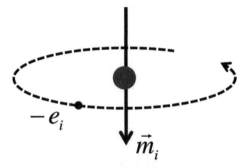

圖 3-44-1　**原子到底長什麼樣子？這問題非得等到量子力學的出現後才逐漸有一個較清晰的圖像出來。但波耳 (Neils Bohr，1885-1962) 於 1913 年所提的原子模型，即便我們現在都知道是錯的，但無論是在原子史上的發展角色，或是我們今日對原子的圖像理解，此模型都還是佔有相當的地位。此模型的特徵便是把太陽系的圖像帶入原子中，電子就像行星般地繞著原子核（太陽）運行。在此我們就不提波耳對此模型所強加的關鍵量子化條件，但就此電子的繞行便可供我們想像原子磁偶極的出現。**

類似（圖 3-43-3）所示，僅將 $d\vec{P}$ 以 $d\vec{m}$ 取代，並參照 (3-31-9) 式與 (3-43-3) 式，

$$d\vec{A}(\vec{r}) = \frac{\mu_0}{4\pi} \frac{\vec{M}(\vec{r}')d\tau'}{|\vec{r}-\vec{r}'|^2} \times \left(\frac{\vec{r}-\vec{r}'}{|\vec{r}-\vec{r}'|} \right) = \frac{\mu_0}{4\pi} \vec{M} \times \vec{\nabla}' \left(\frac{1}{|\vec{r}-\vec{r}'|} \right) d\tau' \qquad (3\text{-}44\text{-}2)$$

如此對整體物質的體積分後便可得到空間位置 $\vec{r}$ 處之向量位能

$$\vec{A}(\vec{r}) = \frac{\mu_0}{4\pi} \int_{\tau'} \frac{\vec{\nabla}' \times \vec{M}}{|\vec{r}-\vec{r}'|} d\tau' + \frac{\mu_0}{4\pi} \oint_{s'} \frac{\vec{M} \times \hat{n}'}{|\vec{r}-\vec{r}'|} ds' \qquad (3\text{-}44\text{-}3)$$

將此結果對照 (3-31-5) 式 – 向量位能與電流密度的關係式，並延續上單元所引入的概念，以束縛電荷的分布來看待電場下的介電質問題。(3-44-3) 式可解釋為

$$\vec{A}(\vec{r}) = \frac{\mu_0}{4\pi} \int_{\tau'} \frac{\vec{j}_b(\vec{r}')}{|\vec{r}-\vec{r}'|} d\tau' + \frac{\mu_0}{4\pi} \oint_{s'} \frac{\vec{k}_b(\vec{r}')}{|\vec{r}-\vec{r}'|} ds'$$

$$\vec{j}_b(\vec{r}') = \vec{\nabla}' \times \vec{M} \qquad\qquad\qquad (3\text{-}44\text{-}4)$$

$$\vec{k}_b(\vec{r}') = \vec{M} \times \hat{n}'$$

$\vec{j}_b$ 與 $\vec{k}_b$ 分別為束縛體電流密度 (bound volume current density) 與束縛面電流密度 (bound surface current density)，如（圖 3-44-2）。這些束縛電流 (bound current) 與一般電流 (conventional current) 的最大不同在於它們並沒有真正可移動的帶電載體，其出現的起因來自於物質內部原子層級的偶極矩在磁場下的巨觀淨效應。

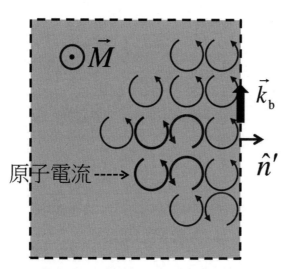

圖 3-44-2　束縛電流的示意圖。圖中物質的磁化方向由紙面指出。

3-45 非真空中的馬克斯威方程式

我們常說馬克斯威的四個方程式涵蓋了所有的古典電磁學理論，從靜電場與穩定磁場的特性、直流與交流電路上的分析到電磁波的傳遞，馬克斯威方程式眞是一個集大成的深刻理論。但爲讓初學者能聚焦於理論的邏輯架構上，我們刻意將此理論擺放在一個除「場源」(source) 外無任何介質存在的眞空中！如此固然可讓初學者避開許多學習上的麻煩細節，但卻也讓理論無法獲得確實的應用與對我們周遭日常現象的解釋。例如之前我們所曾提及的，電磁學的一大成就是將傳統分立存在的光學領域給整合在一起，但由電磁理論出發，即便僅是探究光遇見介面時的反射與折射現象，也務必得去處理電磁波進入非眞空介質內的狀態。因此，如何去改寫馬克斯威方程式，使之適用於非眞空中便是我們於本單元的重要課題。

真空中的馬克斯威方程式

$$\vec{\nabla} \cdot \vec{E} = \frac{1}{\varepsilon_0} \rho_{\mathrm{f}} \tag{3-45-1}$$

$$\vec{\nabla} \cdot \vec{B} = 0 \tag{3-45-2}$$

$$\vec{\nabla} \times \vec{E} = -\frac{\partial \vec{B}}{\partial t} \tag{3-45-3}$$

$$\vec{\nabla} \times \vec{B} = \mu_0 \left(\vec{j}_{\mathrm{f}} + \varepsilon_0 \frac{\partial \vec{E}}{\partial t} \right) \tag{3-45-4}$$

在此與之前所出現的 (3-39-5)–(3-39-8) 式，於 ρ_{f} 與 $\vec{j}_{\mathrm{f}}$ 的書寫上有一點點的差別，我們加入了下標 f 以表示此電荷與電流密度是來自於眞實的自由電荷之存在與移動。

非真空下的馬克斯威方程式

若有介質存在（非眞空），描述電磁場的馬克斯威方程式就得再加入空間上可能出現的束縛電荷密度 (ρ_{b}) 或束縛電流密度 ($\vec{j}_{\mathrm{b}}$)，即如下的改寫

$$\rho_{\mathrm{f}} \to \rho_{\mathrm{f}} + \rho_{\mathrm{b}} \tag{3-45-5}$$

$$\vec{j}_{\mathrm{f}} \to \vec{j}_{\mathrm{f}} + \vec{j}_{\mathrm{b}} \tag{3-45-6}$$

因此當我們所面對的介質爲線性的介電質時，(3-45-1) 式可改寫成

$$\vec{\nabla} \cdot \vec{E} = \frac{1}{\varepsilon_0} \left(\rho_{\mathrm{f}} + \rho_{\mathrm{b}} \right) = \frac{1}{\varepsilon_0} \left(\rho_{\mathrm{f}} - \vec{\nabla} \cdot \vec{P} \right) \tag{3-45-7}$$

式中 $\vec{P}$ 爲介質於此空間點上的電偶極矩（由於此處的散度計算就是在這個空間點上，不會有所混淆，因此我們省略了 (3-43-3) 式中 $\vec{\nabla}'$ 對微分空間變數的強調）。也由於在現實的觀測中，我們所方便處理的僅限於自由電荷密度 ρ_{f}，因此我們希望在馬克斯

威方程式中也僅保留可觀測的物理量。如此我們可定義：

$$\vec{D} \equiv \varepsilon_0 \vec{E} + \vec{P} \;\Rightarrow\; \vec{\nabla} \cdot \vec{D} = \rho_f \tag{3-45-8}$$

對線性與同方性之介電質，電偶極矩會正比於其所處位置的電場（(3-43-7) 式）。所以

$$\begin{aligned}
\vec{D} = \varepsilon_0 \vec{E} + \vec{P} &= \varepsilon_0 \vec{E} + \varepsilon_0 \chi_e \vec{E} \\
&= \varepsilon_0 (1 + \chi_e) \vec{E} \\
&\equiv \varepsilon \vec{E}
\end{aligned} \tag{3-45-9}$$

此處 ε 就稱爲此介質之（絕對）電容率 ((absoluate) permittivity)。之所以叫「電容率」，讀者可回頭參看單元「3-19 電容器」，其中我們也定義物質的介電常數 (κ) 爲

$$\kappa \equiv \frac{\varepsilon}{\varepsilon_0} = 1 + \chi_e \tag{3-45-10}$$

一般常見物質的介電常數值請參閱（表 3-19-1）。同樣地，(3-45-4) 式可改寫成

$$\vec{\nabla} \times \vec{B} = \mu_0 \left(\vec{j}_f + \vec{j}_b + \varepsilon_0 \frac{\partial \vec{E}}{\partial t} \right) = \mu_0 \left(\vec{j}_f + \vec{\nabla} \times \vec{M} + \varepsilon_0 \frac{\partial \vec{E}}{\partial t} \right) \tag{3-45-11}$$

磁場方面，我們常定義

$$\vec{H} \equiv \frac{1}{\mu_0} \vec{B} - \vec{M} \tag{3-45-12}$$

如此即便空間點仍具有電偶極矩 $\vec{P}$，只要此電偶極矩與時間無關（我們所遇見的問題幾乎都符合此要求），(3-45-11) 式可寫成

$$\vec{\nabla} \times \vec{H} = \vec{j}_f + \frac{\partial \vec{D}}{\partial t} \tag{3-45-13}$$

對線性的物質來說，磁矩會正比於所在位置的磁場，$\vec{M} = \chi_m \vec{H}$。因此

$$\vec{B} = \mu_0 (\vec{H} + \vec{M}) = \mu_0 (1 + \chi_m) \vec{H} \equiv \mu \vec{H} \tag{3-45-14}$$

此處 χ_m 與 μ 分別稱爲此介質之「磁化率」(magnetic susceptibility) 與「導磁率」(permeability)。對於一般的物質來說，由於無單位因次的「磁化率」(χ_m) 均遠小於 1，因此在磁場下被磁化的強度大小均很小，並不屬於我們日常所認知磁性物質。但依其正負號，物質在磁場下的磁效應可分爲：逆磁性 (diamagnetism，$\chi_m < 0$) 與順磁性

表 3-45-1　一般物質的磁化率。

物質	磁化率 χ_m
真空	0
水	-9.0×10^{-6}
鑽石	-2.1×10^{-5}
氧	$+1.9 \times 10^{-6}$
矽	-3.7×10^{-6}
氯化鈉	-1.4×10^{-5}
鈾	$+4.0 \times 10^{-4}$

(paramagnetism，$\chi_m > 0$)兩種【註4】。之於像磁鐵一般我們較熟悉的磁性物質，則屬於鐵磁性 (ferromagnetism)，其生成原因則必須等到量子物理的發展後才有辦法解釋。

最後，回到本單元的主要目的，我們將非真空中的馬克斯威方程式整理成下面只存有自由電荷／電流（在不會混淆下，我們也省略自由電荷與電流密度的下標 f）的四個方程式：

$$\vec{\nabla} \cdot \vec{D} = \rho \tag{3-45-15}$$

$$\vec{\nabla} \cdot \vec{B} = 0 \tag{3-45-16}$$

$$\nabla \times \vec{E} = -\frac{\partial \vec{B}}{\partial t} \tag{3-45-17}$$

$$\vec{\nabla} \times \vec{H} = \vec{j} + \frac{\partial \vec{D}}{\partial t} \tag{3-45-18}$$

其中 $\vec{D} = \varepsilon \vec{E}$ 與 $\vec{B} = \mu \vec{H}$。

【註4】　接續上單元的「原子磁偶極」的圖像，原本任意方向的原子磁偶極，在外加磁場下時，原本散亂的磁偶極開始會有一致的方向出現，亦即被外加磁場給磁化。若此一致出現的方向與外加磁場方向相反，即屬於逆磁性的物質。反之，若同向，則為順磁性物質。

□對電磁學的初學者來說，相信到此必然會感到些許的複雜。我們有必要整理一個小
　圖表來梳理一下其中的主要脈絡：

真空中，但仍存有場源時
的馬克斯威方程式：

$$\vec{\nabla} \cdot \vec{E} = \frac{1}{\varepsilon_0} \rho$$

$$\vec{\nabla} \cdot \vec{B} = 0$$

$$\vec{\nabla} \times \vec{E} = -\frac{\partial \vec{B}}{\partial t}$$

$$\vec{\nabla} \times \vec{B} = \mu_0 \left(\vec{j} + \varepsilon_0 \frac{\partial \vec{E}}{\partial t} \right)$$

場源仍在，但在非真空下，空間會因電磁場的
影響而出現束縛電荷／電流。然而我們所真實
看見的是空間中電磁場的改變，因此習慣上，
我們會去定義改變後的電磁場：

$$\vec{D} = \varepsilon \vec{E}$$
$$\vec{H} = \frac{1}{\mu} \vec{B}$$

此非真空的空間，均限制
為具有線性與均方性的特
性。

非真空中，
且存有場源時的
馬克斯威方程式：

$$\vec{\nabla} \cdot \vec{D} = \rho$$

$$\vec{\nabla} \cdot \vec{B} = 0$$

$$\vec{\nabla} \times \vec{E} = -\frac{\partial \vec{B}}{\partial t}$$

$$\vec{\nabla} \times \vec{H} = \vec{j} + \frac{\partial \vec{D}}{\partial t}$$

□接下來的章節主題（均不考慮場源的存在）：
● 電磁波於同一介質中的傳遞特性。因只存在一個介質，當然就沒有介質與介質
　間的界面出現。（單元 3-46）
● 電磁波由一介質進入另一介質的傳遞特性，其所將出現的現象決定於介質與介
　質間的界面特性，即邊界條件。
　– 非導體界面：單元 3-47 與 3-48
　– 導體界面：單元 3-49

3-46 電磁波於非真空且無場源中的傳遞速度與折射率

上單元中我們已改寫了於非真空中的馬克斯威方程式,接下來所要探討的是在這樣的非真空區域中電磁波會如何地傳遞。為簡化問題的複雜性,我們可先令所要討論的(線性)空間中沒有自由電荷與電流的存在。如此,馬克斯威方程式:

$$\vec{\nabla} \cdot \vec{D} = 0 \qquad\qquad \vec{\nabla} \cdot \vec{E} = 0 \tag{3-46-1}$$

$$\vec{\nabla} \cdot \vec{B} = 0 \qquad\qquad \vec{\nabla} \cdot \vec{B} = 0 \tag{3-46-2}$$

$$\vec{\nabla} \times \vec{E} = -\frac{\partial \vec{B}}{\partial t} \quad \Rightarrow \quad \vec{\nabla} \times \vec{E} = -\frac{\partial \vec{B}}{\partial t} \tag{3-46-3}$$

$$\vec{\nabla} \times \vec{H} = \frac{\partial \vec{D}}{\partial t} \qquad \vec{\nabla} \times \vec{B} = \mu\varepsilon \frac{\partial \vec{E}}{\partial t} \tag{3-46-4}$$

同樣利用單元「3-40 電磁波」中的作法,我們可得到屬於電場與磁場的波動方程式:

$$\vec{\nabla}^2 \vec{E} - \mu\varepsilon \frac{\partial^2 \vec{E}}{\partial t^2} = 0 \tag{3-46-5}$$

$$\vec{\nabla}^2 \vec{B} - \mu\varepsilon \frac{\partial^2 \vec{B}}{\partial t^2} = 0 \tag{3-46-6}$$

就如同在真空中一般,唯一的差別在於電磁波的傳遞速度已變為

$$v = \frac{1}{\sqrt{\mu\varepsilon}} \tag{3-46-7}$$

對一般由線性介質 ($\varepsilon = \varepsilon_0(1 + \chi_e)$ 與 $\mu = \mu_0(1 + \chi_m)$) 所構成的空間中,介電質之電極化率 $\chi_e > 0$,而磁化率(無論是順磁性或逆磁性)均非常接近零 $\chi_m \approx 0$。因此電磁波在非真空中的傳遞速度將會小於在真空中的傳遞速度 (c)。我們通常也將其速度的比值定義為該介質的折射率 (index of refraction),

$$n \equiv \frac{c}{v} = \sqrt{\frac{\mu}{\mu_0} \frac{\varepsilon}{\varepsilon_0}} \approx \sqrt{\frac{\varepsilon}{\varepsilon_0}} = \sqrt{1 + \chi_e} > 1 \tag{3-46-8}$$

事實上,此折射率的大小會依電磁波的頻率而定!一般我們所常見的物質標準折射率是用鈉原子光譜中的雙黃線 ($\lambda = 589\text{nm}$) 所測量之值,如(表 3-46-1)所列。

● 折射率 (index of refraction) 的簡單模型解釋

(圖 3-46-1)是一個很好讓人理解構成物質的原子圖像模型。雖然不折不扣是一個依古典概念所發展出的模型,但卻也真能給出許多物理現象的定性解釋,甚至是量化上的估算。就以物質的折射率來說,假設此物質中沒有可自由移動的電子存在,所有的電子就被束縛在所屬原子的周遭,但在電磁波內週期性振盪的電場作用下亦會呈現出週期性振盪的運動,亦如同週期外力下的彈簧系統。令某電子的平衡位置為 $\vec{r} = 0$,則此電子的運動方程式為

$$m^*\left(\frac{d^2\vec{r}}{dt^2} + \gamma\frac{d\vec{r}}{dt} + \omega_0^2\vec{r}\right) = -e\vec{E} \qquad (3\text{-}46\text{-}9)$$

式中電子的有效質量與帶電量分別為 m^* 與 $-e$，ω_0 為電子被原子束縛本身的振盪頻率，γ 則代表此彈簧模型系統中的阻尼。若電磁波內的電場振盪頻率為 ω，則之前在彈簧系統內的分析結果告訴我們，束縛於原子內的電子亦有同樣的振盪頻率 ω，即

$$\vec{E} \sim e^{-i\omega t} \Rightarrow \vec{r} \sim e^{-i\omega t} \qquad (3\text{-}46\text{-}10)$$

表 3-46-1　一般常見物質的標準折射率。

物質	折射率
真空	1
空氣（1 大氣壓，0℃）	1.000277
冰	1.31
水（20℃）	1.330
矽	3.42-3.48
玻璃（得依成份而定）	約 1.52
聚甲基丙烯酸酯（壓克力）	1.49
鑽石	2.417

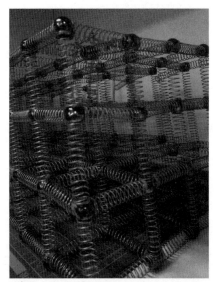

圖 3-46-1　時常被用來描述物質是由原子構成的彈簧模型。

將此代入 (3-46-9) 式可得

$$m^*\left(\omega_0^2 - \omega^2 - i\gamma\omega\right)\vec{r} = -e\vec{E} \qquad (3\text{-}46\text{-}11)$$

所以此電子所貢獻的電偶極矩為

$$\vec{p} = -e\vec{r} = \frac{e^2}{m^*}\frac{1}{\omega_0^2 - \omega^2 - i\gamma\omega}\vec{E} \qquad (3\text{-}46\text{-}12)$$

由於我們所關心的是巨觀上物質的電偶極矩，因此若每單位體積中有 N 個如上被

束縛的電子，配合 (3-43-7) 式對電極化率的定義

$$\vec{P} = N\vec{p} = \varepsilon_0 \chi_e \vec{E} \Rightarrow \chi_e = \frac{Ne^2}{\varepsilon_0 m^*} \frac{1}{\omega_0^2 - \omega^2 - i\gamma\omega} \tag{3-46-13}$$

　　如此束縛電子被電磁場所極化的強度不僅與電磁波的頻率有關，還出現了「虛數」。也因此 (3-46-8) 式所定義的折射率實為含有虛部之複數，我們也不妨來看這對電磁波本身會有什麼樣的影響。由於電磁波在介質中的傳遞速度、波數與振盪頻率間之關係為 $v = \omega/k$，因此介質折射率與電磁波之波數及振盪頻率之關係亦可知為 $n \equiv c/v = c \cdot k/\omega$。所以，當介質折射率為複數時，電磁波之波數也該為複數才是，就令 $k = \mathrm{Re}(k) + i \cdot \mathrm{Im}(k)$。如此對一個向 $\hat{z}$ 方向前進之電磁波，其電場可為

$$\vec{E} = \vec{E}_0 e^{i(k \cdot z - \omega t)} = \vec{E}_0 e^{-\mathrm{Im}(k) \cdot z} e^{i(\mathrm{Re}(k) \cdot z - \omega t)} \tag{3-46-14}$$

明顯可看出，電場之振幅會隨著電磁波的前進而減小，此乃因為電磁波所傳遞的能量會被介質給吸收。

又根據 (3-46-8) 式所定義之介質折射率，

$$n^2 = 1 + \chi_e = 1 + \frac{Ne^2}{\varepsilon_0 m^*} \frac{1}{\omega_0^2 - \omega^2 - i\gamma\omega} \tag{3-46-15}$$

同樣將此折射率分為「實部」與「虛部」兩部分，$n = \mathrm{Re}(n) + i \cdot \mathrm{Im}(n)$。不難可得，

$$[\mathrm{Re}(n)]^2 - [\mathrm{Im}(n)]^2 = 1 + \frac{Ne^2}{\varepsilon_0 m^*} \frac{\omega_0^2 - \omega^2}{(\omega_0^2 - \omega^2)^2 + \gamma^2 \omega^2}$$
$$2 \cdot [\mathrm{Re}(n)] \cdot [\mathrm{Im}(n)] = \frac{Ne^2}{\varepsilon_0 m^*} \frac{\gamma\omega}{(\omega_0^2 - \omega^2)^2 + \gamma^2 \omega^2} \tag{3-46-16}$$

　　一般對光可穿透的介質來說，其折射率之「虛部」會遠小過「實部」，因此上式可進一步的簡化成（圖 3-46-2）

$$\mathrm{Re}(n) = 1 + \frac{1}{2} \frac{Ne^2}{\varepsilon_0 m^*} \frac{\omega_0^2 - \omega^2}{(\omega_0^2 - \omega^2)^2 + \gamma^2 \omega^2}$$
$$\mathrm{Im}(n) = \frac{1}{2} \frac{Ne^2}{\varepsilon_0 m^*} \frac{\gamma\omega}{(\omega_0^2 - \omega^2)^2} \tag{3-46-17}$$

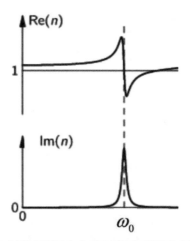

圖 3-46-2 介質折射率會隨電磁波之頻率不同而改變，即「色散現象」。由折射率的虛部可知，當電磁波頻率 ω 趨近束縛電子本身的自然振盪頻率 ω_0 時，會有共振現象的產生，此時電磁波能量會大幅被介質給吸收。對一般可透光的介質來說，此共振頻率 ω_0 大多落在紫外線的區域，如此在可見光的頻率範圍中 ($\omega < \omega_0$)，其介質折射率（實部）會大於 1，且隨電磁波的頻率增加而變大。例如：紅光與藍光對水之折射率分別為 1.330 與 1.342。

我們亦可將上面的結果擴展到更一般的狀況，原子中束縛電子的彈簧模型有不同的強度 (f_j)。如此依 (3-46-15) 式之折射率可表為

$$n^2(\omega) = 1 + \frac{Ne^2}{\varepsilon_0 m^*} \sum_j \frac{f_j}{\omega_{j0}^2 - \omega^2 - i\gamma_j\omega} \tag{3-46-18}$$

此時，（圖 3-46-2）也會相應變為（圖 3-46-3）。

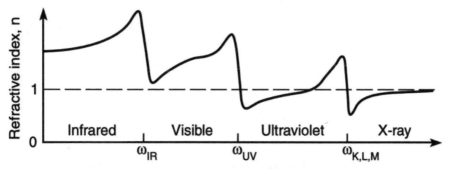

圖 3-46-3 束縛於原子中的電子，因束縛的強度不同，所反映出來的是對不同頻率之電磁波會有不同的共振吸收頻率。

3-47 遇見非導體界面的電磁波 ── 反射、折射與史乃耳定律

本單元我們就以電磁波的理論去看一個大家應已熟知的光學現象 – 當光遇見界面時，光的反射與折射。在此我們所設定的界面為非導體界面，即界面內不存在可自由移動的帶電載子。

考慮一道光線由空氣（折射率為 n）斜向射入透明物質表面（折射率為 n'），此道光線將會因為界面的存在而出現反射與折射的現象。習慣上，我們將此入射光、折射光、與反射光的前進方向以波數向量來表示，分別為 $\vec{k}$、$\vec{k}'$ 與 $\vec{k}''$。由於光即是電磁波，因此若要以電磁波的理論來解釋此反射與折射的問題，我們就得去分析構成此電磁波的電場與磁場，看它們在界面處如何達到該有的**邊界條件** (boundary conditions)，進而去決定此電磁波遇見界面後的結果為何。

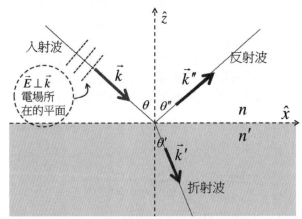

圖 3-47-1 光線（電磁波）遇見界面後的傳遞示意圖。一般我們習慣稱 $\vec{k}$、$\vec{k}'$ 與 $\vec{k}''$ 所構成的平面為「入射面」(plane of incidence)，即圖中的 x-z 平面。入射角 θ、反射角 θ''、與折射角 θ' 則如圖所示來定義。

● 邊界條件

以電場為例（圖 3-47-2），由於在我們的界面上沒有電荷的堆積，於是由馬克斯威方程式知

$$\vec{\nabla} \cdot \vec{D} = 0 \Rightarrow \int_\tau \vec{\nabla} \cdot \vec{D} \, d\tau = \oint_s \vec{D} \cdot \vec{ds} = 0 \xrightarrow{\ s \to 0\ } \left(\vec{D}_1 \right)_\perp = \left(\vec{D}_2 \right)_\perp \tag{3-47-1}$$

即垂直於界面兩邊的 $\vec{D}$ 向量分量為連續的函數。此外，

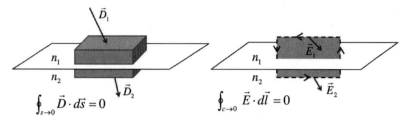

圖 3-47-2 利用高斯定律與斯托克定理，當積分單元趨近無限小時，便可得到電場於貼近界面時的邊界條件。

$$\vec{\nabla} \times \vec{E} = -\frac{\partial \vec{B}}{\partial t} \Rightarrow \int_{s\to 0} \left(\vec{\nabla} \times \vec{E}\right) \cdot d\vec{s} = -\frac{\partial}{\partial t} \int_{s\to 0} \vec{B} \cdot d\vec{s} = 0$$

$$\Rightarrow \int_{s\to 0} \left(\vec{\nabla} \times \vec{E}\right) \cdot d\vec{s} = \oint_{c\to 0} \vec{E} \cdot d\vec{l} = 0 \xrightarrow{c\to 0} \left(\vec{E}_1\right)_\| = \left(\vec{E}_1\right)_\| \tag{3-47-2}$$

界面兩邊的電場，其平行於界面的分量為連續的函數。同樣的推論可應用在磁場上面，我們會得到

$$\left(\vec{B}_1\right)_\perp = \left(\vec{B}_2\right)_\perp \tag{3-47-3}$$

$$\left(\vec{H}_1\right)_\| = \left(\vec{H}_2\right)_\| \tag{3-47-4}$$

回到（圖 3-47-1）的問題上，根據電磁波的原理，在給定一個特定的波數向量（$\vec{k}$）後，每部分的電磁波可寫出它的電場與磁場。就以入射波為例：

$$\vec{E}(\vec{r},t) = \vec{E}_0(\vec{r},t) e^{i(\vec{k}\cdot\vec{r}-\omega t)} \tag{3-47-5}$$

$$\vec{B}(\vec{r},t) = \frac{1}{\omega}\vec{k} \times \vec{E} \qquad , \quad k = \frac{n\omega}{c} \tag{3-47-6}$$

由於入射波所在區域的電容率與導磁率為 ε 與 μ，因此在此區域 $\vec{D} = \varepsilon \vec{E}$ 與 $\vec{B} = \mu \vec{H}$。同理亦可寫下反射波（$\vec{k}''$）與折射波（$\vec{k}'$）的電場與磁場。

此外，由於電磁波中電場方向必然垂直於波的前進方向（$\vec{E} \perp \vec{k}$），因此一旦指定波的前進方向，以（圖 3-47-1）中的入射波為例，電場必然在圖中所示意的平面上（以虛線代表）。所以對一個在此平面上具有特定線偏極的電場（$\vec{E}_0$），我們可將電場分解成兩個彼此垂直的分量來分別討論：

1. 平行於入射面的電場（P 型偏極），即投影在 x-z 平面上的電場分量。

2. 垂直於入射面的電場（S 型偏極），即垂直於本紙面的電場分量（$\hat{y}$ 上的分量）。

下面我們就以 P 型偏極來做為我們的分析範例。首先，如（圖 3-47-3），於 x-z 平面上畫出構成入射、反射與折射波的電場，配合所伴隨的磁場方向，我們一致設定磁場方向由紙面垂直向外射出。若最後的結果顯示場的大小為負值，則代表我們一開始的設定方向顛倒。

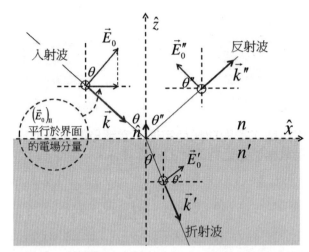

圖 3-47-3　P 型偏極（電場與入射面平行），磁場方向則設定為由紙面向外射出（即 $-\hat{y}$ 的方向）。$\hat{n} = \hat{z}$ 為垂直界面的單位向量。

在這些平行於入射面的電場中，邊界條件 (3-47-2) 要求平行於界面兩側的電場必須連續，即

$$\left(\vec{E}\right)_\| + \left(\vec{E}''\right)_\| = \left(\vec{E}'\right)_\| \tag{3-47-7}$$

再根據（圖 3-47-3）中所設定的電場方向將其平行於界面的分量寫出，(3-47-7) 式實為

$$\left(E_0 \cos\theta\right) e^{i(\vec{k}\cdot\vec{r} - \omega t)} + \left(-E_0'' \cos\theta''\right) e^{i(\vec{k}''\cdot\vec{r} - \omega t)} = \left(E_0' \cos\theta'\right) e^{i(\vec{k}'\cdot\vec{r} - \omega t)} \tag{3-47-8}$$

此處得指出的是，無論是入射波、反射波、與折射波，其振盪頻率 ω 均是相同的！這點我們可以外力作用下的振盪系統，系統穩定後的振盪頻率會與外力的振盪頻率相同來理解。畢竟，無論是反射波或是折射波都是來自於入射波的影響。此外，為使 (3-47-8) 式恆成立，各項的指數部分就得一致，即

$$e^{i\vec{k}\cdot\vec{r}} = e^{i\vec{k}'\cdot\vec{r}} = e^{i\vec{k}''\cdot\vec{r}} \Rightarrow \vec{k}\cdot\vec{r} = \vec{k}'\cdot\vec{r} = \vec{k}''\cdot\vec{r} \tag{3-47-9}$$

進一步處理 (3-47-9) 式，我們得利用一個向量運算上的恆等式

$$\vec{A}\cdot\vec{B}\times\left(\vec{C}\times\vec{D}\right) = \left(\vec{A}\cdot\vec{C}\right)\left(\vec{B}\cdot\vec{D}\right) - \left(\vec{A}\cdot\vec{D}\right)\left(\vec{B}\cdot\vec{C}\right) \tag{3-47-10}$$

利用上式，我們令 $\vec{A} = \vec{k}$、$\vec{B} = \vec{C} = \hat{n} = \hat{z}$、$\vec{D} = \vec{r}$。又界面的所在為 $z = 0$ 的平面，如此 (3-47-10) 式可化簡成 $\vec{k}\cdot\vec{r} = -(\vec{k}\times\hat{n})\cdot(\hat{n}\times\vec{r})$，所以 (3-47-9) 式的條件最終可寫成

$$\vec{k}\times\hat{z} = \vec{k}'\times\hat{z} = \vec{k}''\times\hat{z} \Rightarrow k\sin\theta = k'\sin\theta' = k''\sin\theta'' \tag{3-47-11}$$

代入 $k = n\omega$，(3-47-11) 式就成了我們所熟知的一條光學定律 – 「史乃耳定律」(Snell's law)：

$$\theta = \theta''$$
$$n \sin \theta = n' \sin \theta' \tag{3-47-12}$$

雖然我們於本單元中花了許多的繁瑣運算去得到一個大家已熟知的光學定律，但我們的目的就是要讓大家看見電磁理論對定理現象的解釋能力，而不僅是現象觀察歸納所得到的經驗公式而已。

【練習題3-45】費馬原理(Fermat's Principle)

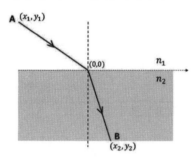

假設光在兩介質中的傳遞速度大小反比於介質之折射率，即 $v_1/v_2 = n_2/n_1$。則光由 A 點前進到 B 點所挑的路徑，會是所花費時間最短的一條路徑。證明此路徑就是史乃耳定律所標示出的路徑。此即費馬的最小時間原理。

3-48 遇見非導體界面的電磁波 —— 布魯斯特角

接續上一單元的問題。我們的確花了一番功夫才得到一個大家已熟知的光學定律 –「史乃耳定律」，但以電磁波理論去處理此問題當然不僅只能給出這樣的結果，它還能解釋反射與折射波的強度大小。而欲知道此電磁波遇見界面後反射與折射的強度大小，就必須更進一步地對上單元所提及的邊界條件做出計算。

● P 型偏極（平行入射面的電場）

同樣依（圖 3-47-3）中對電場與磁場的設定（電場方向與入射面平行），(3-47-8) 式在等號兩邊同時消去指數項，並代入史乃耳定律中的反射定律 $(\theta = \theta'')$ 後，平行於界面兩側的電場分量必須連續之邊界條件就成了

$$E_0 \cos\theta - E_0'' \cos\theta = E_0' \cos\theta' \tag{3-48-1}$$

此外，(3-48-1) 式的邊界條件要求垂直於界面兩邊的 $\vec{D}$ 向量分量連續，

$$\left(\vec{D}\right)_\perp + \left(\vec{D}''\right)_\perp = \left(\vec{D}'\right)_\perp \Rightarrow \varepsilon E_0 \sin\theta + \varepsilon E_0'' \sin\theta'' = \varepsilon' E_0' \sin\theta' \tag{3-48-2}$$

式中介質之電容率 ε 可如下替換

$$v = \frac{1}{\sqrt{\mu\varepsilon}} = \frac{c}{n} \Rightarrow \varepsilon = \frac{1}{c^2}\frac{n^2}{\mu} \tag{3-48-3}$$

此外，同樣代入史乃耳定律中的反射定律 $(\theta = \theta'')$ 與折射定律 $(n\sin\theta = n'\sin\theta')$ 條件後，(3-48-2) 式的邊界條件就成了

$$\frac{n}{\mu} E_0 + \frac{n}{\mu} E_0'' = \frac{n'}{\mu'} E_0' \tag{3-48-4}$$

讀者不妨試試，此 (3-48-4) 式的條件亦可由 (3-47-4) 式平行於界面兩側的 $\vec{H}$ 分量連續得到。一旦有了 (3-48-1) 式與 (3-48-4) 式後，我們便可推導出折射波與反射波電場相對於入射波電場的大小

$$E_0' = \frac{2(n/\mu)\cos\theta}{(n'/\mu')\cos\theta + (n/\mu)\cos\theta'} E_0 \tag{3-48-5}$$

$$E_0'' = \frac{(n'/\mu')\cos\theta - (n/\mu)\cos\theta'}{(n'/\mu')\cos\theta + (n/\mu)\cos\theta'} E_0 \tag{3-48-6}$$

此結果亦可參看（圖 3-48-1）的例子，光線（電磁波）由空氣 $(n \approx 1.0)$ 射向折射率較高的玻璃 $(n' = 1.5)$ [註5]。幾點值得指出的現象：

[註5] 對一般的介質，其磁導率的大小約略會相等 $(\mu = \mu')$。

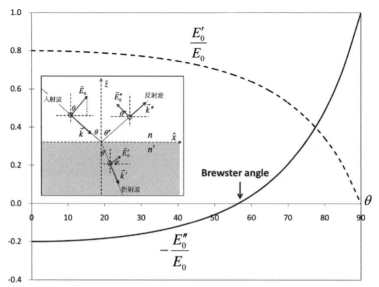

圖 3-48-1 光線由空氣進入玻璃，P 型偏極中各電場的相對大小。

1. 如我們所考慮的可透光物質，當光線的入射角不大時，大半的光線（電場）會穿透進入介質內。僅有少部分的電場會被反射，小於兩成。

2. 且透射過去的電場方向（即折射波之電場方向），無論是入射角為何均會與入射波的電場同相（無相位差），$E_0'/E_0 > 0$。

3. 反之，由（圖 3-48-1）可看出，當 $\theta < \theta_B$ 時（稍後會緊接地介紹此特殊的角度），$-E_0''/E_0 < 0$（即 $E_0''/E_0 > 0$），反射波之電場方向就如同圖中所畫的一樣，會與入射的電場有 180° 的相位差。此 180° 的相位差為波由疏介質（小折射率）進入密介質（大折射率）時反射波的特性。

4. （圖 3-48-1）中最特別之處：當入射角 $\theta = \theta_B$（布魯斯特角，Brewster angle）時，將不會有反射電場的出現，亦即不會有反射光的出現。而此角度可由 (3-48-6) 式中令 $E_0'' = 0$ 與史乃耳的折射定率來估算

$$\begin{cases} n'\cos\theta_B = n\cos\theta' \\ n\sin\theta_B = n'\sin\theta' \end{cases} \Rightarrow \sin 2\theta_B = \sin 2\theta' = \sin(\pi - 2\theta')$$

$$\Rightarrow \theta_B + \theta' = \frac{\pi}{2}$$

$$(3\text{-}48\text{-}7)$$

將此結果再代回史乃耳的折射定率便可知

$$\theta_B = \tan^{-1}\left(\frac{n'}{n}\right) \qquad (3\text{-}48\text{-}8)$$

在我們的例子中，空氣與玻璃的界面，$\theta_B \approx 56.3°$。

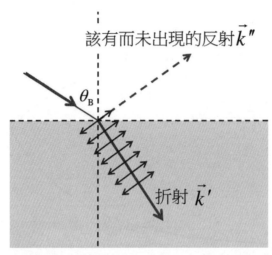

圖 3-48-2 **當入射角為布魯斯特角時,將不會有反射波出現。此現象可由電偶極振盪時,在振盪方向不會出現電磁輻射來解釋。圖中紅色雙箭號短線代表電場的振盪方向,亦為電偶極的振盪方向。**

5. 最後該注意的是,當入射角 $\theta > \theta_B$ 時,反射的光波會隨入射角的加大而快速增多。這也是我們為什麼觀海時,夕陽下的海面會有較多反射光的原因。此外,這些反射波的電場與入射電場也不再有 180° 的相差。

● S 型偏極 (垂直入射面的電場)

同樣的方法處理電磁波於界面的邊界條件,我們也可得到入射、反射、與折射波中垂直入射面的電場分量之相對大小關係

$$E_0' = \frac{2(n/\mu)\cos\theta}{(n/\mu)\cos\theta + (n'/\mu')\cos\theta'} E_0 \tag{3-48-9}$$

$$E_0'' = \frac{(n/\mu)\cos\theta - (n'/\mu')\cos\theta'}{(n/\mu)\cos\theta + (n'/\mu')\cos\theta'} E_0 \tag{3-48-10}$$

明顯與上面例子不同的是,對垂直於入射面的電場,不存在布魯斯特角 θ_B。也就是說,無論入射角為何均會有反射光波(電場)的出現。

不難理解,當入射角約略在 θ_B 附近時,由海面或路面反射而來的光會以反射電場垂直入射面的形式居多,因此我們可藉由與海面或路面垂直軸的偏光鏡去濾掉此部分的光線,以達慮光的較佳效果。

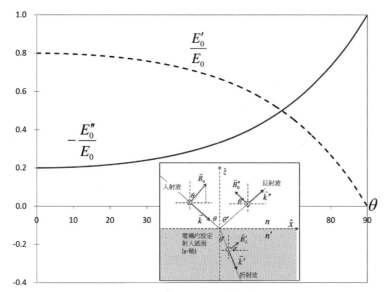

圖 3-48-3　光線由空氣進入玻璃，S 型偏極中各電場的相對大小。

3-49　遇見導體界面的電磁波──集膚效應

在電磁波的傳遞中當我們考慮導體存在時，即便這導體上沒有自由電荷的堆積 ($\rho = 0$)，我們還是不能排除導體受到電磁波感應而生的電流。因此如果導體的導電係數為 σ，那在處理此樣問題時的馬克斯威方程式便不能省略電流密度 ($\vec{j} = \sigma \vec{E}$) 的項次。如此，我們的問題就可歸結在下面的方程式中：

$$\vec{\nabla} \cdot \vec{E} = 0 \qquad\qquad \vec{k} \cdot \vec{E} = 0 \qquad\qquad (3\text{-}49\text{-}1)$$

$$\vec{\nabla} \cdot \vec{B} = 0 \qquad\qquad \vec{k} \cdot \vec{B} = 0 \qquad\qquad (3\text{-}49\text{-}2)$$

$$\vec{\nabla} \times \vec{E} = -\frac{\partial \vec{B}}{\partial t} \quad \Rightarrow \quad i\vec{k} \times \vec{E} = -i\omega\vec{B} \qquad (3\text{-}49\text{-}3)$$

$$\vec{\nabla} \times \vec{H} = \sigma\vec{E} + \varepsilon\frac{\partial \vec{E}}{\partial t} \qquad i\frac{1}{\mu}\vec{k} \times \vec{B} = \sigma\vec{E} - i\omega\varepsilon\vec{E} \qquad (3\text{-}49\text{-}4)$$

上式中我們有用到 (3-41-3) 式與 (3-41-4) 式的處理。其中因為導體的出現而使問題變得不一樣的是 (3-49-4) 式，此式可再化簡為

$$\hat{k} \times \vec{B} = -\mu\frac{\omega}{k}\left(\varepsilon + i\frac{\sigma}{\omega}\right)\vec{E} \qquad (3\text{-}49\text{-}5)$$

若將此式與真空時的 (3-41-8) 式或非導體介質時的 (3-46-4) 式比較，我們可發現差異出現在介電常數的項次不再是單純的實數 ε，而多出一個虛部為 σ/ω 的複數。於是我們可對此導體問題定義一個廣義介電常數 (generalized dielectric constant)：

$$\eta(\omega) \equiv \varepsilon + i\frac{\sigma}{\omega} = \varepsilon\left(1 + i\frac{\sigma}{\omega\varepsilon}\right) \qquad (3\text{-}49\text{-}6)$$

也由於此包含虛部的介電常數，讓電磁波傳遞的波數 (k) 亦成了複數

$$k = \frac{\omega}{c}n = \omega\sqrt{\mu\varepsilon} \to k = \omega\sqrt{\mu\varepsilon\left(1 + i\frac{\sigma}{\omega\varepsilon}\right)} \equiv \alpha + i\beta \qquad (3\text{-}49\text{-}7)$$

不難看出，如果一個於 $\hat{z}$ 方向前進的電磁波，在遇見導體後（令 $z = 0$ 為界面處）

$$e^{i(kz - \omega t)} = e^{i(\alpha z - \omega t)}e^{-\beta z} \qquad (3\text{-}49\text{-}8)$$

此虛部的效應則會讓電磁波於導體中快速地依指數衰減。當 $z = 1/\beta$ 時，電磁波中的電場強度已衰減成原有的 e^{-1}。導體的此效應稱之為「集膚效應」(the skin effect)，離導體表面的厚度 $z_0 = 1/\beta$ 便稱為此導體的「集膚深度」(the skin depth)。

雖然我們已很簡單地描述電磁波遇見導體界面後的效應，但由 (3-49-7) 式亦可發現，複數波數的重要性與否也受到電磁波本身的頻率 (ω) 影響，此影響值得我們對這問題再多一點深入的探討。

對此問題的探討，我們可先將注意力擺在 (3-49-6) 式的廣義介電常數上。此廣義介

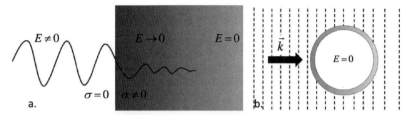

圖 3-49-1 **電磁波遇見導體界面時，集膚效應會讓導體內部的電場快速趨於零，而遮蔽電磁波進入導體的內部。但此現象也不是如此地單純，集膚效應是否會能明顯出現，還得視電磁波的頻率與導體本身導電係數與頻率的特性而定。**

電常數的虛部大小不僅直接受到電磁波本身的頻率影響，事實上，導體的導電係數 (σ) 也與電磁波的頻率有關。因此，我們必須清楚明白 (3-49-6) 式中的電磁波之頻率整體效應，才有辦法去正確評估電磁波頻率對導體的影響。

同樣利用我們前面解釋折射率時所用的簡單模型（(3-46-9) 式），但在我們的導體例子中，電子不再被束縛於原子中，而是可自由移動的電子。因此在導體的模型中沒有 (3-46-9) 式中 $m^* \omega_0^2 \vec{r}$ 這項來自於原子的束縛力，此外描述阻力的 γ 也應解釋為兩自由電子間碰撞的平均頻率 ($1/\tau$)。巨觀下的電流密度為 $\vec{j} = -Ne\vec{v}$，

$$m^* \frac{d\vec{v}}{dt} + m^* \frac{\vec{v}}{\tau} = -e\vec{E} \Rightarrow \frac{d\vec{j}}{dt} + \frac{1}{\tau}\vec{j} = \frac{Ne^2}{m^*}\vec{E} \qquad (3\text{-}49\text{-}10)$$

在頻率為 ω 下的電磁波（電場），電流密度之振盪頻率亦為 ω。因此，(3-49-10) 式

$$\vec{j} \sim e^{-i\omega t} \Rightarrow \left(-i\omega + \frac{1}{\tau}\right)\vec{j} = \frac{Ne^2}{m^*}\vec{E} \Rightarrow \vec{j} = \frac{Ne^2\tau/m^*}{1-i\omega\tau}\vec{E} \equiv \sigma(\omega)\vec{E} \qquad (3\text{-}49\text{-}11)$$

如此將 (3-49-11) 式中的 $\sigma(\omega)$ 代回 (3-49-6) 式的廣義介電常數，經過一番的整理後可得

$$\eta(\omega) = \varepsilon\left(1 - \frac{\omega_p^2}{\omega^2}\left(1 + i\frac{1}{\omega\tau}\right)^{-1}\right) \qquad (3\text{-}49\text{-}12)$$

式中的 $\omega_p^2 \equiv Ne^2/m^*\varepsilon$ 稱為此導體之「電漿頻率」(plasma frequency)。對一般的金屬導體，此「電漿頻率」的大小數量級約為 $\omega_p \sim 10^{16}$。而遇見電磁波的導體界面所表現出來的特性，也會因電磁波頻率與此「電漿頻率」大小關係的不同，呈現出相當不同的特性。

● 當電磁波的頻率小於導體之「電漿頻率」，即 $\omega < \omega_p$。

已知在一般金屬導體中的電子碰撞時間尺度約略為 $\tau \sim 10^{-14}$ sec，如此在 $\omega\tau \ll 1$ 的極限下，不難由 (3-49-11) 式看出此時導體的導電係數 $\sigma(\omega) = \sigma$，僅與導體本身的特性有關，而與電磁場頻率無關。且導電係數為一個實常數，如此 (3-49-7) 式

中的虛部必然會出現，這也代表「集膚效應」的必然出現。

同樣在此狀況 ($\omega < \omega_p$) 下，但當 $\omega\tau \gg 1$ 時，此時的廣義介電常數趨近於 $\eta(\omega) = \varepsilon(1 - \omega_P^2 / \omega^2) < 0$，為一個小於零的實數。所以電磁波的傳遞波數 $k = \omega\sqrt{\mu\eta(\omega)} = i\beta$，為一個純虛數，因此這電磁波在導體的介面上必然出現「集膚效應」。若進一步地在 $\omega \ll \omega_p$ 的情況下，我們甚至可以很容易地估算出其「集膚深度」為 $z_0 = \beta^{-1} = (\sqrt{\mu\varepsilon}\omega_p)^{-1}$。

● 當電磁波的頻率大於導體之「電漿頻率」，即 $\omega > \omega_p$。

我們不難在 $\omega\tau \gg 1$ 的極限下看出一個有趣的現象：此時的廣義介電常數趨近於 $\eta(\omega) = \varepsilon(1 - \omega_P^2 / \omega^2) > 0$，為一個大於零的實數。如此電磁波的傳遞波數 $k = \omega\sqrt{\mu\eta(\omega)} = \alpha$，為一個實數，因此這電磁波在導體的介面上不會出現「集膚效應」，此時的電磁波仍舊可穿透界面進入導體的內部。此外，

$$\sigma(\omega) = \frac{Ne^2\tau/m^*}{1 - i\omega\tau} \xrightarrow{\omega\tau \gg 1} \sigma(\omega) = i\frac{Ne^2}{m^*\omega} \propto \frac{1}{\omega} \tag{3-49-13}$$

當 $\omega \gg \omega_p$ 時，導體的導電係數 $\sigma(\omega)$ 會趨近於零，導體的界面也不再有電流的出現，此時的導體就如同一般的介電質。

【練習題3-46】

根據廣義介電常數，其特別之處在於它包含了一項虛數的項次 $i(\sigma/\omega\varepsilon)$。由內文的討論，我們亦可理解 $\sigma/\omega\varepsilon$ 的比值大小，可用來判斷此導體在頻率為 ω 的電磁波下是否仍就是一個優良的導體。一般而言，當 $\sigma/\omega\varepsilon > 10^2$ 即可視為優良的導體；而當 $\sigma/\omega\varepsilon < 10^{-2}$ 則可視為低耗介電材料 (low-loss dielectric)。請問在 8MHz 的電磁波下，下列介質可視為導體？

(a.)潮濕的沼澤地 ($\varepsilon = 15\varepsilon_0$、$\mu = \mu_0$、$\sigma = 10^{-2}\,(\Omega m)^{-1}$)

(b.)鍺 ($\varepsilon = 16\varepsilon_0$、$\mu = \mu_0$、$\sigma = 0.025\,(\Omega m)^{-1}$)

(c.)海水 ($\varepsilon = 81\varepsilon_0$、$\mu = \mu_0$、$\sigma = 25\,(\Omega m)^{-1}$)

【練習題3-47】

有一平面波垂直進入海面（$+\hat{z}$ 方向前進，海平面即為 x-y 平面），海水之參數為 ($\varepsilon = 81\varepsilon_0$、$\mu = \mu_0$、$\sigma = 4.0(\Omega m)^{-1}$)。如果我們知道磁場在 $z = 0$ 處為

$$\vec{H}(0, t) = 100\cos(2\pi \times 10^3 t + 15^0)\hat{y}\ \text{mA/m}$$

(a.)請導出海中不同深度的電場 $\vec{E}(z, t)$ 與磁場 $\vec{H}(z, t)$ 各為何？

(b.)請問在多深的海水中，電場大小會衰減至海平面電場大小的 1%？

3-50 電磁學中的單位

相信所有的物理老師都會強調「單位」的重要性。或更深入一點地說，每一個物理量都有它獨特的「量綱」(dimension)，例如：「力」($\vec{F} = m\vec{a}$) 的量綱爲 MLT^{-2}（質量 × 長度 × 時間^2），在此量綱下若選擇 M.K.S 制下的「單位」(unit)，則「力」的單位爲 kg · m/sec^2，我們也將此單位組合定義爲「牛頓」(nt)。當然，我們也可以有不同的「單位」選擇，例如在 C.G.S 制下的「力」單位就成了 g · m/sec^2，此組合也稱爲「達因」(dyne)。重要的是，即便在不同的領域中，方便使用的「單位」會有不同，但同樣的物理量就是會有相同的「量綱」。在物理的學習上，相信這「量綱」的基本原則是很直接可理解的，在牛頓力學中也不會出現太多的問題。但到了學習電磁學的過程中，除了眾多物理量的定義外，相關物理量的「量綱」與「單位」也開始困擾許多的初學者。舉例來說，庫倫定律在「國際單位制」(SI unit) 與「高斯制」(Gaussian unit) 下的表示式分別如下（本單元中我們均省略方向的指定）：

$$F = \frac{1}{4\pi\varepsilon_0} \frac{qq'}{r^2} \quad ; \quad F = \frac{qq'}{r^2} \tag{3-50-1}$$

由於介電係數 ε_0 本身也是有「量綱」的物理量。明顯地，在此兩單位制下的電荷就有不同的「量綱」。

也正是會有這樣的困擾，本書就單一使用「國際單位制」(SI unit) 作爲我們在電磁學上的單位。此「國際單位制」選出七個物理基本單位 (base unit)：公斤 (kg)、公尺 (m)、秒 (sec)、安培 (A)、莫耳數 (mole)、與燭光 (candela, cd)。至於其它物理量之單位，則都可由上面七個基本單位的組合而成。其中「安培」的定義爲：

真空中，兩相距一公尺的長直導線，若此兩導線均帶有同樣的電流。則當此兩導線（單位長度上）分別受力爲 2×10^{-7}nt 時，導線所帶的電流即爲一安培。

此外，與電磁學相關，值得我們注意的是在 1983 年對「公尺」的再定義，此定義「公尺」爲光在 1/299792458sec 內所走的距離。此定義所暗示的爲，根據「公尺」的定義，光速已不在實驗上的測量值，而是我們定義 $c = 299792458$m/sec，光速是一個精確的值。

● 不同單位制下的馬克斯威方程式

讓我們再回到電磁學的「單位」問題上：由於物理定律的發現都先來自於不同物理量間的定性關係，因此在以等號連結這些不同物理量時，往往會加上一個有量綱的比例常數。例如：庫倫定律與對電場的定義

$$F_1 \propto \frac{qq'}{r^2} \implies F_1 = k_1 \frac{qq'}{r^2} \implies E = k_1 \frac{q}{r^2} \tag{3-50-2}$$

同樣地，安培定律（對照單位「安培」的定義，以兩長直導線電流間的受力為例）

$$\frac{F_2}{l} \propto \frac{I \cdot I'}{d} \Rightarrow \frac{F_2}{l} = 2k_2 \frac{I \cdot I'}{d} \Rightarrow B = 2k_2 \alpha \frac{I}{d} \tag{3-50-3}$$

上式在磁場的定義中我們又引進另一個可能有量綱的常數 α。此外，因為電荷與電流的量綱關係為 $[q] = [I] \cdot T$。所以由量綱上的分析可知

$$\frac{[k_1]}{[k_2]} = \left(\frac{L}{T}\right)^2 \Rightarrow \frac{k_1}{k_2} = c^2 \text{（真空中）} \tag{3-50-4}$$

此代表即便我們可能因為使用不同的單位制，而對 k_1 與 k_2 有不同的量綱選擇，但此兩個擁有量綱的常數間必得存有 (3-50-4) 式的關係。式中之所以指定光速平方，除了量綱符合外，光速的大小亦是一個常數，此指定亦可由下面 (3-50-8) 式所推導出的波動方程式得到驗證。

　　最後，我們考慮法拉第的感應定律

$$\oint \vec{E} \cdot d\vec{l} \propto -\frac{d}{dt}\int \vec{B} \cdot d\vec{A} \Rightarrow \oint \vec{E} \cdot d\vec{l} = -k_3 \frac{d}{dt}\int \vec{B} \cdot d\vec{A} \tag{3-50-5}$$

由此式的量綱分析可推得，電場、磁場與 k_3 間的量綱關係為

$$[k_3] = \frac{[E]}{[B]} \cdot T \cdot L^{-1} \tag{3-50-6}$$

同時，電場與磁場間的量綱關係可由 (3-50-2) 式、(3-50-3) 式、與 (3-50-4) 式獲得

$$\frac{[E]}{[B]} = L \cdot T^{-1} \cdot [\alpha]^{-1} \tag{3-50-7}$$

合併 (3-50-6) 式與 (3-50-7) 式得知 $[k_3] = [\alpha]^{-1}$，所以此兩個常數可視為單一常數。接下來，為比較不同單位制下的馬克斯威方程式，我們就將電場與磁場間的關係以微分形式寫出，

$$\vec{\nabla} \cdot \vec{E} = 4\pi \cdot k_1 \cdot \rho$$

$$\vec{\nabla} \cdot \vec{B} = 0$$

$$\vec{\nabla} \times \vec{E} = -k_3 \frac{\partial \vec{B}}{\partial t} \tag{3-50-8}$$

$$\vec{\nabla} \times \vec{B} = 4\pi \cdot \frac{k_2}{k_3} \cdot \vec{j} + \frac{k_2}{k_1 k_3} \frac{\partial \vec{E}}{\partial t}$$

至此，我們尚未選擇一個想用的單位制來描述電場與磁場，只是將馬克斯威方程式寫成一個可套用在任何單位制下的形式。一旦我們想要選擇特定的單位制，意味著我們必須指定特別的 (k_1, k_2, k_3)。但由於 k_1 與 k_2 間 (3-50-4) 式的關係要求，因此三個常數中我們僅能任意地指定其中兩個常數。下面，我們就舉兩個常用的單位制為例：

★ 高斯制 (Gaussian unit)：$k_1 = 1$, $k_2 = 1/c^2$, $k_3 = 1/c$

在此高斯制下的馬克斯威方程式，一個很大的特點是，我們不難推出電磁波於真空中的傳遞有 $\hat{k} \times \vec{E} = \vec{B}$ 之關係，這意味著在此單位制下的電場與磁場有同樣的數值大小（$|\vec{E}| = |\vec{B}|$）。這有助於我們後面在相對論下對電磁場的探討。此高斯制也是理論物理學家所偏愛使用的單位制，但就工程上的領域，其使用度就不如下面所要介紹的國際單位制。

★ 國際單位制 (SI unit)：搭配此單位制對「安培」的定義，k_2 的值為 $|k_2| = 10^{-7}$。這也是為什麼，我們在 (3-6-2) 式中引入真空中的磁導率 μ_0 時是一個簡單的常數值

$$k_2 = \frac{\mu_0}{4\pi} \equiv 10^{-7} \text{ kg} \cdot \text{m} \cdot \text{sec}^{-2} \cdot \text{A}^{-2} \tag{3-50-9}$$

此外在此單位制下，真空中的光速為 $c = (\mu_0 \varepsilon_0)^{-1/2}$，為一常數。因此在磁導率 μ_0 的大小已指定下，對應的介電係數 ε_0 就僅能是一個較為複雜的常數值

$$k_1 = k_2 \cdot c^2 \implies \frac{1}{4\pi \cdot \varepsilon_0} \approx 8.986 \times 10^9 \text{ kg} \cdot \text{m}^3 \cdot \text{sec}^{-4} \cdot \text{A}^{-2} \tag{3-50-10}$$

最後，在 SI 制下我們令 $k_3 = 1$，如此電場與磁場間的數值關係就如 (3-41-7) 式，$|\vec{E}| = c \cdot |\vec{B}|$。

第4章
狹義相對論

4-1 一個關於光的本質問題

毫無疑問地，人們很早就將「光」的特性應用到生活上，從光的直行、反射與折射現象、到搭配不同透鏡的組合，無不使人們對外部世界有更佳的觀察工具。但人們對「光」的本質研究則遲至牛頓的「決定性實驗」，確證白光是由紅、橙、黃、綠、藍、靛、紫不同顏色的光所組成後，光之本質研究才較正式地展開。但「光」到底是由粒子所組成呢？還是波的現象？牛頓支持粒子說，同時期的惠更斯則支持波動說。兩個南轅北轍的學說，對不同光現象的解釋能力則各有其優缺點，這也讓光學的早期發展階段，沒有哪一個學說可決定性地壓倒對方。但或許是牛頓的地位，光的粒子說似乎在十八世紀的物理圈內佔了上風。但到了十九世紀，學界對「光」之本質認知又有了很大的改變。

就由湯瑪士・楊 (Thomas Young，1773-1829) 於 1801 年以波動說來解釋光的干涉現象開始，隨後奧古斯丁・菲涅耳 (Augustin Jean Fresnel，1788-1827) 對光之波動說給出數學分析，並解釋光的繞射與偏極現象。到了 1820 年代的中葉後，物理學界對「光」的看法與態度幾乎就已全倒向對波動說的支持。特別是菲佐於 1849 年首度於地球表面對光速的量測，隔年傅柯 (Jean Foucault，1819-1868) 更是測得光於水中的速度比在空氣中的速度小，此結果更是將光的粒子說排除在可能的理論之外，因爲光之粒子說對光於透明物質內的傳遞速度持有相反的預測。所以在十九世紀中葉過後，以波動現象來理解「光」應該可說是物理界中的普遍認知。

不僅如此，電磁學於十九世紀中的快速發展，由法拉第的電磁感應到馬克斯威對電磁理論的集大成，並預測電磁波的存在。又因對電磁波傳遞速度的估算，而意會到「光」爲電磁波光譜的一部分，這無疑是十九世紀物理發展上的一大成就。在我們前

儘管我仰慕牛頓的大名，但我並不因此非得認為他是萬無一失的。我遺憾地看見了他的錯誤，而他的權威也許有時還阻礙了科學的進步。

T. Young,《關於光和聲音的實驗和問題》,1800

否定微粒說的幾點理由：
1. 強光與弱光源所發出的光線有同樣的速度。
2. 光線由一種介質進入另一種介質時，有部分被反射，而另一部分被折射。

Thomas Young 1773 ~ 1829

圖 4-1-1　轉變人們對「光」之本質認知的湯瑪士・楊。

面幾個關於電磁波的單元中，我們也試圖以電磁波的理論來證明幾個已存在許久的光學定律，好讓讀者能更確信古典光學在十九世紀的末期已儼然成為電磁學的一個分支。但即便如此，「光」的波動理論也不真的是完美無缺，理論本身還是有一個本就應該回答而尚未解決的問題：既然是波動，就該有乘載波現象的介質存在，那「光」的介質為何？雖尚未被檢測到，但理論上的必然存在，物理學家也就早早替此介質取了「以太」(aether) 的名字。

對此光波現象的根本問題，我們不妨回到更早之前利用天文現象來量測光速的方法 – 恆星光行差法 (Stellar Aberration)。此方法所依據的是觀察者本身擁有一個與星光前進方向垂直的運動速度 v，如（圖 4-1-2 (b.) 與 (c.)）所示，若望遠鏡的的鏡筒長度為 l，則光線從接物鏡至接目鏡所需的時間約為 $t = l/c$。如此在這段時間內望遠鏡本身也會移動 $v \cdot t$ 的距離，因此若要將星光校正至中心的位置，則望遠鏡必須傾斜一個角度 α，

$$\tan \alpha = \frac{v \cdot t}{l} = \frac{v}{c} \tag{4-1-1}$$

此處的 v 約略就是地球繞日的公轉速度，一旦測量到 α，光速也就可簡單的推算出

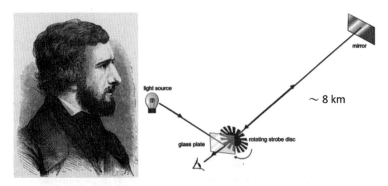

圖 4-1-2　光速的測定早在 1676 年便由丹麥天為學家奧勒‧羅默 (Ole Christensen Romer，1644-1710) 利用木星之衛星出現的時間差異推論得知，所得的結果約略為 2.14×10^8m/sec。此後不斷有人藉助於天文上的觀測來精進此測量，直到 1849 年法國物理學家阿曼德‧菲佐 (Armand-Hippolyte-Louis Fizeau，1819-1896) 的實驗，人們才第一次能夠不藉助天文觀察，而可單獨在地球表面上依實驗的設計來測量光速。菲佐於 1849 年的實驗結果為 3.15×10^8m/sec。此後的整個十九世紀，不斷有對測量光速的新實驗出現，儼然成為一股展示測量精準度的實驗能力競賽與潮流。也由於光速之快，為更精準的測量，實驗設備也勢必跟著越來越大，這樣的趨勢也算是大科學的誕生。

來。對此恆星光行差法不僅可用來測量光速外,實質上它也是地球繞日運動的一個證明。

該提醒讀者注意的是,十九世紀的物理學家看此實驗的理解會是什麼?別忘了我們當今對恆星光行差的結果 (4-1-1) 式之解釋,都是以牛頓力學中的相對速度去理解,就像我們於垂直落下的雨水跑步一般,我們所見到的雨水下落是有一傾斜角度。這樣的理解是以很簡單的粒子說觀點出發,但對已深植光波圖像的十九世紀物理家來說,這實驗的解釋必須還得加上一個重要的假設 – 乘載光波前進的介質「以太」不會因為地球的運動而受到干擾,「以太」必然是該存在的,但我們有辦法去檢測到「以太」的存在證據嗎?對此問題,我們將會在下一個單元介紹菲佐,這位世間第一位不藉助天文觀測,而由地表實驗量測光速的物理學家的著名實驗。

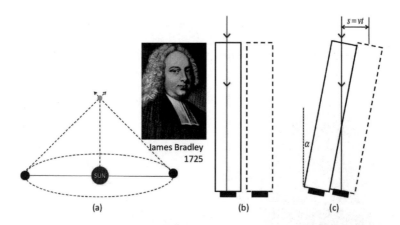

(a)　　　　　　(b)　　　　　　(c)

圖 4-1-3　(a.) 在布拉德雷 (James Bradley,1693-1762) 的原始構想中,由於光的直線前進,讓他想利用地球繞日軌道中不同位置所形成的長距離底軸,再依三角測量法去決定星球的距離,即視差法 (parallax)。但布拉德雷所選定量測的為天龍星座中最明亮的 γ – Draconis,此星依當今的量測距離我們為 148 光年之遠。很明顯地,在布拉德雷的原始構想中是無法依視差法量得此距離的。如此遙遠的星光來到我們太陽系,看來就如同平行光一般。(b.) 與 (c.) 但說也奇怪,布拉德雷還真的量測到一些結果,可貴的是布拉德雷也意識到他所量測到的結果,不會是觀察位置不同所造成的視差,而是量測者本身擁有運動速度,且此運動速度又與星光前進的速度垂直所造成的效果。因此布拉德雷也將其測量的結果轉換成測量光速的大小,約 3.1×10^8m/sec。

Hendrik A. Lorentz
(1853–1928)

圖 4-1-4　以研究磁場對電磁輻射之影響（塞曼效應，Zeeman Effect）聞
　　　　　名，而獲頒 1902 年諾貝爾物理獎的荷蘭物理學家勞倫茲曾這麼
　　　　　說過：「即便它可能與所有的一般物質有不同的性質，但某程
　　　　　度上，我還是不得不視「以太」為真實的存在。畢竟它賦予電
　　　　　磁場能量與震動的可能性。」或許勞倫茲就是如此地深信「以
　　　　　太」，而讓他在新物理的創立上始終欠缺臨門的一腳。

4-2　謎樣的以太 ── 菲佐實驗

　　在介紹菲佐實驗之前，我們有必要先提及十九世紀初讓大家深信光之波動理論的重要推手菲涅耳 (A.J.Fresnel)，他於 1818 年所提出的一項假設：當光線進入一折射率為 n 的透明物質後，光的速度會變成 c/n。但若此透明物質本身與以太有速度為 v 的相對運動，則此透明物質會對以太有一個拖曳的效應，使光在透明物質內的速度為

$$V = \frac{c}{n} + \left(1 - \frac{1}{n^2}\right) \cdot v \equiv \frac{c}{n} + f \cdot v \qquad (4\text{-}2\text{-}1)$$

式中的 f 便是物理史中著名之「菲涅耳拖曳係數」(Fresnel's dragging coefficient)。

● 菲佐實驗 (Fizeau's Experiment)

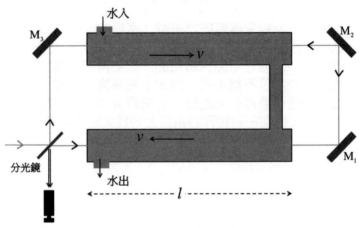

圖 4-2-1　菲佐實驗示意圖。

　　上單元中我們也已提及，菲佐於 1849 年首度完成於地表上的量測光速實驗，緊接著於 1851 年也試圖對提出已逾三十年的「菲涅耳拖曳係數」做出判準實驗。（圖 4-2-1）為菲佐實驗之示意圖。令單一頻率的光由圖之左下方水平射向成 45° 的分光鏡，此分光鏡可使入射的光線部分穿透前進，部分反射，如此讓原先的單頻光於實驗中分成兩道互為垂直的光前進。此兩道光再經被安排擺設的三個鏡面 M_1、M_2、與 M_3 之反射回到原先的分光鏡。此時的分光鏡再次發揮其功能使這兩道光線合併，並觀察此兩道光的彼此干涉狀況。由圖中我們可清楚看出此兩道光於實驗中的最大不同處，先經由 M_3 反射的光，在水中前進的方向始終與水的流速同向；但另一道先經由 M_1 反射的光，在水中前進的方向則始終與水的流速反向。如此若根據「菲涅耳拖曳係數」的假設，此兩道光從分光鏡出發開始再回到分光鏡將會有一個時間差，

$$\Delta t = \frac{2l}{\dfrac{c}{n} - f \cdot v} - \frac{2l}{\dfrac{c}{n} + f \cdot v} = 2l \cdot \left(\frac{2n^2 f \cdot v}{c^2} \right) \qquad (4\text{-}2\text{-}2)$$

此時間差所造成的干涉程度亦可用此兩道光之相位差來表示，即

$$\delta \equiv \frac{c \cdot \Delta t}{\lambda} = \frac{2l}{\lambda} \cdot \left(\frac{2n^2 f \cdot v}{c} \right) \qquad (4\text{-}2\text{-}3)$$

根據菲佐實驗的結果 ($l = 1.5\text{m}$、$v = 7.0\text{m/sec}$、$\lambda = 5.3 \times 10^{-7}\text{m}$、$n = 1.33$)

$$\delta = 0.23 \Rightarrow f_{\text{observed}} \cong 0.48 \qquad (4\text{-}2\text{-}4)$$

若與「菲涅耳拖曳係數」假設的值相比

$$f = 1 - \frac{1}{n^2} = 1 - \frac{1}{1.33^2} \cong 0.43 \qquad (4\text{-}2\text{-}5)$$

　　菲佐實驗似乎證實了「菲涅耳拖曳係數」的假設[註1]。更進一步地說，此實驗當然也應證了實驗本身的前提－「以太」是存在的！且存在的方式，就如同布拉德雷測量光速時所採的光行差法所暗示的，瀰漫在我們周遭的「以太」，靜靜地存在著，不受物體的運動所影響。但「以太」真的就如此被證實存在了嗎？且慢！

　　值得一提的是，始終深信「以太」存在的勞倫茲於 1892 與 1895 年間為解釋菲佐實驗中的「菲涅耳拖曳係數」的假設，還提出「局部時間」(local time) 的假說：

$$t' = t - \frac{vx}{c^2} \qquad (4\text{-}2\text{-}6)$$

此處 t 為觀察者靜止於以太中的時間，t' 則為觀察者以速度 v 運動於以太中的時間。看來這是跳脫牛頓「絕對時間」框架的第一步。但很可惜地，勞倫茲始終不認為這「局部時間」的概念是真實的，而只是數學計算上的一個技巧而已。

[註1]　對此著名的「菲佐實驗」，後人還是不斷以更精確的實驗技巧來提升其結果的準確性，其結果也都符合「菲涅耳拖曳係數」的假設。包括 1886 年的邁可森與莫利的實驗，甚至到了 1914-1922 年間，勞倫茲的學生並於 1902 年一起共同獲得諾貝爾物理獎的塞曼 (Pieter Zeeman)，對此「菲佐實驗」也做了不少的檢驗。

4-3 謎樣的以太 —— 邁可森–莫利實驗

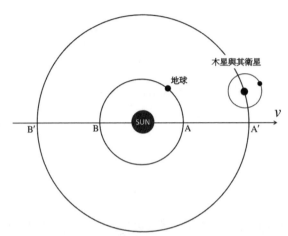

圖 4-3-1　馬克斯威在 1879 年給友人的信中提及一個測量「以太風」的構想，對此「以太風」馬克斯威認為是我們整體太陽系相對於「以太」的運動速度。其量測構想則是來自於羅默 (Ole Roemer) 於 1676 年測量光速的方法。在羅默的測量中，他利用半年的時間讓地球於 A 與 B 兩位置對木星衛星相鄰兩次出現的時間差異，來推論光的行進速度。而在馬克斯威的構想中，光速為已知，但利用木星繞日的公轉週期為 12 年，如此花六年的時間讓木星位處 A' 與 B' 兩位置，再重複羅默的測量即可推知我們整個太陽系相對於「以太」的運動速度 v。

　　另一個出現在十九世紀末，並在相對論的討論中時常被提及的實驗便是 1887 年的「邁可森–莫利實驗」(Michelson–Morley Experiment)。此實驗的主要主持人艾伯特‧邁可森 (Albert A. Michelson 1852-1931) 於 25 歲時便以卓越的實驗設計量測光速的大小，但真讓他留名於物理史上的工作則是來自於馬克斯威於（圖 4-3-1）的靈感，是否能在實驗室中量測到「以太風」的速度，即地球與「以太」間的相對運動速度。邁可森也因為長年在光速議題上的量測工作而於 1907 年獲得諾貝爾物理獎的殊榮，讓他成為第一位獲得諾貝爾獎的美國人。

● 邁可森 – 莫利實驗

　　如（圖 4-3-2）所示，實驗的基本要點是讓同頻光以 45° 角入射分光鏡，此分光鏡將光分成兩相互垂直的兩道光，分別射向垂直的兩鏡面 M_1 與 M_2。反射後再回到原先的分光鏡，並觀察此兩道光彼此間的干涉狀況。假設在反射鏡面 M_1 這道光的方向

上有如圖所示的以太風存在，則此道光線於分光鏡與鏡面M_1來返一趟所需的時間為，

$$t_1 = \frac{l}{c-v} + \frac{l}{c+v} = \frac{2l/c}{1-(v/c)^2} \tag{4-3-1}$$

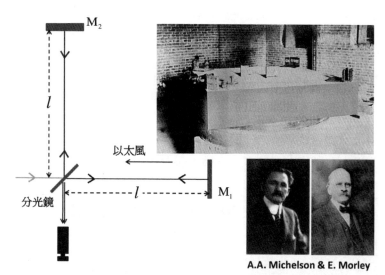

圖 4-3-2　邁可森 – 莫利實驗的示意圖。邁可森想藉此實驗的結果來探知地球與以太間的相對速度。

然而「以太風」的出現來自於地球本身的運動，因此經鏡面 M_2 反射回來的那道光一次往返的時間為 t_2，但整個實驗設備也該往鏡面 M_1 的方向上移動 $v \cdot t_2$ 的距離。如此依三角形之畢氏定理便可給出關係是

$$\left(c \cdot \frac{t_2}{2}\right)^2 = l^2 + \left(v \cdot \frac{t_2}{2}\right)^2 \;\Rightarrow\; t_2 = \frac{2l/c}{\sqrt{1-(v/c)^2}} \tag{4-3-2}$$

又因 $v \ll c$，兩道光線來回一趟所出現的時間差為

$$\Delta t = t_1 - t_2 = \frac{2l/c}{1-(v/c)^2} - \frac{2l/c}{\sqrt{1-(v/c)^2}} \approx 2\frac{l}{c}\left(\frac{v}{c}\right)^2 \tag{4-3-3}$$

如此同上單元中對干涉程度大小所定義之干涉相位差

$$\delta \equiv \frac{c \cdot \Delta t}{\lambda} = 2\frac{l}{\lambda} \cdot \left(\frac{v}{c}\right)^2 \tag{4-3-4}$$

在邁可森 – 莫利實驗中 l、λ、與 c 為已知，所以一旦測量出 δ，「以太風」的速度也就自然可推得。當然很重要的一點是，當時邁可森對實驗精確度的技術掌握是有把

握可測得 $(v/c)^2$ 量級上的效應。然而，此「邁可森 – 莫利實驗」所給出的結果卻是沒有測量到任何的效應，這也讓此實驗成為物理史上最著名的無結果實驗！

但對此無結果的著名結果又該如何看待呢？費茲傑羅 (G. Fitzgrald) 於 1889 年及勞倫茲 (H.A. Lorentz) 於 1892 年分別獨立提出一個合理化實驗結果的假設 (ad hoc hypothesis)：運動中的物體，其長度於運動方向會有一個稱為「勞倫茲 – 費茲傑羅縮減」(Lorentz–Fitzgrald contraction) 的現象。若物體運動速度為 v，而物體於運動方向的原長度為 l，則在運動的狀況下其長度會縮減成 $\sqrt{1-(v/c)^2} \cdot l$。當然這樣的假設對勞倫茲來說，是根基於「以太」與物體內部原子間的交互作用，是真實的縮減效應。至於到底是怎樣的交互作用？對此問題，勞倫茲則逐步地發展出耀眼且風靡一時的「電子理論」。

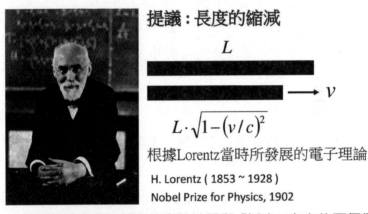

提議：長度的縮減

根據Lorentz當時所發展的電子理論

H. Lorentz (1853 ~ 1928)

Nobel Prize for Physics, 1902

圖 4-3-3　在接受邁可森 – 莫利的實驗結果與「以太」存在的兩個信念下，勞倫茲於 1892 年提出物體運動時長度縮減的假設，並一路發展出「電子理論」。此理論的魅力在 1905 年左右更是達到它的巔峰，吸引了許多著名物理學家的青睞與投入，認為「電子理論」將會在未來物理學的發展中取代「牛頓力學」，成為正確的主流理論。

【練習題4-1】

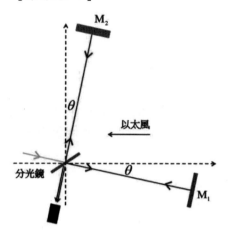

本文對邁可森－莫利實驗的介紹中，我們假定實驗設備中光行進的兩臂分別平行與垂直於「以太風」，即圖中當 $\theta = 0$ 的情況。但在更一般的狀態下，干涉儀與「以太風」（如果存在的話）會夾一角度 $(\theta \neq 0)$，試推導在此一般的狀態下，干涉相位差會是

$$\delta = \frac{l}{\lambda} \cdot \left(\frac{v}{c}\right)^2 \cos(2\theta)$$

4-4　勞倫茲的電子理論

　　上單元中我們已提及勞倫茲的「電子理論」，雖然在當今的物理學中已鮮少有人再去探究它的實質內容爲何，但若對愛因斯坦如何發展相對論有興趣的朋友，或想更清楚理解愛因斯坦的理論對物理界之革命性何在，那約略知道一些勞倫茲在「電子理論」上的觀點與目標是有幫助的。

　　對此議題我們可上推至 1881 年湯木生 (J.J. Thomson) 之論文「論帶電物體運動所產生的電與磁效應」中的一個臆測，類比於斯托克 (George Stokes) 對流體的研究，當一個球體穿越不可壓縮流體的運動，此球體看似會增加一些額外的慣性質量。同樣地，在湯木生的研究中也曾指出運動的帶電物體在通過一個介電質時會有額外的慣性質量出現。於是湯木生臆測物體的慣性是否會有來自於電磁效應上的根源？對此，湯木生針對一個帶電量爲 e，半徑爲 R 的球體作一估算，發現由電磁效應所誘導出的質量爲 $m' = (4/15) \cdot (e^2 / R^2 c)$。即便湯木生當時對此誘導出的質量並沒有冠上什麼特殊的名稱來稱呼，但這「電磁質量」(electromagnetic mass) 的概念乃物理學界中的首次提出。也別忘了，馬克斯威的電磁理論在 1860 至 1870 的年代中已逐步發展成一部完整的理論，理論中不僅把光的現象納入爲電磁學的一部分，其所預測的電磁波亦於 1887 年被赫茲 (Heinrich Hertz) 的實驗所證實。再過十年，1897 年湯木生更確認了電子的存在。在這段日子中，物理界的主流議題大半就是聚焦在電磁學上，甚至有不少的知名物理學家認爲傳統之牛頓力學框架下的物理體系已是過時的概念，而想去架構起一個以電磁學爲基礎的世界觀。自然地，以「電磁質量」去作爲物體慣性質量之根源探討，也就成爲這新世界觀下的一個重要議題。

　　除「電磁質量」的議題外，前幾個單元中所提及的「光」之本質探討也是待回答的問題。雖然「光學」的納入是電磁理論上的一大成就，但也埋下不少的麻煩。我們就簡單地點出電磁理論所帶來的問題！首先是，我們是否能夠尋獲「以太」的存在？又在單元「1-39 等效原理與假想力」中，我們曾論及牛頓定律適用於任何的慣性座標系，但我們無法藉由牛頓力學定律來區別某特定的慣性座標系，即便不同的慣性座標系間存有著相對速度，但每一個慣性座標系都是等價的！此信念不僅在牛頓後的兩百年間維持不變，甚至超越了牛頓力學的體系，認爲所有的物理定律在任何的慣性座標系中均該爲等價。因此「速度」在牛頓體系中並沒有特殊的關鍵地位，速度大小也是受到觀察者本身所在的慣性座標系之速度影響。但如此說來，電磁波的「光速」傳播必然也就只能相對於某一個特定的慣性座標系！當時普遍的看法是，電磁學理論替我們所挑選的獨特慣性座標系就是承載電磁波的介質「以太」座標系。那當我們不在這個獨特的慣性座標系中觀察電磁波或是其它的電磁現象時，又該會是什麼樣的情形呢？毫無疑問地，這都是要完備整個電磁理論所必需回答的大問題，也是物理學界於十九世紀末與二十世紀初所急欲處理的難題。

　　沒錯，勞倫茲爲回應實驗上的結果而提出不同的假設以維繫當下的物理概念。但對於勞倫茲這位聲名顯赫的理論物理學家，面對這樣的處境當然不會感到滿意，因此在

提出勞倫茲縮減後的近十年間仍不斷地修正補強自己的理論。我們不妨直接寫下幾個
重要的結果：

1. 為使馬克斯威方程式在任何的慣性座標系中均能成立，如（圖 4-4-1) 中的兩個慣
   性座標系，有別於牛頓力學中不同慣性座標系間的伽利略轉換，勞倫茲於 1904 年
   提出了下面的座標轉換式：

$$x' = \frac{x - v \cdot t}{\sqrt{1 - (v/c)^2}}$$

$$y' = y$$

$$z' = z \tag{4-4-1}$$

$$t' = \frac{t - (v/c^2) \cdot x}{\sqrt{1 - (v/c)^2}}$$

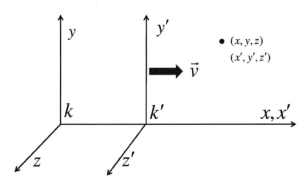

圖 4-4-1　一般用來討論伽利略與勞倫茲轉換的兩個慣性座標系。一個為
靜止，另一個則以速度 v 在 $x(x')$ 方向上等速運動。不難理解，
在不同的座標系中對點的位置描述會有不一樣的座標值。

在此被後人稱為「勞倫茲轉換」的兩個慣性座標系統中，電場與磁場也得依下面
的轉換才能使馬克斯威方程式保持不變的形式。

$$E_x' = E_x \qquad ; \; B_x' = B_x$$

$$E_y' = E_y - \frac{v}{c}B_z \quad ; \; B_y' = B_y + \frac{v}{c}E_z \tag{4-4-2}$$

$$E_z' = E_z + \frac{v}{c}B_y \quad ; \; B_z' = B_z - \frac{v}{c}E_y$$

2. 在「電磁質量」的議題上，當時所存在的三個競爭理論，均屬不同假設下的「電
   子理論」，其對電子的質量估算結果可歸納如下（表中 $m_{em} = (2/3) \cdot (e^2/Rc^2)$，$\beta =$

v/c。）【註2】：

表 4-4-1　不同假設下的電子理論

	平行質量（Longitudinal mass）	垂直質量（Transverse mass）
Araham	$m_L = \frac{3}{4} m_{em} \frac{1}{\beta^2} \left(-\frac{1}{\beta^2} \ln\left(\frac{1+\beta}{1-\beta}\right) + \frac{2}{1-\beta^2} \right)$	$m_T = \frac{3}{4} m_{em} \frac{1}{\beta^2} \left(\frac{1+\beta^2}{2\beta} \ln\left(\frac{1+\beta}{1-\beta}\right) - 1 \right)$
Lorentz	$m_L = \dfrac{m_{em}}{\left(\sqrt{1-\beta^2}\right)^3}$	$m_T = \dfrac{m_{em}}{\sqrt{1-\beta^2}}$
Bucherer/Langevin	$m_L = \dfrac{m_{em}(1-\beta^2/3)}{\left(\sqrt{1-\beta^2}\right)^{8/3}}$	$m_T = \dfrac{m_{em}}{\left(\sqrt{1-\beta^2}\right)^{2/3}}$

· 亞伯漢的電子理論 (Max Abraham，1903)，理論中認為電子是一個固定半徑的剛體球，電荷則均勻分布在整個球體。
· 勞倫茲的電子理論 (Henrik Lorentz，1904)，此理論認為電子會在其運動的方向產生長度上的收縮。
· 契爾與朗格文分別獨立提出的電子理論 (Adolf Bucherer / Paul Langevin，1905)，同勞倫茲所認為的電子會在其運動的方向產生長度上的收縮，但收縮的當下其總體積會保持不變。

　　表中平行質量與垂直質量之區別，是指相對於電子的運動方向來說。最後值得在強調的是，無論哪個版本假設下的電子理論，一個普遍的共同點就是電磁波確實存在，這讓大家都毫無疑慮地也接受「以太」的存在。如此「以太」靜止存在的慣性座標系便有了獨特性，而物體長度的縮減則是物體內部原子間的作用結果，所以可說是動力學上的結果。
　　縱然在電子理論的框架中還是存有數種不同假設的理論版本，彼此之間相互競爭。但在二十世紀初期，特別是 1905 年左右的年間，電子理論在物理學的前緣研究中確實佔有最耀眼與受期待的地位。

【註2】　讀者應該會感到很奇怪，為何物體的質量還有方向性呢？但當時這群站在前緣的物理學家就是如此地認為，既然質量的起源來至於電磁作用，那帶電質點的運動方向就可展現出不同方向的物理特性。

1906年4月1日,愛因斯坦在專利局內升為二等技師.
1907年6月,申請伯恩大學被拒.

狹義相對論 ←

奇蹟的一年

五篇論文改變物理的面貌

1905.03
"關於光的產生與轉化的一個啟發性觀點"

1905.04
"分子大小的新測定法"

1905.05
"熱的分子動力論對懸浮於靜止液體中的粒子運動要求"

1905.06
"論運動物體的電動力學"

1905.09
"物體的慣性與它所蘊含的能量有關嗎?"

圖 4-4-2　被視為愛因斯坦奇蹟之年的 1905 年，這年內愛因斯坦發表了五篇改變物理未來走向的論文。三月論文中以光量子來解釋光電效應，並提出光擁有粒子與波的雙重性新觀點；四月論文替自己取得物理博士的頭銜，此論文與接下來的五月論文則替原子的存在提供了最佳證明；六月與九月論文之內涵則是我們接下來所要討論的狹義相對論。

4-5　愛因斯坦的1905年六月論文

　　在對勞倫茲的工作有所瞭解後，艾爾伯特‧愛因斯坦 (Albert Einstein，1879.3.14-1955.4.18) 也該是登上舞台的時候了。就在「電子理論」受矚目程度攀上高點的 1905 年，當時仍在瑞士伯恩專利局擔任技術員的愛因斯坦，即便物理學界鮮少有人知曉這號人物，但他卻在德國的《物理年報》(Annalen der Physik) 上發表了涵蓋三個領域的五篇論文[註3]。這五篇論文的物理觀點當然無法即時讓物理學界給接受，但經過各領域物理學家數年不等的推敲與摸索，現在的我們都很清楚這五篇論文在物理史上的地位，徹底改變了當時的物理走向，而成為近代物理學的基石。

　　我們不妨在進入「狹義相對論」議題前，先來看看愛因斯坦開創此領域的第一篇論文「論運動物體的電動力學」之前言：

　　「眾所皆知，若依現今對馬克斯威電動力學的理解，將其應用到運動的物體上就會出現一些不對稱的性質，而這些不對稱似乎也不是現象所應該有的。就以磁鐵與導體間的交互作用為例，在這個例子中我們所期待觀察到的現象應僅與導體及磁鐵間的相對運動有關，可是按照一般的看法，實際上運動的物體是導體或是磁鐵則會有極大的不同。例如：我們若讓磁鐵運動而導體靜止不動，則在磁鐵周圍就會產生帶有一定能量的電場，此電場會進一步感應靜止的導體而讓其各部分產生電流。相反地，如果磁鐵是靜止而改成導體的運動，則在磁鐵的周圍不會有電場出現，但導體內則會有一電動勢來引發電流。此電動勢雖不等同於能量，但只要我們假定這兩個例子中的運動物體是相對的，則由電動勢所引起的電流大小與電流路徑便該會與前例電場所引起的電流相同。

　　諸如此類的例子，以及設法去偵測地球相對於「光介質」運動的失敗嘗試，導致一種臆測認為：絕對靜止的概念不僅在力學現象中，即便是在電動力學中也不該存有。倒是力學定律適用於一切座標系中，同樣地，電動力學與光學定律也該同樣適用於所有的座標系中。這臆測在第一階的數量級上已被證實。我們想將此臆測（相對性原理）提升到公設的位階，同時我們也會再加入另一看似不相容的公設，認為光在真空中總是以固定的速度 c 傳播，此傳播速度與發射此光之物體運動狀態無關。由這兩個公設出發，我們就可根據對靜止物體的馬克斯威理論去獲得一個對運動體簡單而又不自相矛盾的電動力學理論。同時也可證明對光介質「以太」的引入是多餘的，因為根據我們所要闡明的觀點，我們無需引進一個具有特殊性質的「絕對靜止空間」。同樣地，也無需替發生電磁現象的真空之每一點標誌上一個速度向量。

[註3]　說普朗克 (Max Plank，1858-1947) 為愛因斯坦的伯樂貴人一點也不為過。1905 年間時任《物理年報》編輯的普朗克，即便自己也不全然理解與相信愛因斯坦於論文中的觀點，但對文章的直覺就是認定文章有它的道理，及吸引人的理論之美，值得發表與更進一步地推敲。也因此有這五篇改變物理走向的論文出現。

就像電動力學中的所有定律一般，我們這裡所要發展的理論是根據剛體的運動學原理。因為這裡所要闡明的原理都是關於剛體（座標系統）、時鐘、與電磁作用過程間的關係。對此關係的欠缺考慮，也正是目前對運動物體之電動力學所必須克服的難關根源。」

讀者由此前言應可看見愛因斯坦所要發展的狹義相對論將基於下面的兩個公設：

1. 相對性原理 – 在任何（慣性）座標系下的物理定律均相同。
2. 眞空中的光速大小是固定不變的，與發光體或觀察者本身的運動狀態無關。

此外，當時所有物理學家所認為該存在的「以太」，在愛因斯坦的理論中不具有任何的角色。也就是說，我們可完全拋開「以太」的存在與否，這在電磁波的理解上無疑是一件全新的概念。

《論運動物體的電動力學》的架構：

Part A　運動學部分

1. 同時性的定義
2. 關於長度與時間的相對性
3. 從靜止座標系到另一個相對它作等速運動座標系的座標與時間的變換理論
4. 關於運動剛體和運動時鐘所得方程式的物理意義
5. 速度的加法定理

Part B　電動力學部分

6. 關於眞空中馬克斯威-赫茲方程式變換。關於磁場中由運動所產生之電動力的本性
7. 都卜勒原理與光行差的理論
8. 光線能量的變換作用在完全反射鏡上的輻射壓力的理論
9. 加入電流考慮之馬克斯威-赫茲方程式的變換
10. (緩慢加速的)電子的動力學

圖 4-5-1　即便論文所要討論的議題是有關於運動物體的電動力學，但由論文章節的鋪陳論述，亦可看出愛因斯坦與他人全然不同的切入點。事實上，整篇論文的「Part A 運動學部分」正是開創出物理新發展的重要篇章，即我們所稱的「狹義相對論」。

4-6　愛因斯坦對同時性的定義

　　當你觀察到於不同位置同時發生的兩件事，那另一位站在不同位置的觀察者，看這兩件事也會是同時發生嗎？對一般人來說，生活經驗將給出一個肯定的答案，再說牛頓體系下的時間概念就是一個絕對的時間！即便勞倫茲為解釋「菲佐實驗」而提出「局部時間」的想法，但勞倫茲本身也將自己的想法視為是一個權宜之計，「局部時間」並不是真實的時間。宇宙間的時間就只有一個，你觀察到同時發生的兩件事，對此兩件事的發生時間，別人也將會有同樣的觀察結果－「同時性」是存在於任何觀察者的測量中。但對此理所當然的答案，愛因斯坦可是不輕易的接受！至少在他六月論文中所立下的兩條公設之一「真空中的光速大小是固定不變的，與發光體或觀察者的運動狀態無關」，時間概念與「同時性」的問題在此公設下就受到了挑戰，而必須釐清與再定義。如（圖 4-6-1）所示。

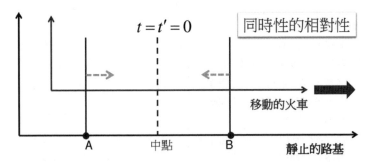

圖 4-6-1　在接受光速的公設下，愛因斯坦提出一個質疑「同時性」的簡單例子。

　　站在靜止路基上的觀察者看見沿鐵軌前後的兩位置 (A 與 B) 同時遭到雷擊，若此靜止的觀察者所站的位置洽在 A 與 B 兩位置的中點位置，如此遭雷擊所發出的訊息光線才會同時到達他的位置讓他看見。現在我們來想想坐在火車上的觀察者會有怎樣的觀察？假設 A 與 B 兩位置同時遭到雷擊的當下，坐在火車上的觀察者位置洽經過靜止的觀察者，即 A 與 B 兩位置的中點位置。對這火車上的觀察者來說，因火車的前進而逐漸接近 B 位置並遠離 A 位置，如此在光速不變的前提下觀察雷擊 A 與 B 兩位置的時間就不會是同時擊中！而是先擊中 B，再擊中 A 位置。畢竟雷擊事件是得靠光的傳遞，才能將訊息傳遞給觀察者。而光所得走的距離不同，傳遞訊息所得花的時間也就不同。如此「同時性」的判定是得根據觀察者所在的座標系統而定。

　　雖然我們以兩個彼此存有相對運動的兩個慣性座標系來闡明「同時性」的問題，但這問題也絕不只困擾兩個不同座標系中的觀察者。試想我們彼此就站在一個大廣場上的不同位置上，看著聳立於廣場中的某一個大鐘，我們所看見的時間真的就是大家所共同一致的時間嗎？大家又彼此如何地取得標準時間的共識呢？看來我們得對「時

間」再多一點說明，倒不是要大家開始討論起較為哲學層面上的「什麼是時間？」，我們只是很單純地認知「時間」，「時間」就是時鐘所給出的那個時刻讀數。問題是有個標準時鐘可用來校正大家的時鐘讀數嗎？愛因斯坦想要告訴大家——沒有！因為在光速的公設下，已不再有牛頓所說的「絕對時間」來作為我們的標準。

既然沒有「絕對時間」的存在，那索性就以我們每一個人手上的手錶來做為我們探討「時間」的準則。只是大家必須遵守兩個原則：1.大家手上的手錶必須是完全一模一樣，不是形式上的一模一樣，而是指大家的手錶必須走的一樣快。即一樣的「時間步調」；2.大家手上的手錶彼此之間必須要有一個校正，以達共識。一旦能做到以上的兩點，若無特別的標註說明，往後在相對論中所提到的時間就是觀察者自己手錶上的時間讀數。觀察者不該遠觀他處鐘錶上的時間來做為自己的時間，只有自己身邊所能觀察到的時間才有其意義，這是相對論對「時間」概念的很大轉變。至於上面所提到的兩個原則，原則一該是鐘錶製造商的工作，原則二則可要求兩兩觀察者做如下的校正工作。

如（圖 4-6-2）所示，兩位實驗者（就簡稱 A 與 B）分處於空間中固定的兩點 A 與 B 上，並各以自己的手錶為依據。首先，由 A 在時刻 t_A 送出一光子給 B，B 於時刻 t_B 接收到此光子，並以鏡面將光子反射回 A 處，光子反射後 A 又於時刻 t_A^* 接收到此反射回來的光子。若此兩實驗者所讀到的時間符合下面的關係式

$$t_B - t_A = t_A^* - t_B \tag{4-6-1}$$

則我們稱此兩個分別置於 A 與 B 兩處的時鐘，彼此已完成同步校正的工作。接下來，我們就根據時鐘 B 的讀數再去同步校正另一位置的時鐘 C。一旦校正完畢，則時鐘 C 不僅與時鐘 B 完成了校正，也同樣地與時鐘 A 完成校正。如此，理論上我們便可完成空間中所有位置上的時鐘校正。值得一提的是，我們已將三維空間上的各點上再加上一個時間座標，此結合將會是我們後面單元所會引進的「四維時空」。

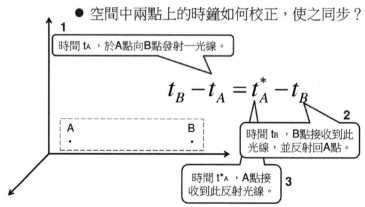

● 空間中兩點上的時鐘如何校正，使之同步？

1　時間 t_A，於A點向B點發射一光線。

$$t_B - t_A = t_A^* - t_B$$

A ·　　　B ·

2　時間 t_B，B點接收到此光線，並反射回A點。

3　時間 t_A^*，A點接收到此反射光線。

圖 4-6-2　校正兩位置時鐘的簡單步驟。

4-7 勞倫茲轉換（一）

　　相對論中，我們稱四維時空中的點爲「事件」(event)，包含時間與空間的位置。而爲精確描述「事件」點，我們必須選定一個座標系統，再依據所選定的座標系統給出該有的座標值。理所當然，選定不同的座標系統便會有不同的座標值。至於兩慣性座標間的座標值轉換關係則稱爲「勞倫茲轉換」(Lorentz transformation)。在愛因斯坦1905年的原始論文中，愛因斯坦花了相當的篇幅與隱晦難懂的方程式推導才推得此「勞倫茲轉換」[註4]。然而在他1916年所出版的《相對論入門》科普讀物中，於書末的附錄則提供一個相對簡單易懂的「勞倫茲轉換」推導。其推導的過程如下：

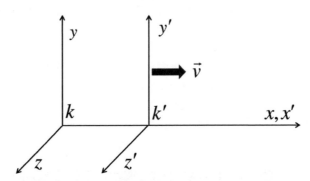

圖 4-7-1　**描述勞倫茲轉換的標準模式。K 座標系（觀察者）靜止不動，K' 座標系則在 x- 方向有一相對速度 v。文中 (4-7-1) 式可被理解爲「光速於任何慣性座標系中均爲定值，且不隨光源本身的運動影響。」此乃狹義相對論基本假設的表示式。**

　　令兩個存有相對速度 $\vec{v}$ 的慣座標系 K 與 K'。爲方便討論，我們以笛卡兒座標系來描素這兩個慣性座標系，如（圖 4-7-1）所示，令相對速度 $\vec{v}$ 在 $\hat{x}$ 的方向上（$\hat{x}$ 與 $\hat{x}'$ 重合），$\hat{y}$ 與 $\hat{y}'$ 平行，$\hat{z}$ 與 $\hat{z}'$ 平行。此外當 $t = t' = 0$ 時，此兩個座標系完全重合，即 x = x' = 0。

　　假設我們在 $t = t' = 0$ 時在原點打開一盞燈光，我們若看光之波前於在 $\hat{x}$ 與 $\hat{x}'$ 方向上前進，或簡單說光子於 $\hat{x}$ 與 $\hat{x}'$ 方向上的前進。由於狹義相對論中的基本假設－真空中的光速 (c) 不隨慣性座標系的不同而有所差異。因此光子位置與時間的關係爲：

$$\text{in } K-\text{frame: } x-ct=0$$
$$\text{in } K'-\text{frame: } x'-ct'=0$$

$(4\text{-}7\text{-}1)$

[註4]　根據研究狹義相對論發展史的學者 Alberto A. Martinez 估算，我們若將愛因斯坦於 1905 年六月論文中爲說明「勞倫茲轉換」所寫下的 35 個方程式逐一驗算推導，將會有超過 300 多條的方程式出現！可見此計算工作之複雜。

毫無疑　問地，對任何不為零的常數 λ 都可符合下面之關係，

$$x' - ct' = \lambda(x - ct) \tag{4-7-2}$$

同樣地論述，在 $-\hat{x}$ 與 $-\hat{x}'$ 的方向上，我們也會有

$$x' + ct' = \mu(x + ct) \tag{4-7-3}$$

的關係，此處 μ 為另一個不為零的常數。由 (4-7-2) 式與 (4-7-3) 式可解 x' 與 ct'，

$$x' = ax - bct \tag{4-7-4}$$
$$ct' = -bx + act \tag{4-7-5}$$

其中 $a = (\lambda + \mu)/2$ 與 $b = (\lambda - \mu)/2$ 為兩個重新定義的常數，而接下來的問題便為如何以物理的要求去決定常數 a 與 b。

對 K' 的原點 $(x' = 0)$，(4-7-4) 式給出

$$x = \frac{b}{a} \cdot ct \tag{4-7-6}$$

同時我們也知道此 K' 的原點相對於 K 的原點有 v 的相對速度 $(x' = 0 = x - v \cdot t)$，所以

$$v = \frac{x}{t} = \frac{b}{a} \cdot c \;\Rightarrow\; \frac{b}{a} = \frac{v}{c} \tag{4-7-7}$$

同樣利用 (4-7-4) 式，在 $t = 0$ 時，由 K 看 K' 的單位長度 $\Delta x' = 1$，對應於自己本身座標系 K 的長度 Δx 可由下面的推理得出

$$x' = ax \Rightarrow \Delta x' = a\Delta x \;\Rightarrow\; \Delta x = \frac{1}{a} \tag{4-7-8}$$

然而狹義相對論的另一個基本假設－「相對性原理」，則要求 (4-7-8) 式的長度變化

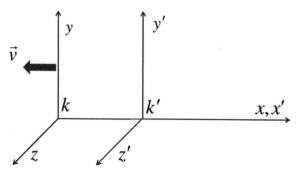

圖 4-7-2　「相對性原理」－此狹義相對論的另一個基本假設告訴我們，所有的慣性座標都一樣，沒有哪一個比較特別！因此，我們可對調（圖 4-7-1）中的觀察者，做出同樣的推論。如圖，現在的觀察者為 K' 座標系，而 K 座標系則在 $-\hat{x}$ 方向有一相對速度 v

同樣會出現在由 K' 看 K 的單位長度 $\Delta x = 1$ 上。而數學上，觀察者的對換則可由 (4-7-4) 式與 (4-7-5) 式的變數對調獲得

$$x = \frac{a}{a^2 - b^2} \cdot x' + \frac{b}{a^2 - b^2} \cdot ct' \qquad (4\text{-}7\text{-}9)$$

$$ct' = -\frac{b}{a^2 - b^2} \cdot x' - \frac{a}{a^2 - b^2} \cdot ct' \qquad (4\text{-}7\text{-}10)$$

所以，由 (4-7-9) 式可推導出當 $t' = 0$ 時，由 K' 看 K 的單位長度 $\Delta x = 1$ 相當於自身座標系 K' 中的長度

$$\Delta x = \frac{a}{a^2 - b^2} \cdot \Delta x' \;\Rightarrow\; \Delta x' = \frac{a^2 - b^2}{a} = a\left(1 - \left(\frac{b}{a}\right)^2\right) = a\left(1 - \left(\frac{v}{c}\right)^2\right) \qquad (4\text{-}7\text{-}11)$$

上式中我們有用到 (4-7-7) 式的結果。最後就如「相對性原理」的要求，不同座標系間互看下的長度大小應有一致的變化，因此 (4-7-8) 式的結果應等同於 (4-7-11) 式的結果。即

$$\frac{1}{a} = a\left(1 - \left(\frac{v}{c}\right)^2\right) \;\Rightarrow\; a = \frac{1}{\sqrt{1 - (v/c)^2}} \qquad (4\text{-}7\text{-}12)$$

有了常數 a 之後，另一常數 b 亦可由 (4-7-7) 式得到。如此，當兩個座標系如（圖 4-7-1）般地相對運動，我們得到了同一時空點於兩座標系中座標值的轉換關係

$$ct' = \frac{ct - (v/c)x}{\sqrt{1 - (v/c)^2}} \;\;;\;\; x' = \frac{x - vt}{\sqrt{1 - (v/c)^2}} \qquad (4\text{-}7\text{-}13)$$

至此，如（圖 4-7-1）下的勞倫茲轉換已完成了大半，但並未全部。接續的工作，我們就留待下一單元來完成。

圖 4-7-3　這本愛因斯坦所著的相對論小冊子（中譯本共 114 頁），完成
　　　　　於 1916 年的 12 月，並於隔年春季出版。距離愛因斯坦 1915
　　　　　年的廣義相對論最終版本也才一年的時間。明顯地，不僅在最
　　　　　前緣的基礎研究上，愛因斯坦也認真看待科學的推廣與普及工
　　　　　作，並將此視為知識分子該有的社會責任。即便到今天，這本
　　　　　小冊子也成了一般大眾想理解相對論的最佳媒介，與科普讀物
　　　　　的寫作典範。

4-8 勞倫茲轉換（二）

在前單元中，我們已得到下面的轉換關係

$$ct' = \frac{ct-(v/c)x}{\sqrt{1-(v/c)^2}} \;\; ; \;\; x' = \frac{x-vt}{\sqrt{1-(v/c)^2}} \tag{4-8-1}$$

不難驗算上面的關係式符合

$$c^2 t'^2 - x'^2 = c^2 t^2 - x^2 \tag{4-8-2}$$

除 (4-8-1) 式的轉換外，我們還得加上

$$y' = y \; ; z' = z \tag{4-8-3}$$

此兩維度間的轉換才能完整（圖 4-7-1）中兩慣性座標系間的勞倫茲轉換。對此，同樣在愛因斯坦的《相對論入門》之附錄中給出如下的說明：

同樣在 $t = t' = 0$ 的時刻，在兩座標系之原點重合處打開一光源。狹義相對論的兩個基本假設告訴我們，光源會於各方向以同樣的速度 c 傳播，如此兩座標系中描述此光波最前緣之方程式分別爲

$$
\begin{aligned}
r = \sqrt{x^2+y^2+z^2} = ct \\
r' = \sqrt{x'^2+y'^2+z'^2} = ct'
\end{aligned}
\;\Rightarrow\;
\begin{aligned}
x^2+y^2+z^2-c^2t^2 = 0 \\
x'^2+y'^2+z'^2-c^2t'^2 = 0
\end{aligned}
\tag{4-8-4}
$$

此兩個爲零的方程式必可藉由一個常數連結

$$x'^2 + y'^2 + z'^2 - c^2 t'^2 = \sigma(x^2 +y^2+z^2 - c^2 t^2) \tag{4-8-5}$$

但由於在 $x(x')$ 軸上必須服從 (4-8-2) 式的要求，因此也限定了此常數值僅能爲 $\sigma = 1$。如此，當 $\sigma = 1$ 時，不難驗算，(4-8-1) 式加上 (4-8-3) 式亦能夠符合我們的要求，我們也就將此轉換稱爲（圖 4-7-1）的勞倫茲轉換。

當然，整個狹義相對論所適用的是所有的慣性座標系！因此我們無須將兩個慣性座標系間的相對運動侷限於（圖 4-8-1）的模式。彼此間的座標軸亦可不再平行，相對速度也可是任何的方向，如此不同座標系間的勞倫茲轉換當然不會是我們之前所得到的形式。那更一般性的勞倫茲轉換會是什麼樣的形式呢？在我們本書中並不打算去詳談此問題的細節，畢竟狹義相對論中的重要結果幾乎都可由（圖 4-8-1）的模式獲得，因此我們也將以此較單純的模式來進行我們對狹義相對論的討論。僅需說明的是，任何兩慣性座標系間的關係，均可透過座標的旋轉 (rotation) 與平移運動 (boost) 來達成（圖 4-8-1）的單純模式。且任何兩慣性座標系間的轉換只要符合

$$x'^2 + y'^2 + z'^2 - c^2 t'^2 = x^2 +y^2+z^2 - c^2 t^2 \tag{4-8-6}$$

的關係，則座標系間的轉換均可稱為勞倫茲轉換[註5]！

【註】由於在相對論中經常出現 $(1-(v/c)^2)^{-1/2}$ 這因子，所以方便上，我們常定義：

$$\beta \equiv \frac{v}{c} \quad ; \quad \gamma \equiv \frac{1}{\sqrt{1-(v/c)^2}} = \left(1-\beta^2\right)^{-1/2} \tag{4-8-7}$$

如此，在（圖 4-8-1）中的勞倫茲轉換可寫成下面看起來更有對稱性的形式，

$$\begin{aligned} ct' &= \gamma\left(ct - \beta x\right) \\ x' &= \gamma\left(-\beta ct + x\right) \\ y' &= y \\ z' &= z \end{aligned} \tag{4-8-8}$$

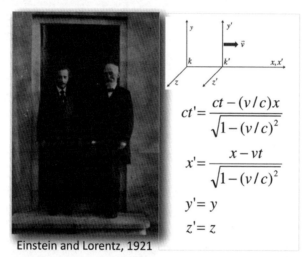

$$ct' = \frac{ct - (v/c)x}{\sqrt{1-(v/c)^2}}$$

$$x' = \frac{x - vt}{\sqrt{1-(v/c)^2}}$$

$$y' = y$$

$$z' = z$$

Einstein and Lorentz, 1921

圖 4-8-1　在狹義相對論中相當重要的轉換式──勞倫茲轉換式，很神奇地在 1904 年就已被那時代的一位重要物理學家勞倫茲給寫下，比愛因斯坦的理論還早上一年，也因此現今我們將此轉換式冠上「勞倫茲」的名字。但現今大家也都清楚這兩人是以完全不同的出發點獲得一樣的結果表示式。其中勞倫茲理論中所倚賴的光介質「以太」，更是被當今的物理學界給徹底屏除，這當然也是受到愛因斯坦的理論影響所致！因此即便方程式對了，但狹義相對論的奠立者，此榮耀就是不屬於勞倫茲這位大物理學家。

[註5]　我們會在後面的單元「4-32 閔可夫斯基──時間與空間的結合」中再對此詳細說明。

4-9　長度的縮減

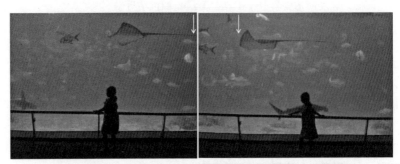

圖 4-9-1　**魟魚有多長？拿尺來量。但游動中的魟魚一瞬間已由小朋友的右後方游到左前方。想想看，我們該如何去量測此魟魚的大小？（攝於屏東海洋生物博物館內之綠色海底隧道）**

　　物體的長度該怎麼量？最簡單易懂的方法就是拿支適當的量尺來測量。就以一隻魚的大小來說，若此魚已是靜止被擺放在市場中的魚鋪攤上，那這問題一點困難都沒有。就拿一支量尺來，對齊擺放在魚的身旁，可慢慢地看準魚頭魚尾所分別對應的量尺刻度，再將刻度讀數相減便是此魚的身長。無須著急快速地完成量測，畢竟魚就被擺放原地不動。但對一條活生生且游來游去的大魚來說，要量牠的身長，技術上好像就出現了一點問題。但一個關鍵的要點倒是明確，我們必須在相同的時刻上同時讀取魚頭與魚尾所對應的量尺刻度！相信這關鍵要點應該是每個人都可明瞭與接受的量測原則。但在我們前面的單元中也已提及，在考量相對論效應的系統中，兩不同位置點上的「同時性」會隨觀察者的座標系統而定。如此對一個等速運動的物體，不同的觀察者所測量出的物體大小會是一樣的嗎？這問題值得我們去探究一番。

　　我們就以（圖 4-9-2）中的木棍長為例。對 k 座標中的觀察者來說，木棍是靜止擺放在 x 軸上，如此為量測此木棍而對其頭尾兩端點 A 與 B 的觀察座標為 $(t_A = 0, x_A)$ 與 $(t_B = 0, x_B)$[註6]。這裡我們令 $t_A = t_B = 0$ 以標示兩端點的同時性，雖然對 k 座標中的觀察者來說此同時性的要求並不重要，因為木棍於此座標中是靜止不動的。所以對此看見木棍為靜止的觀察者，木棍的長度即為 $L = x_B - x_A$。這長度 L 也稱為此木棍之「固有長度」(proper length)。

　　接下來，我們就來看與 k 座標有一個相對速度 $\bar{v}$ 的 k' 座標，如（圖 4-9-2）所示。看看其中的觀察者對此木棍長度的量測為何？首先，由於相對運動的關係，k' 座標中的觀察者並不會查覺自己本身的運動，因我們已限定 $\bar{v}$ 為一等速的相對運動，而是木

[註6]　此處我們省略掉與問題無關的 y-z 座標。

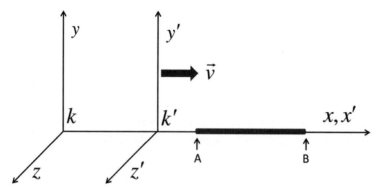

圖 4-9-2　於 k 座標系內靜止的木棍。由於 k' 座標系相對於 k 座標系有一相對速度 $\vec{v}$，因此對 k' 座標系內的觀察者，木棍以 $-\vec{v}$ 的速度運動。

棍以相反的方向等速運動，$-\vec{v}$。因此我們的問題實質上就是在問：對一位靜止的觀察者，等速運動的物體長度如何量測，即一開始我們要量一條游來游去之魚的大小問題。

　　假設 k' 座標中的觀察者對木棍頭尾兩端點 A 與 B 的觀察座標為 (t'_A, x'_A) 與 (t'_B, x'_B)。同時性要求 $t'_A = t'_B$，所以木棍在此座標系中的量測長度就該為 $L' = x'_B - x'_A$。至於這兩個分屬不同座標係的觀察者，對同一木棍所量測的長度會一樣嗎？為此比較，我們利用勞倫茲轉換將 k' 座標中的觀察值轉換成 k 座標中的座標值：

$$L' = x'_B - x'_A = \frac{x_B - v \cdot t_B}{\sqrt{1-(v/c)^2}} - \frac{x_A - v \cdot t_A}{\sqrt{1-(v/c)^2}}$$
$$= \frac{(x_B - x_A) - v \cdot (t_B - t_A)}{\sqrt{1-(v/c)^2}} \qquad (4\text{-}9\text{-}1)$$

此外，同時性 $t'_A = t'_B$ 的要求將會給出上式中 $(t_B - t_A)$ 的值

$$\frac{t_A - (v/c^2) \cdot x_A}{\sqrt{1-(v/c)^2}} = \frac{t_B - (v/c^2) \cdot x_B}{\sqrt{1-(v/c)^2}} \Rightarrow t_B - t_A = \frac{v}{c^2} \cdot (x_B - x_A) \qquad (4\text{-}9\text{-}2)$$

代回 (4-9-1) 式，可得

$$L' = \frac{(x_B - x_A) - (v/c)^2 \cdot (x_B - x_A)}{\sqrt{1-(v/c)^2}} = \sqrt{1-(v/c)^2} \cdot (x_B - x_A) = \sqrt{1-(v/c)^2} \cdot L \qquad (4\text{-}9\text{-}3)$$

如此，我們得到了狹義相對論效應中很重要的一個結果：我們若對運動速度大小為 v 的物體做一量測，物體的長度大小會在運動方向上有一縮減，若與物體靜止時的長度大小比較，即與物體的「固有長度」做比較，此縮減的比例為 $\sqrt{1-(v/c)^2}$。也由於我

們在日常生活中所會遇見的速度大半都遠遠小於光速 ($v < c$)，因此這相對論效應幾乎是微乎其微，而可忽略不計。

值得再次提出的是，面對專為尋找「以太」存在而設計之「邁克森－莫利實驗」的失敗結果，勞倫茲於 1904 年便已提出與 (4-9-3) 式結果一模一樣的長度縮減效應，來解釋此著名實驗的失敗原因，足比愛因斯坦的狹義相對論理論早一年的時間。但勞倫茲的理論是基於某些涉及「以太」模型上的臆測理論，且涉及物質內部原子結構間的相互作用。而愛因斯坦的狹義相對論則是完全地擯棄「以太」的存在！在兩個基本假設下，先界定時間與空間的測量，如此長度的縮減效應也就自然而出，實屬於一個「運動學上的效應」(kinematic effect)，而不是勞倫茲理論中的「動力學上的效應」(dynamic effect)。

Lorentz 對 Michelson-Morley 實驗結果的回應(1904)

H. Lorentz (1853 ~ 1928)
Nobel Prize for Physics, 1902

危機！
必須接受實驗的結果，又得保留「以太」的存在認知！

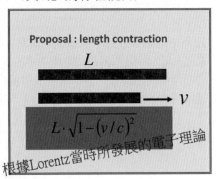

根據Lorentz當時所發展的電子理論

圖 4-9-3

【練習題4-2】

假設有一跑車於靜止時的車長為 5.30 m，當它以時速 320 公里的速度等速奔馳，此時對靜止於路面的觀察者來說，此跑車的車長會因相對論效應縮短多少？

【練習題4-3】

在評估相對論效應的大小時，我時常遇見的 $\sqrt{1-(v/c)^2}$ 因子。讀者不妨畫出此相對論因子 $\sqrt{1-(v/c)^2}$ 與變數 (v/c) 間的函數圖。

【練習題4-4】

觀察者 O 看見相隔 600 m 的兩事件，且發生時間有 8×10^{-7} sec 的先後順序。然而此兩事件對觀察者 O' 卻是同時發生。試問此兩觀察者 O 與 O' 間的相對速度大小為何？

【練習題4-5】

如（圖 4-7-1）一般的兩座標系統，彼此之間沿 $\hat{x}(\hat{x}')$ 軸擁有 $v = 0.6c$ 的相對速度。今有一等速度運動的物體，對站在 K' 座標軸系統原點的觀察者來說，他看見此物體與 $\hat{x}'$ 軸夾 60° 的角度以 $c/2$ 的速度大小前進。那對站在 K 座標軸系統原點的觀察者，此物體的運動方程式為何？

4-10　穀倉與長桿悖論

　　不知讀者是否有感覺到，我們一路由時間的同時性、勞倫茲轉換到長度的縮減，在理論的鋪陳上我們一直與實驗中的基本量測有關。那不禁想問，在真實的實驗中有辦法達到嗎？雖然我們在後面單元中也會真地介紹幾個漂亮實驗，來展示一下相對論的預測是真的。但有種實驗我們稱之為「思考性實驗」(thought experiment)，實驗所靠的不是真實的實驗儀器實體，而是於腦中的邏輯推理，就像數學演繹中的精準推算。也由於這般僅存於腦中的實驗操作，可讓實驗環境跳脫真實世界中複雜之干擾與蒙蔽，而讓「思考實驗」成為理解與檢視一個理論是否合理的好幫手。

　　運動物體的長度縮減在狹義相對論中一直是讓人半信半疑的現象之一，會是真的嗎？在愛因斯坦提出狹義相對論理論後的幾年間，也伴隨出現一些似是而非的悖論。像即將於本單元中介紹的「穀倉與長桿悖論」便是幾個著名悖論中的一個。

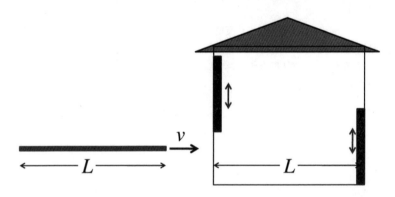

圖 4-10-1　在「穀倉與長桿悖論」中，此保持一定速度前進的長桿，是否整支長桿可同時進入穀倉內？

　　在「穀倉與長桿悖論」中有一長桿以 v 的速度正面朝向穀倉的前門接近，為凸顯此悖論的爭議所在，我們就假設長桿的長度與穀倉前後門的深度均為 L。當運動的長桿完全進入穀倉的霎那間，原本開啟的穀倉前門會即刻關閉；此外，當長桿前端正要觸及穀倉後門的時刻，穀倉的後門也會即刻打開，好讓長桿可以安然穿越過穀倉。如果我們站在穀倉的旁邊觀看這整個過程，當然長桿的運動得夠快好讓我們能夠觀察到相對論的效應－長桿的長度會因運動而縮減變短，如此是有那麼一小段時間間隔，穀倉的前後門是同時關閉著，且變短的長桿會完全地被侷限在穀倉中！但悖論出現在另一個觀察者的加入，假若第二個觀察者不是站在穀倉的旁邊，而正是拿著長桿運動的人（或與長桿同步平行運動的人）。這樣依他所看見的世界，運動的不是他，而是穀倉朝向他接近。所以長度縮減變短的該會是穀倉，不是長桿。當然，此時的前後門深度已小於長桿長度的穀倉，而無法完全容納下整支的長桿，前後門也就沒有同時關閉的

時刻了。對此兩個看似完全相反且不相容的觀察結果，我們該如何去分析破解呢？

「穀倉與長桿悖論」的出現，一個很大的關鍵是在於我們對「同時性」的誤用，對站在穀倉旁的觀察者來說，他眼中「同時」發生的不同事件，對別人來說，就不盡然是同時發生的事件。對此悖論，最清楚的解析方式不外乎是將幾個關鍵事件的時空座標值，依個別觀察者的座標系統明確寫下，再依座標值給出正確的解釋。如（圖4-10-2）所示，三個值得標示的空間位置 –A 與 B 分別代表長桿的前後兩端，C 則為穀倉的前門。下面我就來分析悖論中兩位觀察者所會有的觀察：

● 站在穀倉旁的觀察者

我們所要探討的時刻為站在穀倉旁的觀察者看見運動之長桿恰要觸及穀倉後門的一霎那，我們就定此時刻的時間座標為 0，所以 $t_A = t_B = t_C = 0$，對他來說在這時間點上看見的各事件當然都是「同時」發生的。若將空間原點擺在穀倉前門處，$x_C = 0$（問題只牽涉到此維度，所以可忽略 y 與 z 的座標）。記住站在穀倉旁的觀察者所看見的長桿長度為 $\sqrt{1-(v/c)^2} \cdot L$，因此我們不難依此靜止的座標系統寫下 A、B、與 C 三個事件之時空座標值：

$$
\begin{aligned}
&A : (t_A = 0, x_A = L) \\
&B : \left(t_B = 0, x_B = \left(1 - \sqrt{1-(v/c)^2}\right) \cdot L\right) \\
&C : (t_C = 0, x_C = 0)
\end{aligned}
\tag{4-10-1}
$$

● 持長桿運動的觀察者

對此運動的觀察者來說，他的座標系統即如標準勞倫茲轉換中的運動座標系一般，因此我們可藉 (4-8-8) 式的勞倫茲轉換，將 (4-10-1) 式中的各事件座標值轉換至運動座標系，其結果為：

$$
A : (t_A' = -\gamma \cdot (v/c^2) \cdot L, x_A' = \gamma \cdot L)
$$

$$
\begin{aligned}
B : &\left(t_B' = -\gamma \cdot (v/c^2) \cdot \left(1 - \sqrt{1-(v/c)^2}\right) \cdot L, x_B' = \gamma \cdot \left(1 - \sqrt{1-(v/c)^2}\right) \cdot L\right) \\
&= \left(t_B' = \left(1 - \sqrt{1-(v/c)^2}\right) \cdot t_A', x_B' = \left(1 - \sqrt{1-(v/c)^2}\right) \cdot x_A'\right)
\end{aligned}
\tag{4-10-2}
$$

$$
C : (t_C' = 0, x_C' = 0)
$$

值得比較的是對站立於穀倉旁的觀察者，同時發生的三個事件 A、B、與 C，在持長桿運動的觀察者眼中，已不再是同時發生，而是有一個發生的先後次序[註7]。依其所對應的時間值可判定事件 A 為最早發生的事件，再來為 B 事件，最後才是 C 事件。

[註7] 當時間座標值為負值時，負的越多代表越早的時間。

也就是說，在穀倉後門即將要碰觸到長桿前端時，穀倉後門會先開；然後在穀倉前門通過長桿尾端後之前門才會關上，此時序的發生是合情合理，可被理解的！

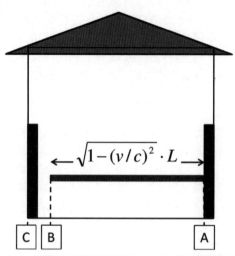

$$\sqrt{1-(v/c)^2}\cdot L$$

C B A

圖 4-10-2 「穀倉與長桿悖論」中的三個關鍵空間位置。

【練習題4-6】

若有輛長 10.0 m 的超高速貨車想駛進一個僅 8.00 m 的停車坪，即便只是短暫的霎那間也可。試問此貨車的速度得多快才可，又此貨車可全車完整進入停車坪的時間可持續多久？

(a.) 依站立於停車坪上的人之觀點。

(b.) 依貨車駕駛之觀點

【練習題4-7】

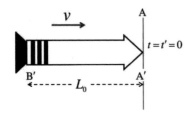

考慮一以速度 v 高速飛行的火箭，在火箭本身座標系 (S') 與靜止座標系 (S) 之時間恰為 $t = t' = 0$ 時，火箭頭 (A') 經過靜止座標系之 A 處，並由 A' 處向後方 B' 處發射一脈衝光訊號。試問：

(a.) 依火箭本身之座標系 (S')，此脈衝光訊號何時會抵達火箭的底部 B' 處？

(b.) 依靜止座標系 (S) 之時間，此脈衝光訊號何時會抵達火箭的底部 B' 處？

(c.) 依靜止座標系 (S) 之時間，火箭的底部 B' 處何時可經過 A 處？

4-11　時間的步調

　　我們已看見運動中的物體長度，會因觀察者所身處的不同慣性座標系而有所差異。而物體的「固有長度」(proper length) 是指相對於物體為靜止的觀察者，他對物體所量測到的物體長度。至於與物體之間有相對速度 v 的觀察者，物體的長度在相對速度的方向上則會有倍率為 $\sqrt{1-(v/c)^2}$ 上的縮減。那不同慣性座標系內的時間步調呢？會不會也有不同的快慢步調，而出現一個明顯與牛頓宇宙中不同的時間概念。本單元我們就來探討這個相對論中的重要議題。

　　如（圖 4-11-1）所示，兩個完全一模一樣的鐘，分別固定置放在兩慣性座標系 k 與 k' 的原點。由於此兩慣性座標系間存有 $\vec{v}=v\hat{x}$ 的相對運動，因此由 k 座標系看 k'-鐘就像是一個以速度 $\vec{v}$ 運動的鐘。

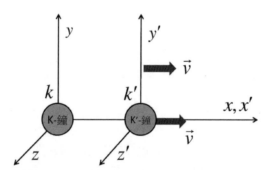

圖 4-11-1　靜止座標系 k 中看運動速度為 $\vec{v}$ 的 k'-鐘，將會發現 k'-鐘所走的時間步調會與自己的 k-鐘不一樣。

　　為方便下面的討論，我們可令兩座標系原點重疊時的時間為 $t = t' = 0$。如此根據勞倫茲轉換，k'-鐘所處位置的空間座標值永遠會是 $x' = 0$，因此

$$x' = \frac{x-v\cdot t}{\sqrt{1-(v/c)^2}} = 0 \Rightarrow x = v\cdot t \tag{4-11-1}$$

而所讀到的時間值為 t'，此值若以 k 座標系的座標值來表示，並代入 (4-11-1) 式的結果

$$t' = \frac{t-(v/c^2)x}{\sqrt{1-(v/c)^2}} = \frac{t-(v/c^2)v\cdot t}{\sqrt{1-(v/c)^2}} = \sqrt{1-(v/c)^2}\cdot t \tag{4-11-2}$$

也由於我們令原點重合時的時間為 $t = t' = 0$，(4-11-2) 式實為

$$\Delta t' = \sqrt{1-(v/c)^2}\cdot \Delta t \tag{4-11-3}$$

如此，我們清楚看見兩座標系中不同的時間步調！在靜止的 k 座標系中一秒鐘的時間

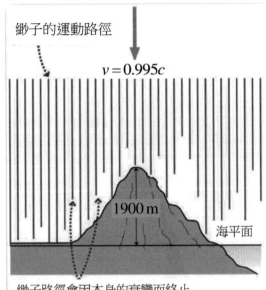

綳子的運動路徑

$$v = 0.995c$$

1900 m

海平面

綳子路徑會因本身的衰變而終止

圖 4-11-2 「時間膨脹」的演示實驗。

($\Delta t = 1\text{sec}$)，對於帶著 k'- 鐘一起運動的人來說，身邊 k'- 鐘上的時間讀數將會小於一秒，只過了 $\Delta t' = \sqrt{1-(v/c)^2}$ sec 的時間！或是從另一面來說，運動中的時鐘會走得比較慢，即所謂的「時間膨脹」(time dilation)。這樣帶著時鐘同步運動的觀察者，亦即與時鐘沒有相對速度的觀察者，他們所過的時間步調，我們就稱之為屬於他們的「固有時間」(proper time)。

我們當然好奇，狹義相對論裡頭的一切奇怪效應都是真的嗎？為展示「時間膨脹」的效應給一般大眾，1963 年美國麻州理工學院內的三位核物理學家執行了一項漂亮的展示實驗，並將實驗過程與解說拍成短片給普羅大眾，作為科學普及上的推廣[註8]。如（圖4-11-2）所示，此展示實驗是利用宇宙射線 (cosmic rays) 進入地球大氣層後，會在高空與大氣層中的氮氣、氧氣、等氣體分子強烈撞擊，而產生它種不穩定的粒子。實驗便選定此撞擊後所產生的「綳子」(μ-meson，muon)，此綳子的平均生命期 (mean lifetime) 為 $\tau = 2.2 \times 10^{-6}\text{sec}$，也就是說每經過 2.2 微秒的時間，綳子的數目便會因衰變成原先的 e^{-1}。此外，為精準知道綳子朝向地球表面落下的速度，實驗中的綳子偵測器只篩選綳子速度為 $v = 0.995c$ 的綳子來作為偵測上的計數。

實驗者就拿著這樣的綳子偵測器在海拔 1,900 公尺的山上（美國新罕布什爾州的華

[註8] 在 1960 年代的物理學界，物理學家們早已相信通過眾多實驗考驗的狹義相對論理論。因此這三位核物理學家 (Francis L. Friedman, David H. Frisch, and James H. Smith) 的實驗目的，就是教學與科學普及上的推廣。

盛頓山）偵測緲子的數目，偵測發現每秒中大約會有 568 個緲子出現。那同樣的儀器在山下的海平面再一次的偵測，會得到多少的緲子呢？即便緲子以非常接近光速的速度落下，但 1,900 公尺的高山還是讓緲子的飛行時間多出 6.4×10^{-6} 秒的時間，這時間差可是近緲子的 3 個生命期！因此，如果狹義相對論的「時間膨脹」效應不是真的，那我們預測在海平面的偵測應該只有 $568 \times 10^{-3} \approx 28$ 個。但實際上所偵測到的緲子數目約為 412 個，此大不相同的實驗結果也只能以相對論的理論才有辦法解釋！

對此實驗結果的解釋關鍵就在於緲子的高速運動（$v = 0.995c$），雖然緲子本身若能知道自己的生命期，將仍會是 2.2 微秒的時間。但由我們看來，緲子的時間步調卻變得非常的緩慢，其「時間膨脹」效應讓緲子對這多出來的 1,900 公尺之運動距離，僅多花了

$$\Delta t' = \sqrt{1-(v/c)^2} \cdot \Delta t = \sqrt{1-(0.995)^2} \times \left(6.4 \times 10^{-6} \text{ sec}\right) \approx 0.64 \times 10^{-6} \text{ sec} \qquad (4\text{-}11\text{-}4)$$

0.64 微秒的時間差，不到一個緲子的平均生命期時間。如此預估將可偵測到

$$568 \times e^{-0.64/2.2} \approx 425 \qquad\qquad (4\text{-}11\text{-}5)$$

預估會有 425 個緲子數目，這預估與實際所偵測到的 412 個緲子非常之接近，僅 4% 不到的誤差。此漂亮的結果，也讓此實驗成了說服人們「時間膨脹」效應確實存在的常用例子。

那若由緲子本身來看這距離多出 1,900 公尺的運動會是怎樣呢？關鍵就在於「長度的縮減」的效應上，對於降落至海平面的緲子來說，他們並不會認為自己多出來的運動距離是 1,900 公尺，而僅是 $\sqrt{1-(0.995)^2} \times (1,900) \approx 189.8$ 公尺的距離。如此對應所多出的時間差也僅就是 0.64 微秒。

【練習題4-8】

試問飛機在相對地球 600 m/sec 的速度大小飛行下,需飛行多久才會讓飛機上的時鐘比地表上的時鐘慢上 2 微秒 $(2 \times 10^{-6} \text{ sec})$?

【練習題4-9】

觀察者 O 看見相隔 3.6×10^{8} m 的兩事件,且發生時間有 2 sec 的先後順序。試問在此兩事件的「固有時間」座標下,此兩事件的發生時間間隔是多少?

【練習題4-10】

若有一火箭以直線的軌跡從地球到月球,距離為 3.84×10^{8} m,飛行速度為 0.5 倍的光速。試問:

(a.)依據地球上的時鐘,此航行需花費多久的時間?

(b.)依據火箭上的時鐘,此航行需花費多久的時間?

(c.)對坐在火箭上的旅客來說,此地球到月球的航程距離多遠?

4-12　兩慣性座標系間的速度轉換

　　在（圖4-12-1）的兩個慣性座標系中，我們常會碰見速度間的轉換問題。如（圖4-12-2）中的問題所示，在慣性座標系 (k) 內的觀察者看見物體以等速（$\vec{u}$）前進，那在另一個慣性座標系 (k') 內的觀察者看此物體的速度（$\vec{u}'$）會是多少？同樣地，我們亦可反向地問同樣的問題。

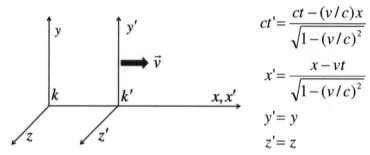

$$ct' = \frac{ct - (v/c)x}{\sqrt{1-(v/c)^2}}$$

$$x' = \frac{x - vt}{\sqrt{1-(v/c)^2}}$$

$$y' = y$$

$$z' = z$$

圖 4-12-1　兩慣性座標系間的相對運動，與其對應之勞倫茲轉換。

　　為方便討論，我們假設在 k' 座標系中，物體於 $t'=0$ 時於原點處擁有 $\vec{u}'$ 的速度，並以此速度前進。所以在時間 t' 時的物體位置將為

$$\vec{r}' = \vec{u}' \cdot t' = (u'_x \hat{x} + u'_y \hat{y} + u'_z \hat{z}) \cdot t' \quad \Rightarrow \quad \begin{array}{l} x' = u'_x \cdot t' \\ y' = u'_y \cdot t' \\ z' = u'_z \cdot t' \end{array} \qquad (4\text{-}12\text{-}1)$$

首先考慮 $x' = u'_x \cdot t'$，我們可將式中的時空座標依勞倫茲轉換式轉換至 k 的座標系，

$$\frac{x - v \cdot t}{\sqrt{1-(v/c)^2}} = u'_x \cdot \frac{t - (v/c^2) \cdot x}{\sqrt{1-(v/c)^2}} \quad \Rightarrow \quad x = \frac{u'_x + v}{1 + u'_x v/c^2} \cdot t \qquad (4\text{-}12\text{-}2)$$

同樣的勞倫茲轉換，我們亦知當 $t=0$ 時物體於原點處，並以 u_x 的等速度前進（相對性原理）。因此在時間 t 時的物體位置將為 $x = u_x \cdot t$，再將此關係比較 (4-12-2) 式，便可得在 k 座標系中的物體速度於 $\hat{x}$ 上的分量：

$$u_x = \frac{u'_x + v}{1 + u'_x v/c^2} \quad \Leftrightarrow \quad u'_x = \frac{u_x - v}{1 - u_x v/c^2} \qquad (4\text{-}12\text{-}3)$$

接下來，考慮 $y' = u'_y \cdot t'$（此方向會與 $z' = u'_z \cdot t'$ 的狀況相同，因此我們就僅以 y' 方向為例），我們同樣將式中的時空座標依勞倫茲轉換式轉換至 k 的座標系，

$$y = u'_y \cdot \frac{t - (v/c^2) \cdot x}{\sqrt{1-(v/c)^2}} \quad \xrightarrow{\text{其中 } x=(012.2)\text{式}} \quad y = \frac{u'_y \sqrt{1-(v/c)^2}}{1 + u'_x v/c^2} \cdot t \equiv u_y \cdot t \qquad (4\text{-}12\text{-}4)$$

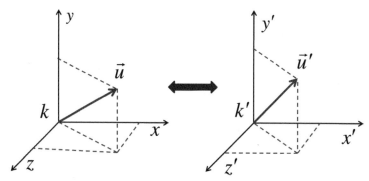

圖 4-12-2 如（圖 4-12-1）中的兩個慣性座標系，位於此兩個座標系的觀
察者對於同一個運動物體的速度觀測，將會有異於牛頓力學中
速度轉換的簡單關係。

所以，

$$u_y = \frac{\sqrt{1-(v/c)^2}}{1+u_x'v/c^2}u_y' \quad \Leftrightarrow \quad u_y' = \frac{\sqrt{1-(v/c)^2}}{1-u_xv/c^2}u_y \tag{4-12-5}$$

明顯地，在不同的慣性座標系中觀察一個物體的等速運動，我們將會看見物體運動方向的不同。這點亦可由合併 (128-5) 式與 (128-3) 式得知

$$\frac{u_y'}{u_x'} = \frac{\sqrt{1-(v/c)^2}}{1-v/u_x}\frac{u_y}{u_x} \quad \Rightarrow \quad \lim_{v \to c}\frac{u_y'}{u_x'} \to 0 \tag{4-12-6}$$

當觀察者本身的速度趨近於光速時，物體的運動方向會趨近於與觀察者相同的運動方向，如（圖 4-12-3）所示。

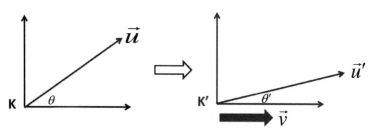

圖 4-12-3 不同座標系中觀察物體的運動方向亦會不同。如圖 $\theta' < \theta$。

● 此外，根據我們所得的速度轉換關係，幾個重要推論亦值得提出：（純粹就討論上的方便，我們可令物體在（圖 4-12-1）的座標系中僅於 x 方向上運動，即 $u_x = u$，$u_y = u_z = 0$。）

1. 假設座標間的相對速度 v 與物體的速度 u' 均小於光速 c，即 $v = c - \lambda_1$ 與 $u' = c - \lambda_2$（其中 $0 < \lambda_1, \lambda_2 < c$）。則 (128-3) 式

$$u = \frac{u' + v}{1 + u'v/c^2} = \frac{2c - \lambda_1 - \lambda_2}{1 + (c - \lambda_1)(c - \lambda_2)/c^2} = \frac{2c - \lambda_1 - \lambda_2}{(2c - \lambda_1 - \lambda_2) + \lambda_1\lambda_2/c} \cdot c < c \qquad (4\text{-}12\text{-}7)$$

在某慣性座標系中速度小於光速的物體，那在任何慣性座標系中對此運動物體的觀察，其速度永遠會小於光速！

2. 若物體在一個慣性座標系中的速度等於光速，$u' = c$。則 (4-12-3) 式

$$u = \frac{u' + v}{1 + u'v/c^2} = \frac{c + v}{1 + cv/c^2} = c \qquad (4\text{-}12\text{-}8)$$

則此物體在任何慣性座標系中的速度均會是光速！對此讀者也無需感到新奇，這本就是愛因斯坦在狹義相對論中的基本假設之一。

【練習題4-11】

本單元中，我們依愛因斯坦 1905 年原始論文中的思路，引進兩慣性座標系間的速度轉換，充滿了物理的圖像。但如果讀者喜歡以數學的推導方式去導出公式，我們亦可如此去理解兩慣性座標系間的速度轉換：

$$x' = \frac{x - vt}{\sqrt{1 - (v/c)^2}} \quad \Rightarrow \quad dx' = \frac{dx - vdt}{\sqrt{1 - (v/c)^2}}$$

$$ct' = \frac{ct - (v/c)x}{\sqrt{1 - (v/c)^2}} \quad \Rightarrow \quad cdt' = \frac{cdt - (v/c)dx}{\sqrt{1 - (v/c)^2}}$$

如此

$$u'_x = \frac{dx'}{dt'} = \frac{dx - vdt}{dt - (v/c^2)dx} = \frac{u_x - v}{1 - u_x v/c^2}$$

同理，可處理 u_y 與 u_z 間的轉換。雖然此數學上的直接推導缺少了一些物理上的圖像，但一個好處是讓我們容易再進一步推導出兩慣性座標系間加速度間的轉換。請推導之。

4-13 菲佐實驗的解釋

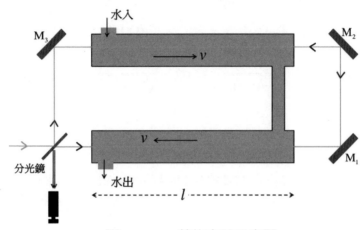

圖 4-13-1　菲佐實驗示意圖。

　　我們已在前面的單元中介紹過菲佐實驗，此著名的實驗似乎已證實流傳許久的「菲涅耳假說」。此假說的基礎乃根植於光的傳播介質「以太」存在，認爲當光線進入一折射率爲 n 的透明物質後，此時的光傳播速度爲 c/n。但若此透明物質本身與以太有 v 的相對運動，則此透明物質會對以太有一個拖曳的效應，使之光在透明物質內的速度爲

$$V = \frac{c}{n} + \left(1 - \frac{1}{n^2}\right) \cdot v \equiv \frac{c}{n} + f \cdot v \tag{4-13-1}$$

式中的 f 便是物理史中著名之「菲涅耳拖曳係數」(Fresnel's dragging coefficient)。有趣的是，爲解釋這假說與實驗的背後道理，大物理學家勞倫茲還提出了一個大膽的「局部時間」概念。但很可惜地，勞倫茲始終無法拋開「以太」的牽絆，這也讓他畢生所致力的電子理論無法因相對論理論的出現而做出適當的修正。逐漸地，隨著更多年輕物理學家對愛因斯坦理論的理解與熟悉，曾是學界主流的電子理論也就同時失去它原有的吸引力，最終成了不再有人在意的過時理論。

那在狹義相對論下，我們又該如何地解釋菲佐實驗呢？

　　根據狹義相對論中對光速傳播的公設，光在折射率爲 n 的水中，其傳播速度就是 c/n，與水本身的運動與否無關。但當我們觀察者與水存有一個相對速度 v，則我們看見的光速就得依上單元中兩慣性座標系間的速度轉換來處理。如（圖 4-13-2）所示，k' 座標爲水本身流動的座標系統，因此 c/n 的光速是針對此 k' 座標系的觀察者。那對靜止的觀察者，即圖中的 k 座標系統，其所觀察到的光傳遞速度 V，套用 (4-12-3) 式

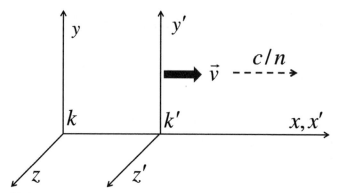

圖 4-13-2 對光經 $M_3 \to M_2 \to M_1$ 順序反射,光的前進方向與水流方向相同之示意圖。

的速度轉換公式便該為

$$V = \frac{\frac{c}{n} + v}{1 + \frac{(c/n) \cdot v}{c^2}} \approx \left(\frac{c}{n} + v\right) \cdot \left(1 - \frac{(c/n) \cdot v}{c^2} + \cdots\right) \tag{4-13-2}$$

式中的近似,我們有利用到水流速度遠小於光速 ($c \ll c/n$) 的事實。(4-13-2) 可進一步地近似成(省略高於 $(v/c)^2$ 的項次)

$$V = \frac{c}{n}\left(1 + \frac{n}{c} \cdot v\right)\left(1 - \frac{1}{n} \cdot \frac{v}{c}\right) \approx \frac{c}{n}\left(1 + \frac{n}{c} \cdot v \cdot \left(1 - \frac{1}{n^2}\right) + \cdots\right)$$
$$\approx \frac{c}{n} + \left(1 - \frac{1}{n^2}\right) \cdot v \tag{4-13-3}$$

此結果與菲涅耳的拖曳假說一致。我們也再一次地看見,在完全忽略「以太」存在的狹義相對論中,我們解釋了過去難以自圓其說的實驗解果。或說,菲佐實驗實可供為支持狹義相對論為一個正確理論的實驗證明。

4-14 兩慣性座標系間的電場轉換

　　誠如愛因斯坦於 1905 年的六月論文「論運動物體的電動力學」，此開創近代物理新視野的相對論首篇論文，其論文題目所昭示的即是相對論與電磁學間的緊密關聯性。在接下來的幾個單元中，我們便要帶領大家以狹義相對論的觀點去探索電磁學中的一些基本現象。更希望在這個「看似舊議題」的探索中，能讓讀者看見隱藏於日常現象下的更基本原理。如此因探索舊現象所帶來的新理解，也會是物理學家持續探索的喜悅來源之一。

　　首先，我們先給一個已廣泛被實驗所認可的假設：

> 電荷是一個不變量 (invariant)！
> 電荷的大小不會因為座標系統的改變而改變。此無關座標系統選定的特性，亦是我們對「純量」(scalar) 的定義。而「電荷」這物理量便是一個「純量」。

　　此外，對靜止不動的電荷，我們還得認定「庫倫定律」是一個正確的定律。而我們想知道的是電場於兩個慣性座標系間是如何地轉換？即不同觀察者對同樣電場的測量結果會有什麼樣的關聯？在此問題上，我們僅在乎電場的大小，而先不用去在意此電場是如何地被產生。因此，在（圖 4-14-1）中，我們將以兩個無限大平行電板間的電場來進行我們的討論。

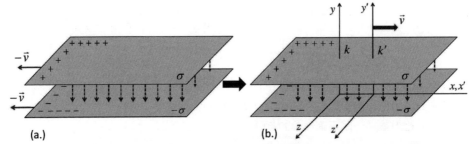

圖 4-14-1　平放於 x-z 平面的兩無限大平行帶電板。圖中的電荷密度 $\pm\sigma$ 為相對於平行電板靜止之觀察者所測量到的電荷密度。如此，當我們相對此平行帶電板有相對速度時，所觀察到的電場會是多少？

　　考慮兩個分別以速度 $(-\vec{v})$ 運動的無限大帶電平板，如（圖 4-14-1(a.)），我們想知道此平行電板間的電場為何？但由於平行電板本身的運動，讓此問題不再有明顯的答案。一個解決方法是將我們的座標系統轉換至與電板有同樣運動速度 $(-\vec{v})$ 的座標

系中。習慣上,我們會以問題(圖 4-14-1(b.))的方式來陳述:相對於平行電板靜止不動的 k 座標系,其平行電板間的電場為

$$\vec{E} = -\frac{\sigma}{\varepsilon_0} \hat{y} \tag{4-14-1}$$

而我們想知道此電場對 k' 座標系中的觀察者會是怎樣?

由於 (4-14-1) 式的電場大小僅與電荷密度有關,因此我們的問題就等同於去探討電板之電荷密度於此兩座標系間的關係。雖然電荷本身是一個與座標系無關的不變量,但電荷密度還涉及了單位面積這個與「長度」有關的物理量。所以運動物體的「長度縮減」便成了電荷密度隨座標系統轉換而改變的原因所在。

假設在 k 座標系中的「靜止」平板面積 $\Delta x \Delta y$ 上帶有電荷 ΔQ,即此座標系下的電荷密度為 $\sigma = \Delta Q/(\Delta x \Delta z)$。然而,對 k' 座標系上的觀察者來說,依(圖 4-14-1(b.))所示的相對運動,運動的平板在 x 方向上會有一個倍率為 $\sqrt{1-(v/c)^2}$ 的長度縮減,但與運動方向垂直的 z 方向不會,且電荷是一個不變量。因此不難理解,在 k' 座標系下的電荷密度將會有倍率為 $1/\sqrt{1-(v/c)^2}$ 的增加,即

$$\sigma' = \frac{Q'}{\Delta x' \Delta z'} = \frac{Q}{\sqrt{1-(v/c)^2}\, \Delta x \Delta z} = \frac{\sigma}{\sqrt{1-(v/c)^2}} \equiv \gamma \cdot \sigma \tag{4-14-2}$$

如此在 k' 座標系下的電場便應該為

$$\vec{E}' = -\frac{\sigma'}{\varepsilon_0} \hat{y}' = \frac{1}{\sqrt{1-(v/c)^2}} \vec{E} \quad \Rightarrow \quad E'_{\perp} = \frac{1}{\sqrt{1-(v/c)^2}} E_{\perp} = \gamma \cdot E_{\perp} \tag{4-14-3}$$

式中電場的下標垂直符號 ($\perp$) 是指垂直於座標系的運動方向 ($\vec{v}$)。

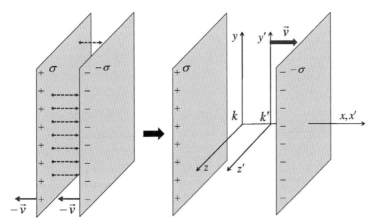

圖 4-14-2　平放於 y-z 平面的兩無限大平行帶電板。對圖中處於 k' 座標系下的觀察者來說,此平行電板的運動速度為 $-\vec{v}$。

　　此外，我們還得討論（圖 4-14-2）的運動狀況，此時無限大的帶電平板是擺放在 y-z 平面上，而在 x 方向上有速度 $(-\vec{v})$ 的運動。同樣地，我們令 k 座標系為相對於帶電平板是靜止的座標系，而我們想知道的是電場於 k' 座標系下的狀況如何？依勞倫茲轉換可知在此問題中即便兩平行電板間的間距會縮短，但與運動方向垂直的長度不會。因此在（圖 4-14-2）的狀況下，兩座標系中所測得的電荷密度不會改變，而電場又僅與電荷密度有關，所以與座標系運動同運動方向的電場分量將不會有所改變！

$$E'_{\parallel} = E_{\parallel} \tag{4-14-4}$$

重要結論：

> 對靜止的帶電體所產生的電場，觀察者若以相對於帶電體為 $\vec{v}$ 的速度運動，並量測此同一電場，其量測結果會是
> $$\vec{E}'_{\perp} = \frac{1}{\sqrt{1-(v/c)^2}}\vec{E}_{\perp} = \gamma \cdot \vec{E}_{\perp}$$
> $$\vec{E}'_{\parallel} = \vec{E}_{\parallel}$$

□「一段相對論發展史上的小插曲」：

　　根據愛因斯坦的妹妹瑪雅 (Maja Einstein) 回憶錄之記載，生動描繪出他哥哥在這篇論文被著名期刊《物理年報》接受後的心情。「這位年輕的學者想像著他的論文在此著名且廣爲閱讀的期刊刊出後，將會立即地受到注意。他預期會有強烈的反對聲浪與嚴厲的批評。但論文刊出後的反應卻是異常的冷淡，對此愛因斯坦感到非常的失望。且此期刊的後續幾期中連一篇也沒有提及到他的論文，學術圈所抱持的是等等看的觀望態度。過一段時間後，愛因斯坦終於收到了一封來自柏林的信，這是一封來自知名物理學家普朗克 (Max Planck) 的信，信中對論文內一些讓他感到困惑的地方要求能有一些解釋。總算在一段長時間的等待後，這可算是他的論文被認眞看待的第一徵兆。對這位年輕學者感到特別高興的原因，此徵兆可是來自於當時最著名的一位物理學家。」

　　或許是愛因斯坦所提出的概念太過超前當時的物理學認知，文章發表的初期反應眞是不熱絡，但隱藏的讀者可是不容小觀，且絕非泛泛之輩。身處物理重鎮柏林的普朗克，與其研究生就有一個關於愛因斯坦六月論文的讀書會。此外近代數學大師希爾伯特 (D. Hilbert) 與教過愛因斯坦的數學家閔可夫斯基 (H. Minkowski) 在哥廷根也共同主持一系列關於「電子理論」的研討會。這兩地對此新理論的切磋研讀，對相對論的日後發展都起了重大的貢獻。

圖 4-14-3　最早以狹義相對論去解釋菲佐實驗的為普朗克的學生勞厄 (Max von Laue, 1879-1960) 於 1907 年所發表的一篇論文 "The Entrainment of Light by Moving Bodies According to the Principle of Relativity". 也因為是普朗克的學生之故，讓勞厄在狹義相對論發表之初便能接觸到此理論，並成為日後相對論的支持者。

4-15　等速運動電荷所產生的電場

　　我們於上單元中得到電場於兩慣性座標系間的轉換，依據座標系間的相對運動方向：運動座標系 (k') 中垂直方向的電場分量會較靜止座標系 (k) 的分量大上 γ 的倍率；平行方向的電場分量則在兩座標系間無差別。

$$\vec{E}'_\perp = \frac{1}{\sqrt{1-(v/c)^2}} \vec{E}_\perp \equiv \gamma \cdot \vec{E}_\perp \;\; ; \;\; \vec{E}'_\parallel = \vec{E}_\parallel$$

　　此轉換關係僅涉及電場本身，而與如何產生電場的電荷狀態無關。本單元中我們則要利用此關係來探討一個等速運動的電荷，看它所產生的電場會是如何？

　　如同我們於上單元中的作法，對於一個以 $\vec{v}$ 速度前進的電荷 q，其所產生的電場將等同於（圖 4-15-1）中運動的 k' 座標系看靜止於 k 座標系中的電荷 q 所產生的電場。因此，若電荷 q 靜置於 k 座標系的原點處，則電場於點 (x, z) 處投影在此 k 座標軸上的分量為

$$E_x = \frac{1}{4\pi\varepsilon_0} \frac{q}{r^2} \cos\theta = \frac{q}{4\pi\varepsilon_0} \frac{x}{\left(x^2+z^2\right)^{3/2}}$$
$$E_z = \frac{1}{4\pi\varepsilon_0} \frac{q}{r^2} \sin\theta = \frac{q}{4\pi\varepsilon_0} \frac{z}{\left(x^2+z^2\right)^{3/2}}$$

(4-15-1)

由於此系統對稱於 x 軸的旋轉，因此僅需討論 (x, z) 平面上的電場即可。

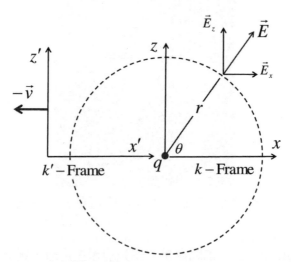

圖 4-15-1　在 k' 座標系中看電荷 q，就如同以速度 $\vec{v}$ 運動的電荷。

依（圖 4-15-1）所示，在 k 座標系中電場的分量 $E_x = \vec{E}_\parallel$ 與 $E_z = \vec{E}_\perp$。因此位於 k 座標系原點的電荷 q 所產生的電場，對 k' 座標系的觀察者看來便會是 $E'_x = E_x$ 與 $E'_z = \gamma \cdot E_z$。但由於電場大小也於距離電荷的遠近有關，即與座標位置有關，所以在電場的轉換中，我們還得包含座標位置間的轉換。

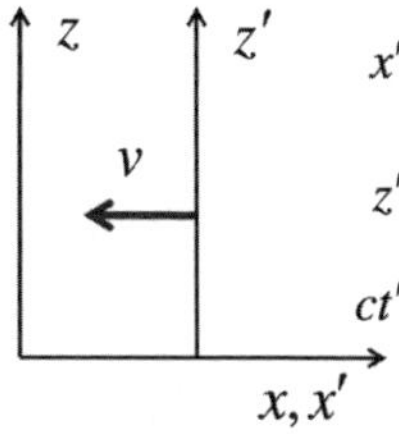

$$x' = \frac{x+vt}{\sqrt{1-(v/c)^2}} = \gamma \cdot (x + \beta \cdot ct)$$

$$z' = z$$

$$ct' = \frac{ct+(v/c)x}{\sqrt{1-(v/c)^2}} = \gamma \cdot (ct + \beta \cdot x)$$

$$\Longleftrightarrow \quad \boxed{\begin{aligned} x &= \gamma \cdot (x' - \beta \cdot ct') \\ z &= z' \\ ct &= \gamma \cdot (ct' - \beta \cdot x') \end{aligned}}$$

圖 4-15-2　（圖 4-15-1）中所包含的勞倫茲轉換。其中 $\beta = v/c$；$\gamma = (1-\beta^2)^{-1/2}$。

如此我們可計算在 k' 座標系中所觀察的電場，即電荷以速度 $\vec{v}$ 等速運動時所產生的電場。為簡化計算上的繁瑣，我們計算在 $t' = 0$ 時刻的電場，且在此時刻兩座標系的原點重合，即原點座標 $x' = x = 0$。

$$E'_x = E_x = \frac{q}{4\pi\varepsilon_0} \frac{x}{\left(x^2+z^2\right)^{3/2}} = \frac{q}{4\pi\varepsilon_0} \frac{\gamma \cdot x'}{\left(\gamma^2 x'^2 + z'^2\right)^{3/2}}$$

$$E'_z = \gamma \cdot E_z = \gamma \cdot \frac{q}{4\pi\varepsilon_0} \frac{z}{\left(x^2+z^2\right)^{3/2}} = \frac{q}{4\pi\varepsilon_0} \frac{\gamma \cdot z'}{\left(\gamma^2 x'^2 + z'^2\right)^{3/2}}$$

$$(4\text{-}15\text{-}2)$$

首先，由 (4-15-2) 式的電場分量我們可發現

$$\frac{E'_z}{E'_x} = \frac{z'}{x'} \tag{4-15-3}$$

此說明在 k' 座標系中的電場方向與 x' 軸的夾角就如同位置向量 $\vec{r}'$ 與 x' 軸的夾角一樣，此亦為庫倫定律下點電荷之電場方向的一項特徵。

在 k' 座標系中的電場大小亦可計算如下

$$E' = \left(E'^2_x + E'^2_z\right)^{1/2} = \gamma \cdot \frac{q}{4\pi\varepsilon_0}\left(\frac{x'^2+z'^2}{\left(\gamma^2 x'^2+z'^2\right)^3}\right)^{1/2} = \frac{q}{4\pi\varepsilon_0}\frac{\left(1-\beta^2\right)}{\left(x'^2+z'^2\right)\left(1-\beta^2 z'^2/(x'^2+z'^2)\right)^{3/2}}$$

$$(4\text{-}15\text{-}4)$$

此式可再利用於 k' 座標系中的極座標進一步地簡化成更好理解的表示式

$$r' = \left(x'^2 + z'^2\right)^{1/2} \quad ; \quad \sin\theta' = \frac{z'}{\sqrt{x'^2+z'^2}} \tag{4-15-5}$$

所以將 (4-15-4) 式以極座標來表示，並加上 (4-15-3) 式對電場方向的討論可知

$$\vec{E}'(\vec{r}') = \frac{1}{4\pi\varepsilon_0} \frac{q}{r'^2} \frac{1-\beta^2}{\left(1-\beta^2\sin^2\theta'\right)^{3/2}} \hat{r}' \tag{4-15-6}$$

與靜止電荷之電場不同的是－運動電荷所產生的電場大小與方向有關，即便距離電荷的距離一樣！如（圖 4-15-3）所示。

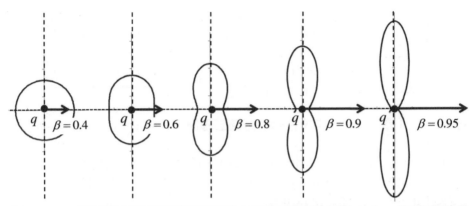

圖 4-15-3　距運動電荷等距離但不同方位處的電場相對大小。等速運動電荷所產生的電場，很大的特徵是當速度越接近光速時，即 $\beta = v/c$ 越接近 1 時，在垂直運動速度的方向會有越大的電場。反之，在運動方向上則會有越來越小的電場。也就是說，速度越快的電荷，其所產生的電場強度會越集中於垂直電荷的運動方向。（ps. 各點的電場方向仍是徑向量的方向，如 (4-15-3) 式所要表明的現象。）

【練習題4-12】

本單元最後所得之結果，(4-15-6) 式，實為運動電荷所產生的電場。因此，對此運動電荷周遭的靜止電荷 q_s，其所受到的作用力應為

$$\vec{F}_s = q_s \cdot \vec{E}(\vec{r}) = q_s \cdot \left(\frac{1}{4\pi\varepsilon_0} \frac{q}{r^2} \frac{1-\beta^2}{(1-\beta^2 \sin^2 \theta)^{3/2}} \right) \hat{r}$$

上式的座標原點即為運動電荷當下的所在位置。那我們若把問題變更一下，試問一個電荷大小為 q，並以速度 $\vec{v}$ 運動於電場 $\vec{E}$ 中，試問此電荷 q 所受電場的作用力為何？我們可不理會此電場 $\vec{E}$ 是如何產生，並將座標系轉換至與電荷一同以速度 $\vec{v}$ 運動的座標系來處理此問題。其實答案是很單純的 $\vec{F} = q \cdot \vec{E}$，這結果我們之前很早便已用過，但讀者可在此問題中更確定即便考慮相對論效應，這簡單的結果仍是成立。而這當中一個重要關鍵是，在不同的慣性座標系中，電荷是一個不變量。

P.S. 此問題亦會用到「力」於不同慣性座標系統間的轉換關係，如下：

$$\vec{F} = \frac{d\vec{P}}{dt} \Rightarrow \begin{matrix} \dfrac{dp_\parallel}{dt} = \dfrac{dp'_\parallel}{dt'} \\ \dfrac{dp_\perp}{dt} = \dfrac{1}{\gamma} \dfrac{dp'_\perp}{dt'} \end{matrix}$$

其中 $\parallel$ 與 $\perp$ 分別代表平行與垂直於兩座標系統間相對運動之方向。

4-16　由狹義相對論的觀點再探磁力的產生

讀者應該還記得我們如何將「磁力／磁場」引進電磁學。先給定運動電荷間彼此的受力形式，再將運動的電荷推論到我們日常中更容易掌握的電流，去看電流間之受力問題，如此一步步地將磁力推上電磁學中的要角。最終，於法拉第與馬克斯威的工作中，我們看見電場與磁場間的關聯性。這一連串的發展很重要的基礎是來自於我們一開始所給定的受力形式－靜止電荷間的庫倫定律與電荷間存有相對運動時的受力形式（即(3-6-1)式）。當時我們對這些作用力的形式是以經驗公式來處理交代【註9】。本單元中，我們仍視庫倫定律為一正確的經驗定律，但針對運動電荷間的作用力去思考一個可能性：否可不再視其為一個無需解釋太多的經驗公式，而是存在一個更根本的理論基礎？

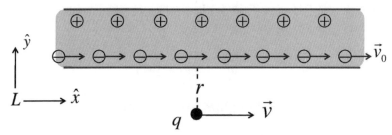

圖 4-16-1　電流的簡單模型。藉此模型我們想探討此電流導線對外部運動電荷的作用力為何。（假設導線的寬度均遠小於 r。）

首先，我們先考慮一個簡單的電流模型，其電流來自於負電荷的漂流移動。假設在我們的實驗室座標系 (L) 中，導線內的負電荷以 $\vec{v}_0$ 的速度移動，其線電荷密度為 $-\lambda_0$（我們於 L- 座標系中的量測值）。為讓此電流導線保持電中性，導線內勢必有線電荷密度為 λ_0 的正電荷存在，且這些正電荷於此實驗室座標中靜止不動，因為在我們的電流模型中已限定電流是來自於負電荷的運動。現在於距離此導線 r 處有一個以等速度 $\vec{v}$ 的測試電荷 q 平行於導線運動，即 $\vec{v} /\!/ \vec{v}_0$，如（圖 4-16-1）所示。由於此無限長的電流導線為電中性，所以電線外部將不存在電場，亦即不會有電力的作用。但我們還是想知道此電流導線對測試電荷是否還有其它的作用力？

對此問題，我們可將座標系統轉換至與測試電荷 q 同步運動的 k'- 座標系，如（圖

【註9】　在物理史上發現「磁力」的真實狀況，並非真地去測量彼此有相對速度電荷間的作用力，再去歸納成為此經驗公式，而是由安培以較容易掌握的電流為起點，推論出許多不同電流形式間的作用力。慢慢地，我們才有一個較明確簡潔的表示式。但在教學上，我們為讓論述能更具邏輯上的鋪陳，往往就得繞過真實發展史上的摸索階段。這也是融合「物理課程」與「物理史」上的一大困難與挑戰，課程的目標為何？何者是我們的優先考量？

4-16-2）。在 k'- 座標系中此測試電荷爲靜止不動，而導線內的正負電荷將會有其各自不同的運動速度，因此相對論效應對正負電荷所造成的長度縮減也將不同，如此所造成的影響是測試電荷視此導線不再是電中性的導線，因此在此座標係內將會出現電場，並有庫倫力作用其上。下面我們就來計算此測試電荷 q 於此座標系中所受到電力大小與方向。

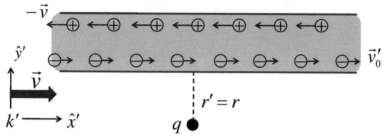

圖 4-16-2 在與測試電荷同步運動的座標系中看導線內的正負電荷。由於在此座標系中的正負電荷有不同的運動速度，其勞倫茲縮減的程度也就不同，所以此電流導線已不再是電中性。

根據兩慣性座標系間的速度轉換公式 (4-12-3) 式，以 k'- 座標系的觀點來看，導線內的正電荷會以 $-v$ 的速度在 $\hat{x}'$ 方向上運動。因此其線電荷密度將會是

$$\lambda'_+ = \frac{\Delta Q'}{\Delta x'} = \frac{\Delta Q}{\sqrt{1-(-v/c)^2} \cdot \Delta x} = \frac{1}{\sqrt{1-\beta^2}} \cdot \lambda_0 \equiv \gamma \cdot \lambda_0$$

(4-16-1)

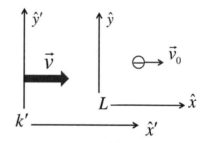

圖 4-16-3 測試電荷座標系與實驗室座標系間的關係。

此處 $\beta = v/c$，$\gamma = (1-\beta^2)^{-1/2}$。同樣利用 (4-12-3) 式的速度轉換公式亦可計算 k'- 座標系中負電荷的運動速度

$$v'_0 = \frac{v_0 - v}{1 - v_0 v/c^2}$$

(4-16-2)

因此長度縮減的倍率應爲

$$\sqrt{1-(v'_0/c)^2} \equiv \sqrt{1-\beta'^2_0} = \left(1 - \left(\frac{\beta_0 - \beta}{1 - \beta_0 \beta}\right)^2\right)^{1/2}$$

(4-16-3)

然而在計算負電荷於 k'- 座標系中的線電荷密度時，必須小心的是在（圖 4-16-1）中的實驗室座標系中，因爲負電荷有速度 v_0 的運動，因此我們所看見的負電荷線密度 $(-\lambda_0)$ 實質上是已經過長度縮減後的觀察，它固有的線電荷密度（指在負電荷自己

座標系中的電荷密度）應該為 $-\lambda_0/\gamma_0$。如此，在 k'- 座標系中所見的負電荷線密度將會是

$$-\lambda'_- = \gamma'_0 \cdot \left(\frac{-\lambda_0}{\gamma_0}\right) = -\left(1 - \left(\frac{\beta_0 - \beta}{1 - \beta_0\beta}\right)^2\right)^{-1/2} \cdot \left(\frac{\lambda_0}{\gamma_0}\right) = -\gamma \cdot (1 - \beta_0\beta) \cdot \lambda_0 \qquad (4\text{-}16\text{-}4)$$

所以電流導線在 k'- 座標系中的整體線電荷密度為

$$\lambda' = \lambda'_+ - \lambda'_- = \gamma \cdot \lambda_0 - \gamma(1 - \beta_0\beta) \cdot \lambda_0 = \gamma \cdot \beta_0\beta \cdot \lambda_0 > 0 \qquad (4\text{-}16\text{-}5)$$

此導線不再為電中性，因此導線外部會有電場的出現。我們也不難以高斯定律計算在測試電荷位置的電場大小與方向

$$\vec{E}' = \frac{1}{2\pi\varepsilon_0} \frac{\lambda'}{r'}(-\hat{y}') = -\frac{1}{2\pi\varepsilon_0} \frac{\gamma \cdot \beta_0\beta \cdot \lambda_0}{r} \hat{y} \qquad (4\text{-}16\text{-}6)$$

此電場進而使測試電荷在 k'- 座標系中會受到電力的作用，$\vec{F}' = q \cdot \vec{E}'$。最後，為解釋我們於實驗室座標系中所觀察到的現象，我們必須將（運動的）測試電荷座標系內的受力結果轉換回到（靜止的）實驗室座標系。依據（圖 4-16-1）可知 (4-16-6) 式的電場方向垂直於座標系的運動方向（$\vec{E}'_\perp = \gamma \cdot \vec{E}_\perp$），所以此測試電荷在實驗室座標中所受到的力為

$$\vec{F} = q \cdot \vec{E} = q \cdot \left(\frac{\vec{E}'}{\gamma}\right) = -\frac{q}{2\pi\varepsilon_0} \frac{\beta_0\beta \cdot \lambda_0}{r} \hat{y} \qquad (4\text{-}16\text{-}7)$$

由於電流導線在實驗室座標中為電中性，我們當然就不會將 (4-16-7) 式的作用力視為是庫倫力的表現，而是另外引進磁力與磁場的效應來解釋此作用力。利用安培定律對（圖 4-16-1）的磁場計算（$\vec{B} = (\mu_0/2\pi)(I/r)\hat{z}；I = \lambda_0\gamma_0$），我們亦不難將 (4-16-7) 式改寫成我們更熟悉的形式 – 帶電質點於磁場中運動時所受到的作用力

$$\vec{F} = -\frac{q}{2\pi\varepsilon_0} \frac{v_0 v}{c^2} \frac{\lambda_0}{r} \hat{y} = q(v\hat{x}) \times \left(\frac{\mu_0}{2\pi} \frac{\lambda_0 v_0}{r} \hat{z}\right) \equiv q\vec{v} \times \vec{B} \qquad (4\text{-}16\text{-}8)$$

最後，我們看見若依本單元的推論來理解磁場的由來，我們只要確認庫倫定律在物質世界中是一個成立的定律，那磁力與磁場實為我們於日常生活中所常見的狹義相對論效應！如此，相較於法拉第與馬克斯威對電磁現象的理解，愛因斯坦的狹義相對論又邁前一大步。

【練習題4-13】

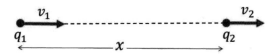

如圖所示，兩帶電量分別為 q_1 與 q_2 的質點，一前一後，雖方向相同但速度大小不同的等速度運動。試問當兩質點相距 x 時的瞬間，帶電量為 q_2 的質點所受到的力為何？

【練習題4-14】

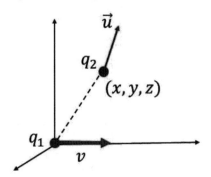

如圖所示，若以帶電質點 q_1 某一時刻的位置為座標系統的原點，此帶電質點 q_1 本身的速度為 $\vec{v} = v\hat{x}$。就在此時刻，根據此座標系統的 (x, y, z) 處有另一帶電質點 q_2 存在，且其運動速度為 $\vec{u} = u_x\hat{x} + u_y\hat{y} + u_z\hat{z}$。試問此帶電量為 q_2 的質點所受到的力為何？

4-17　電磁場於兩慣性座標系間的轉換

　　既然「磁力」的來源可視爲「庫倫力」於日常生活中的相對論效應，那很自然地，我們想知道相同電磁場於兩慣性座標系間的量測結果，會有怎樣的關聯？即電磁場於兩慣性座標系間的轉換關係。我們所在乎的是時空點上的電磁場，而不是這電磁場如何地被產生，因此我們可以（圖4-17-1）的兩個平行無限大帶電板來討論我們的問題。

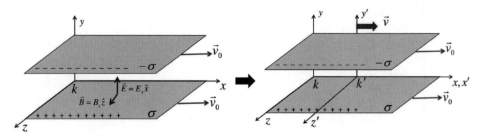

圖 4-17-1　垂直於 y- 軸的兩無限大平行帶電板，其電荷密度在圖中靜止的座標系內分別爲 $\pm\sigma$。此外，這兩個平行電板在 x- 軸方向上均有 v 的運動速度，因此也像兩個電流方向相反的無限大平板。

　　在靜止的 k- 座標系中，由高斯定律與安培定律，不難求知兩無限大平行電板之間（我們僅感興趣的空間）的電場與磁場分別爲：

$$\vec{E} = \frac{\sigma}{\varepsilon_0}\hat{y}$$
$$\vec{B} = \mu_0 j\,\hat{z} = \mu_0 \sigma v_0\,\hat{z}$$

$(4\text{-}17\text{-}1)$

　　然我們們想探討的是在（圖 4-17-1）中 k'- 座標系上的觀察者，對兩平板間的電磁場量測結果會是如何？此問題，由 (4-17-1) 式中的電磁場形式可知，我們所要知道的是帶電板之電荷密度與運動速度對 k'- 座標系上的觀察者會是多少？一旦知道了，答案也就如同 (4-17-1) 式一般，

$$\vec{E}' = \frac{\sigma'}{\varepsilon_0}\hat{y}'$$
$$\vec{B}' = \mu_0 j'\,\hat{z}' = \mu_0 \sigma' v_0'\,\hat{z}'$$

$(4\text{-}17\text{-}2)$

依 (4-12-3) 式的結果，平行帶電板在 k'- 座標系中的運動速度爲

$$v_0' = \frac{v_0 - v}{1 - v_0 v/c^2} \implies \beta_0' = \frac{\beta_0 - \beta}{1 - \beta_0 \beta}$$

$(4\text{-}17\text{-}3)$

所以相對論中時常出現的因子 γ 亦可計算

$$\gamma'_0 = \frac{1}{\sqrt{1-(v'_0/c)^2}} = \left(1-\beta'^2_0\right)^{-1/2} = \gamma_0\gamma\left(1-\beta_0\beta\right) \tag{4-17-4}$$

而 k'-座標系中帶電平板的電荷密度將為

$$\sigma' = \gamma'_0\sigma_{rest} = \gamma'_0\left(\frac{\sigma}{\gamma_0}\right) = \gamma\left(1-\beta_0\beta\right)\sigma \tag{4-17-5}$$

上式中需要注意說明的是，因為帶電平板本身的運動，所以在 k-座標系中所觀察到的電荷密度 σ，也是在長度縮減下所觀察到的電荷密度。因此帶電板的原始電荷密度，在 (4-17-5) 式的一開始，我們必須回到電荷靜止的座標系上，即相對於平行電板為靜止座標下的電荷密度 σ_{rest}。最後將 (4-17-3)、(4-17-4)、與 (4-17-5) 式帶回 (4-17-2) 式（以分量的形式寫出，此兩分量均垂直於帶電平板的運動方向），

$$E'_y = \frac{\sigma'}{\varepsilon_0} = \frac{1}{\varepsilon_0}\gamma\left(1-\beta_0\beta\right)\sigma = \gamma\left(\frac{\sigma}{\varepsilon_0} - \frac{1}{\mu_0\varepsilon_0}\beta\cdot\mu_0\cdot\frac{v_0}{c}\cdot\sigma\right)$$

$$B'_z = \mu_0 v'_0\sigma' = \mu_0\left(c\beta'_0\right)\cdot\gamma\left(1-\beta_0\beta\right)\sigma = \gamma\cdot c\cdot\mu_0\left(\beta_0-\beta\right)\sigma = \gamma\left(\mu_0 v_0\sigma - c\cdot\mu_0\varepsilon_0\beta\cdot\frac{\sigma}{\varepsilon_0}\right) \tag{4-17-6}$$

對照 (4-17-1) 式的結果，上式可簡化成

$$E'_y = \gamma\left(E_y - \frac{1}{\sqrt{\mu_0\varepsilon_0}}\beta\cdot B_z\right)$$

$$B'_z = \gamma\left(B_z - \sqrt{\mu_0\varepsilon_0}\beta\cdot E_y\right) \tag{4-17-7}$$

同理，我們可依（圖4-17-2）去推導另一組垂直於帶電平板運動方向的電磁場分量（E_z 與 B_y），與其在兩不同慣性座標系間的轉換關係。其結果為

$$E'_z = \gamma\left(E_z + \frac{1}{\sqrt{\mu_0\varepsilon_0}}\beta\cdot B_y\right)$$

$$B'_y = \gamma\left(B_y + \sqrt{\mu_0\varepsilon_0}\beta\cdot E_z\right) \tag{4-17-8}$$

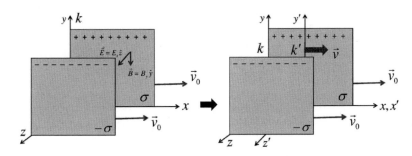

圖 4-17-2

在（圖 4-17-1）與（圖 4-17-2）的例子中 $\vec{\beta} = \vec{v}/c = (v/c)\hat{x}$，我們不難合併 (4-17-7) 與 (4-17-8) 兩式，使之成爲更精簡的表式式

$$\vec{E}'_\perp = \gamma\left(\vec{E}_\perp + \frac{1}{\sqrt{\mu_0\varepsilon_0}}\vec{\beta}\times\vec{B}_\perp\right) = \gamma\left(\vec{E}_\perp + c\cdot\vec{\beta}\times\vec{B}_\perp\right)$$

$$\vec{B}'_\perp = \gamma\left(\vec{B}_\perp - \sqrt{\mu_0\varepsilon_0}\vec{\beta}\times\vec{E}_\perp\right) = \gamma\left(\vec{B}_\perp - \frac{1}{c}\vec{\beta}\times\vec{E}_\perp\right)$$

$$(4\text{-}17\text{-}9)$$

至於平行於 $\vec{\beta}$ 方向的電場與磁場，讀者也不妨自行推論看看，其大小在兩慣性座標系中不會改變。即

$$\vec{E}'_\parallel = \vec{E}_\parallel$$

$$\vec{B}'_\parallel = \vec{B}_\parallel$$

$$(4\text{-}17\text{-}10)$$

　　在這幾個單元中，我們藉由不同慣性座標下的觀察者，去探討帶電質點於等速度運動下的電磁現象，用以彰顯電場與磁場間的連結 – 實爲同樣的一個「場」於不同慣性座標系中的不同表象。我們不妨就將此「電場」與「磁場」統稱爲單一的「電磁場」，這樣的認識無疑是狹義相對論在重整與統一物理概念上的一大成就。至於下一步的探討，很自然地想問：那當帶電質點不再是等速度運動，而是帶有加速度時，此帶電質點所產生的電磁現象會是如何？而這將是我們下一單元的主題。

【練習題4-15】

試證明如果有一座標系統中的某區域內無磁場，例如在座標系 K 中的 $\vec{B} = 0$。則根據 (4-17-9) 式與 (4-17-10) 式，則在另一個慣性座標系 (K') 內的電場與磁場有如下的關係，

$$\vec{B}' = -\frac{1}{c}\vec{\beta} \times \vec{E}'$$

其中 $c\vec{\beta}$ 為座標系 K' 相對於座標系 K 的相對速度。同理，如果有一座標系統中的某區域內無電場，例如在座標系 K 中的 $\vec{E} = 0$。則在另一個慣性座標系 (K') 內的電場與磁場有如下的關係，

$$\vec{E}' = c\vec{\beta} \times \vec{B}'$$

【練習題4-16】

則根據 (4-17-9) 式與 (4-17-10) 式，證明慣性座標系內的電場與磁場，關係式 $E^2 - c^2B^2$ 為一不變量。此不變量告訴我們，雖然在不同的慣性座標系內有不同樣貌的電場與磁場，但 $E^2 - c^2B^2$ 的值在任何慣性座標系中都相等。

4-18　電磁輻射

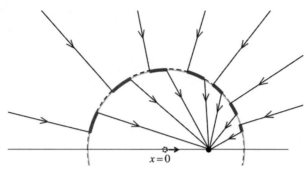

圖 4-18-1　由靜止突然加速後，又等速前進的電子。圖中所畫的電力線為在電子等速前進的階段，於某特定時刻下的電力線。

　　如（圖 4-18-1）所示，假設電子於起始時 (t = 0) 是靜止於原點處，為簡化討論，我們並不在意此電子是如何地被加速，我們只在意它在很短的時間內 (t < τ) 被加速到一定的速度 v_0，之後就等速度地前進。當 t = T (T >> τ) 時，電子運動至圖中的黑點處，此時電子周遭電場的大小，由於相對論的效應，於垂直運動速度的方向上有較大的電場（可以較密的電力線來表示），可參見 (4-15-6) 式與（圖 4-15-3）。然而，一個很關鍵的物理事實是－即便光速很快，但光速還是有限的，因此訊息上的光速傳遞還是得花上一點時間。如此，以 x = 0 為原點，R = c · T 為半徑所畫起的球面。在 t = T 時，此球面外的區域 (r > 0) 根本無從知曉此產生電場的電子已有被加速的過程。因此在球面外區域的電場，就如同電子仍舊靜止於原點 (x = 0) 時的靜電場一般。然而，物理上的要求，電場的變化該是連續的改變。因此，為連接球面內外相應的電場，我們就得畫出連接的電力線於圖中的球面上。更精確地說，會有很多的電力線集中在 c · (T − τ) < r < c · T 的球殼內。此球殼厚度會與電子的加速時間 τ 有關，且此不難看出此球殼會隨著時間以光速的大小向外擴展，即電磁波的向外前進。當 τ << T 時，此球殼厚度相對地就會變成很小，如此在此球殼內的電場就可視為垂直於徑向（電磁波前進方向）的「垂直電場」。同樣地，我們亦可對「磁場」做同樣的推論。如此因為帶電質點的加速度運動，我們定性上看見電磁波的產生機制，即產生電磁波的「電磁輻射」(electromagnetic radiation)。

　　當然，上述對「電磁輻射」的定性描述，亦適用於帶電質點的減速度運動。只要帶電質點的運動速度有改變，就會有電磁輻射出現！下面我們就以一個帶電質點的減速度運動之簡單模型為例，來帶出電磁輻射的一些要點。

　　為簡化問體，假設帶電質點之初速度遠小於光速 (v_0 << c)，如此可忽略掉相對論上的一些修正量。若帶電質點於 t = 0 開始等減速度至 t = τ 時靜止不動，即 $a = −v_0/τ$。因此在停止前，此帶電質點前進了 $v_0 · τ/2$ 的距離。如（圖 4-18-2）所示，我們所要

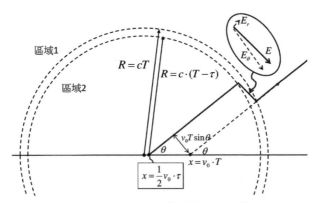

圖 4-18-2 **描述電磁輻射的簡單模型。**

討論的時刻為 $t = T$。若 $\tau \ll T$，則帶電質點靜止的位置會很靠近於開始減速的原點。同之前的說明，由於光速的傳遞需要一些時間，因此區域 1 內的任何位置都無法知道區域 2 內所發生的任何事情，當然也包括帶電質點的速度變化。此外由於我們忽略到相對論的效應，兩區域相對應的同一電力線可視為平行線。而我們真有興趣的是在 $c \cdot (T - \tau) < r < c \cdot T$ 區域內的電場，如圖所示，於此區域內的電場可分解成垂直方向 (E_θ) 與徑方向 (E_r)。此兩分量的比值可依相似三角形得知

$$\frac{E_\theta}{E_r} = \frac{v_0 \cdot T \cdot \sin\theta}{c \cdot \tau} \tag{4-18-1}$$

徑方向的電場可由高斯定律得知，且 $|a| = v_0/\tau$ 與 $R = c \cdot T$，如此

$$E_\theta = \frac{v_0 \cdot T \cdot \sin\theta}{c \cdot \tau} \cdot \left(\frac{1}{4\pi\varepsilon_0} \frac{q}{R^2} \right) = \frac{1}{4\pi\varepsilon_0} \frac{q|a|}{c^2 R} \sin\theta \propto \frac{1}{R} \tag{4-18-2}$$

相較於電場於徑方向之分量隨距離的平方成反比，上式的垂直方向則是單純地隨距離反比。因此，當距離很大時，垂直方向的電場會遠大於徑方向的分量。甚至於，我們可視為僅有垂直方向的電場存在。

又當距離 R 很大時的電場能量密度為

$$\frac{1}{2}\varepsilon_0 \left| \vec{E} \right|^2 \xrightarrow{R \to \infty} \frac{1}{2}\varepsilon_0 \left| E_\theta \right|^2 = \frac{1}{32\pi^2\varepsilon_0} \frac{q^2 a^2}{c^4 R^2} \sin^2\theta \tag{4-18-3}$$

如此，對此垂直方向電場所存在的整個球殼體積區積分，我們可得

$$\text{Energy} = \frac{1}{12\pi\varepsilon_0} \frac{q^2 a^2}{c^3} \cdot \tau \tag{4-18-4}$$

τ 為帶電質點加速度運動的時間，因此電場對此電磁輻射功率的貢獻為

$$\left(P_{\text{radiation}} \right)_{\text{Eletric field}} = \frac{1}{12\pi\varepsilon_0} \frac{q^2 a^2}{c^3} \propto a^2 \tag{4-18-5}$$

4-19　相對論都卜勒效應

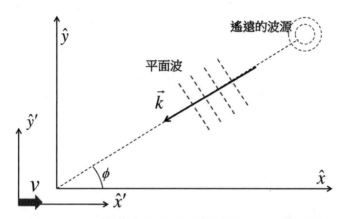

圖 4-19-1　運動的觀察者與遙遠且靜止的輻射源。

　　如（圖 4-19-1）所示，讓我們考慮一個離座標原點很遙遠的光波波源。由於對我們所要討論的觀察者來說，此波源處在一個很遙遠的位置，因此其所發出的電磁波可被簡單視為一個平面波。在波源本身的靜止座標系（k 座標系）下，構成此電磁（平面）波的電場與磁場可寫成

$$\vec{E} = \vec{E}_0 e^{i(\vec{k}\cdot\vec{r}-\omega t)} = \left(E_{x0}\hat{x} + E_{y0}\hat{y} + E_{z0}\hat{z}\right)e^{i\Phi}$$
$$\vec{B} = \vec{B}_0 e^{i(\vec{k}\cdot\vec{r}-\omega t+\theta)} = \left(B_{x0}\hat{x} + B_{y0}\hat{y} + B_{z0}\hat{z}\right)e^{i\Theta}$$

$$(4\text{-}19\text{-}1)$$

式中的 $\vec{k}$ 與 ω 分別為此平面波之波數向量與頻率。現在我們想探討的問題是，當觀察者相對於波源座標系有一個等速的相對運動，那此觀察者所看見的電磁波會有什麼樣的改變，特別是電磁波的頻率？我們就假設觀察者座標系（K' 座標系）的運動如（圖 4-19-1）一般，因此我們可套用一般常用的勞倫茲轉換於此兩個慣性座標系間，(4-19-1) 式中各座標軸上的電磁場分量亦可依 [單元 4-17] 中的轉換處理。但我們若只關注於電磁波的頻率變化，則問題可簡化到只針對相位 Φ 的討論。

$$\Phi = \vec{k}\cdot\vec{r} - \omega t = kx(\hat{k}\cdot\hat{x}) + ky(\hat{k}\cdot\hat{y}) + kz(\hat{k}\cdot\hat{z}) - \omega t$$
$$= \frac{\omega}{c}\left(x(\hat{k}\cdot\hat{x}) + y(\hat{k}\cdot\hat{y}) + z(\hat{k}\cdot\hat{z})\right) - \omega t$$

$$(4\text{-}19\text{-}2)$$

其中 $\omega/k = f\cdot\lambda = c$。又依（圖 4-19-1），

$$\hat{k}\cdot\hat{x} = \cos(\pi-\phi) = -\cos\phi$$

$$(4\text{-}19\text{-}3)$$

接下來，我們將 (4-19-2) 式中的時空座標轉換至 k' 座標系下的座標值。

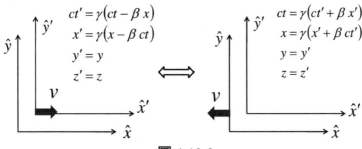

圖 4-19-2

$$\Phi' = \frac{\omega}{c}\Big(\gamma(x' + \beta\, ct')(\hat{k}\cdot\hat{x}) + y'(\hat{k}\cdot\hat{y}) + z'(\hat{k}\cdot\hat{z})\Big) - \omega\,\gamma\Big(t' + \frac{\beta}{c}x'\Big)$$

$$= \frac{\omega}{c}\gamma\Big((\hat{k}\cdot\hat{x}) - \beta\Big)x' + \frac{\omega}{c}y'(\hat{k}\cdot\hat{y}) + \frac{\omega}{c}z'(\hat{k}\cdot\hat{z}) - \gamma\Big(1 - \beta(\hat{k}\cdot\hat{x})\Big)\omega\,t' \qquad (4\text{-}19\text{-}4)$$

$$\equiv \frac{\omega'}{c}\Big((\hat{k}'\cdot\hat{x}')x' + (\hat{k}'\cdot\hat{y}')y' + (\hat{k}'\cdot\hat{z}')z'\Big) - \omega'\,t'$$

上式中最後的定義乃是相對論的要求，不同慣性座標系中的物理定律不變。因此，我們得到觀察者所觀測到的頻率

$$\omega' = \gamma\Big(1 - \beta(\hat{k}\cdot\hat{x})\Big)\omega = \frac{1 + (v/c)\cos\phi}{\sqrt{1 - (v/c)^2}}\,\omega \qquad (4\text{-}19\text{-}5)$$

再將此關係代回原式，便可得到觀察者對此波前進方向之觀察

$$\hat{k}'\cdot\hat{x}' = \frac{\hat{k}\cdot\hat{x} - \beta}{1 - \beta(\hat{k}\cdot\hat{x})} \Rightarrow \cos\phi' = \frac{\cos\phi + \beta}{1 + \beta\cos\phi}$$

$$\hat{k}'\cdot\hat{y}' = \frac{\hat{k}\cdot\hat{y}}{\gamma(1 - \beta(\hat{k}\cdot\hat{x}))} \;;\; \hat{k}'\cdot\hat{z}' = \frac{\hat{k}\cdot\hat{z}}{\gamma(1 - \beta(\hat{k}\cdot\hat{x}))} \qquad (4\text{-}19\text{-}6)$$

當 $\phi = 0$ 時，即觀察者正面朝向波源接近，

$$\omega' = \sqrt{\frac{1 + (v/c)}{1 - (v/c)}}\,\omega > \omega \qquad (4\text{-}19\text{-}7)$$

　　如我們所預期的一般，頻率會變大。此外，我們也可由 (4-19-6) 式看出，原本向四面八方發出電磁輻射的波源，當其運動的速度逐步加快，即相對論效應趨大時 ($\beta \to 1$)，波源所輻射出的電磁波會逐步集中在波源運動的方向上，如（圖 4-19-3）所示。

　　值得一提的是，斯萊佛 (Vesto Slipher) 於 1917 年對螺旋星系的光譜分析，發現來自這些遙遠星系的光譜線均有紅位移 (red shift) 的現象，亦即這螺旋星系正遠離我們。至於為何星系會遠離我們？答案就在廣義相對論所隱含的宇宙膨脹，即便愛因

斯坦一開始也不相信這膨脹的宇宙而硬加上宇宙常數，以維持一個穩定的宇宙。但1919年哈伯 (Edwin Hubble) 對不同星系的觀測結果，還是讓愛因斯坦承認宇宙常數為他一生所犯下的最大錯誤。但在星系遠離的例子中，若依（圖 4-19-1），座標前進的速度應為反向，即 (4-19-5) 式的結果須作 $\beta \to -\beta$ 的改變。所以我們所看見的星系頻率均變小（波長變大），即所謂的「紅位移」。

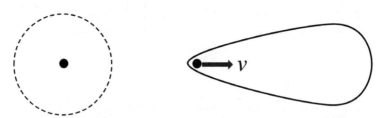

圖 4-19-3　當波源速度逐步加快時，其輻射的方向亦會逐步集中在運動的方向上。由於電磁場的方向垂直於電磁波（電磁輻射）的前進方向，因此讀者可參照（圖 4-15-3）中，相對論效應下運動電荷之電場方向。

【練習題4-17】

在天文觀測上，我們常對紅位移程度定義一個參數，$z \equiv \Delta\lambda / \lambda_0 = (\lambda - \lambda_0) / \lambda_0$，即波源因本身運動所造成的波長變化率。如此，若發現一個星系之紅位移參數爲 $z = 0.450$，試問此星系以多快的速度遠離我們？

【練習題4-18】

闖紅燈嚴重？還是超速嚴重？有一位駕駛因闖紅燈而被警察開單，但這位駕駛聲稱他所看見的燈號是綠燈。請問這位駕駛所說的有可能是眞的嗎？已知紅燈與綠燈的波長分別爲 650 nm 與 520 nm，若眞，此駕駛以多快的速度開車？

4-20　視覺上的相對論效應 —— 特勒爾效應

至此，我們已看見狹義相對論中的兩個著名 —— 但違反我們直覺感受的效應 —— 運動物體的長度縮減與時間膨脹的效應。物理學家們也提供了許多的實驗來檢驗或彰顯此兩效應。事實上，前幾個單元中將電場與磁場連結在一個架構下的解釋關鍵，正是源自於不同慣性座標長度縮減的效應。但一個直接的問題，當物體的運動速度很快時，快到相對論效應已是不可忽略的效應時，我們真能看見湯普金於夢中所見的場景嗎？

圖 4-20-1　雖然相對論效應在我們的日常中微乎其微，但著名的俄國物理學家伽莫夫 (George Gamow，1904-1968) 在他的經典科普暢銷書《湯普金先生的新世界》中，藉由主人翁夢境內一個光速不甚大的世界中，來彰顯相對論的長度收縮效應。但或許也正是因為此書的經典地位，讓大家太過自然地接受書中主人翁的夢中景象便是低光速世界中的真實景象，而不多加思索其破綻。

即便運動物體的長度縮減效應是千真萬確的，不該有所懷疑，但真實的世界中我們還是無法看見伽莫夫筆下主人翁湯普金所見的場景！因為無論是我們所看見的，或是由照相器材所拍攝到的景觀，進入視網膜或感光底片的光線（光子）都該是同時間到達！但光速的傳遞須要時間，因此物體各部分所反射至我們視網膜的光線，距離上的差異（光行差），所需的時間就不會相同。反過來說，同時到達並讓我們感受到的光線，也必然是於不同時間點上所反射過來的光。那所看見的景象也就不該只是單純的長度「勞倫茲縮減」。但令人訝異的是，這簡單的推論與質疑卻是狹義相對論出現五十多年後，才被潘洛斯 (Roger Penrose) 與特勒爾 (James Terrel) 兩人給分別獨立提出。現今，我們也將此視覺上看不見長度之勞倫茲縮減的效應稱為「潘洛斯－特勒爾效應」(Penrose-Terrel effect)。

至於，當物體的運動速度與光速相匹配時，物體在我們的視覺上會呈現什麼樣子呢？原則上，我們得針對不同的物體形狀，去計算我們的視網膜會同時接收到哪些的光子，再去勾勒出這些光子所會構成的形體。若更仔細地去看待此問題，我們還得考

量相對論都卜勒效應，因此除了物體的形體外，物體的顏色也不盡相同，會有紅位移或藍位移的出現。然在本單元中，我們就僅針對一個特殊的例子－等速運動的球體－探討我們所將會看見的形體為何？

首先，為讓我們的問體更容易處理，我們先設定問題的限制條件：如（圖4-20-2）所示，半徑為 R 的球體以等速 $\vec{v} = v\hat{x}$ 運動，觀察者位於 $\hat{z}$ 軸上距原點很遠的地方觀察此運動中的球。因為觀察者距球很遠，所以觀察者視野中看見球之立體角 (solid angle) 亦會很小，所以任何由球面反射而來，並進入觀察者視網膜的光線均可視為平行光。此外，我們的討論就只針對球行經觀察者正前方的一瞬間。

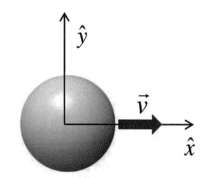

圖 4-20-2 沿 $\hat{x}$ 軸運動的圓球，觀察者則在 $\hat{z}$ 軸上的遠處。

由於此問題的勞倫茲縮減僅在 $\hat{x}$ 方向上，我們可將此球看成垂直於 $\hat{y}$ 軸的圓盤所組成，而我們僅需討論位於中央 ($y = 0$) 最大的圓盤即可，此圓盤的半徑等於問題中的球半徑 R。但如（圖4-20-3），此圓盤在 $\hat{x}$ 方向上會有勞倫茲縮減的效應，而使圓盤成了看似橢圓的形狀，其方程式倒不難寫出

$$\gamma^2 x^2 + z^2 = R^2 \qquad (4\text{-}20\text{-}1)$$

式中的 γ 為勞倫茲因子，中心點在座標原點。但由於我們已為簡化問題而要求觀察者看球的立體角很小，如此可同時到達觀察者視網膜的光線，必然也同時到達圖中的 AB 基線。並令 AB 兩點間的距離為觀察者所見此運動球的大小，而它們分別由圖中圓盤邊界的點 1 與點 2 於不同時間所發出的光子。

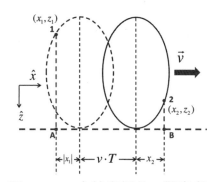

圖 4-20-3 由於光行差，觀察者所看見的球，是來自於球面上發自不同時間的光子訊息。此圖由 $\hat{y}$ 軸俯視運動之球體，因此 $\hat{z}$ 軸上的觀察者在此圖的下方。

我們所要知道的便是此兩點的座標與發出光子的時間差為何？

由於勞倫茲縮減後的圓盤之周界方程式已知，(4-20-1) 式，此方程式可被微分成，

$$\frac{z}{x} = -\gamma^2 \frac{dx}{dz} \qquad (4\text{-}20\text{-}2)$$

然根據（圖4-20-3），我們對點 1 與點 2 的定義，要求在此兩點上的座標必須符合 $dz/dt = c$ 與 $dz/dt = c$，如此點 1 與點 2 的座標 (x, z) 分量將分別有 $z/x = -\gamma^2(v/c)$ 的關

係。再將此關係結合 (4-20-1) 式，便可分別得到點 1 與點 2 的座標值，$(x_1, z_1) = (-R/\gamma^2, R(v/c))$ 與 $(x_2, z_2) = (R/\gamma^2, -R(v/c))$。又光子由點 1 與點 2 出所發出的時間差為

$$T = \frac{|z_1 - z_2|}{c} = 2R \cdot \frac{v}{c^2} \tag{4-20-3}$$

如此觀察者對此運動球所看見的大小為

$$\overline{AB} = |x_1| + vT + x_2 = \frac{R}{\gamma^2} + 2R \cdot \left(\frac{v}{c}\right)^2 + \frac{R}{\gamma^2} = 2R \tag{4-20-4}$$

不再是單純的勞倫茲縮減的效應！在此特殊例子中，所看見的運動球大小就如同靜止的球大小一樣不變。此外，觀察者所見的運動球大小由（圖 4-20-3）中基線上的 AB 兩點所決定，但此兩點分別是對應在球上的點 1 與點 2。這也暗示了我們所看見的球面亦不是單純面向觀察者的一面，而是以 $\hat{y}$ 軸為轉軸逆時鐘旋轉 θ 角度的球面。

$$\sin\theta = \frac{|z_1|}{R} = \frac{v}{c} \Rightarrow \theta = \sin^{-1}(v/c) \tag{4-20-5}$$

此運動球的探討正是潘洛斯當年所給出的一個特別例子，而同年但稍後發表的特勒爾文章則探討更一般例子。這也是為什麼當今對此效應的稱呼，常被更簡單地稱之為「特勒爾效應」[註10]。

[註10] 羅傑・潘洛斯後來對黑洞的研究，並證明黑洞為廣義相對論中必然存在的現象，讓他獲頒 2020 年的諾貝爾物理獎。

□ 視覺中的相對論效應

近年來由於虛擬實境 (virtual reality, VR) 的技術發展，教學現場也逐漸出現一股風潮，試圖讓學生感受到日常生活中無法單純藉由人之感官知覺所獲知的物理現象。「愛因斯坦船長」便是比利時根特大學物理與天文學系在這股風潮下結合科學與視覺藝術的科普計畫，計畫由 Karel Van Acoleyen 與 Jos Van Doorsselaere 兩位教授所主持，類似於《湯普金先生的新世界》中的主人翁騎車逛大街，這回「愛因斯坦船長」則是駕船載大家航行於比利時的運河上觀看運河周遭的景觀。

(a)

(b)

（圖 a.）的視角為由船垂直船的航行方向看向岸邊的景象，船的速度為 $v/c = 0.85$。對照於（圖 b.）中船為靜止時的景象。相較於（圖 4-20-1），我們不僅看見勞倫茲的長度縮減效應，也看見了本單元所介紹的「特勒爾效應」。有興趣的讀者不妨可到此「愛因斯坦船長」的官方網站 <http://www.captaineinstein.org> 或直接來一趟運河旅遊 <https://www.youtube.com/watch?v=i6AouFHLb2g>。網站中不僅可讓你體驗 的賞景視角，還有在視覺上不可忽略的相對論都卜勒效應所造成的顏色變化。

4-21 狹義相對論發展史上的一個小註解

我們一再提醒讀者注意愛因斯坦於 1905 年 6 月論文的名稱「論運動物體的電動力學」，由這史上第一篇的狹義相對論論文名稱，不難理解電磁學於狹義相對論發展歷程上的地位。但與當時物理學家所不同的，愛因斯坦並沒有直接在馬克斯威的電磁學理論上，去增加更多諸如「以太」與物質間交互作用的假設與但書。而是在論文的第一部分，以相當的篇幅去探討不同觀察者，於自身座標系中對時間與空間的一些基本測量。這部分的探討也成了狹義相對論的理論主體。完成了此部分，愛因斯坦才在接續的第二部分進入電磁學的理論。

在我們對狹義相對論的介紹中，大抵也是延續這篇論文的脈絡順序。但所不同的是，在完成狹義相對論的基本架構介紹後，我們將以下面的兩個前題出發：1. 靜止電荷彼此間的庫侖力成立，因此電荷所產生的電場就如同我們所熟知的一般；2. 電荷的大小是與座標系統無關的，即兩慣性座標系間的轉換不影響電荷值的大小。在此兩個前題下，我們會推導出一個令人印象深刻的結果：運動電荷所產生的磁場，本質上不過就是靜止電荷的電場，但不同的是，磁場乃是由一個與電荷存有相對運動的觀察者所看見的現象。如此，在狹義相對論的理論下，電場與磁場實質上是同樣的電磁場在不同慣性座標系下的不同表徵。或說，狹義相對論真地統一了電場與磁場！

但愛因斯坦在論文的第二部分中並不是如此地發展，而是更直接地利用狹義相對論所根基的兩個公設之一，相對性原理 – 在任何慣性座標系下的物理定律均相同。此公設要求馬克斯威的四個方程式在勞倫茲轉換下應該保持形式上的不變。如此，針對沒有場源的真空下討論，愛因斯坦得到電磁場於不同慣性座標系間的轉換關係，即我們於「單元 4-17」中所獲得的結果。緊接著，再加入場源討論，愛因斯坦於論文中指出電荷值不會隨座標的轉變而改變，亦即於上段中我們所額外加上的第 2 個前題。

除此之外，愛因斯坦在這篇論文中還有下面幾個值得題出的結果：

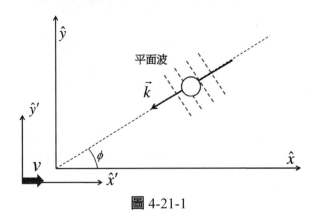

圖 4-21-1

1. 如（圖 4-21-1）所示，在靜止座標系（K 座標）中單位球體積內光的能量若為 E，對運動座標系（K' 座標）中的觀察者來說，將會測得 E' 的能量。彼此間的轉換關係為

$$\frac{E'}{E} = \frac{1-(v/c)\cos\phi}{\sqrt{1-(v/c)^2}} \tag{4-21-1}$$

此結果將會用在愛因斯坦同年的 9 月論文上，而 9 月這篇短短的三頁論文則包含了當今可說是最出名的方程式 $E = mc^2$。此議題我們將會在下一單元介紹。

2. 另一個有趣註解則是在 6 月論文的最後一節，愛因斯坦試圖以傳統對「力」的定義，$\vec{F} = m\vec{a}$，處理帶電粒子受電磁力作用下的運動問題。最後，愛因斯坦還給出了一個可供實驗者驗證的結果：帶電粒子將會擁有「平行質量」(longitudinal mass, m_L) 與「垂直質量」(transverse mass, m_T)，其大小分別是

$$m_L = \frac{m_0}{\left(\sqrt{1-(v/c)^2}\right)^3} \quad ; \quad m_T = \frac{m_0}{\left(\sqrt{1-(v/c)^2}\right)^2} \tag{4-21-2}$$

其中 m_0 為帶電粒子靜止時的質量。對此結果，現今看來真是非常的奇怪，質量怎麼會有方向性呢？但在當時所盛行的「電子理論」中，普遍也接受「電磁質量」的概念，認為電磁作用可能會是物體質量的來源（參見單元 4-4）。如此，有這樣的結論大概就不太奇怪了。再說，在愛因斯坦的結果中，「平行質量」的預測還與勞倫茲的預測一致。因此即便兩人的理論南轅北轍，但當時的物理學家還真地很難去理解與釐清當中的差異，而常將一些看似相同的結果同時冠上兩者的名字。

理論的發展本就不會是一帆風順，這是研究物理史上所常遇見的情況。彼此競爭的理論可能都會遇上各自難以解決的問題，即便可拿來作為判準的實驗結果也不見得可靠。遇見挫折戰，理論的奠立者也是以各自的不同態度與哲學來面對自己的理論。物理史是一個充滿人性與理性思辨的研究領域。

再經過了兩年後，愛因斯坦在 1907 年年底的一篇論文中，採取了普朗克的方法，以最小作用量原理 (Principle of the least action) 去獲得相對論下的物體動量

$$\vec{p} = \frac{m\vec{v}}{\sqrt{1-(v/c)^2}} \tag{4-21-3}$$

同時對「力」的定義，也相應參照普朗克所使用的定義，

$$\vec{F} = \frac{d\vec{p}}{dt} = \frac{d}{dt}\left(\frac{m\vec{v}}{\sqrt{1-(v/c)^2}}\right) \tag{4-21-4}$$

如此一來，愛因斯坦終於可拋開「平行質量」與「垂直質量」的困擾。此後，愛因斯坦再也不肯提及質量的方向性問題，就如同從未發生過的事一般，不存在於愛因斯坦的理論之中。但接著而來的問題是，我們該如何去理解 (4-21-3) 式中的質量呢？

4-22　愛因斯坦的1905年九月論文 —— 質能關係

　　即便六月論文所架構出的「狹義相對論」理論，已蓄勢待發地要去改變物理的未來走向。但相對於六月論文的厚重篇幅，愛因斯坦於同年的九月還發表了一篇極簡短的三頁論文，論文名稱爲「物體的慣性與它所蘊含的能量有關嗎？」就在這篇論文中，引出一條當代最爲出名的方程式 $E = mc^2$，能量等於物體質量乘以光速的平方。然而，我們該怎麼去理解這方程式呢？看似簡單的質能關係，卻也困擾愛因斯坦的一生。即便愛因斯坦在九月論文中以一個巧妙易懂的方法，展現了物體質量與其所蘊含的能量關係。

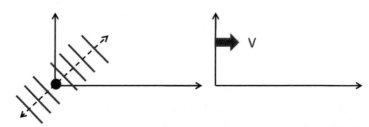

圖 4-22-1　**若觀察者於相對物體爲靜止的座標系中，看見物體發出兩道方向相反的平面波。那在與物體存有一個相對速度的觀察者，他對此物體輻射的現象觀察會有什麼不同嗎？**

　　愛因斯坦在九月論文中，假設一物體靜止於座標 K 的原點，此物體蘊含著的 $\overline{E}_0$ 能量。若此物體於某時刻（令 $t = 0$）同時放射出個兩平面波，爲使物體始終保持在原點不動，愛因斯坦可依古典電磁學所給出的結果，令此兩平面波的波數向量（$\vec{k}$）大小一樣，方向相反。如此若物體放射出的每個平面波擁有 $E/2$ 的能量，那系統總能量守恆的原則告訴我們

$$\overline{E}_0 = \overline{E}_1 + \left(\frac{E}{2} + \frac{E}{2}\right) \tag{4-22-1}$$

式中的 $\overline{E}_1$ 爲物體放射出平面波後的能量。

　　那此過程對於一個相對物體存有相對速度的觀察者（座標 K'）會是如何呢？假設此座標 K' 就如（圖 4-22-1）一般，兩座標系的相對速度 $\vec{v}$ 是沿 $\hat{x}$ 與 $\hat{x}'$ 的方向。則運動觀察者對物體放射出的平面波能量，愛因斯坦直接代用他於六月論文中的結果，即上單元中的 (4-21-1) 式。如此同樣地，系統總能量守恆的原則可寫成

$$\overline{E}'_0 = \overline{E}'_1 + \left(\frac{1-(v/c)\cos\phi}{\sqrt{1-(v/c)^2}} \cdot \frac{E}{2} + \frac{1-(v/c)\cos(\pi+\phi)}{\sqrt{1-(v/c)^2}} \cdot \frac{E}{2}\right) \tag{4-22-2}$$

接下來,我們若將上面的兩個等式相減,(4-22-2) 式－(4-22-1) 式,

$$\overline{E_0'} - \overline{E_0} = \left(\overline{E_1'} - \overline{E_1}\right) + E \cdot \left(\frac{1}{\sqrt{1-(v/c)^2}} - 1\right) \tag{4-22-3}$$

又因兩觀察者對物體的觀察差異在於座標 K 中的物體為靜止不動,而座標 K' 中的物體有 v 的運動速度。因此,$(\overline{E_0'} - \overline{E_0})$ 與 $(\overline{E_1'} - \overline{E_1})$ 可分別解釋為物體放射出平面波前後的動能 (K) 大小,所以在 $(v/c)^2$ 的近似下,(4-22-3) 式可近似為

$$K_0 - K_1 = E \cdot \left(\frac{1}{\sqrt{1-(v/c)^2}} - 1\right) \cong E \cdot \left(1 + \frac{1}{2}(v/c)^2 + \cdots - 1\right) = \frac{1}{2}\left(\frac{E}{c^2}\right)v^2 \tag{4-22-4}$$

此結果搭配我們於牛頓力學中所熟知的物體動能公式 ($mv^2/2$),愛因斯坦給出了一個重要的解釋:當物體放射出能量為 E 的電磁輻射後,若其運動速度保持不變,那在系統總能量守恆的原則下,物體的慣性質量將會減少 Δm。依 (4-22-4) 式此減少的慣性質量可估算為

$$\Delta m = \frac{E}{c^2} \tag{4-22-5}$$

愛因斯坦於九月論文的最後也認為依當時的實驗能力,(4-22-5) 式的結果是可被驗證的,果真如此,物體在放射與吸收能量之間,輻射便在傳遞著「慣性」,一如此篇論文的標題所示[註11]。

由 (4-22-5) 式的形式到我們所熟知的著名方程式 $E = mc^2$ 是還有一段距離。愛因斯坦當然也清楚他於此篇論文中之「思考性實驗」所存在的缺點。像是所討論的物體為一沒有形體的物體質點,其何以能即刻放射出平面波的輻射?這可不是實驗誤差或環境變因控制可以去理想化處理的「思考性實驗」範疇,或許這可用來解釋為何愛因斯坦對這篇僅三頁的論文是以單篇的方式處理,而不是併入步步嚴謹推論的六月論文。但即便如此,愛因斯坦當然也體認到此九月論文所談內容的重要性,也因此在他往後的物理生涯中不斷地回到此議題上,想找出一個理論上的嚴謹證明。

值得一提的是,愛因斯坦針對此能量與慣性的議題於 1906 年又發表了一篇論文,其中有一個思考性實驗,如(圖 4-22-2)。對此思考性實驗,不知讀者有沒有回想到「1-24 質心動量的守恆原理」中(圖 1-24-2)的問題。事實上,它們就是一樣的問題與邏輯思考。太空中無任何外力作用下的靜止太空艙內。若太空艙的左壁處發射一帶有能量 E 的輻射(光子),電磁理論指出此輻射所伴隨的光壓會使太空艙往左移動,直到此輻射到達太空艙的右壁被接收為止,太空艙再度地靜止不動。如果此被接收的輻射能量可被安裝於一個無質量的載具,並送回原發射的左壁處。一切好像又回到了原先的狀態!但這是不合理的結果,因為果真如此,我們便可不斷地藉由重複這樣的

[註11] 對 226 克的鐳 (Ra) 來說,其衰變將會使其慣性質量每年減少 0.000012 克。

步驟去推進太空艙，使之往左移動。為排除這不合理的推論，愛因斯坦重申「能量本身就具有慣性」的主張。如此，我們便可清楚看出（圖 4-22-2）就等同於（圖 1-24-2）的問題，且「能量」與「慣性質量」間的關係也必須如 (4-22-5) 式一般。

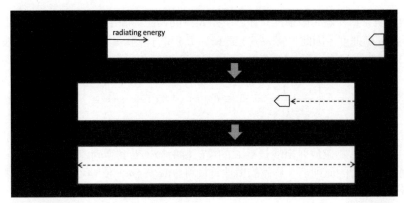

圖 4-22-2　愛因斯坦於 1906 年為闡明「能量」與「慣性」間的關係，所提的一個思考性實驗。

□ 愛因斯坦與原子彈

　不少人把結束第二次世界大戰的原子彈與愛因斯坦畫上一個等號。若要說，原子彈經由核分裂所釋放出的能量是基於「質能關係」的基礎上，那原子彈似乎與愛因斯坦還真的脫不了關係。但除了自然界中的放射性元素外，愛因斯坦是否相信有辦法藉由人為的方式達到核分裂，進而將能量給釋放出來呢？答案可能不是那麼的明確，至少在 1920 年，愛因斯坦並不相信，因而說出：「目前關於這個能量何時能被取得的最粗淺證據仍不可見，甚至它有無被取得的可能性都未知。原子核是否可以被任意地分

裂，至今尚未有一絲一毫的徵兆顯示可能，而我們所觀察到的核子分裂，只有大自然所展現的，也就是鐳。」此態度也明確持續到 1934 年。但 1938 年 12 月邁特納 (Lise Meitner) 與弗里施 (Otto Frisch) 共同發表了一篇名爲「中子導致的鈾的裂體：一種新的核反應」的論文，人類第一次實現了人爲的核分裂反應。我們也知道此時的愛因斯坦對量子理論的見解相左於當時的發展趨勢，與主流的物理圈也日行漸遠。或許在同爲猶太裔的核物理學家西拉德 (Leo Szilard) 的勸說下，也擔心納粹德國對原子彈的發展，而於 1939 年寫了一封信給當時的美國總統羅斯夫，間接促成美國發展原子彈的「曼哈頓計畫」。但在此計畫的發展中，愛因斯坦本身並不在行列中，畢竟製造原子彈的技術與學理並不是愛因斯坦的專長。再說，安全上的考量，美國當局也不會讓一個信仰社會主義的愛因斯坦加入此極機密的計畫當中。那愛因斯坦對原子彈所該負起的責任與所佔角色該是如何？值得一提的是，第二次世界大戰的結束並沒有替世界帶來眞正的和平，而是很快地進入另一種形式的戰爭——以核武器爲後盾的冷戰。向來認爲知識分子就該盡一份社會責任的愛因斯坦，在他生前最後一項對公共事務的關心，便是與羅素共同連署的「羅素–愛因斯坦宣言」，試圖來約束世界強權對核武的擴張。

【練習題4-19】

第二次世界大戰在廣島所投下的原子彈，其爆炸威力約略是 15.0 千公噸的 TNT 炸藥，又一千公噸 TNT 炸藥相當於 4.18×10^{12} Joul 的能量。試問此原子彈中有多少的質量轉換成爆炸能量釋放出來？

4-23 相對論下的物體動量

不同於愛因斯坦在 1907 年的論文，採用普朗克對「力」的處理的方法，並以「最小作用量原理」獲得相對論下的物體動量

$$\vec{p} = \frac{m\vec{v}}{\sqrt{1-(v/c)^2}} \tag{4-23-1}$$

G. N. Lewis 與 R. C. Tolman 兩人在 1909 年則以兩物體間的碰撞問題爲模型，探討相對論效應下的碰撞守恆定律，最後亦可獲得「相似」的結果。

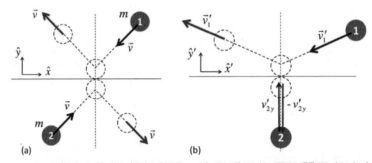

圖 4-23-1 (a.) 對靜止的觀察者來說，他所看見的是兩質量與速度大小相同的兩物體間之完全彈性碰撞；(b.) 對同 (a.) 之碰撞運動，然觀察者之運動速度同物體 2 於 x- 方向的速度分量。所以對此觀察者，物體 2 於碰撞前後均只有 y- 方向的速度分量。

考慮如（圖 4-23-1 (a.)）的完全彈性碰撞，質量均爲 m 的物體 1 與 2 同時以速度 v 的大小反向相撞。由於並非正向對撞，所以會如圖一般的二維運動，但碰撞前後的總動量均爲零，

$$(\vec{p}_1 + \vec{p}_2)_{\text{before collision}} = (\vec{p}_1 + \vec{p}_2)_{\text{after collision}} = 0 \tag{4-23-2}$$

在此靜止觀察者的座標系中，毫無疑問地，系統的總動量守恆成立。那此守恆定律在運動的座標系中也會成立嗎？

讓我們考慮一個特別的運動座標系 (K')，其運動速度爲 v_x，即（圖 4-23-1(a.)）中物體 2 碰撞前速度的 x- 分量大小。如此根據狹義相對論中兩座標間的速度轉換公式（(4-12-3) 與 (4-12-4) 式）可知：物體 1

$$(v'_{1x})_{\text{before}} = (v'_{1x})_{\text{after}} = \frac{-v_x - v_x}{1 - \frac{(-v_x) \cdot v_x}{c^2}} = \frac{-2v_x}{1 + \left(\frac{v_x}{c}\right)^2}$$

$$\left(v'_{1y}\right)_{\text{before}} = \frac{-v_y}{1 - \frac{(-v_x) \cdot v_x}{c^2}} \sqrt{1 - \left(\frac{v_x}{c}\right)^2} = \frac{-v_y}{1 + \left(\frac{v_x}{c}\right)^2} \sqrt{1 - \left(\frac{v_x}{c}\right)^2} \tag{4-23-3}$$

$$\left(v'_{1y}\right)_{\text{after}} = \frac{v_y}{1 - \frac{(-v_x) \cdot v_x}{c^2}} \sqrt{1 - \left(\frac{v_x}{c}\right)^2} = \frac{v_y}{1 + \left(\frac{v_x}{c}\right)^2} \sqrt{1 - \left(\frac{v_x}{c}\right)^2}$$

物體 2

$$\left(v'_{2x}\right)_{\text{before}} = \left(v'_{2x}\right)_{\text{after}} = \frac{v_x - v_x}{1 - \frac{v_{2x}^2}{c^2}} = 0 \quad ;$$

$$\left(v'_{2y}\right)_{\text{before}} = -\left(v'_{2y}\right)_{\text{before}} = \frac{v_y}{1 - \frac{v_x^2}{c^2}} \sqrt{1 - \left(\frac{v_x}{c}\right)^2} = \frac{v_y}{\sqrt{1 - \left(\frac{v_x}{c}\right)^2}} \tag{4-23-4}$$

所以在此運動座標系 (K') 中，雖然系統之 x'- 方向的動量分量守恆仍成立，但 y'- 方向的動量分量則出現了問題。根據 (4-23-3) 式與 (4-23-4) 式的結果不難看出

$$\left(m_1 v'_{1y} + m_2 v'_{2y}\right)_{\text{before}} \neq \left(m_1 v'_{1y} + m_2 v'_{2y}\right)_{\text{after}}$$

式中 $m_1 = m_2 = m$。然而 G.N.Lewis 與 R.C.Tolman 發現，如果物體的質量不再是一個固定的值，而是與物體本身的運動速度大小有下面的關係

$$m(v) = \frac{m_0}{\sqrt{1 - (v/c)^2}} \tag{4-23-5}$$

式中的 m_0 稱為物體的「靜止質量」(rest mass)。如此在任何慣性座標系內，物體碰撞過程中的動量守恆均可成立！且依 (4-23-5) 式，僅有在物體速度遠小於光速下 ($v \ll c$)，物體的質量才會近似於「靜止質量」這個定值。反之，高速下的物體質量就得依 (4-23-5) 式修正，再根據牛頓力學中對動量的定義，物體動量也就成為

$$\vec{p} = m(v)\vec{v} = \frac{m_0 \vec{v}}{\sqrt{1 - (v/c)^2}} \tag{4-23-6}$$

此結果乍看之下是與愛因斯坦的結果相似，但對此物體質量與動量的解釋上，愛因斯坦與不少的物理學家則持有不同的觀點。我們就將其差異留在下一單元解釋。

● 讀者不妨自行驗證在我們的碰撞例子，即便在運動座標系 (K') 中，系統之總動量的確是一個守恆量。在證明的過程中，我們將會需要知道物體於座標系 (K') 下的質量大小

$$m'_1 = \frac{m_0}{\sqrt{1 - (v'_1/c)^2}} = \frac{m_0}{\sqrt{1 - (v/c)^2}} \cdot \frac{1 + (v_x/c)^2}{\sqrt{1 - (v_x/c)^2}}$$

$$m'_2 = \frac{m_0}{\sqrt{1 - (v'_2/c)^2}} = \frac{m_0}{\sqrt{1 - (v/c)^2}} \cdot \sqrt{1 - (v_x/c)^2} \tag{4-23-7}$$

4-24　物體的質量與速度有關嗎？

由上一單元的分析，我們似乎又看見了狹義相對論中另一個不可思議的推論：物體的質量不再有固定的大小，而是與物體本身的運動速度快慢相關。習慣上，我們就稱此隨運動速度相關的質量爲「相對論性質量」(relativistic mass)

$$m(v) = \frac{m_0}{\sqrt{1-(v/c)^2}}$$
(4-24-1)

式中的 m_0 稱爲物體的「靜止質量」(rest mass)。事實上，如果讀者還記得我們之前所提及的「電子理論」，此理論在愛因斯坦提出狹義相對論時可是最受矚目的理論，其中就有不少電子質量與速度相關的臆測。即便在愛因斯坦的六月相對論論文中也有「平行質量」與「垂直質量」的結論出現。因此當時的物理學家對 (4-24-1) 式的結果倒不感意外，反是歡喜有這樣的進展，至少讓質量不再有「平行」與「垂直」方向性的困擾。

此外，(4-24-1) 式亦指出當物體速度越快時，質量的增大會使物體的加速更加困難。因爲對受到一定大小力作用的物體，牛頓第二運動定律給出物體的加速度會反比於物體質量。如此，當物體在趨近光速的當下，其質量亦會趨近無限大。那若要使物體再加速，則必須要有無限大的力！這就解釋了在 (4-12-7) 式所給出的結果：光速爲什麼會是物體速度的極限速度。

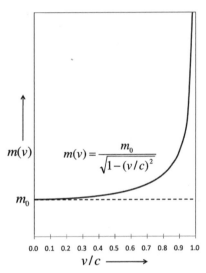

圖 4-24-1　當物體速度趨近於光速時，物體的質量亦會趨向無限大。

然而即便如此，在愛因斯坦一生的論文中，他並沒有真地寫過或暗示過我們現在所熟知的「相對論性質量」公式。畢竟，在前面的單元中，我們已指出愛因斯坦在 1907 年採用普朗克的方法後已可拋開「平行質量」與「垂直質量」的困擾。甚至可把物體的質量視爲一個與參考坐標系統無關的量。物體的質量就是「靜止質量」(rest mass)，與物體的運動速度無關。愛因斯坦自此終身不曾改變過這樣的觀點。而愛因斯坦於 1906 年 8 月所發表的「論決定電子垂直與平行質量比例的方法」論文，也就成了他此生最後一次在論文中提及物體質量與速度相關的文章。即便日後隨著相對論的逐漸被接受，原先對質量的爭議也逐漸被「相對論性質量」的概念所取代、普及與被採用。但對愛因斯坦來說，這些概念上的轉移似乎就是沒有進入到愛因斯坦的思緒中。或許如此，在愛因斯坦的論文中也就無須再對此議題有所著墨，物體的慣性質量

就僅是物體獨一無二的「靜止質量」【註12】。

我們不妨看看愛因斯坦與英費爾德 (Leopold Infeld) 於 1938 年為一般大眾所撰寫的《物理之演進》是怎樣的陳述，或許能讓我們對物體的「慣性」(inertial) 有另一番的認識。

一個靜止的物體具有一定的質量，稱為靜止質量。我們從力學中知道，每一個物體都會抗拒運動的變化；質量越大，抗拒就越強，而質量越小，抗拒就越弱。但是相對論中還不只這樣。不只是在靜止質量較大的情況下，物體對運動變化的抗拒較強，而且速度較大的情況下也會如此。速度接近光速的物體，就會對外力有非常強的抗拒。在古典力學中，一個特定物體的抗拒是不變的，只取決於質量而已。在相對論中，抗拒則取決於靜止質量和速度。隨著速度接近光速，抗拒就會變得無限大。

很清楚地，愛因斯坦對影響物體慣性的因素，很謹慎地把「靜止質量」與「速度」分開來看。而不是將此兩個物理量結合在一起，再去定義一個「相對論性質量」的概念。這也保持了物體質量於不同慣性坐標系中的一致性，而這不隨座標系統轉換而變更的不變量，或許才是愛因斯坦心中所感到的珍貴物理量。如此，物理學家對「物體質量是否與其運動速度相關」的不同立場，也讓我們看見不同物理學家對理論之美所表現出來的不同感受。但若就趨勢來說，早期的物理學家較站在「相對性質量」的一方。而近年來，將物體質量視為一個與座標無關之不變量的立場則成了物理界中的主流。

Does mass really depend on velocity, dad?

Carl G. Adler

Department of Physics, East Carolina University, Greenville, North Carolina 27858

(Received 2 September 1986; accepted for publication 30 September 1986)

圖 4-24-2　**物體的質量真的與其運動速度有關嗎？這看似大家都已接受的概念，卻在 1987 年於美國物理學刊 (American Journal of Physics) 所刊載的一篇文章後引起不少的爭辯。據文章作者 Carl G. Adler 所述，此篇文章的標題乃直接引用他就讀高中的兒子，在選修物理課當天所問他的一個問題「爸，質量真的與速度有關嗎？」作者直接的反應是「不！」、「不過…是的」、「事實上，沒有關聯，但不要告訴你的老師！」這是很有趣的反應與答案。作者 Adler 反反覆覆的答案似乎也暗示著當時物理學界與基礎物理教育中對此「相對論性質量」概念的尷尬態度。**

【註12】　嚴格說來，愛因斯坦大可把「靜止質量」中的「靜止」二字捨去。畢竟，就如愛因斯坦所指出的，物體的質量是一個與參考座標系統無關的量，為一個定值。那就無所謂的「靜止」與否。但習慣上，愛因斯坦還是常把式中的 m 稱為「靜止質量」。

4-25　相對論下的物體能量

在下面的討論中，我們就採用愛因斯坦對物體質量的觀點，視物體質量 m 爲一個與座標系統無關的不變量。如此，相對論下的物體動量與其所受的力分別爲：

$$\vec{p} = \frac{m\vec{v}}{\sqrt{1-(v/c)^2}} \quad ; \quad \vec{F} = \frac{d\vec{p}}{dt} = \frac{d}{dt}\left(\frac{m\vec{v}}{\sqrt{1-(v/c)^2}}\right) \qquad (4\text{-}25\text{-}1)$$

根據「功－能原理」，力對物體所作的功 (work) 會等於物體的動能 (kinetic energy) 增加量。又爲簡化計算上的困難，我們就限定物體的運動爲在 $\hat{x}$－方向上的一維運動。因此當物體受到力的作用，此力對物體所作的功可如下的計算

$$W = \int F dx = \int \frac{d}{dt}\left(\frac{mv}{\sqrt{1-(v/c)^2}}\right) \cdot \frac{dx}{dt} \cdot dt \qquad (4\text{-}25\text{-}2)$$

積分式中的力部分可先微分

$$m\frac{d}{dt}\left(\frac{v}{\sqrt{1-(v/c)^2}}\right) = m\left(\frac{1}{\sqrt{1-(v/c)^2}} + \frac{(v/c)^2}{\left(\sqrt{1-(v/c)^2}\right)^3}\right) \cdot \frac{dv}{dt}$$

$$= \frac{m}{\left(1-(v/c)^2\right)^{3/2}} \cdot \frac{dv}{dt} \qquad (4\text{-}25\text{-}3)$$

代回 (4-25-2) 式

$$W = \int \frac{m}{\left(1-(v/c)^2\right)^{3/2}} \frac{dv}{dt} \cdot v \cdot dt = \int \frac{mv}{\left(1-(v/c)^2\right)^{3/2}} dv = \int \frac{d}{dv}\left(\frac{mc^2}{\sqrt{1-(v/c)^2}}\right) dv \qquad (4\text{-}25\text{-}4)$$

若上式積分中的物體是由靜止開始加速至速度 v，則 (4-25-4) 式的積分結果便爲

$$W = \frac{mc^2}{\sqrt{1-(v/c)^2}} - mc^2 \equiv mc^2(\gamma-1) \qquad (4\text{-}25\text{-}5)$$

爲清楚看出 (4-25-5) 式之結果意涵，我們可先考慮在牛頓力學的範疇時 $(v/c \ll 1)$

$$W \cong mc^2\left(1 + \frac{1}{2}\left(\frac{v}{c}\right)^2 + \cdots - 1\right) \cong \frac{1}{2}mv^2 + \cdots \qquad (4\text{-}25\text{-}6)$$

即牛頓力學中的物體動能，一如「功－能原理」所預知的結果，力對物體所作的功會等於物體動能的變化量，$W = \Delta K$。所以在相對論的理論下，物體的動能 K 應寫成

$$K = \frac{mc^2}{\sqrt{1-(v/c)^2}} - mc^2 = mc^2(\gamma-1) \qquad (4\text{-}25\text{-}7)$$

● 相對論下的物體能量 (relativistic energy)

讀者不難驗證下面之恆等式

$$\gamma = \frac{1}{\sqrt{1-(v/c)^2}} \equiv \frac{1}{\sqrt{1-\beta^2}} \ \Rightarrow \ \gamma^2 - \beta^2\gamma^2 = 1 \tag{4-25-8}$$

若我們將此恆等式的兩邊各乘上一個與座標系統無關的不變量 m^2c^4（由於物體質量 m 與光速 c 均不與座標系統相關，因此它們的組合亦爲不變量），再以我們較熟悉的形式寫出

$$\left(\frac{mc^2}{\sqrt{1-(v/c)^2}}\right)^2 - \left(\frac{mv}{\sqrt{1-(v/c)^2}}\right)^2 \cdot c^2 = \left(mc^2\right)^2 \tag{4-25-9}$$

等號右邊括弧內的物理量與「質能方程式」這最知名的方程式有關，等號左邊第二項的括弧內爲「相對性動量」。相對應地，我們可定義等號左邊第一項括弧內之物理量爲物體之「相對性能量」(relativistic energy)：

$$E \equiv \frac{mc^2}{\sqrt{1-(v/c)^2}} = \gamma \cdot mc^2 \tag{4-25-10}$$

當物體靜止時 ($v = 0$)，物體的能量爲 $E = mc^2 \equiv E_0$，我們就稱此爲物體之「靜止能

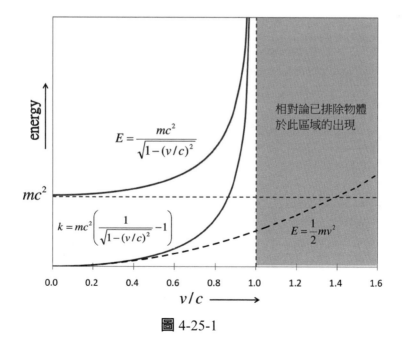

圖 4-25-1

量」(rest energy)。如此，(4-25-9) 式即為相對論中常被提及的「能量－動量不變量」(energy-momentum invariant)：

$$\left(\frac{E}{c}\right)^2 - p^2 = \left(\frac{E_0}{c}\right)^2 = \text{constant} \tag{4-25-11}$$

即便物體的能量與動量大小會因觀察者座標系統的不同而有所不同，但 (4-25-11) 式的組合會是一個與座標系統無關的不變量，即

$$\left(\frac{E}{c}\right)^2 - P^2 = \left(\frac{E'}{c}\right)^2 - P'^2 \tag{4-25-12}$$

讀者在後面的單元中將會看見，若將此關係應用在粒子的碰撞系統上，可大大簡化我們對碰撞問題的處理。

【練習題4-20】

以 10^5 V 的電位差加速原本靜止的電子，則此電子的速度可被加速到多快？

圖 4-25-2　**愛因斯坦於 1934 年 12 月 28 日在美國匹茲堡吉布斯講座中的場景。根據照片中黑板上的式子，再配合愛因斯坦於《美國數學協會通訊》上的論文，David Topper 與 Dwight Vincent 於《美國物理期刊》上發表了一篇還原此講座場景的文章。此圖摘自** Am.J.Phys.75(11),2007, p.978-983.

　　1933 年 1 月 30 日德意志帝國任命希特勒爲總理。當時在美國加州理工學院訪問的愛因斯坦，旋即於同年的 3 月初的【紐約世界通訊】中發出一篇不回德國的聲明「只要我還能有所選擇，我只願意生活在享有政治自由、寬容、以及法律之前公民一律平等的國家。政治自由意味著人們有用語言及文字表達其對政治信念的自由；寬容則意味著尊敬別人－無論哪種可能－的所有信念。這些條件在目前的德國均不存在。」

　　1933 年末，愛因斯坦選擇了美國的普林斯敦高研院作爲他最後的落腳處，終身不僅再也沒有回德國，即便是歐洲大陸也未曾踏上一步。但不僅世界的紛擾局勢攪亂了愛因斯坦的生活，就連他所熱愛的科學，科學的主流走向也逐步困擾愛因斯坦心中的科學圖像。

　　1934 年 12 月 28 日愛因斯坦應美國數學協會的吉布斯講座 (Josiah Willard Gibbs Lecture) 邀請，在匹茲堡舉行的發表一場科學講座。雖說是一場學術講座，但據報導有近三千名的人欲擠進僅能容納四百多人的講堂中，甚至講堂外還出現黃牛票的兜售。畢竟，這是愛因斯坦流亡美國後的第一場公開講演，而愛因斯坦帶給大家的講題爲「質能等價關係的基礎推導」。

4-26　1934年愛因斯坦再論質能關係

在前述 1934 年 12 月 28 日的講座後，依慣例愛因斯坦也將講演的內容發表於隔年的《美國數學協會通訊》上，這讓我們得以知道愛因斯坦當天的講演內容[註13]。愛因斯坦一開頭就指出：狹義相對論是發源於馬克斯威的電磁理論，所以即便是在力學概念的推導上，電磁理論也時常參雜其中而佔有一定角色。但如此的交互關聯是沒有必要的，畢竟狹義相對論的核心－勞倫茲轉換－是與馬克斯威理論無關。況且我們也不知道馬克斯威理論的能量概念，在原子分子的層級上是否仍可成立。此外，愛因斯坦也體認到，「力」的概念在相對論中並不如在古典之牛頓力學中的清晰，因為「力」在牛頓力學中可被視為是物體所在位置的函數，這明顯與相對論中得依觀察座標系統來定出位置座標的精神不符。因此，不同與我們上單元以「功－能原理」的切入點來談物體的能量問題，愛因斯坦在這次的講演中也刻意地避開「力」的出現。

首先，愛因斯坦先界定（或認定）一些相對論效應下該有的物理量如下：

$$\vec{p} = \frac{m\vec{u}}{\sqrt{1-(v/c)^2}} \; ; \; E = E_0 + mc^2\left(\frac{1}{\sqrt{1-(u/c)^2}}-1\right) \; ; \; E_0 = mc^2 \qquad (4\text{-}26\text{-}1)$$

上式依序為物體於速度 $\vec{u}$ 下所擁有的動量、能量[註14]、靜止能量。愛因斯坦於講演中將以兩物體的碰撞為例，試圖在總能量與總動量守恆的要求下，去闡明物體動量與能量的表示式就得如 (4-26-1) 式的表示式一樣。特別是代表「質能關係」的靜止能量，此被譽為最著名的方程式。

以下，我們就僅針對「質能關係」的部分，概略給出愛因斯坦的推理邏輯。令質量均為 m 的兩物體，彼此間發生了一個非彈性碰撞。假設 K 座標系統為此兩物體的質心座標系統，則碰撞前後兩物體的速度的關係分別為 $\vec{u}_1 = -\vec{u}_2$ 與 $\vec{\bar{u}}_1 = -\vec{\bar{u}}_2$。如此，碰撞前後總能量守恆的要求（$E_1 + E_2 = \bar{E}_1 + \bar{E}_2$）給出

$$2E_0 + 2mc^2\left(\frac{1}{\sqrt{1+(u_1/c)^2}}-1\right) = 2\bar{E}_0 + 2\bar{m}c^2\left(\frac{1}{\sqrt{1+(\bar{u}_1/c)^2}}-1\right) \qquad (4\text{-}26\text{-}2)$$

在質心座標系中，雖然碰撞前後兩物體的速度有大小相等與方向相反的關係存在，但由於所考慮的碰撞為非彈性碰撞，因此 $u_1 \neq \bar{u}_1$、$E_0 \neq \bar{E}_0$ 與 $m \neq \bar{m}$。然我們若把此問題轉換到其它的慣性座標系去看，我們不難利用「128. 兩慣性座標系間的速度轉換」中 (4-12-3) 式與 (4-12-5) 式之結果，來處理 $\vec{u}_1$、$\vec{u}_2$、$\vec{\bar{u}}_1$ 與 $\vec{\bar{u}}_2$ 在 K' 座標系下的轉換。同樣地，我們要求在 K' 座標系下的總能量亦是一個守恆量，所以我們會得到一個類似

[註13] A.Einstein, "Elementary Derivation of the Equivalence of Mass and Energy", Bulletin (New Series) of the American Mathematical Society, Vol 37, Number 1, P.39-44.
[註14] 古典物理中，我們允許物體能量加上任何一個固定值，即能量的基準參考值。而包含括弧的項次則為相對論下的動能，這可由低速下的近似形式看出。

(4-26-2) 的關係式。最後,再將之轉換回以 K 座標系統中的速度來表示。其結果爲

$$2E_0 + 2mc^2\left(\frac{1}{\sqrt{1+(u_1/c)^2}} - 1\right) = 2\overline{E}_0 + 2\overline{m}c^2\left(\frac{1}{\sqrt{1+(\overline{u}_1/c)^2}} - 1\right) \tag{4-26-3}$$

最後,我們將 (4-26-2)×$(1-(v/c)^2)^{-1/2}$ 與 (4-26-3) 兩式相減,可得到

$$\left[(E_0 - mc^2) - (\overline{E}_0 - \overline{m}c^2)\right]\cdot\left(\frac{1}{\sqrt{1-(v/c)^2}} - 1\right) = 0 \tag{4-26-4}$$

此式等同於我們要求

$$(E_0 - mc^2) - (\overline{E}_0 - \overline{m}c^2) = 0 \tag{4-26-5}$$

非彈性碰撞是會造成質量上的變化 ($m \neq \overline{m}$),但只要物體之靜止能量跟著質量一致的變化,(4-26-5) 式就可成立。如此,我們合理地認爲物體之靜止能量爲

$$E_0 = mc^2 \tag{4-26-6}$$

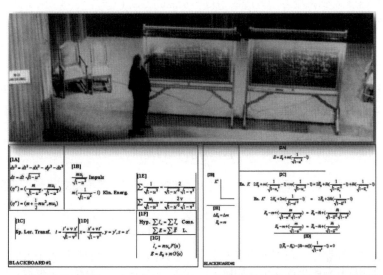

圖 4-26-1 愛因斯坦於 1934 年 12 月 28 日在美國匹茲堡吉布斯講座中的場景。根據照片中黑板上的式子,再配合愛因斯坦於《美國數學協會通訊》上的論文,David Topper 與 Dwight Vincent 於《美國物理期刊》上發表了一篇還原此講座場景的文章。此圖摘自 Am.J.Phys.75(11),2007, p.978-983.

4-27 高速粒子於電磁場下的運動

　　為正確解析物體的運動,當物體在高速運動時,我們已知道需要加入相對論效應的考量。然而,運動之帶電粒子於電磁場下所受到的「勞倫茲力」,其形式並不會因為速度的增快而改變,因此相對論效應的出現會來自於我們對「力」的正確定義。即

$$\vec{F} = \frac{d\vec{p}}{dt} = \frac{d}{dt}\left(\frac{m\vec{v}}{\sqrt{1-(v/c)^2}}\right) = q\left(\vec{E} + \vec{v} \times \vec{B}\right) \tag{4-27-1}$$

亦如同「3-26 帶電粒子在穩定電磁場中的運動」中的分析,磁力不會改變粒子運動的速度大小,僅會提供粒子改變運動方向之向心力。如此,在無電場的固定磁場空間中,即 $\vec{E} = 0$ 與 $\vec{B}$ 為定值的空間中,因 $\vec{v}$ 的大小不變,但方向會變,所以 (4-27-1) 式亦可寫成

$$\frac{d}{dt}\left(\frac{m\vec{v}}{\sqrt{1-(v/c)^2}}\right) = \frac{m}{\sqrt{1-(v/c)^2}}\frac{d\vec{v}}{dt} = q\cdot\vec{v}\times\vec{B} \tag{4-27-2}$$

　　若再將速度 $\vec{v}$ 依磁場方向分解為平行與垂直的方向 ($\vec{v} = \vec{v}_\parallel + \vec{v}_\perp$),則上式可給出帶電粒子於磁場中行圓周運動時的向心加速度大小 ($a_c = |\vec{\omega}\times\vec{v}| = \omega\cdot v_\perp$),

$$\left|\frac{d\vec{v}_\perp}{dt}\right| = \left(\frac{q}{m}B\sqrt{1-(v/c)^2}\right)\cdot v_\perp \tag{4-27-3}$$

所以比較 (3-26-3) 式之非相對論效應下的「迴旋角頻率」, $\omega = 2\pi\cdot f$, (4-27-3) 式的結果就只多了一個相對論效應的修正因子 $\sqrt{1-(v/c)^2}$。因此高速下的粒子會有較小的迴旋頻率,

$$\omega = \frac{q}{m}B\sqrt{1-(v/c)^2} \tag{4-27-4}$$

又在圓周運動中,粒子運動的圓周半徑、(切線)速度、與角頻率間有一定的關係

$$v_\perp = \omega\cdot r \Rightarrow r = \frac{v_\perp}{\omega} = \frac{1}{qB}\cdot\frac{mv_\perp}{\sqrt{1-(v/c)^2}} \equiv \frac{1}{qB}P_\perp \tag{4-27-5}$$

　　因此在高能實驗中,在固定磁場大小下,若我們可知粒子的電量大小,則我們常藉由測量其迴旋軌跡的半徑大小(如粒子於雲霧室中所劃出的軌跡),來獲知粒子運動的動量大小。同樣地,如果將粒子平行於磁場方向的速度分量也考慮進來,此粒子將會有一個螺旋曲線的軌跡 (helical trajectory)。

　　另一個常被提及的例子,為相互垂直正交的電磁場,且電磁場的大小均固定。由於帶電粒子於磁場方向並無受力,因此這方向上的速度分量 (v_x) 並不會改變。我們也無須考慮此分量。如此根據(圖 4-27-2)的電磁場,勞倫茲力為

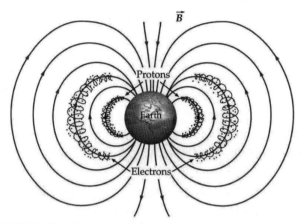

圖 4-27-1　電電粒子於磁場中的運動，一個大自然中的著名例子，為環繞
　　　　　我們地球周圍的「泛艾倫帶」(the van Allen belt)。由太陽所散
　　　　　發出的帶電粒子 (太陽風)，當其經過地球周遭時，會被地球
　　　　　的磁場給「捕獲」，並沿著地球的磁力線出現「類似」螺旋曲
　　　　　線的運動軌跡。但不同於我們所討論的例子，地球的磁場並不
　　　　　是一個固定大小與固定方向的磁場。相較於赤道處，磁場大小
　　　　　在近南北極處會有較大的值。這樣的磁場讓帶電粒子的運動軌
　　　　　跡出現一個非常有趣的現象，沿磁力線螺旋奔向北極或南極的
　　　　　帶電粒子，並不會真地進入極地，而是前進到靠近磁極區域的
　　　　　「鏡像點」(mirror point) 後，返頭朝向相反的磁極繼續前進。
　　　　　如此，帶電粒子會在南北極之間來回運動。當這些帶電粒子進
　　　　　入磁極區域附近時，便有機會與空氣分子相撞，並游離空氣分
　　　　　子使之放出令人著迷的極光。

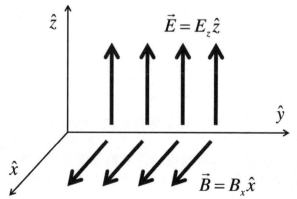

圖 4-27-2

$$\vec{F} = q\left(Bv_z\hat{y} + \left(E - B_y\right)\hat{z}\right) \tag{4-27-6}$$

對此問題，我們可依 (4-27-1) 式來解其運動方程式。但即便我們不考慮相對論效應的影響，在微分方程式的求解過程中，還是難免遇見一些數學上的難題。但同樣的問題，我們還是可想想是否有其它的解決方法。

讓我們考量電磁場於（圖 4-27-3）中兩座標系間的轉換，靜止座標系 K 中的電磁場就如同（圖 4-27-2）所示一般。在磁場大於電場 $(B > E)$ 的例子中，根據 (4-17-9) 式，讀者不難驗證當 K' 座標系以速度 $\vec{u}$

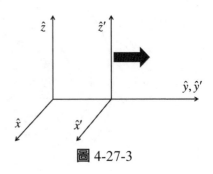

圖 4-27-3

$$\vec{u} = \frac{1}{B^2}\left(\vec{E} \times \vec{B}\right) = \frac{E}{B}\hat{y} \tag{4-27-7}$$

相對於 K 座標系運動時，在 K' 座標系中將不會有電場的存在（$\vec{E}' = 0$），而磁場大小則會是

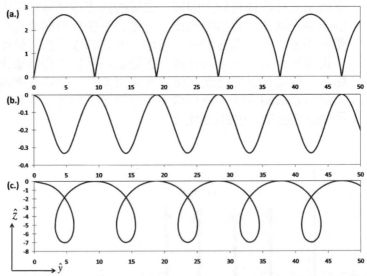

圖 4-27-4 在（圖 4-27-2）的例子中，如果將帶電粒子置於原點處，即便電磁場的大小固定不變 $(E/B = 0.9)$，但只要帶電粒子的初速度不同，於靜止座標系中所看見的運動軌跡還是會有很大的差異。圖中的模擬參數：令 $\omega = 0.6$，帶電粒子之初速度分別為 (a.) $\vec{v}_0 = 0.1\hat{y}$；(b.) $\vec{v}_0 = 1.0\hat{y}$；與 (c.) $\vec{v}_0 = 3.0\hat{y}$。

$$B' = \sqrt{1-(u/c)^2} \cdot B \qquad\qquad (4\text{-}27\text{-}8)$$

方向不變。如此,我們看見在 K' 座標系中的問題就如同之前我們所討論的問題一樣,帶電粒子在僅存固定磁場空間中的運動[註15]。但值得提出的現象是,由於我們一開始就已限定帶電粒子的速度垂直於磁場的方向,所以它的運動軌跡會是一個半徑決定於磁場大小的圓周運動,但由於整個 K' 座標系統是以 $\vec{u}$ 的速度相對於靜止座標系運動。因此,對處於靜止座標系的觀察者來說,帶電粒子就如同一個圓心以 $\vec{u}$ 速度前進的圓周運動,如(圖 4-27-4)所示。

[註15] 如果在靜止座標系中,電場大過磁場的大小 $(E > B)$,則可找到另一個慣性座標系。於此慣性座標系中僅有電場的存在,而沒有磁場。

4-28 相對論下的碰撞問題

讀者不妨回想一下彼此間存有相對速度的兩個慣性座標系，如（圖 4-28-1）。由不同座標系去對同一事件點的觀察，其座標值就會不同，但依據狹義相對論的要求，此兩慣性座標系間存有一個勞倫茲轉換。此外，在單元 4-8 中我們也發現一個與座標系統無關的不變量

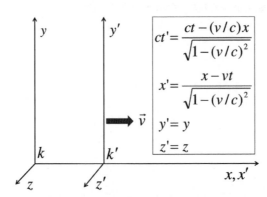

$$ct' = \frac{ct - (v/c)x}{\sqrt{1 - (v/c)^2}}$$

$$x' = \frac{x - vt}{\sqrt{1 - (v/c)^2}}$$

$$y' = y$$

$$z' = z$$

圖 4-28-1　位置座標於兩慣性座標系間之勞倫茲轉換。

$$(ct)^2 - x^2 - y^2 - z^2 = (ct')^2 - x'^2 - y'^2 - z'^2 \tag{4-28-1}$$

讀者該知道的是，此不變量的出現並不是一個巧合，而是平坦時空中四維向量(4-vector)的一個特徵，事件的座標向量(ct, x, y, z)就屬於一個四維向量[註16]。事實上，物體之能量與動量 $(E/c, p_x, p_y, p_z)$ 亦可組成一個四維向量，因此在不同的慣性座標系間我們會有類似於 (4-28-1) 式的關係式，

$$(E/c)^2 - p_x^2 - p_y^2 - p_z^2 = (E'/c)^2 - p_x'^2 - p_y'^2 - p_z'^2 \tag{4-28-2}$$

進一步地，我們也就期待，不同慣性座標系中的物體能量與動量會有同樣的勞倫茲轉換，事實上也的確如此。所以 $(\beta \equiv v/c；\gamma \equiv (1 - \beta^2)^{-1/2})$

$$E'/c = \gamma(E/c - \beta \cdot c \cdot p_x)$$

$$p_x' = \gamma(p_x - \beta \cdot E/c)$$

$$p_y' = p_y$$

$$p_z' = p_z \tag{4-28-3}$$

[註16] 狹義相對論所討論的時間與空間即可視為平坦的四維時空。

● 完全非彈性碰撞

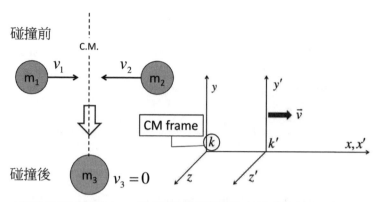

圖 4-28-2 在碰撞的問題中，我們將會看見質心座標系 (center-of-mass frame) 是較容易使用的座標系統，在此座標系中碰撞前後的系統質心始終保持不動。因此在相對論中常用來探討兩慣性座標間轉換問體的兩個座標系統，固定的 K 座標系實為質心座標系，而運動之 K' 座標系則可為我們固定不動的實驗室座標系。

　　在〔單元 4-23〕中我們討論了兩物體間的完全彈性碰撞，現在我們就來探討屬於另一極端下的碰撞 – 完全非彈性碰撞，兩物體在碰撞後就不再分離。

　　由於所有的慣性座標系統均為等價，因此我們將兩物體之質心座標系 (Center-of-Mass frame) 設為（圖 4-28-2）中之固定座標系統 (K)，且令兩物體的運動方向就在 $\hat{x}$ 軸上。如此碰撞前後的總動量均為零，且是一個守恆量。

$$\vec{p}_1 + \vec{p}_2 = \vec{p}_3 = 0 \Leftrightarrow p_{x1} + p_{x2} = p_{x3} \tag{4-28-4}$$

此動量守恆的關係在任何慣性座標系中均會成立。此外，動量於各方向上的分量亦可由 (4-28-3) 式得知，即

$$p'_{x1} + p'_{x2} = p'_{x3}$$
$$\Rightarrow \gamma\left(p_{x1} - \beta\frac{E_1}{c}\right) + \gamma\left(p_{x2} - \beta\frac{E_2}{c}\right) = \gamma\left(p_{x3} - \beta\frac{E_3}{c}\right) \tag{4-28-5}$$

此處 β 與 γ 中的 v 為座標 K' 相對於座標 K 的速度大小，(4-28-5) 式可進一步地整理

$$\gamma(p_{x1} + p_{x2} - p_{x3}) - \gamma \cdot \beta\left(\frac{E_1}{c} + \frac{E_2}{c} - \frac{E_3}{c}\right) = 0 \Rightarrow E_1 + E_2 = E_3 \tag{4-28-6}$$

此式告訴我們，除 (4-28-4) 式的動量守恆定律外，相對性能量在此質心座標系 (K) 中亦是一個守恆量。也由於在此質心座標系中，碰撞後的物體 m_3 為靜止不動 $v_3 = 0$；γ_3

= 1)，所以 (4-28-6) 式的結果說明

$$m_3 c^2 = \frac{m_1 c^2}{\sqrt{1-(v_1/c)^2}} + \frac{m_2 c^2}{\sqrt{1-(v_2/c)^2}} > \left(m_1 + m_2\right)c^2 \tag{4-28-7}$$

碰撞後的產物質量會大於碰撞前碰撞物體的質量總和 ($m_3 > m_1 + m_2$)，此增加的質量乃由碰撞前物體原本之動能轉換而來。由此我們再一次看見在相對論的理論中，質量與能量的等價關係。上面推論可由下面推導清楚看出

$$\Delta m = m_3 - \left(m_1 + m_2\right) = \frac{m_1}{c^2}\left(\frac{1}{\sqrt{1-(v_1/c)^2}} - 1\right) + \frac{m_1}{c^2}\left(\frac{1}{\sqrt{1-(v_1/c)^2}} - 1\right) \tag{4-28-8}$$

$$= \frac{K_1 + K_2}{c^2}$$

本單元之討論亦可推廣至多個體體間的碰撞問題。

【練習題4-21】

假設在一個高能實驗中，質量為 m 的粒子 A 以動量 mc 朝向質量為 $2\sqrt{2}\,m$ 的靜止粒子 B 撞擊。撞擊後此兩粒子形成一個單一粒子 C，即完全非彈性碰撞。試問：

(a.) 撞擊前的粒子 A 之速度大小為何？

(b.) 所形成的新粒子 C 之質量為何？

(c.) 撞擊後，新粒子 C 的速度大小為何？

4-29 光子與康普敦碰撞

1905 年愛因斯坦除了提出狹義相對論外,於三月論文中也引進另一項革命性的量子概念——「光子」(photon)[註17]。認爲「光」除擁有當時大家已熟識的波動性外,還同時存有粒子性,並以此粒子性來解釋「光電效應」。此「光子」的重要特性是質量爲零、速度大小爲光速。也由於質量爲零,光子能量與動量間有一個特別的關係

$$E^2 - p^2c^2 = m^2c^4 = 0 \Rightarrow p = \frac{E}{c} \tag{4-29-1}$$

此外,愛因斯坦亦提出光子的能量正比於電磁波的振盪頻率,$E = hv$,其比例常數稱爲「普朗克常數」(h),以紀念普朗克爲解釋黑體輻射問題所提出的「量子」假設 (quantum hypothesis)。至於「光子」是否爲眞實的物理實體 (physical reality),關鍵的論證就在於「光電效應」與「康普敦碰撞」這兩個實驗上的解釋。特別是在康普敦 (A.H. Compton,1892-1962) 於 1922 年 10 月將其實驗的明確結果發表後,學界對「光子」的概念也從原本的保留大幅轉向爲接受的態度[註18]。也是在這上世紀的20年代,量子的發展方向開始轉向爲「量子力學」的奠立。

● 康普敦效應 (the Compton Effect)

在康普敦的實驗中,康普敦以「光子」的概念來解釋 X- 射線照射電子後的散射問題,如(圖 4-29-1)所示。頻率爲 v 的 X- 射線可被簡單視爲帶有能量 $E = hv$ 與動量 $p = hv/c$ 的「光子」,如此原本所要處理的散射問題也就成了單純的(完全彈性)碰撞問題。

動量守恆上的要求:

$$x\text{- 方向} \quad \frac{hv}{c} = \frac{hv'}{c}\cos\theta + \gamma \cdot m\beta c \cos\phi \tag{4-29-2}$$

$$y\text{- 方向} \quad 0 = \frac{hv'}{c}\sin\theta - \gamma \cdot m\beta c \sin\phi \tag{4-29-3}$$

能量守恆上的要求:

$$hv + mc^2 = hv' + \gamma \cdot mc^2 \tag{4-29-4}$$

[註17] 雖然愛因斯坦於 1905 年提出光子的概念,但此「光子」的命名實出於 1920 年才被 G. N. Lewis (1875-1946) 於《自然》(*Nature*) 中的一篇文章後才被廣泛使用。此 N.G.Lewis 即我們之前所提及與 R.C.Tolman 以碰撞問題探討「相對論性質量」的美國物理化學家。Lewis 一生被提名諾貝爾獎41次之多,可惜均未獲頒此獎項殊榮。Lewis 於 1946 年不幸於實驗室中死於一場意外。

[註18] 康普敦也因此實驗獲頒 1927 年的諾貝爾物理獎,同年獲頒物理獎的另一位物理學家是發展雲霧室 (cloud chamber) 以觀察粒子運動軌跡的威爾遜 (C. T. R. Wilson, 1869-1959)。

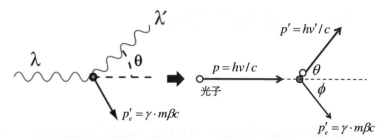

圖 4-29-1 康普敦散射實驗的示意圖，光子與靜止電子間的碰撞。在康普敦的原始實驗中，所測量的是 X- 射線散射前後的波長變化與散射角度 θ 間的關係。至於碰撞後電子的散射角度 ψ，則要到 1950 年才由 Cross 與 Ramsey 以 γ- 射線代換 X- 射線後的實驗中量測確證。

配合康普敦的實驗測量，我們想知道 X- 射線散射後的波長變化 ($\Delta\lambda \equiv \lambda' - \lambda$) 與散射角度 θ 間的關係。如此我們必須消去上面式子中的 β 與 ϕ。為方便處理，我們可令

$$\alpha \equiv \frac{h\nu}{mc^2} \; ; \; \alpha' \equiv \frac{h\nu'}{mc^2} \tag{4-29-5}$$

如此 (4-29-3)-(4-29-5) 式可表示成較清楚的形式

$$\alpha = \alpha' \cos\theta + \gamma \cdot \beta \cos\phi \tag{4-29-6}$$
$$\alpha' \sin\theta = \gamma \cdot \beta \sin\phi \tag{4-29-7}$$
$$\alpha + 1 = \alpha' + \gamma \tag{4-29-8}$$

利用 $\sin^2\phi + \cos^2\phi = 1$，(4-29-6) 與 (4-29-7) 式可合併成

$$(\alpha - \alpha' \cos\theta)^2 + (\alpha' \sin\theta)^2 = \gamma^2 \beta^2 = \gamma^2 - 1 \tag{4-29-9}$$

再將 (4-29-8) 式代入上式以消掉 γ，則可得

$$\alpha - \alpha' = \alpha\alpha'(1 - \cos\theta) \tag{4-29-10}$$

又 X- 射線之波長與頻率間的關係為 $\lambda = c/\nu$，(4-29-10) 式即為康普敦所給出的著名方程式

$$\lambda' - \lambda = \frac{h}{mc}(1 - \cos\theta) \tag{4-29-11}$$

在康普敦的實驗中，m 為電子質量，所以 $h/mc \approx 2.4 \times 10^{-10}$m。X- 射線於散射前後的波長差異大小 ($\Delta\lambda$) 僅與散射的角度 θ 有關，此結果不僅適用於 X- 射線的散射，也適用於 γ- 射線的散射。且由於 γ- 射線相較於 X- 射線有更短的波長，因此依波長的變化比例 ($\Delta\lambda/\lambda$) 可知，對波長越短的電磁波，其康普敦效應會越明顯。這也可說明對電磁波來說，當其波長越短時，其粒子性也就越強。

4-30　對生現象與門檻能量

在高能實驗中，我們常在反應過程中遇見「對生」(pair production) 的現象。我們就以最簡單的光子對生「電子－正子」之現象來說明之[註19]。即

$$\gamma \to e^- + e^+ \tag{4-30-1}$$

的反應。為方便討論，描述現象的座標系統可以電子與正子生成後的質心座標系來處理，在此座標系中，依質心座標系的定義，總動量為零

$$\vec{p}_{e^-} + \vec{p}_{e^+} = 0 \tag{4-30-2}$$

此外，能量守恆要求光子能量需等於電子與正子對生成後的能量，即

$$E_{\text{photon}} = \frac{2m_e c^2}{\sqrt{1-(v/c)^2}} \approx 2m_e c^2 + \cdots \approx 1.02\text{MeV} \tag{4-30-3}$$

上式的最後，我們假設對生反應所生成的電子與正子速度均遠小於光速 ($v \ll c$)。此能量守恆關係亦可給出，欲發生此「對生」現象所需的最小光子能量：光子能量務必大於 1.02MeV，這最小的光子能量就稱為此「對生」現象的「門檻能量」(threshold energy)。

但有了此「門檻能量」後，我們還是無法保證 (4-30-1) 式的反應可以發生。因為除了能量的守恆外，碰撞過程中我們還得要求總動量的守恆，也正是此動量守恆的要求否決了此「光子對生電子－正子」的可能性。因為在此質心座標系中，(4-30-2) 式要求光子動量亦得為零，但光子動量為 $p_{\text{photon}} = E_{\text{photon}}/c \neq 0$。事實上，光子動量在任何的座標系內均不可能為零，因為狹義相對論的基本假設之一，就是真空中的光，於任何的慣性座標系中均有相同的光速。總之，此對生反應在質心座標系中不能成立，而反應一旦在某個座標系中不成立，那此反應在其他的座標系中也就不該成立。

然而，上面動量守恆之限制，只是說明為什麼「光子對生電子－正子」的現象不會在真空 (free space) 中出現。但在非真空的環境下，此對生反應還是有機會發生在存有它種原核的周遭，即

$$\vec{P}_{\text{photon}} + \vec{p}_{\text{nucl}} = \vec{p}'_{\text{nucl}} + \vec{p}_{e^-} + \vec{p}_{e^+} \tag{4-30-4}$$

上式中的原核功能就僅用來平衡動量的改變，所以 $\vec{p}'_{\text{nucl}} \neq \vec{p}_{\text{nucl}}$，但不介入參與「對生」反應的本身。此外如果這周遭的原核是較重的原核，則除平衡動量的守恆外，對生的過程並不會讓此原核吸收掉太多的能量。這點可由非相對論性的動能形式就可看出，$K = p^2/2M_{\text{nucl}}$。

[註19]「正子」為電子的反粒子，其質量與電子相同 ($m_{e^-} = m_{e^+} = m_e$)，但擁有相反的帶電量。也由於反應前後的總帶電量是一個守恆量，光子不帶電，所以「對生」而出的粒子對必然會是某「粒子」與其帶電量相反的「反粒子」，成對出現。

圖 4-30-1 高能實驗中我們常利用雲泡室 (bubble chamber) 來觀測粒子的運動軌跡。圖中所顯示的為光子對生「電子–正子」對的照片。電子與正子由於帶電性的不同，在磁場中便會有相反的彎曲方向。此外由於電子與正子的能量在運動的過程中不斷地耗散減少，也讓旋轉半徑不斷地縮小。

　　最後，我們不難理解 (4-30-1) 式的逆反應，即「電子–正子」相互湮滅後將出現的兩道光子。我們就將此逆反應稱為「電子–正子」的湮滅反應 (pair annihilation)。

$$e^- + e^+ \rightarrow \gamma + \gamma \tag{4-30-5}$$

　　那為何是兩道光子，而不是一道光子？答案同樣是來自於動量守恆的要求，在質心座標系中，「電子–正子」湮滅前的總動量為零，那湮滅後若僅出現單獨一道光子，其總動量無法為零。

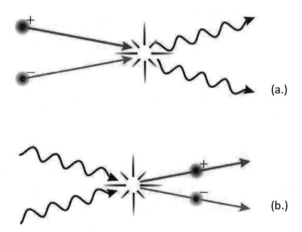

圖 4-30-2 (a.) 光子對生「電子–正子」對；(b.)「電子–正子」對的湮滅。

4-31 為何高能實驗中的粒子要對撞？

在高能的實驗中我們常將粒子加速到非常接近光速的速度，好讓粒子本身擁有很高的能量，有此巨大能量後再設法去讓粒子與粒子間相互撞擊，以期能偵測到粒子間交互作用所留下的蛛絲馬跡，進而理解粒子間交互作用的特性或是粒子的內部結構[註20]。過程中不僅常伴隨著「對生」與「湮滅」的現象，也時常有與碰撞前不同的粒子出現。然承如上單元所指出，動量的守恆往往限制了碰撞前的粒子動能，使之無法完全地轉換成生成新粒子所需的能量。因為碰撞後的總動量還是得等於碰撞前的總動量，所以碰撞前的能量必然有部分能量會轉移成碰撞後新粒子的動能，而無法百分之百地用在反應前後的粒子轉換上。

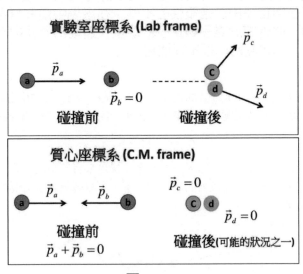

圖 4-31-1

那我們該如何評估反應發生與否的最小能量呢？即前單元所提的「門檻能量」呢？假設我們所要的反應如下

$$a + b \rightarrow c + d \tag{4-31-1}$$

就像是前面單元對康普敦碰撞的討論，我們常設定碰撞的型態為，一粒子 (a) 據有速度 v 去撞擊靜止不動的另一粒子 (b)。我們亦將此碰撞型態稱為在「實驗室座標系」(Lab) 中的觀察描述。所以碰撞前後的總動量

[註20] 此處的粒子可像是質子、中子等的微小粒子，而非一定得是「基本粒子」。

$$(\vec{p}_a + \vec{p}_b)_{\text{Lab}} = (\vec{p}_a)_{\text{Lab}} = (\vec{p}_c + \vec{p}_d)_{\text{Lab}} \neq 0 \tag{4-31-2}$$

明顯地，就是碰撞後的總動量必然不為零的事實，讓碰撞的能量不能有效地轉移到反應的本身上。此外，我們也令碰撞前後的總能量為

$$(E_a + E_b)_{\text{Lab}} = (E_a + m_b c^2)_{\text{Lab}} = (E_c + E_d)_{\text{Lab}} \tag{4-31-3}$$

值得注意的是，在相對論的考量下，系統之總能量與總動量間存有一個特殊關係，此關係值是一個與座標系統無關的不變量

$$\left(E_a + E_b\right)^2_{\text{Lab}} - \left(\vec{p}_a + \vec{p}_b\right)^2_{\text{Lab}} \cdot c^2 = \text{constant} \tag{4-31-4}$$

如此我們可將此不變量關聯到質心座標系 (Center-of-Mass frame) 內的觀察，即

$$\left(E_a + E_b\right)^2_{\text{Lab}} - \left(\vec{p}_a + \vec{p}_b\right)^2_{\text{Lab}} \cdot c^2 = \left(E_a + E_b\right)^2_{\text{C.M.}} - \left(\vec{p}_a + \vec{p}_b\right)^2_{\text{C.M.}} \cdot c^2 \tag{4-31-5}$$

又粒子 b 在實驗室座標系中為靜止不動的碰撞靶，$(\vec{p}_b)_{\text{Lab}} = 0$；同時。質心座標系要求碰撞前後的總動量均為零，$(\vec{p}_a + \vec{p}_b)_{\text{C M}} = (\vec{p}_c + \vec{p}_d)_{\text{C M}} = 0$。所以 (4-31-5) 式可進一步寫成

$$\left(E_a + m_b c^2\right)^2_{\text{Lab}} - \left(\vec{p}_a\right)^2_{\text{Lab}} c^2 = \left(E_a + E_b\right)^2_{\text{C M}} \tag{4-31-6}$$

同樣地，質心座標系中的總能量守恆要求，

$$(E_a + E_b)_{\text{C.M.}} = (E_c + E_d)_{\text{C.M.}} \tag{4-31-7}$$

其中我們若希望碰撞後的產物質量（m_c 與 m_d）最大，那一個額外的要求便是粒子 c 與 d 於產生後皆為靜止不動的兩粒子 $((v_c)_{\text{C.M.}} = (v_d)_{\text{C.M.}} = 0)$，所以

$$\left(E_c + E_d\right)_{\text{C.M.}} = \left(\frac{m_c c^2}{\sqrt{1-(v_c/c)^2}} + \frac{m_d c^2}{\sqrt{1-(v_d/c)^2}}\right)_{\text{C.M.}} = \left(m_c + m_d\right)_{\text{C.M.}} c^2 \tag{4-31-8}$$

在此情況下，質心座標系內碰撞前的粒子總能量可完全用在新粒子的轉換上，而不會將能量消耗在碰撞後的粒子動能上。此能量也就可視為在質心座標系內產生粒子 c 與 d 的碰撞過程之「門檻能量」(threshold energy)，$(E_{\text{threshold}})_{\text{C.M.}}$。如此回到 (4-31-6) 式

$$\begin{aligned}\left(E_{\text{threshold}}\right)^2_{\text{C.M.}} &= \left(E_a + m_b c^2\right)^2_{\text{Lab}} - \left(\vec{p}_a\right)^2_{\text{Lab}} c^2 \\ &= \left(\left(E_a^2 - p_a^2 c^2\right) + 2m_b E_a c^2 + m_b^2 c^4\right)_{\text{Lab}} \\ &= \left(2m_b E_a + \left(m_a^2 + m_b^2\right)c^2\right)_{\text{Lab}} c^2\end{aligned} \tag{4-31-9}$$

若所考慮的是在高能實驗中的情景，我們往往將粒子 a 加速至擁有巨額之能量，遠大於粒子 a 與 b 的靜止能量 ($E_a \gg m_a c^2$ and $m_b c^2$)，則上式約等於

$$\left(E_{\text{threshold}}\right)_{\text{C.M.}} \approx \left(2m_b c^2 \cdot E_a\right)^{1/2}_{\text{Lab}} \propto \left(E_a\right)^{1/2}_{\text{Lab}} \tag{4-31-10}$$

由此我們看見在實驗室座標系內，給予粒子 a 的能量，僅有少部分是能夠用來產生

圖 4-31-2　位於瑞士日內瓦的歐洲核子研究組織 (CERN)，為目前世界最大的粒子物理高能實驗室。其中包含安置於地下 100 公尺，總長約 27 公里用來加速粒子的環形隧道，與數個實驗對撞機。

新的粒子與探索其內部的結構。這就是為什麼在當今的高能實驗中，為有效地將能量用在所要探索的粒子內部結構，碰撞形式都以類似於質心座標系一般地讓粒子對撞！

圖 4-31-3　提到歐洲核子研究組織 (CERN)，我們實該提及此位義大利籍的粒子實驗物理學家 —— 法比奧拉・吉亞諾提 (Fabiola Gianotti)，自 2016 年起便擔任 CERN 研究組織的總主席職務（兩任，任期將至 2025 年），在她的率領下，約三千名全職員工及來自 80 個國籍的大約 6500 位科學家和工程師，將一同探索粒子物理的最前沿研究。此外在 2011 年，她也被英國著名的《衛報》（The Guardian）評選為「最鼓舞人心的女性前 100 名」。

【練習題4-22】

在一些質子加速器中，爲得到更劇烈的撞擊效果，我們會將兩束高速運動之質子束以相反方向的運動方式相互接近，並使之正向地對撞一起。假設在如此設計的對撞加速器中，兩束質子分別以相對於靜止實驗室座標系 0.9972 · C 的速度大小前進。試問：

(a.)此對撞的質子束，彼此之間的相對速度大小爲何？（6 位有效數字）

(b.)相對於靜止之實驗座標系，這些質子的動能爲多少？（請以 MeV 爲單位，4 位有效數字表示之。）

(c.)在此對撞的質子實驗中，若在其中一個質子的座標系上看此撞擊實驗，則另一個來撞擊的質子動能是多少？

4-32 閔可夫斯基──時間與空間的結合

在前面一連幾個單元中，我們提及相對論效應下的物體碰撞議題，最主要的目的是讓讀者能清楚明瞭，狹義相對論在當今的高能物理實驗中已是一個每日受到驗證的理論。真實描述我們周遭物理世界的一個理論，遠非當年愛因斯坦提出時所受質疑的處境。那在即將結束此理論的介紹前，我們倒想再提及一位在相對論發展上的重要推手–曾在愛因斯坦大學時教過他數學的數學家閔可夫斯基 (Hermann Minkowski，1864-1909)。雖然他在相對論的研究上僅留給我們三場他於 1907 與 1908 年間的會議講稿，但這當中卻把相對論擺進一個嚴謹的數學架構上，這對理論之未來發展，特別是廣義相對論上的發展將會出現關鍵性的重要貢獻。

就像在 1908 年 9 月 21 日的一場名為「空間與時間」的講演中，閔可夫斯基一開場就告誡聽眾：

> 我將要帶給大家的空間與時間概念是來自於實驗物理的土壤，其中有它所根基的長處。非常地激進，從今以後空間歸空間，時間歸時間的想法已要淡入陰影，僅有將兩者結合為一才能夠保持一個獨立的現實[註21]。

很清楚地，在閔可夫斯基對相對論的詮釋下，我們所熟知的「三維空間」與「一維時間」就是得結合成一個「四維時空」(4-dimensional spacetime)。這「時空」渾然一體的概念甚至超前了愛因斯坦，畢竟「多維度向量空間」對數學家來說並不是過度稀奇的課題。當然，我們會以不同的特徵去區分標示不同的向量空間，例如在我們所熟知的三維空間，空間內兩點間的直線長度，即兩點間的最短距離，定義為

$$l_{12} \equiv [(x_2 - x_1)^2 + (y_2 - y_1)^2 + (z_2 - z_1)^2]^{1/2} \tag{4-32-1}$$

此長度不會隨我們描述空間的座標系統而異，如（圖 4-32-1）所示。

那在狹義相對論下的時空呢？因為是「四維」的時空，閔可夫斯基稱此「四維時空」內的任何一點為「事件」(event)，如此任何一個「事件」均得以四個值 (t, x, y, z) 來標示指定。雖然標定「事件」的數值大小會依座標系統的選定不同而不同，但兩事件間的距離同樣地不會因座標系統的選擇不同而變異。但不同於二、三維空間內的兩點距離，此「四維時空」中兩事件間的距離平方定義為：

$$(\Delta S)^2 \equiv -(c \cdot \Delta t)^2 + (\Delta x)^2 + (\Delta y)^2 + (\Delta z)^2 \tag{4-32-2}$$

式中的 c 為光速。此定義下的時空間隔平方會是一個與座標系統無關的不變量，我們也將此定義下的特別時空稱為「閔可夫斯基空間」(Minkowski space)。也由於數學家

[註21] 對數學家來說，物理就是有它的實用性，因此也又習慣地把所有的物理都歸結在「實驗物理」的範疇下。

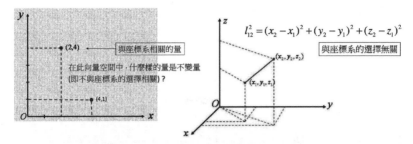

與座標系相關的量

在此向量空間中，什麼樣的量是不變量
(即不與座標系的選擇相關)？

$$l_{12}^2 = (x_2 - x_1)^2 + (y_2 - y_1)^2 + (z_2 - z_1)^2$$

與座標系的選擇無關

圖 4-32-1　大家所熟悉的一般幾何，無論是在二維的平面或是三維的空間，每一位置點的座標值會因座標系統的選擇不同而不同，但兩點間的距離（平方）則是一個不變量。

本就對此四維向量空間的各維分量沒有嚴格的物理特性（如時間與空間）之分野，因此在座標轉換後各維分量彼此間的重新組合，也就意味了各分量間的等價關係。不像物理學家的思考角度，數學家對此並沒有太多接受上的困難。「閔可夫斯基空間」內的時間與空間是永遠交織在一起，無法分離看待的時空元素。

我們現在也清楚，依「閔可夫斯基空間」的要求，符合 (4-32-1) 式不變量的轉換均可稱為「勞倫茲轉換」(Lorentz Transformation)。我們就來回顧一下我們所熟悉的勞倫茲轉換，要求

$$-(c \cdot \Delta t')^2 + (\Delta x')^2 + (\Delta y')^2 + (\Delta z')^2 = -(c \cdot \Delta t)^2 + (\Delta x)^2 + (\Delta y)^2 + (\Delta z)^2 \qquad (4\text{-}32\text{-}3)$$

如果這兩個座標系間的事件座標，$y' = y$ 且 $z' = z$，則 (4-32-3) 式所要處理的便是

$$-(c \cdot \Delta t')^2 + (\Delta x')^2 = -(c \cdot \Delta t)^2 + (\Delta x)^2 \qquad (4\text{-}32\text{-}4)$$

對此等式要求，數學上我們可知必存有下面的關係

$$
\begin{aligned}
(c \cdot \Delta t') &= \cosh\theta \cdot (c\Delta t) - \sinh\theta \cdot (\Delta x) \\
(\Delta x') &= -\sinh\theta \cdot (c\Delta t) + \cosh\theta \cdot (\Delta x)
\end{aligned}
\qquad (4\text{-}32\text{-}5)
$$

接下來的問題就還是得以物理上的推論去理解式中 $\sinh\theta$ 與 $\cosh\theta$ 的含意。根據（圖 4-32-2），若一物體置於運動之 K' 座標系統的原點上，則此物體位置對此兩座標系統的觀察者來說，(148-5) 的第二式給出

$$0 = -\sinh\theta \cdot (c\Delta t) + \cosh\theta \cdot (\Delta x) \Rightarrow \tanh\theta = \frac{1}{c}\frac{\Delta x}{\Delta t} = \frac{v}{c} \qquad (4\text{-}32\text{-}6)$$

如此再利用雙曲線函數 (hyperbolic function) 之特性，得知

$$\sinh\theta = \frac{v/c}{\sqrt{1 - (v/c)^2}} \quad ; \quad \cosh\theta = \frac{1}{\sqrt{1 - (v/c)^2}} \qquad (4\text{-}32\text{-}7)$$

至此，我們可確認在此範例下的勞倫茲轉換便是我們所熟悉的 (4-8-8) 式的轉換，兩

座標系統間的關係也如（圖 4-32-2）所示。

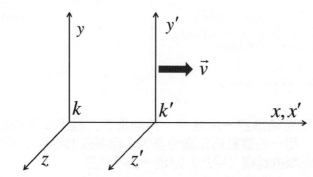

圖 4-32-2　彼此間存有相對速度的兩個慣性座標系。

　　就這樣，閔可夫斯基將愛因斯坦充滿想像力（思考性實驗）所推敲而出的狹義相對論，給出一個有點抽象，卻是穩固的數學架構。那愛因斯坦對此的態度如何呢？起初，愛因斯坦眞的是不喜歡。就如在他於 1916 年底所出版的科普小冊《相對論入門》(Relativity：The Special and the General Theory) 中的告白：一個人若不是數學家，當他聽到「四維」的東西時將會感到全身毛骨悚然，有如想起神怪事物時所產生的那種感覺。然而，我們所居住的世界是一個四維時空的連續體，這句話卻是再平凡不過的說法。……閔可夫斯基簡稱爲「世界」的物理現象之世界，就時空觀而言自然是四維的。……少了這個觀念，廣義相對論恐怕將無法成長。

【練習題4-23】

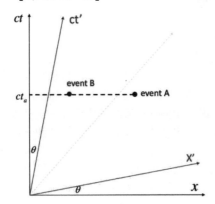

在閔可夫斯基將狹義相對論中的「時空」帶入幾何的語言後，也讓很多原本因抽象而難以想像與理解的問題變得容易些，視覺化對人的理解絕對有其必要。如（圖4-32-2）中的兩個慣性座標系，我們就可同時擺在一起，如上圖所示。其中的 θ 角度就是 (4-32-7) 中的 θ，代表兩慣性座標系間的相對速度大小。圖中的事件 A 與事件 B 代表在靜止座標係內同時發生於不同位置上的兩個事件。試以此圖理解不同慣性座標系間的同時性問題。讀者不妨也以此圖取導出長度縮減的公式。

4-33 時空圖與雙生子悖論

我們從小就學會該如何在二維的畫紙上畫出線段與平面的幾何圖形，甚至畫出三維物體的立體感來。但如何畫出我們真實生存其中的四維時空呢？很困難，沒有什麼好的辦法。但物理學家依據四維時空中每一維度均相互正交的特性，約定成俗地將四維時空的畫法給出如（圖 4-33-1）一般的規範。有一時間軸，一般垂直向上，軸上的任一點代表於此座標軸系統的特定時間。垂直時間軸的平面就代表時間座標外的三維空間，所以在這代表空間的平面上實為是相互正交的三維空間。又如果物體的運動限定在 $\hat{x}$ - 軸方向上，那我們所關心的座標就如（圖 4-33-1(b.) 與 (c.)）所示，讀者應可看出代表物體運動速率的斜線之斜率為 c/v，所以斜率大於一 ($c/v > 1$) 所代表的是小於光速的速率。反之，等於一與小於一的斜率則分別代表等於及大於光速的情況。

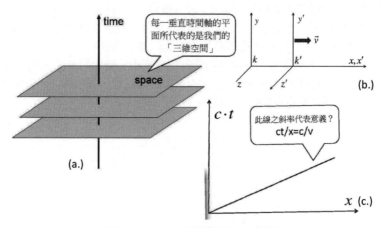

圖 4-33-1 四維時空示意圖

此外，上單元有指出，「閔可夫斯基空間」中兩事件間的時空間隔平方為

$$(\Delta S)^2 = -(c \cdot \Delta t)^2 + (\Delta x)^2 + (\Delta y)^2 + (\Delta z)^2$$
$$= -(c \cdot \Delta t)^2 \left(1 - \frac{1}{c^2}\left(\frac{(\Delta x)^2 + (\Delta y)^2 + (\Delta z)^2}{(\Delta t)^2}\right)\right) = -(c \cdot \Delta t)^2 \left(1 - \frac{v^2}{c^2}\right) \qquad (4\text{-}33\text{-}1)$$

由於此時空間隔平方是一個與座標系統無關的不變量，更不用說，斜率大於、等於、或小於一的分野。因此我們可依兩事件間的傳遞速度大小將相對論中的時空分成三個彼此不交涉的時空間隔：

1. 當傳遞速度小於光速時 ($v < c$)，時空間隔平方必小於零，$(\Delta S)^2 < 0$，我們稱此時空間隔為「類時間分隔」(time-like separate)。此型態的時空間隔亦為我們所生存的世界。

2. 當傳遞速度等於光速時 $(v = c)$，時空間隔平方必等於零，$(\Delta S)^2 = 0$，我們稱此時空間隔為「零分隔」(null separate)。

3. 當傳遞速度大於光速時 $(v > c)$，時空間隔平方必大於零，$(\Delta S)^2 > 0$，我們稱此時空間隔為「類空間分隔」(time-like separate)。

也是因為時空間隔有如此不相交涉的特性，我們無法藉由座標轉換的方法來改變 $(\Delta S)^2$ 於上面三種時空間隔的屬性。所以我們常說，狹義相對論中並沒有真地摒除掉超光速的可能性，但一旦我們知曉自己是生活在一個速度小於光速的世界中，那無論怎麼加速，我們就是無法把速度加速到超光速的狀態。因為，我們是處於一個「類時間分隔」的世界中！反之，「類空間分隔」世界中的超光速也是無法出現在我們「類時間分隔」的世界中。

有此不同型態的時空間隔分類後，我們更可進一步地引進「光錐圖」(light-cone diagram) 來看物體過去、現在、與未來的生命史，如（圖 4-33-2）包含兩個相互顛倒的圓錐。圓錐面上所代表的是事件間傳遞速度為光速的世界，也是此「光錐圖」的命名由來。

在我們的世界中，由於速度永遠是小於光速，因此物體的運動就只能侷限在兩光錐內。而兩顛倒圓錐交接處則是物體於某時刻的當下！如此上面的光錐代表相對於那個當下時刻的未來世界，反之下面的光錐則屬於過去的世界。而連接過去、現在與未來的那條線，則稱為我們所要描述物體的世界線 (world line)。如圖所畫的世界線並不是直線，所要代表的是此物體並非是等速的運動。但不管如何物體的速度無法加速到光速，更不可能有超光速的出現。否則就會有違反「因果定律」的矛盾結果出現，這裡我們就不對此證明。當然，物體沿著自己的世界線運動，讀者可參照「4-11 時間的步調」中的理解，此世界線實為運動物體本身的「固有時間」(proper time)，τ。因此隨著運體運動之任何時刻當下，均有當下時刻的光錐圖，如（圖 4-33-3）所示。

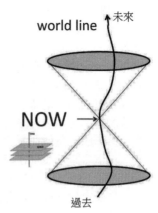

圖 4-33-2 光錐圖。

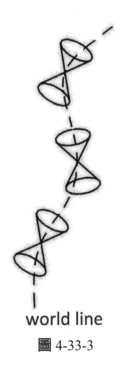

world line

圖 4-33-3

● 雙生子悖論

相對論中著名的「雙生子悖論」，一對雙胞胎兄弟，若弟弟搭乘一架速度很快的太空船飛離地球，走了一段長距離後再返頭回地球的原地。整個飛行的旅程中，我

們若可忽略掉一切像是加速度與軌跡等等的
細節，而把旅程視爲一維上的往返運動。同
時在弟弟的旅程當中，哥哥則留在弟弟的出
發點等待。悖論的出現是因爲相對論指出運
動者的「固有時間」會走得較慢，那當弟弟
的旅程結束回到原地時，哥哥也仍在原地迎
接久違的弟弟，但誰會變得比較年輕呢？看
來是弟弟，因爲是他在運動。但，運動是相
對的，依他看來是哥哥在運動，那變年輕的
好像該是哥哥。這就是著名的「雙生子悖
論」。你覺得呢？悖論是可被釐清解決的！
依（圖 4-33-4）可輕易地看出，哥哥與弟弟

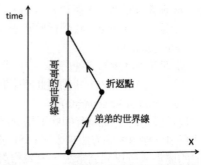

圖 4-33-4　**雙生子悖論的時空圖**。

各自有他們獨特的世界線，這說明了此對雙生子所經歷的並不是一個對稱的相對運
動，哥哥就是靜止在地球上過著一般的正常時間步調。但弟弟則不是如此，變年輕的
是弟弟。

【練習題4-24】

假設有一對雙胞胎姊妹 A 與 B，妹妹 B 去了一趟星際旅行，要到離地球 4 光年遠的半人馬星座 (α Cenrauri) 後再回程。若去程與回程中她所搭乘的太空船相對於地球都是 0.6c 的速度大小前進，且在她的時間步調中每 0.01 年就發射一個無線電波給在地球的姊姊 A。同樣地，姊姊 A 也是依自己的時間步調每隔 0.01 年就發射一個無線電波給旅行中的妹妹 B。試問：

(a.)在妹妹 B 回程前所發出的無線電波中，姊姊 A 收到了幾個電波訊息？

(b.)妹妹 B 回程前共發出幾個無線電波？

(c.)姊妹倆各自可收到幾個對方所發出的電波訊息？

(d.)在妹妹旅程結束回到地球後，誰比較年輕？又年輕多少？試以閔可夫斯基的時空圖來解釋此事。

4-34　狹義相對論的下一步 —— 等效原理

即便「狹義相對論」改變了我們自古以來對時間與空間的概念，且隨著物理的持續發展，我們亦日益地看見「狹義相對論」的重要性，甚至可說它是當今描述基本粒子間交互作用之標準模型 (the standard model) 的基石之一。但打從理論的發展期間，愛因斯坦的心中就很清楚此理論的侷限性，自然界中很根本的「重力」被排除在理論之外。我們現在也知道，「狹義相對論」之所以在近代物理領域中有如此的地位，部分原因得歸功於重力的大小遠遠小於自然界中其它三種力的大小（電磁力、強作用力、與弱作用力），而讓我們可忽略掉重力的影響。但若要擴展「狹義相對論」的適用範圍，將重力包含在內，那愛因斯坦該如何走出下一步呢？

在「1-39 等效原理與假想力」中，為引進「假想力」的概念來修正我們於非慣性座標系中對牛頓定律的應用，我們已介紹過愛因斯坦於 1907 年底所悟出的關鍵想法——「等效原理」

等效原理
任何觀察者無法辨別他是處於均勻的重力場中，或是身處於等加速度的座標系內。

由於地球表面上的重力場 ($\vec{g}$) 約略可視為是均勻的重力場，因此物體所受到的重力為

$$\vec{F} = m_G \vec{g} \tag{4-34-1}$$

上式中質量的下標「G」是用來強調此定義下的質量稱為「重力質量」(gravitational mass)。然而依牛頓的運動學第二定律，物體在力的作用下，其受力大小將會正比於物體的加速度 ($\vec{a} = \vec{g}$)，其比例常數稱為「慣性質量」(inertial mass，m_I)，

$$\vec{F} \equiv m_I \vec{a} = m_I \vec{g} \tag{4-34-2}$$

如此結合上面兩式，等效原理的另一陳述可為：

「慣性質量」等於「重力質量」，$m_I = m_G$。

愛因斯坦就是藉此「等效原理」將「重力」拉進他的理論中，也就是說我們須把狹義相對論中所限制的慣性座標系，擴展至更一般的座標系統，即加速的座標系統。一旦跨出了這步後，思考性實驗就可進一步地推論出許多有趣的推論。

● 重力下的時間步調

我們已在（圖 1-39-3）的思考性實驗中，利用查理布朗 (Charlie Brown) 於一艘密閉且向上加速的太空艙來闡明重力的現象。現在，我們再找來他的朋友露西 (Lucy) 進入太空艙，一同做個有關重力場下時間步調的思考性實驗，如（圖 4-34-1）所示。

太空艙同樣以 $a = g$ 的等加速度大小向上運動，所以對查理布朗與露西來說，他們的感覺就如同在地表一般。在實驗中，查理布朗站在太空艙的底部，而露西站在查理布朗上方高出 h 高度的平台上。由於這兩位小朋友均在太空艙內，所以 h 就是一般的高度，且太空艙的速度也不太快，如此我們倒可忽略掉所有「狹義相對論」中的效應。且兩人均各自拿一個已校正過的鐘錶來記錄時間。實驗開始的時間兩人均設定為 $t = 0$。露西於 $t = 0$ 時先發射一個光子給在下方的查理布朗，露西依自己的鐘在 $t = \Delta t_{Lucy}$ 時再發射出第二個光子。而站在下方的查理布朗，他的工作就是得負責接收這些光子，並記錄下接收到光子的時間。假設接收到光子的時間分別為 $t = t_1$ 與 $t = t_1 + \Delta t_{Lucy}$。

圖 4-34-1

現在，假設我們站在太空艙外的靜止座標系上，可看清楚這實驗的一切，並試圖整理出查理布朗與露西的實驗內涵。我們應該可有如下的推論：就令實驗以查理布朗一開始時的所在高度為基準，$z_{Charlie} < 1sec(t = 0) = 0$。如此，查理布朗與露西於任何時刻的高度均可知為

$$z_{Charlie}(t) = \frac{1}{2} g \cdot t^2 \; ; \; z_{Lucy}(t) = \frac{1}{2} g \cdot t^2 + h \qquad (4\text{-}34\text{-}3)$$

由於光子的速度就是光速 c，所以實驗中的兩個光子所走之距離與時間會有如下關係：

$$z_{Lucy}(0) - z_{Charlie}(t_1) = c \cdot (t_1 - 0) \qquad (4\text{-}34\text{-}4)$$

$$z_{Lucy}(\Delta t_{Lucy}) - z_{Charlie}(t_1 + \Delta t_{Charlie}) = c \cdot (t_1 + \Delta t_{Charlie} - \Delta t_{Lucy}) \qquad (4\text{-}34\text{-}5)$$

若將上兩式代入 (4-34-3) 式的明確關係，經過一番整理後將會得到

$$\Delta t_{Charlie} = \Delta t_{Lucy} \cdot \left(1 - \frac{g \cdot h}{c^2}\right) \qquad (4\text{-}34\text{-}6)$$

這是一個有趣的結果：對露西來說，她過一秒鐘的時間 ($\Delta t_{Lucy} = 1sec$)；對查理布朗來說，所對應的時間則不到一秒鐘 ($\Delta t_{Charlie} < 1sec$)。又這兩位小朋友均認為自己所做的是於地表上的實驗，但查理布朗是站在下方更靠近地心處，他理應會感受到更強的重力場。

$$\Phi_{\text{Charlie}}(R_{\text{E}}) - \Phi_{\text{Lucy}}(R_{\text{E}} + h) = -\frac{GM_{\text{E}}}{R_{\text{E}}} - \left(\frac{GM_{\text{E}}}{R_{\text{E}} + h}\right) \approx -\frac{GM_{\text{E}}}{R_{\text{E}}^2} \cdot h \equiv -g \cdot h \qquad (4\text{-}34\text{-}7)$$

　　由於我們所面對的重力場是屬於束縛態，因此負得越多，代表重力場越強。經由這樣的推論，我們應可理解－重力的作用**會讓**時間的步調變慢！這也是爲什麼在黑洞的周遭時間將會走得非常的慢。在天文學上更常見到的實例爲：由質量較大的星球所發出的光譜線，因爲發出電磁光譜時是處於一個較強重力場的狀態，那若在重力場較小的遠處接收此電磁波光譜，則會發現電磁光譜的週期有變大、頻率變小 $(f = 1/T)$ 的現象。即波長會往較長的一端偏移 $(c = 0 \cdot \lambda)$，此即著名之「重力紅位移」(gravitational redshift)。

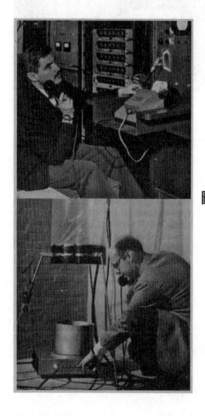

圖 4-34-2　雖然（圖 4-34-1）是一個闡述重力影響時間的思考性實驗，但整個實驗概念卻成功地在 1960 年被 Pound 與 Rebka 兩人給實踐出來。他們兩人分別處在哈佛大學傑佛遜物理實驗大樓的頂樓與地下室（相距 22.5 公尺的高低落差），便演起露西與查理布朗的腳色。光子以鐵 –57 不穩定原核所發出的 γ 射線替代。其結果證實 (150-6) 的預測。

● 重力下的光線偏折

如（圖 4-34-3(a.)）所示，光以直線的方式於空間行進，途中遇見一艘以加速度大小為 g 的火箭向上運動。若光線由火箭的左側窗戶射入，然後由火箭的右側窗戶射出。由於光速並非是無限大，因此光線穿越火箭的時間間隔讓右窗的高度勢必在左窗的高度下方。但依等效原理的概念，於此向上加速火箭內的人員，並無法分辨出他所處的狀態是火箭的向上加速，還是身處於一個重力場下。若他認為自己是處在重力場下，他所見到的光線偏折就得解釋為：重力對光線的偏折效應。同樣的推論便是愛因斯坦首次估算星光受到太陽重力偏折的背後道理，且於 1913 年中預測此偏折值為 0.83 秒弧。此估算值比愛因斯坦完整發展「廣義相對論」後的估算值整整小了一倍。依據「廣義相對論」，若再加入太陽重力對周遭時空的扭曲修正，此光線的偏折實為 1.7 秒弧。1913 年根據「等效原理」所估算的結果並不涉及非平坦時空的影響，這也讓 1914 年第一次世界大戰的爆發，對日蝕觀測實驗的延宕事件成了一個戲劇性的註腳。

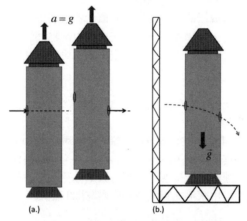

圖 4-34-3　利用加速座標系統解釋光受重力的偏折。

4-35 從重力場下的光線偏折到非平坦空間

1914 年 8 月 21 日的日蝕將是一個千載難逢的機會，此時的愛因斯坦即將進入德國柏林的物理學界。他亟欲有天文學家去驗證自己的理論，於是鼓勵與慫恿了年輕天文學家佛倫狄區 (Erwin Finlay-Freudlich, 1885-1964) 對此次的日蝕拍照，以觀察太陽周遭的星光偏折，地點選在俄國克里米亞。無奈，這年的夏日爆發了第一次世界大戰，日蝕觀測不但無法展開，佛倫狄區的研究團隊還被俄國以德國間諜的名義逮捕。雖是一個不幸的事件，但也給出時間讓愛因斯坦發展出更嚴謹的「廣義相對論」，並修正了此光線偏折的預測值。

即便我們已知可用加速度座標系來替換重力的效應，但在廣義相對論中的一個難題就是我們無法以單一的加速座標系來描述整個重力效應。就如同（圖 4-35-2），即便重力場的大小一樣，但重力場的方向在地球表面上的不同位置就是不同。不同的重力方向就該以不同方向加速運動的加速度座標系來替換重力。因此單就是地球周遭的重力場，我們也無法以單一的座標系統來描述。

至於何謂重力對時空造成扭曲？對此抽象的概念，我們可由之前所提及之四維時空中的幾何概念來逐步理解。數學家有一個方法，是用兩點間的距離形式來區分不同形式的四維時空。像在狹義相對論中的四維時空，即閔可夫斯基空間，兩鄰近事件點間的距離平方為

$$ds^2 = -(cdt)^2 + (dx)^2 + (dy)^2 + (dz)^2 \equiv \sum_{i=0}^{3}\sum_{j=0}^{3} g_{ij}(x)dx_i dx_j \tag{4-35-1}$$

上式中我們引進了描述向量空間中兩點間距離的「度規」(metric)，$g_{ij}(x)$。此「度規」本身就是四維時空中事件點 $(x = (t, x, y, z))$ 的函數，不同的事件點上可有不同的「度規」，端看我們所要描述的時空樣態。但閔可夫斯基空間中就是很特別地可找到一個「度規」，此「度規」可用來描述整個空間中兩點間的距離，即 (4-35-1) 式所指出的

$$g_{ij} = \begin{cases} -1 & i = j = 0 \\ 1 & i = j = 1,2,3 \\ 0 & i \neq j \end{cases} \tag{4-35-2}$$

也正是如此，我們說狹義相對論中所要處理的時空為一個「平坦」的時空。然而一旦將重力效應考量進所要描述的時空中，即便我們可在局部小範圍的時空上，找到如 (4-35-2) 式的「度規」來計算兩事件點間的距離，但我們就是無法將此「度規」用來描述整個時空。有重力存在的時空不再是一個「平坦」的時空。

我們就僅舉一個著名的例子，史瓦希 (Karl Schwarzschild，1873-1916) 依據廣義相對論，替球對稱、質量為 M 之恆星的周遭時空找到一個解，並給出兩時空點間的距離平方為

$$(ds)^2 = -\left(1 - \frac{r_S}{r}\right)(cdt)^2 + \left(1 - \frac{r_S}{r}\right)^{-1}(dr)^2 + r^2\left((d\theta)^2 + \sin^2\theta(d\phi)^2\right) \; ; \; r_S \equiv \frac{2GM}{c^2} \quad (4\text{-}35\text{-}3)$$

式中的 r_S 稱爲「史瓦希半徑」，代表若將星球的所有質量均壓縮到此「史瓦希半徑」內，則半徑內的所有物質，包括光線及任何的輻射，均無法逃脫本身的重力束縛。此外，(4-35-3) 式所對應的「度規」可明顯看出爲時空點之函數，這明確代表我們所要處理的是一個「非平坦」的時空，也象徵我們得以「非歐幾何」來描述我們的宇宙。

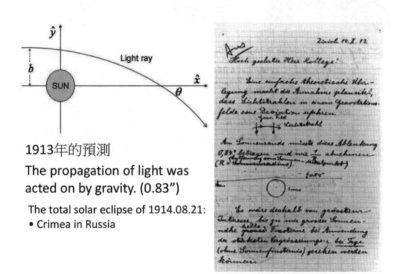

圖 4-35-1　1913 年愛因斯坦對星光受太陽重力偏折的大小估算。右圖爲愛因斯坦的筆記。

圖 4-35-2　地球表面上不同的地方，重力的方向就是不同。

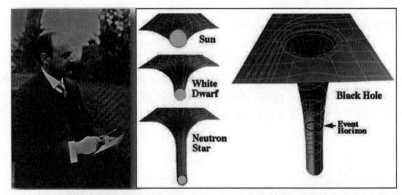

圖 4-35-3　擔任德國波茲坦天文台台長的史瓦希，自廣義相對論問世後就
　　　　　成為理論的支持者，並嘗試將理論應用在天體上。甚至在第一
　　　　　次世界大戰期間還帶著研究進入俄國境內戰場，率先找到廣義
　　　　　相對論中場方程式的精確解。但不幸地，在他將論文寄出後不
　　　　　久，就因自體免疫的疾病病死於俄國前線，享年僅 42 歲。

家圖書館出版品預行編目資料

圖解基礎物理／李中傑作. －－初版.－－
　臺北市：五南圖書出版股份有限公司,
2023.08
　面；　公分
SBN 978-626-366-130-1（平裝）

.CST: 物理學

30　　　　　　　112007849

5BJ9

圖解基礎物理

作　　　者 ― 李中傑（82.6）

發 行 人 ― 楊榮川

總 經 理 ― 楊士清

總 編 輯 ― 楊秀麗

副總編輯 ― 王正華

責任編輯 ― 張維文

封面設計 ― 姚孝慈

出 版 者 ― 五南圖書出版股份有限公司

地　　　址：106台北市大安區和平東路二段339號4樓

電　　　話：(02)2705-5066　　傳　　真：(02)2706-6100

網　　　址：https://www.wunan.com.tw

電子郵件：wunan@wunan.com.tw

劃撥帳號：01068953

戶　　　名：五南圖書出版股份有限公司

法律顧問　林勝安律師

出版日期　2023年8月初版一刷

定　　　價　新臺幣600元

經典永恆・名著常在

五十週年的獻禮——經典名著文庫

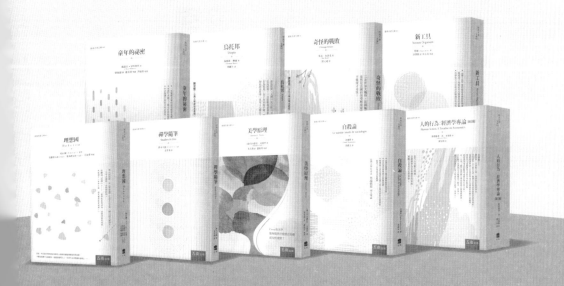

五南，五十年了，半個世紀，人生旅程的一大半，走過來了。

思索著，邁向百年的未來歷程，能為知識界、文化學術界作些什麼？

在速食文化的生態下，有什麼值得讓人雋永品味的？

歷代經典・當今名著，經過時間的洗禮，千錘百鍊，流傳至今，光芒耀人；

不僅使我們能領悟前人的智慧，同時也增深加廣我們思考的深度與視野。

我們決心投入巨資，有計畫的系統梳選，成立「經典名著文庫」，

希望收入古今中外思想性的、充滿睿智與獨見的經典、名著。

這是一項理想性的、永續性的巨大出版工程。

不在意讀者的眾寡，只考慮它的學術價值，力求完整展現先哲思想的軌跡；

為知識界開啟一片智慧之窗，營造一座百花綻放的世界文明公園，

任君遨遊、取菁吸蜜、嘉惠學子！